반나절 주말여행

반나절이면 알찬 수도권 핫스폿 여행지 157

반나절 주말여행

꼰띠고 지음

꿈의지도

CONTENTS

서울

경기

인천

강원

충청

01

서울

선정릉

도심 속 세계문화유산 산책

주소 서울시 강남구 선릉로 100길1 **교통편 자가운전** 서울시청 → 남산1호터널 → 한남대교 → 신사역 → 강남구청역 → 선정릉 **대중교통** 지하철 2호선 선릉역, 분당선 선정릉역 **전화번호** 02-568-1291 **홈페이지** royaltombs.cha.go.kr **이용료** 만 25~64세 1,000원, 그 외는 무료 매주 월요일 휴관 **추천계절** 봄, 가을

뉴욕에 가본 사람이라면 누구나 서울에도 센트럴파크 같은 도심공원이 있으면 좋겠다고 생각했을 것이다. 삭막한 빌딩숲속에서 싱그러운 자연이 그리운 사람이라면 이곳에 들러 산책도 하고 역사의 향기도 느껴보자. 선정릉은 강남에서 가장 산책하기 좋은 공원이지만 그저 단순한 공원이 아니다. 조선왕조 성종과 그의 비 정현왕후의 능인 선릉과 중종의 능인 정릉을 합쳐 선정릉이라 한다. 선릉과 정릉은 임진왜란 때 모두 파헤쳐져 불타버렸기 때문에 세 능상 안에는 시신이 없고 현재는 새로 지어 올린 의복만 묻혀 있다. 2009년 유네스코 세계문화유산으로 등재되었다. 선정릉은 봄이 오면 인근 직장인들과 어린아이들의 소풍장소로 인기가 높다. 정성스럽게 싸온 도시락을 봄내음 가득한 풀밭 위에 풀어놓으면 어떤 고민이라도 잠시나마 잊을 수 있다. 왕릉이 주는 묘한 기운 때문인지 21세기의 미래도시에서 오백년 전으로 시간이동을 한 느낌이다. 도시락을 먹고 나서 찬찬히 선릉과 정릉을 둘러보면서 역사의 향기를 만끽해보자. 생각보다 넓기 때문에 한 시간 이상 여유를 두고 천천히 산책하도록 하자. 풍경이 좋은 곳이라고 느껴진다면 어김없이 나타나는 벤치에 앉아 잠시 명상에 잠기는 것도 좋겠다. 직장인이라면 점심시간을 이용해 선릉과 정릉 한 곳만 둘러보는 것이 적당하다.

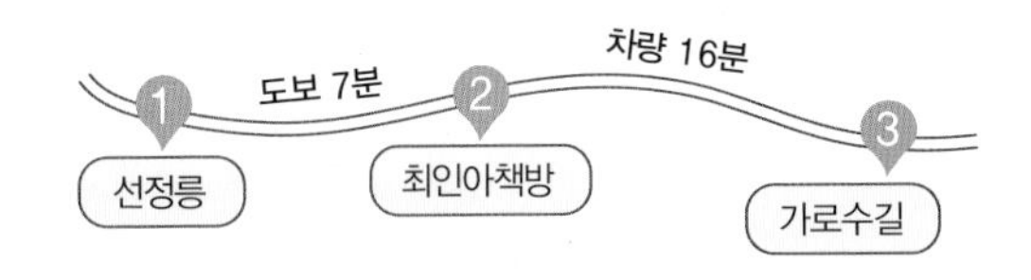

봄, 가을 점심시간에 선정릉을 산책하는 가장 좋은 방법은 점심시간 관람권을 구입하는 것이다. 3개월 동안 11:30 ~ 13:30 사이에 10회 입장할 수 있으며 가격은 3,000원이다. 연중 시간제 관람권도 30,000원으로 저렴하다.

가 볼 만한 곳

최인아책방 서점을 넘어 토론, 강연, 콘서트 등 다양한 문화 활동이 활발하게 펼쳐지는 복합 문화 공간이다. 책방 주인이 선별한 책이 주제별로 진열되어 있는데, 추천 책에는 친절하게 추천 이유까지 적어놔 책을 선택하는 데 도움을 준다. 클래식한 서재 인테리어와 커피가 어우러져 책과 커피 두 가지를 함께 즐기기에 좋다. ☐ 02-2088-7330

가로수길 강남은 물론 서울에서 가장 힙한 거리다. 3호선 신사역에서 압구정 현대고등학교 앞으로 이어지는 2차선 도로를 따라 아기자기한 카페와 개성적이고 감각적인 멀티숍이 즐비하다. 가족보다는 연인들의 데이트 코스로 사랑받는 곳이다.

주변 맛집

삼성동 커피 볶는 집 조그마한 카페에 대여섯 개의 테이블밖에 없지만 진한 커피의 향과 맛을 제대로 느낄 수 있는 곳이다. 한쪽 벽을 가득 메운 LP판들이 커피의 맛에 향수를 더한다. 친절한 주인의 싱그러운 미소도 발걸음을 끊지 못하게 만드는 이유 중 하나다. 아메리카노 3,500원, 케냐AA 5,000원. ☐ 02-567-9997

평가옥 3대째 내려오는 평양음식 전문점인 평가옥은 여름 더위를 싹 날려줄 평양냉면과 겨울 추위를 녹여줄 뜨끈뜨끈한 만두전골로 유명하다. 사계절 입맛을 돋우어줄 메뉴가 준비되어 있으므로 선정릉 산책으로 지친 당신의 체력을 보충해 줄 것이다. 평양냉명 15,000원. 만두전골 27,000원. ☐ 02-568-1577

#자전거로 한강을 달리다

광나루 한강공원

서울 한강공원은 강동구 하일동에서 강서구 개화동까지 41.5km 길이로 잠실, 광나루, 뚝섬, 잠원, 반포, 이촌, 여의도, 선유도, 양화, 난지, 망원, 강서 등 12개 지구로 조성되었다. 광나루 한강공원은 강동대교에서 잠실철교 사이에 있고 길이는 12km로 한강공원 중 가장 길다. 인라인스케이트광장, 수영장, 낚시터 등 체육시설을 고루 갖추고 있다. 특히 자전거도로가 강동~양평~춘천까지 연결되어 자전거 여행가에게 인기가 높다. 자전거공원에서는 네발자전거를 타는 어린아이와 커플자전거를 타고 가는 연인들이 정겹고 훈훈하다. 자전거대여소에서 자전거를 빌려 암사생태공원 방향으로 강을 따라 신나게 페달을 밟아보자. 광나루 한강공원은 이색자전거 체험장도 있다. 핸들구동 자전거, 옆으로 가는 자전거 등 다양한 이색자전거가 타는 재미를 더해준다. 광진교 아래 레일바이크도 인기 만점이다. 광나루 한강공원에 가면 비밀스럽게 숨겨둔 특별한 곳이 있다. 천호대교와 이웃한, 걷고 싶은 다리 광진교에 있는 '광진교 8번가'가 그곳이다. 광진교 8번가는 전 세계적으로 3개밖에 없는 교각하부 전망대이다. 발 아래로 흐르는 강물을 볼 수 있어 아찔하다. 동시에 전시와 공연이 열리는 예술 공간이기도 하다.

주소 서울시 강동구 선사로 83-66 **교통편 자가운전** 서울시청 → 강변북로 → 천호대교 → 광나루 지하도차도 진입 **대중교통** 지하철 5, 8호선 천호역 1번 출구 도보 20분 **전화번호** 광나루 안내센터 02-3780-0501 **홈페이지** hangang.seoul.go.kr/park-kwang **이용료** 없음 **추천계절** 사계절

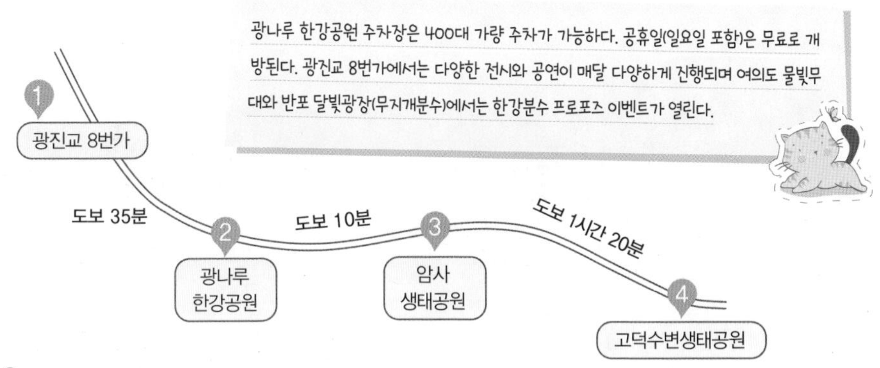

가 볼 만한 곳

암사생태공원 광나루 안내센터 앞 암사동 생태경관보전지역이 있다. 한강 수변을 따라 버드나무와 갈대 군락지가 뛰어난 경관을 이룬다. 걷기 좋은 호젓한 암사생태공원 탐방로는 하얀 조팝나무가 봄에 향기롭고, 갈대와 억새풀이 따로따로 군락지로 형성되어 있어 가을여행객을 이끈다. ☐ 070-7788-4670

고덕수변생태공원 인적이 드문 고덕수변생태공원은 노루, 두더지, 산개구리 등 다양한 동식물이 서식하며 연두 빛의 늘어진 수양버들이 인상적이다. 자갈길을 만들어 발걸음마다 발자국 소리가 이색적이다. 봄에는 조팝나무와 찔레꽃 향기가 좋아 이곳을 찾는 여행객이 많다.

주변 맛집

독도쭈꾸미 본점 매운 음식이 먹고 싶은 날이면 짬뽕, 매운갈비찜, 주꾸미 등이 떠오른다. 천호동에는 주꾸미 골목이 있는데 독도쭈꾸미는 1호점부터 4호점까지 있다. 깻잎과 시원한 무쌈에 주꾸미를 얹어 한입 가득 싸 먹어보자. 주꾸미 15,000원, 삼겹주꾸미 16,000원. ☐ 02-470-5680,

깔레 조개구이를 먹으러 멀리 서해안까지 가지 않아도 된다. 조개구이집 깔레는 늦게 가면 줄서서 기다려야 할 정도로 맛있기 때문에 예약을 하는 편이 좋다. 키조개, 석화, 새우 등 다양한 조개들을 푸짐하게 먹어보자. 1인 35,000원. ☐ 02-487-1471

허브향기 가득한 숲 속 세계로 고고

일자산 허브천문공원

심신이 지쳐 동화 같은 휴식을 찾고 있다면 숲속에서의 하루가 제격이다. 3천여 평 부지의 일자산 허브천문공원은 일자산에서 가장 전망이 좋아 일출과 일몰을 감상하기에 좋다. 야간에는 280여 개의 오색 별자리 조명이 흥미로운 볼거리를 제공한다. 북극성을 비롯해 견우와 직녀 별자리 등 천문대에서 별자리 관측이 가능하다. 매년 8월과 9월에는 허브향기 가득한 별빛축제가 열리니 꼭 한번 들러보자. 널따란 허브공원에는 자스민, 에케네시아 등 다양한 허브들이 많다. 바람을 타고 온 허브향이 일자산 곳곳에서 코끝을 자극한다. 한편 은밀하게 감춰둔 보석 같은 강동그린웨이 가족캠핑장에서는 숲속 바비큐를 즐기고 밤하늘의 별빛과 함께 도란도란 이야기꽃을 피우며 추억을 만들어 보자. 인터넷으로 예약해야 한다. 일자산 강동그린웨이는 아름답고 걷기 좋은 길로 인증된 바 있다. 365일 사람들의 발길이 끊이지 않는다. 황토가 살아 숨 쉬는 말랑말랑하고 폭신한 숲길은 10km 구간(명일역-고덕산-샘터근린공원-일자산-올림픽공원역)으로 4시간 소요 코스이다.

주소 서울시 강동구 둔촌동 산 94 **교통편** **자가운전** 서울시청 → 천호대로 길동사거리 → 하남시 방향 일자산 강동그린웨이 가족캠핑 **대중교통** 지하철 5호선 둔촌동역 1번 출구 도보 15분 **전화번호** 강동구청 푸른도시과 02-3425-6470 **홈페이지** cafe.daum.net/herbparks **이용료** 없음 **추천계절** 봄, 여름, 가을

가 볼 만한 곳

암사동선사주거지 지금으로부터 약 6,000년 전 신석기시대의 생활상은 어땠을까. 빗살무늬토기와 화살촉 등 도구를 만들어 사용하고 긴 나무나 억새풀로 고깔 모양의 움집을 만들어 거주했던 선조들의 시간 속으로 역사여행을 떠나보자. 특히 강동구는 사거리마다 빗살무늬토기를 이용한 화단을 볼 수 있는데 최대의 선사유적지를 품은 지자체답다.

길동생태공원 호젓하고도 아늑한 비밀정원이다. 평화로운 숲속을 걸으며 반딧불이 서식지, 조류관찰대 등을 관찰하자. 이곳은 다양한 야생 동식물을 보호하기 위해 입장 인원을 일일 300명으로 제한하고 있으며 인터넷으로 사전예약을 해야 한다. ☐ 02-472-2770

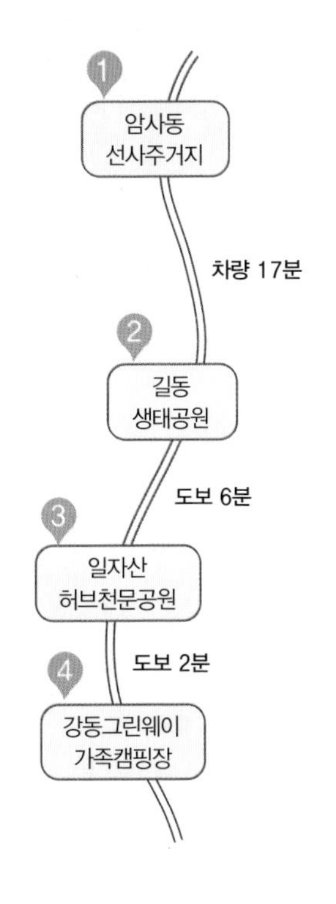

일자산 허브천문공원은 별도 주차장이 없어 가급적 대중교통을 이용하는 게 좋다. 일자산 행사는 걷기체험이 인기다. 일자산 숲길여행, 숲 이야기가 있는 그린웨이 걷기가 진행된다. 또 허브천문공원 4월부터 10월까지 진행되는 오색빛 허브이야기와 달과 별 관측체험프로그램이 주목받고 있다.

주변 맛집

마포숯불갈비 30년 전통을 자랑하고 있다. 갈비를 숯불에 직접 구워 기름기가 쫙 빠져나가 맛이 좋다. 밑반찬으로 나온 양념게장은 입에서 살살 녹아 인기가 많다. 주변의 성내동 재래시장을 둘러보고 가는 것도 좋다. 돼지갈비 14,000원. ☐ 02-472-1085

찌마기 둔촌점 조개를 푸짐하게 담아 내 손님이 문전성시를 이루는 조개찜 전문점. 가리비, 전복, 백합조개가 익을 때까지 걸리는 시간은 10분이면 충분하다. 조개찜은 담백하고 쫄깃하다. 겨울철에는 석화도 맛있다. 웨이팅이 있다. 모둠 조개찜(2인),가리비찜(2인) 각각 45,000원. ☐ 02-488-0853

북서울 꿈의숲

주소 서울시 강북구 월계로 173 교통편 **자가운전** 서울시청 → 을지로 → 남대문로 → 안국동사거리 → 율곡로 → 원남동사거리 → 창경궁로 → 북서울 꿈의숲 **대중교통** 지하철 1호선 석계역, 월계역, 4호선 미아삼거리역, 수유역 하차 후 버스 환승 전화번호 관리사무소 02-2289-4001 홈페이지 dreamforest.seoul.go.kr 이용료 없음 추천계절 봄, 여름, 가을

강북구에 있는 자연공원이다. 서울에서는 월드컵공원, 올림픽공원, 서울숲에 이어 네 번째로 규모가 큰 공원이다. 2008년 5월, 서울시민을 대상으로 공원 명칭 공모를 받아 '북서울 꿈의숲'이라는 이름이 붙었다. 본격적인 나들이에 앞서 동쪽 출입구에 있는 북서울 꿈의숲 방문자 센터에 들러보자. 북서울 꿈의숲에 대한 정보와 함께 디자인 서울 갤러리를 꾸며놓아 푸른서울을 만들기 위한 서울시의 노력을 엿볼 수 있다. 공원 중심부에 있는 청운답원은 서울광장의 약 2배에 달하는 초대형 잔디광장이다. 여름이면 바닥분수와 물놀이장은 온통 어린이들 차지다. 물놀이를 즐기는 아이들을 바라보는 것만으로도 저절로 더위가 씻긴다. 서쪽 출입구 쪽에는 콘서트홀, 드림갤러리, 상상톡톡미술관, 꿈의숲 아트센터가 자리 잡고 있다. 꿈의숲 아트센터는 세종문화회관이 운영하는 문화공간으로 연중 다양한 공연과 전시를 선보인다. 북서울 꿈의숲의 백미는 서울 시내가 한눈에 내려다 보이는 전망대다. 드라마 〈아이리스〉 촬영지로 알려지면서 유명해졌다. 북서울 꿈의숲을 산책하며 초록기운을 몸과 마음에 충전해 보자.

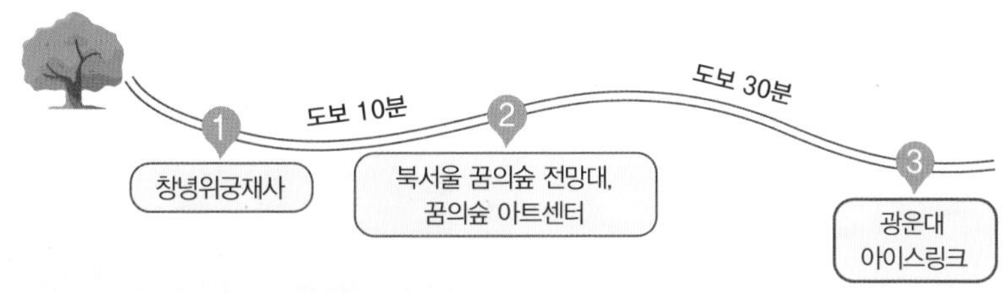

날씨가 좋은 계절에는 도시락과 돗자리를 준비해 소풍을 즐겨보는 것도 좋다. 나무 그늘 아래 자리를 펴고 선선한 바람을 맞으며 자연을 만나보자. 상상톡톡미술관에서는 아이들과 함께 가면 좋은 특별기획전이 계절마다 열린다.

가 볼 만한 곳

창녕위궁재사 북서울 꿈의숲 동문으로 들어가면 높은 장대석 기단이 감싸고 있는 목조 가옥이 나온다. 조선 제23대 왕인 순조의 둘째 딸 복온공주와 부마창녕위 김병주를 위한 재사(齋舍)이다. 한일합방 후 김병주의 손자 김석진이 울분을 참지 못해 순국 자결을 한 역사적인 곳이기도 하다.

광운대학교 아이스링크 광운대는 1997년 국내대학 최초로 국제규격 실내스케이트장을 만들었다. 일반인에게도 개방되고 있으며 누구나 자유롭게 스케이팅을 즐길 수 있다. 일반인 자유개방시간은 방학기간 10:00~16:00, 방학 외 기간 14:00~17:00, 주말 12:00~17:00. ☐ 02-940-5491

주변 맛집

라 포레스타 북서울 꿈의숲 아트센터에 있는 카페 겸 식당이다. 라 포레스타는 이탈리아어로 '숲'을 뜻한다. 초승달 모양으로 지어진 건물의 앞쪽에는 창포원의 전경이 그림같이 펼쳐진다. 날씨가 따뜻한 봄날에는 햇살이 드는 테라스 자리를 추천한다. 새우크림 빠네 파스타 14,800원, 깔조네 피자&샐러드 17,500원. ☐ 02-2289-5460

메이린 북서울 꿈의숲 전망대 하층부에 있는 중식당이다. 메이린은 '아름다운 숲'이라는 뜻의 미림(美林)을 중국식으로 발음한 것이다. 중식요리 경력 25년, 세계 요리대회 금상 3연패의 실력을 자랑하는 주방장이 직접 조리한다. 중식요리의 진수를 맛볼 수 있다. 류산슬 25,000원, 자장면 6,500원. ☐ 02-2289-5450

북한산 우이령길

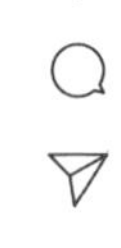

맨발로 걸어보는 색다른 트레킹

주소 서울시 강북구 삼양로181길 349(우이 탐방지원센터) **교통편** **자가운전** 서울시청 → 도봉로 → 강북구청 → 국립 4·19묘지입구 → 삼양로 → 우이동먹자골목 → 우이 탐방지원센터 **대중교통** 경전철 북한산우이역에서 2번 출구로 나와 도보 20분 **전화번호** 교현 탐방지원센터 031-855-6559, 우이 탐방지원센터 02-998-8365 **홈페이지** www.knps.or.kr **이용료** 없음 **추천계절** 봄, 여름, 가을

서울의 진산, 북한산에는 걷기 열풍에 힘입어 산자락을 완만하게 걸을 수 있는 21개의 둘레길이 생겼다. 흰구름길, 명상길, 순례길 등 다양한 테마로 구성되어 걷기 길에 의미를 더했다. 이 중 21번째 구간 우이령길은 서울 강북구 우이동과 경기 양주시 교현리를 연결하는 작은 숲길이다. 1968년 김신조 청와대 습격 사건 이후 40여 년 동안 일반인의 출입이 통제되었다가 2009년 7월 드디어 그 모습을 공개했다. 북한산 둘레길 중 이곳은 유일하게 탐방예약제로 운영되며 하루 1,000명만 출입을 허가한다. 예약 인원에 한해서 오전 9시부터 오후 2시까지만 우이령길로 들어갈 수 있다. 우이동 먹거리마을에서 약 1.7km 올라오면 우이 탐방지원센터가 나온다. 신분증을 확인하고 예약된 길로 들어간다. 여기서부터 교현 탐방지원센터까지는 약 4.5km, 보통 걸음으로 90분 정도 걸린다. 이 길은 사람의 손길이 닿지 않아 자연 그대로의 모습을 간직하고 있다. 신발을 벗어들고 맨발로 걷는다. 한걸음, 한걸음 느리게 걷고 싶다. 사람들이 많지 않아 도심을 멀리 벗어난 것 같다. 발소리도 사라진 조용한 숲에 가만히 귀를 기울이면 동물들의 소리가 들린다. 새소리, 곤충 소리, 그리고 바람 소리까지 귀를 지나서 가슴 안에 머문다.

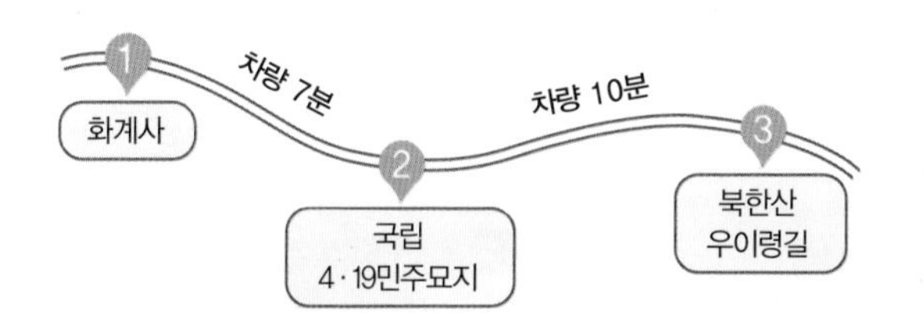

탐방로 예약은 당일 예약이 불가하니 미리 예약하고 반드시 신분증은 지참하여야 한다. 등산로 초입에 있는 우이동 먹자골목에는 키토산 오리와 함께 산촌장작구이, 옥류헌 등 많은 맛집이 있다. 사전 조사 후 취향에 맞는 메뉴를 선택해도 좋겠다.

가 볼 만한 곳

화계사 북한산의 칼바위 능선을 따라 내려오면 그 끄트머리에 화계사가 자리한다. 서울 시내와 매우 가까운 사찰로 도심의 번잡함을 피해 많은 사람이 찾는다. 울창하고 수려한 산기슭을 따라 계곡물이 흐른다. 앞마당에는 오래된 느티나무 3그루가 북한산 둘레길을 지나는 등산객에게 쉼터를 제공한다. 오른편 돌계단을 오르면 산세에 둘러싸인 화계사의 전경을 한눈에 담을 수 있다. ☐ 02-902-2663

국립 4·19민주묘지 자유민주주의 수호를 외치며 부정과 부패로 가득한 독재 권력에 항거하여 싸우다 희생되신 분들이 잠들어 계신 곳이다. 1960년 4월 19일 학생과 시민이 중심이 되어 부패한 권력에 대해 자발적으로 봉기한 저항운동으로 국가의 주권은 국민에게 있다는 것을 깨우쳐 주었다. 상징 조형물과 기념탑, 4·19 기념관 등이 있다.
☐ 02-996-0419

주변 맛집

키토산우이산장 이곳은 익히 유명한 곳이다. 주재료인 키토산 오리는 영덕대게 껍질을 사료화하여 세계 최초로 특허를 받았다. 다른 오리에 비해 육질과 맛이 뛰어나고 영양가도 매우 높은 편이다. 빼놓을 수 없는 또 다른 인기비결은 서비스로 나오는 녹두죽이다. 어릴 적 먹던 고소한 맛을 그대로 느낄 수 있어 특히 어르신들이 매우 좋아한다. 참숯 화로에 구워진 군고구마도 별미. 생오리로스 46,000원, 훈제오리 49,000원. ☐ 02-999-9119

엘림들깨수제비칼국수 보리밥에 수육 그리고 푸짐한 칼국수, 그럭저럭 한 맛이라고 생각하면 오산이다. 문전성시를 이루는 식당 모습과 각종 매체의 보도는 바로 끝내주는 맛 때문이다. 한번 먹으면 단골집이 된다는 엘림에서 특별한 맛과 함께 푸짐한 인심까지 느껴보자. 칼국수 9,000원, 수육 12,000원, 만두 5,000원.
☐ 02-996-2583

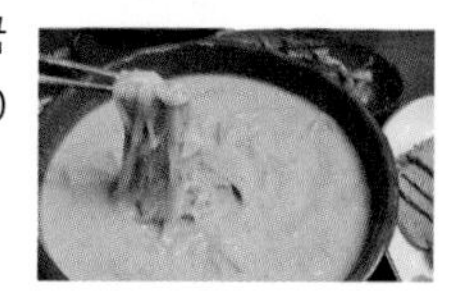

대한민국 항공 역사의 자부심

국립항공박물관

우리나라가 항공 강국으로 발전하기까지 과정을 한눈에 알 수 있는 박물관이다. 국립항공박물관은 1920년 대한민국 임시정부가 미국에 설립한 한인비행학교 개교 100주년을 기념해 2020년 7월 개관했다. 이 박물관은 항공기와 관련된 건축디자인이 눈길을 끈다. 96개의 날개가 사선으로 이어진 원형 구조의 외벽과 박물관 내부의 중앙홀 천장은 비행기 터빈엔진을 형상화한 것이다. 에어쇼를 하듯 공중에 자유롭게 떠 있는 항공기들은 우리나라와 세계 항공 역사에 등장한 실제 비행기다. 이 중 2대만 실물을 그대로 재현한 모형이다. 보잉 747기의 거대한 동체 단면 역시 대한항공에서 썼던 여객기를 절단한 것이다. 1층에서 2층으로 이어지는 에어워크를 따라 걸으면 더욱 실감 나게 관람할 수 있다. 보잉 747기 비행기를 직접 이착륙시켜보는 조종 관제 체험과 항공기 내 안전교육, 비상탈출 체험은 인기가 많아 사전예약이 필수다. 스릴 넘치는 비행을 즐기고 싶다면 블랙이글 탑승 체험에 도전해보자. 4층 전망대에서는 김포공항 활주로가 한눈에 펼쳐져 실시간으로 비행기의 이착륙을 볼 수 있다. 박물관 야외에도 대한민국 항공시대를 연 위인들의 조형물과 보잉 757 주날개, 공항 지상 감시 레이더 등이 전시되어 있으니 놓치지 말자.

주소 서울시 강서구 하늘길 177 **교통편 자가운전** 서울시청→올림픽대로→개화IC 김포공항 방향→김포공항 **대중교통** 5호선·9호선·공항철도·김포골드·대곡소사선 김포공항역 하차해 도보 15분 **전화번호** 02-6940-3198 **홈페이지** www.aviation.or.kr **이용료** 전시 관람 무료, 체험교육 유료(매주 월요일 휴관) **추천계절** 사계절

가 볼 만한 곳

허준박물관 조선시대 명의 구암 허준 선생의 업적을 기리기 위해 개관한 공립박물관. 유네스코 세계기록 유산으로 등재된 동의보감 등 한의학에 관한 다양한 전시물 관람과 체험이 가능하다. 옥상은 서울시에서 선정한 우수 조망명소이며 이곳에서 시작되는 약초원은 동의보감에 실린 70여 종의 약초들이 심어진 아름다운 산책로이다.
☐ 02-3661-8686

겸재정선미술관 18세기 전반에 진경산수화를 확립시킨 겸재 정선의 생애와 그의 작품세계에 대해 시대별로 작품과 함께 해설되어 있다. 어린이겸재진경교실, 토요체험프로그램, 겸재문화 예술아카데미대학 등 다양한 프로그램도 큰 호응을 얻고 있다. ☐ 02-2659-2206

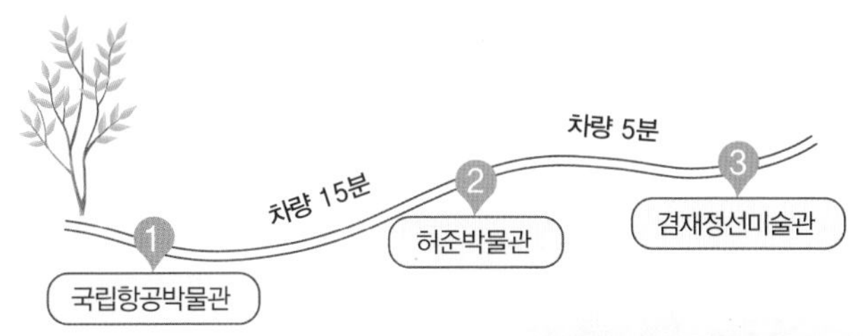

국립항공박물관은 매시간 도슨트 해설이 무료로 진행된다. 조종사와 승무원 출신 전문가로 구성된 해설사의 생생한 경험담까지 들을 수 있어 꼭 추천한다. 투어는 현장 예약이며, 매시 10분 1층 안내데스크 앞에서 시작한다. 허준박물관과 겸재정선미술관은 주말마다 어린이·학생 도슨트가 활동해 아이들에게 맞는 눈높이 해설을 들을 수 있다.

주변 맛집

공항칼국수 1979년에 오픈한 칼국수전문점으로 방송에도 여러 번 소개된 맛집이다. 느타리버섯과 미나리가 듬뿍 들어간 버섯칼국수가 인기 메뉴이며 칼국수를 먹은 후 볶아 먹는 볶음밥도 별미. 버섯칼국수 10,000원, 일반 칼국수 9,000원. ☐ 02-2664-9748

도일처(都一妻) 1966년부터 개업한 오랜 전통을 자랑하는 정통 중국요리 전문점이다. 중국 현지 요리사의 손맛으로 유명해 오래된 단골이 많다. 육즙이 가득한 소룡포가 인기! 주말이나 특별한 날은 예약하는 것이 좋다. 매달 첫째주 월요일 휴무. 자장면 8,000원, 소룡포 12,000원, 탕수육(소) 22,000원, 코스(3인 기준) 45,000원~.
☐ 02-2662-2322

싱가포르의 보타닉가든을 서울에서 만나다

서울식물원

마곡지구에 위치한 서울식물원은 공원과 식물원을 유기적으로 합친 서울 최초 도시형 식물원이다. 축구장 70배 규모로 공원 구간(열린숲, 호수원, 습지원)과 식물원 구간(주제원)으로 조성되어 있다. 습지원의 한강전망데크는 올림픽대로 위를 지나 한강까지 연결된다. 연중 무료로 개방되는 공원 구간은 호수 주변을 따라 수변식물과 철새들을 관찰할 수 있는 생태교육장이자 산책과 피크닉을 즐길 수 있는 휴식공간이다. 서울식물원을 대표하는 주제원은 한국의 식물들로 꾸며진 8가지 주제 정원과 지중해와 열대기후의 도시 식물 1,000여 종이 전시된 온실을 관람할 수 있으며, 유일하게 입장권을 구매하는 곳이다. 거대한 빅토리아 수련과 생텍쥐페리의 소설 〈어린 왕자〉에서 나오는 바오밥 나무도 직접 볼 수 있다. 8m 높이의 스카이워크가 있어 거대한 열대 식물이 파노라마로 펼쳐진 온실을 가까이서 조망할 수 있다. 온실과 연결된 식물문화센터에 있는 씨앗도서관은 500여 종의 씨앗이 전시되어 있다. 일제강점기에 건립되어 한국 근대 산업문화유산 중 유일하게 원형이 남아 있는 마곡문화관(옛 배수펌프장)에서 다양한 전시도 관람해 보자.

주소 서울시 강서구 마곡동로 161 교통편 **자가운전** 서울시청 → 서대문역 방면 → 마포대교 → 국회의사당 → 올림픽대로 → 발산역 방면 → 양천향교역 → 서울식물원 **대중교통** 지하철 9호선/공항철도 마곡나루역 3번 출구(도보 10분) 전화번호 02-2104-9716 홈페이지 botanicpark.seoul.go.kr 이용료 대인 5,000원, 청소년 3,000원, 소인 2,000원(월요일 휴관) 추천계절 봄, 여름, 가을

가 볼 만한 곳

LG아트센터 서울 역삼동에 있던 LG아트센터가 2022년 10월 마곡 지구로 이전하면서 'LG아트센터 서울'로 새롭게 탄생하였다. 오케스트라, 뮤지컬, 콘서트 등 국내외 다양하고 수준 높은 공연을 관람할 수 있다. 건물은 세계적인 건축가 안도 다다오가 설계한 건축물로 유명해 공연을 보지 않더라도 꼭 들려보자. 건축 과정을 담은 다큐멘터리 감상과 건축 오디오 투어도 가능하다. ☐ 02-3780-8400

서울물재생체험관 우리가 사용하는 물이 어떻게 재생되는지 다양한 전시와 체험을 통해 알아볼 수 있다. 특히 물놀이를 통해 물의 힘과 과학의 원리를 배울 수 있는 통통물놀이터와 하수의 속도를 느껴보는 하수관 파이프 미끄럼틀은 어린이들에게 인기다. 서남물재생센터 시설 현대화 현장 견학은 사전예약이 필수. 야외정원 산책과 전망대에서의 한강 조망도 놓치지 말자. 입장료 무료. ☐ 02-3660-2125

온실을 제대로 즐기려면 가벼운 옷차림과 오디오 가이드는 필수다. 오디오 가이드는 신분증만 있으면 온실 입장 전에 무료로 대여할 수 있다. 스마트폰에서 '가이드온' 앱을 다운받으면 된다. 단, 이어폰은 개인이 준비해야 한다. 두꺼운 외투나 짐은 차에 두거나 물품보관함을 이용하자. 주제정원과 온실은 입장할 때마다 입장권이 필요하므로 마지막까지 잘 챙기는 것이 좋다.

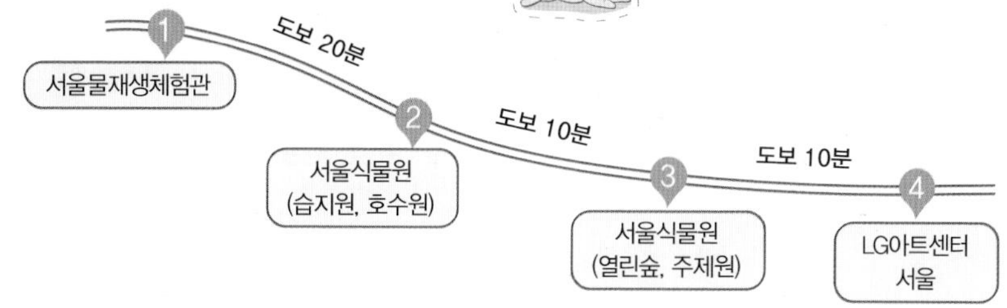

주변 맛집

보스 간장게장 서울식물원점 서울식물원 식물문화센터에 위치한 간장게장 맛집이다. 탁 트인 뷰와 신선한 재료 사용으로 맛도 좋고 양도 푸짐해 식물원 관람객뿐만 아니라 가족 모임이나 근처 직장인들에게도 인기가 많다. 단품 메뉴를 경복궁 정식으로 주문하면 대하찜과 떡갈비가 함께 제공된다. 암꽃게 게장(특대) 35,000원, 숫꽃게 간장게장 16,900원. ☐ 0507-1377-1201

금고깃집 마곡본점 한식대첩으로 유명한 유귀열 셰프가 직접 운영하는 곳이다. 다소 비싼 가격인데도 웨이팅이 길어 근처에 직영점이 2곳이나 생겼다. 국내 소량 생산되는 무항생제 프리미엄 돼지고기를 14일 동안 저온 숙성시킨 차원이 다른 고기맛과 '용의눈동자' 쌀로 갓 지은 유기농 솥밥이 인기비결이다. 금돼지 본삼겹살 17,000원, 즉석 유기농 솥밥 3,000원. ☐ 0507-1386-8295

관악산 둘레길

주소 서울시 관악구 낙성대로 77 교통편 **자가운전** 서울시청 → 한강대교 → 한강대로 → 남부순환도로 → 낙성대공원 **대중교통** 지하철 2호선 사당역 6번 출구 또는 낙성대역 1번 출구에서 직진해 보이는 까치산 생태육교 출발점 전화번호 관악구청 공원녹지과 02-880-3685 홈페이지 www.gwanak.go.kr 이용료 없음 추천계절 봄, 가을

평탄한 숲길을 오르락내리락 하며 서울의 상징인 63시티, N서울타워, 서울대학교를 모두 조망할 수 있는 곳이 관악산 둘레길이다. 관악산 둘레길은 사당역에서 출발해 낙성대공원~서울대~돌산~신림근린공원에 걸쳐 약 15Km에 이른다. 총 3개 구간으로 애국의 숲길, 체험의 숲길, 사색의 숲길로 나뉜다. 첫 번째 코스인 애국의 숲길(6.2km, 2시간 40분)은 까치산 생태육교에서 시작한다. 관악산 둘레길 표지판을 따라 걷기 시작하면 군사시설로 보이는 방공호가 눈에 띈다. 이곳이 서울 하단의 주요거점이라는 것을 알 수 있다. 울창한 나무사이로 자전거를 탄 사람이 지나간다. 그만큼 숲길이 완만하고 걷기 좋다. 부지런히 걷다보면 관악산의 주봉인 연주대가 저 멀리 보인다. 아직도 무당들의 민속신앙이 행해지는 무당골을 지나 고려시대 명장 강감찬 장군의 탄생지를 기념하여 조성한 낙성대공원에 도착하면 쉼터에서 잠시 쉬어가도록 하자. 두 번째 코스인 체험의 숲길(4.7km, 2시간)은 돌산 조망점에서 서울 시내를 한 눈에 내려다 볼 수 있다. 삼성산 성지, 약수사 습지생태원 등을 지나며 자연 그대로를 체험할 수 있는 코스이다. 마지막 사색의 숲길(4.1km, 1시간 50분)은 마을과 마을 잇는 동네 뒷산 길이다.

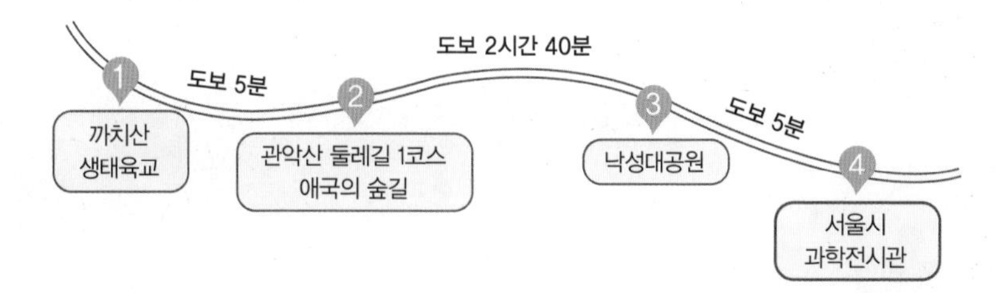

가 볼 만한 곳

서울시 과학전시관 학생들의 과학탐구체험의 장이다. 과학놀이체험마당은 물, 다람쥐바퀴, 도르레 등을 이용한 놀이기구 과학원리 체험이 가능하다. 이밖에도 자연관찰원, 생태학습원에서는 다양한 동식물 생태 및 식용식물, 수생식물, 야생화 암석원 등을 관람할 수 있다. 과학전시관의 자랑인 천문대에선 낮에는 태양과 금성, 밤에는 아름다운 행성과 별을 관측할 수 있다. ☐ 02-881-3000

낙성대공원 공원 안에는 강감찬 장군의 영정을 모신 사당 '안국사'가 있다. 안국사는 고려시대 목조 건축양식의 대표적인 영주 부석사 무량수전을 본떠 세웠다. 공원에 위치한 전통야외소극장에서는 전통혼례 및 예절교육이 이뤄지며 설치미술가 배영환 씨가 컨테이너를 이용해 만든 작은 도서관이 있다.

자연과 숲에 빠져 걷다보면 자칫 길을 잃어버리게 된다. 관악산 둘레길은 길을 잘못 들면 등산로로 빠지게 되어 낭패를 볼 수도 있다. 곳곳에 설치되어 있는 관악산 둘레길 또는 서울둘레길 표지판을 잘 살펴보자. 표지판만 잘 찾아도 길을 잊을 리가 없다.

주변 맛집

시골집 신선한 채소에 매콤하게 볶아낸 제육볶음을 올리고 호박씨를 넣어 직접 담근 쌈장을 발라 한 입 가득 쌈을 만들어 먹으면 몸도 마음도 푸짐해지는 느낌이다. 쌈밥 불고기, 쌈밥 생선구이 등이 있으며 생선구이, 제육볶음, 불고기 등을 함께 즐길 수 있는 모듬쌈밥도 인기이다. 제육쌈밥 10,000원, 오징어 제육 13,000원. ☐ 02-874-7333

미도정육식당 직영식당 낙성대 뒤 시장골목에 동네 사람들만 아는 35년 전통의 맛집이다. 1층 미도정육점에서 1++등급의 한우, 돼지고기 등을 골라 지하에서 구워먹을 수 있다. 저렴한 가격 대비 식감을 자극하는 육질이 정육식당의 장점을 그대로 갖고 있다. 꽃등심 1인분(200g) 19,400원, 차돌백이 1인분(200g) 15,400원. ☐ 02-877-1114

#달콤한 솜사탕 들고 소풍을 떠나요

어린이대공원

어린이대공원은 1973년 5월 5일 어린이날을 맞아 개원한 이후 지금까지 어린이들의 꾸준한 사랑을 받고 있다. 53만여㎡의 넓은 부지를 자랑하는 이곳은 동물원, 식물원, 놀이동산 및 다양한 공연시설과 체험공간이 자리했다. 어린이대공원에 들어서면 왼쪽에는 나비 조형물과 정자가 예쁘게 어울리는 환경연못이 있다. 중앙에는 음악분수에서 분수가 뿜어져 나오고 더 들어가면 식물원과 동물원이 나온다. 동물원에서 가장 인기 있는 동물은 코끼리, 사자와 호랑이다. 이 외에도 바다동물관과 초식동물마을, 열대동물관 등에서 다양한 동물들을 만날 수 있다. 공원에서 발생한 폐기물을 이용하여 로봇작품으로 꾸며놓은 상상마을과 12개의 전래동화의 주요장면을 연출해 놓은 전래동화마을이 어린이의 상상력을 자극한다. 286종의 온실 식물과 66종의 야생화가 전시되어 있는 식물원과 뽀로로, 마시마로 등의 캐릭터가 살아 숨 쉬는 캐릭터월드 등 온종일 부지런히 뛰어다녀도 다 못 볼 만큼 볼거리, 놀거리가 풍성하다.

주소 서울시 광진구 능동로 216 **교통편** **자가운전** 서울시청 → 을지로 → 성동교 → 광나루로 → 능동로 → 어린이대공원 **대중교통** 지하철 7호선 어린이대공원역 1번 출구 도보 4분, 5호선 아차산역 4번 출구 도보 10분 **전화번호** 02-450-9311 **홈페이지** www.sisul.or.kr/sub05 **이용료** 없음 **추천계절** 봄, 여름, 가을

서울 어린이대공원은 넓고 볼거리가 많아서 여유롭게 둘러보기를 권한다. 대공원 내에 각종 음식점 및 편의시설과 부대시설이 잘 되어 있어서 이용에 불편함이 없다. 어린이 놀이동산에는 미니바이킹, 꼬마기차, 유로번지점프, 워터볼 등 즐길거리가 다양하다.

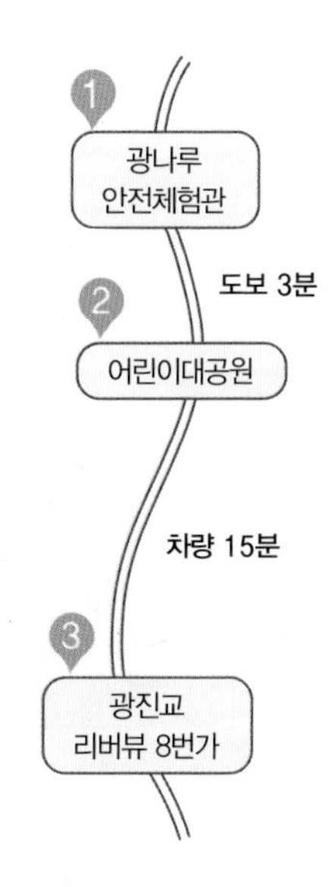

가 볼 만한 곳

광나루안전체험관 각종 재난 상황을 가상으로 설정하여 일반시민이 직접 체험하면서 안전교육을 받을 수 있다. 초속 30m의 바람과 비를 동반한 태풍을 체험하는 풍수해체험과 규모 7의 지진체험, 소화기를 이용하여 불을 직접 끄는 소화기체험, 연기피난체험, 응급구조체험 등 20여 종의 체험코너를 설치하여 직접 경험함으로써 각종 사고의 예방 및 대처법을 쉽고 재미있게 배운다. ☐ 02-2049-4061

광진교 리버뷰 8번가 걷고 싶은 다리 광진교 중간쯤엔 전 세계에서 단 세 곳밖에 없는 교각 하부 전망대 리버뷰 8번가가 있다. 바닥은 강화 유리로 되어 있어 한강물이 훤히 보인다. 아찔한 바닥 위에서 전시된 예술품을 감상하는 기분이 오묘하다. 한쪽 편에는 공연장이 마련되어 있다. 인터넷으로 예약하면 전망 좋은 공연장에서 다양한 공연 감상이 가능하니 분위기 좋은 데이트 코스로 더할 나위 없다. ☐ 02-476-0722

주변 맛집

은혜즉석떡볶이 이곳의 떡볶이는 특이하고, 중독성 있고, 은혜로운 맛이다. 짜장 소스를 이용한 떡볶이를 먹고 나면 신세계를 외친다. 다시 찾을 확률, 줄 서서 기다릴 확률 90% 이상으로 별미 맛집이다. 꼭 비빔 공기밥을 시켜서 볶아먹길 바란다. 세트메뉴1 14,000원, 볶음밥 2,000원. ☐ 02-468-7401

바나나 토크 바나나 토크는 올리브TV 〈테이스티로드〉에서 훈남 맛집으로 방영되면서 군자동 핫플레이스로 떠올랐다. 깔끔한 인테리어와 분위기가 좋아 데이트하기 좋은 장소다. 테라스에 앉아 따사로운 햇볕을 맞으며 브런치를 먹은 후 진한 아메리카노 한잔으로 마무리해보자. 블루치즈 버거 14,000원, 잠봉뵈르 샌드위치 14,500원, 김치 필라프 13,000원. ☐ 02-467-3370

조선의 왕후가 잠든 배밭골

태강릉

왕족의 무덤은 왕실의 위계에 따라 능, 원, 묘로 구분한다. 조선왕릉은 519년 동안 27대에 걸쳐 조선을 통치한 왕과 왕비의 무덤이다. 2009년 6월, 조선왕릉 42개 중 북한에 있는 2개를 제외한 40개가 유네스코 세계문화유산으로 등재되었다. 태릉과 강릉 두 능을 아울러 태강릉이라고 한다. 태릉은 조선 11대 왕인 중종의 두 번째 부인, 문정왕후(1501~1565)가 묻힌 곳이다. 태릉입구에 있는 조선왕릉전시관을 둘러본 후 태릉으로 가보자. 악을 막는 홍살문을 통과해 어도를 지나면 제사를 지내던 정자각이 나온다. 정자각 왼편에는 능을 지켰던 관리가 머문 수복방과 비석이 안치된 비각이 있다. 능침은 해설사나 관람위원이 동행하는 조건으로 관람이 가능하다. 봉분의 앞쪽에는 무인석 2기, 문인석 2기가 위풍당당하게 서 있다. 봉분 아래에는 구름과 방위신이 새겨진 병풍석이 둘러져 있다. 왕후 혼자 묻힌 단릉 임에도 규모와 석물들이 왕의 능 못지않게 웅장하다. 태릉의 동쪽 언덕에는 문정왕후의 아들이자 조선 13대 왕인 명종과 그의 부인 인순왕후가 잠들어있는 강릉이 있다. 강릉은 왕비가 죽은 후 왕의 옆에 무덤이 만들어져 쌍릉의 형태를 띠고 있다. 강릉은 현재 원형보존을 위해 제한된 시간에 시범적으로 개방한다.

주소 서울시 노원구 화랑로 681 **교통편** **자가운전** 서울시청 → 을지로 → 종로 → 망우로 → 동부간선도로 → 화랑로 → 육사삼거리 → 태릉 **대중교통** 지하철 6호선 화랑대역 하차 태릉 방면 버스 환승 **전화번호** 02-972-0370 **홈페이지** taegang.cha.go.kr **이용료** 성인 1,000원, 18세미만 무료(월요일 휴관) **추천계절** 봄, 가을

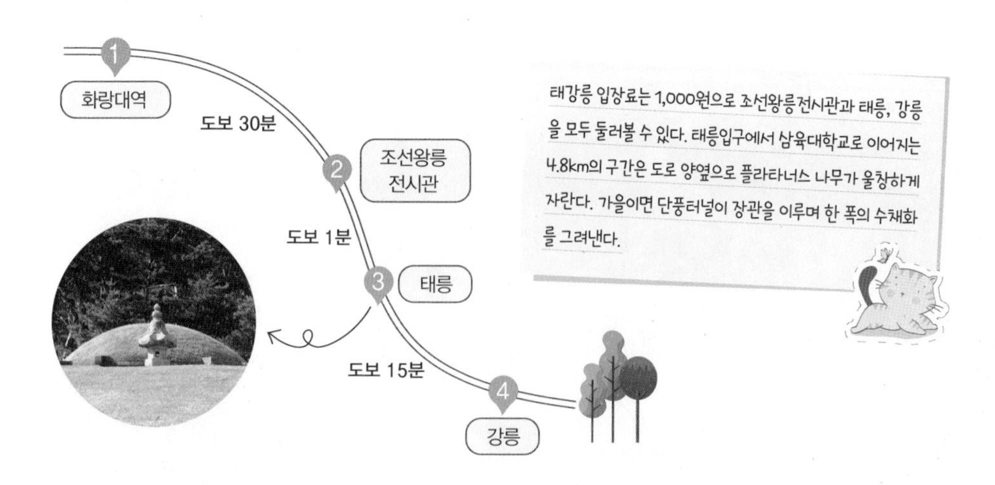

가 볼 만한 곳

경춘선숲길(옛 화랑대역) 경춘선 열차가 다녔던 철로가 숲길이 됐다. 월계동 경춘철교부터 공릉동을 거쳐 육사삼거리까지 약 6km 산책코스가 조성됐다. 이 가운데 경춘선 숲길 3구간(육사삼거리~서울, 구리시 경계)의 하이라이트는 옛 화랑대역이다. 퇴역한 열차와 노원불빛정원이 관람객을 맞이한다.

조선왕릉전시관 태릉의 입구에 있는 조선왕릉전시관은 조선의 국장, 한눈에 보는 조선왕릉, 조선왕릉의 관리, 태릉과 강릉에 관한 내용을 전시한다. 519년 동안 이어진 조선왕조의 연표를 통해 조선의 역사와 문화를 살펴볼 수 있다. 또한 왕릉의 봉분 속 내부 모습과 왕릉에 묻힌 유물을 볼 수 있다.

주변 맛집

제일콩집 무공해 콩요리전문점으로 30년 넘게 전통을 이어오고 있다. 메뉴로는 손두부, 콩탕, 청국장, 콩나물밥 등이 있다. 김치, 고추부각, 나물, 감자조림 등 맛깔난 8가지 기본 찬이 나온다. 고소하고 보드라운 콩 국물로 만든 여름철 별미, 콩국수도 인기가 좋다. 맛과 영양까지 챙기는 알짜배기 맛집이다. 순두부, 콩국수, 콩비지, 두부찌개 각 9,000원. ☐ 02-972-7016

소라분식 1971년부터 전통을 이어가는 분식집이다. 서울여대 학생이라면 누구나 한 번쯤 들러봤을 정도로 유명한 식당이다. 떡볶이, 김밥, 덮밥 등 분식 메뉴 50여 가지를 선보인다. 최근 서울여대 정문 옆 골목에서 후문 아파트 상가로 이전했다. 전설의 떡볶이 12,000원, 김밥류 3,000원. ☐ 02-972-8354

#북한산과 함께 기를 불어넣어주는 명산

도봉산

북한산과 북한산국립공원에 포함된 도봉산은 교통이 편리하고 산세가 수려하다. 도봉산은 서울시 도봉구와 경기도 의정부시, 양주시 장흥면에 걸쳐 있는 산이다. 서울 동북쪽에서 우이령을 경계로 북한산과 이어진다. 도봉산의 최고봉은 자운봉(739.5m)으로 장엄한 기암괴석이 많다. 계곡은 어떠한가. 송추계곡, 원도봉계곡, 무수골, 오봉계곡 등에서 발만 담그고 있어도 좋다. 도봉산은 마치 금강산을 빚은 듯 아름다워 오래전부터 '서울의 금강'이라 불려졌다. 정상은 자운봉이지만 등산객이 오를 수 있는 봉우리는 신선대이다. 신선대에 오르면 사방팔방 장쾌한 풍경이 빼어나다. 도봉산 탐방지원센터에서 출발하는 주요 탐방로 코스는 4가지이다. 포대 정상까지 3.7km(3시간), 신선대까지 3.4km(3시간), 칼바위까지 3.2km(2시간 40분), 우이암까지 2.9km(2시간 15분)이다. 만약 도봉산을 조금 더 탐방하고 싶다면 능선 코스를 추가하자. 사람들의 발길이 끊이지 않는 도봉산은 가을 단풍 절정기에는 약 3만 명이 찾아 북적거린다.

주소 서울시 도봉구 도봉산길 86 교통편 **자가운전** 동부간선도로 → 3번국도 → 도봉역 방면으로 좌회전 → 노원교에서 도봉산역 방면으로 우회전 → 도봉산 입구 삼거리에서 좌회전 → 도봉산 **대중교통** 지하철 1호선, 7호선 도봉산역 1번 출구에서 매표소까지 도보 10분 전화번호 도봉산 탐방지원센터 02-954-2565 홈페이지 tour.dobong.go.kr 이용료 없음 추천계절 봄, 가을

가 볼 만한 곳

서울창포원 도봉산 자락 아래 창포원에는 세계 4대 꽃 중 하나인 아이리스(붓꽃)가 가득하다. 붓꽃원, 약용식물원, 습지원, 억새원, 넓은잎목원, 책 읽는언덕 등 12개 테마로 조성되었다. 붓꽃은 5~6월에 핀다. 책 한권 가볍게 들고 붓꽃 봄나들이를 계획해보자. ☐ 02-954-0031

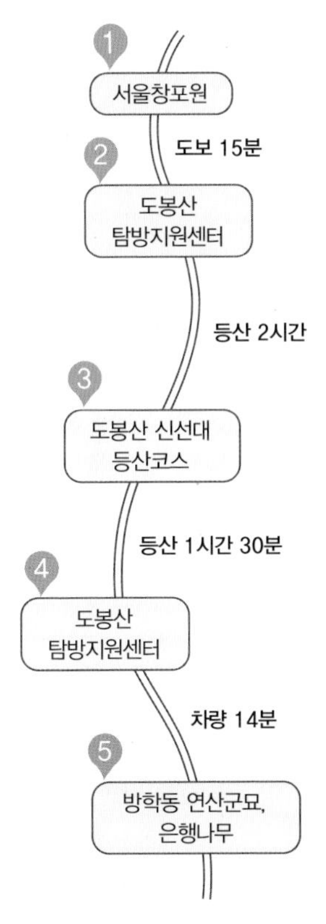

방학동 은행나무 서울 근교의 은행나무라고 하면 용문산 은행나무, 몽촌토성 은행나무, 문묘 은행나무, 덕수궁 석조전 은행나무, 방학동 은행나무 등이 있다. 연산군묘 옆에 자리하고 있는 방학동 은행나무는 조선 전기에 식재된 것으로 추정된다. 수령이 870년이 넘어 자태가 거대하고 웅장하다.

도봉산 탐방지원센터에서 도봉산 지도를 받아 가면 산행에 도움이 된다. 자가용으로 찾아갈 때에는 도봉산 등산로 입구의 주차장을 이용한다. 단풍이 아름다운 10월에 도봉산축제가 열린다.

주변 맛집

도봉산두부 도봉산 입구 쪽에 대를 잇는 맛집 도봉산두부가 있다. 도봉산두부는 엄마네와 아들네로 운영되고 있는데 두부를 직접 만들어 고소하고 부드러운 맛이 일품이다. 비지가 무료로 제공되니 집에서 끓여 먹어보자. 하얀순두부 7,000원, 옛두부전골(2~3인) 25,000원. ☐ 02-956-1999

소문난순대국 구수하고 잡내 없는 깔끔한 순댓국 맛으로 소문난 곳이다. 아침에 삶은 재료가 소진되면 당일 영업을 종료한다. 순댓국을 주문하면 삶은 간과 허파도 함께 내준다. 순댓국 9,000원, 순대 4,000원. ☐ 02-955-7004

홍릉숲

도심 속 신선한 오아시스

주소 서울시 동대문구 회기로 57 교통편 **자가운전** 서울시청 → 종로 → 신설동역에서 보문역 방면 → 안암로 → 고대역 사거리에서 경희대 방면 우회전 → 회기로 → 홍릉수목원 **대중교통** 지하철 6호선 고려대역 3번 출구 도보 7분 전화번호 02-961-2551 홈페이지 www.forest.go.kr 이용료 없음(주말 개관) 추천계절 여름, 가을

숲 여행을 꿈꾼다면 도심 속에 위치한 홍릉수목원으로 가보자. 국립산림과학원의 부속 전문 수목원으로 규모가 작다고 생각하면 오산이다. 숲은 13개 구역, 20만여 그루가 넘는 식물이 초록으로 물들인다. 홍릉수목원에는 사실 홍릉이 없다. 홍릉의 주인은 고종황제의 비였던 명성황후다. 홍릉이 남양주로 이장된 후 1922년 홍릉 일대에 임업시험장이 조성되면서 한국의 첫 번째 수목원이 탄생했다. 현재 홍릉수목원은 평일에는 국립산림과학원의 시험림으로, 주말에는 일반인들이 산책을 즐기는 숲으로 활용되고 있다. 홍릉수목원을 즐기는 데에 정답은 없지만 천천히 식물에 대한 설명을 읽으며 걷는 것이 좋다. 입구에서 가까운 제1수목원과 제2수목원에는 키가 훤칠한 침엽수들이 식재되어 나무향이 진하게 전해져 온다. 전나무, 비자나무, 연필향나무 등 비슷해보여도 사실은 모두 다른 나무들이란 것을 알고 나면 숲에서 노니는 재미는 배가 된다. 이곳의 깊은 역사 덕분에 숲은 일부러 식재했단 느낌보단 자연스레 어우러졌단 느낌이 더 강하다. 야트막한 오솔길을 따라 여기저기 숲 속을 마실 다녀도 좋고 수목원 안의 산림과학관에서 산림과 생활에 관련한 주제로 전시물들을 살펴봐도 알차다. 봄부터 가을까지만 진행되는 숲 해설을 들어도 좋다.

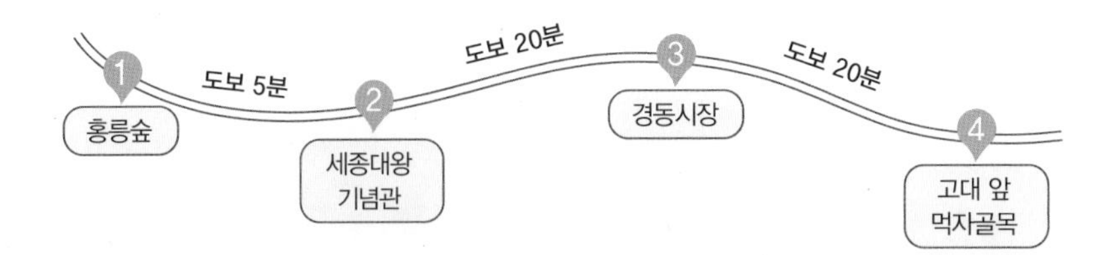

홍릉숲에는 주차시설이 없어서 차를 가지고 가는 것은 추천하지 않는다. 홍릉수목원이 건네는 이야기를 제대로 듣고 싶다면 봄부터 가을까지만 진행되는 숲 해설을 들어도 좋다. 출출해질 즈음 고대 앞 먹자골목으로 향하자. 웬만한 프랜차이즈부터 저렴한 토박이 식당까지 다양하다.

가 볼 만한 곳

경동시장 각종 고기와 채소, 과일, 한약재는 물론 수산물 등도 값싸게 구매가 가능하다. 규모가 상당하며 한번 경동시장에서 물건을 산 사람은 동네 시장에선 못 산다는 말이 있을 만큼 저렴한 것이 매력이다. 별별 상품을 구경하는 재미도 있지만 실생활에 필요한 먹거리들로 장을 보는 데에도 적격이다.

세종대왕기념관 세종대왕의 업적을 기리기 위해 1973년에 문을 연 전시관. 세종대왕일대기실, 한글실, 과학실, 국악실과 옥외전시공간에 다양한 문화재와 사료들이 전시되어 있다. 야외에 전시된 해시계는 신기하게도 휴대폰 시계와 딱 맞아 떨어지는 정확성을 보여준다. 홍릉수목원에서 세종대왕기념관 삼거리를 지나 직진하면 나타난다. ☐ 02-969-8851

주변 맛집

스시진 초밥에 올라가는 생선살이 도톰하다. 초밥을 만드는 밥 또한 적당한 수분감에 단맛과 신맛이 조화로워 생선 맛을 살려준다. 취향에 따라 원하는 생선을 올려 만든 초밥을 주문할 수 있는데 그 중 연어와 장어가 인기다. 모듬초밥 10,000원, 커플 2인 세트 28,000원. ☐ 02-922-4638

79번지 국수집 '다담'이라는 상호로 오랫동안 인근 대학생들에게 사랑받던 곳이다. 이름이 바뀌었어도 원래의 맛과 착한 가격은 변함이 없다. 닭고기로 맛을 낸 닭국수가 인기다. 막걸리 한 잔 곁들여 먹는 전도 맛있다. 닭국수 5,000원, 고기김치전 9,000원. ☐ 02-6082-9494

 # 순국선열의 애국심도 배우고 도심 산책도 즐기고 

국립서울현충원

국립서울현충원은 국가와 민족을 위해 고귀한 삶을 희생하신 분들을 모신 국립묘지이다. 의미만으로 보자면 너무 엄숙하여 방문이 꺼려질 수 있다. 하지만 넓은 잔디밭에서 뛰어노는 아이들, 그림 그리기에 열중인 학생들의 모습에서 시민과 소통하는 열린 공간임이 느껴진다. 현충원 주변 식생은 철저한 보호 및 일반인의 출입통제 덕분에 도심에 위치하고 있음에도 자연생태가 잘 보존되고 있다. 입구에 들어서서 정면에 놓인 충성분수대를 중심으로 양쪽 길에는 봄이면 춤추는 핑크빛 수양벚꽃이 눈길을 사로잡는다. 오른쪽 한적한 오르막길을 따라 가면 끝이 보이지 않는 유공자들의 묘역이 있고, 왼쪽 현충천 쪽으로 오르면 박정희 대통령, 김대중 대통령 등 전직 대통령들의 묘소가 있다. 쉬엄쉬엄 산책하며 활짝 핀 꽃을 만끽하고 싶다면 봄이면 노란 개나리로 뒤덮인 현충천을 따라 걷자. 잘 꾸며진 시민 공원에 온 것처럼 기분 좋게 걷다가도 묘석에 쓰인 애국지사들의 존함을 볼 때면 우리의 핏빛 역사로 인한 안타까운 희생에 숙연해진다. 평범한 공원이 아닌 만큼 현충원에 방문한다면 현충탑에서의 참배를 잊지 말자.

주소 서울시 동작구 현충로 210 **교통편** **자가운전** 서울시청 → 남대문로 → 녹사평대로 → 동작대로 → 국립현충원 **대중교통** 지하철 4호선 동작역 2, 4번 출구, 9호선 동작역 8번 출구 도보 5분 **전화번호** 02-748-0114 **홈페이지** www.snmb.mil.kr **이용료** 없음 **추천계절** 봄, 여름, 가을

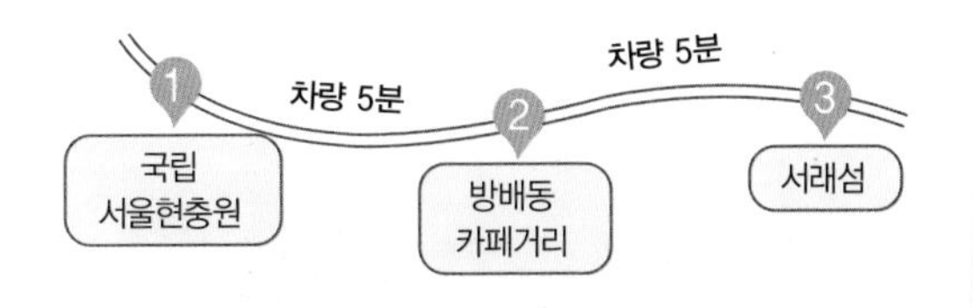

4~6월, 9~11월에는 평일 오후 1시 20분에 현충원 의장대 근무 교대식이 열리니 시간 맞춰 방문해 보자. 4~6월, 10~11월 토요일에 방문한다면 오후 3시에 열리는 국방부 특별 군악의장행사는 절대 놓치지 말자. 현충원 내에는 매점이 한 곳밖에 없어 붐빈다. 도시락을 싸와 꽃나무 아래서 먹는 재미가 끝내준다.

가 볼 만한 곳

방배동 카페골목 예전의 명성만큼 화려하진 않지만 대형 주상복합 건물들이 들어서면서 거리가 깔끔하게 정돈되었다. 빈티지하거나 개성 넘치는 카페보다는 우리가 잘 알고 있는 브랜드 커피전문점들이 많이 입점하여 여전히 먹고 마실 곳이 많은 거리이다. 한적한 낮에는 커피 한 잔을, 밤에는 와인이나 맥주 한 잔을 기울이기에 좋다.

서래섬 반포 한강공원에 있는 서래섬은 유채꽃이 활짝 핀 5월에 가야 제맛이다. 넘실대는 한강 너머로 핀 유채꽃밭을 거닐면 제주도에 와 있는 듯한 착각마저 불러일으킨다. 데이트하는 연인들, 산책 나온 가족들, 이어폰을 꽂고 조깅하는 사람들의 모습이 푸근하다. 해가 저물면 반포대교의 멋진 야경과 무지개분수 등도 즐길 수 있다. ☐ 02-3780-0541

주변 맛집

파크 루안 방배동 카페골목이 시작되는 피자헛 바로 옆에 있다. 모든 요리에 카놀라유를 사용한다. 대형 홀 외에 가족모임 등을 위한 룸도 여럿 보유하고 있다. 테이블에는 짜샤이 외에도 볶은 땅콩이 나와 음식이 나올 동안 입 안을 고소하게 해준다. 발렛파킹도 가능하다. 삼겹육슬짬뽕 9,000원, 게살류산슬 45,000원. ☐ 02-536-0009

신사동 떡볶이 다양한 종류의 떡볶이를 맛볼 수 있는 떡볶이 천국이다. 취향에 따라 기본, 짜장, 카레 등 떡볶이를 골라 먹는 재미가 있다. 매운 맛 조절도 가능하다. 튀김옷을 얇게 입힌 두툼한 오징어 튀김과 떡볶이의 조화는 침샘을 자극한다. 신사동 떡볶이 2인분 10,000원, 모듬 튀김 5,000원. ☐ 02-599-8886

 #지금은 시민들의 쉼터로 

보라매공원

옛 공군사관학교 자리에 조성된 보라매공원은 체육시설, 청소년시설, 운동장, 비행기 전시장, 연못, 다양한 편의시설들을 잘 갖춘 대규모 공원이다. 가로수가 잘 가꾸어진 정문(서문) 입구로 들어서면 성무대 탑이 보인다. 그 길을 따라 공원으로 들어서면 가운데 있는 대 운동장을 중심으로 각종 체육시설과 편의시설, 그리고 와우산으로 이어지는 자연탐방로다. 잔디가 깔린 넓은 운동장에는 공을 차는 사람들과 트랙을 걷는 사람들로 가득하다. 게이트 볼 연습장과 연못 옆 정자는 어르신들의 공간이다. 버드나무 가지가 늘어져 운치 있는 연못은 계절마다 변화를 가장 빨리 느낄 수 있는 곳으로 한적한 정취를 즐기기에 좋다. 산책을 하거나 자전거를 빌려 공원을 돌아도 좋다. 공원 안에 위치한 시립 보라매청소년수련원 1층에는 생활체육시설이 있어 가족이 함께 포켓볼, 탁구, 당구를 저렴한 가격에 즐길 수도 있다. 그 외에도 보라매안전체험관이 있다. 재난대처능력을 배우는 곳으로 아이들과 함께 어린이 소방안전체험장을 비롯한 다양한 재난 대처 프로그램을 체험해 보자.

주소 서울시 동작구 여의대방로 20길 33번지 교통편 **자가운전** 서울시청 → 세종대로 → 청파로 → 원효로 → 여의대방로 → 대방지하차도 진입 → 보라매공원 **대중교통** 지하철 7호선 보라매역 2번 출구, 2호선 신대방역 4번 출구 도보 10분 전화번호 보라매근린공원 02-2181-1191~5 홈페이지 parks.seoul.go.kr/template/sub/boramae.do 이용료 없음 추천계절 봄, 여름, 가을

가 볼 만한 곳

사육신공원 보라매공원에서 노량진역 방향으로 가면 보인다. 이곳은 조선시대 단종을 몰아내고 왕위를 뺏은 세조에 반대해 단종 복위를 꾀하다 죽은 여섯 명의 충신을 모신 곳이다. 이곳에는 당시 함께 처형된 김문기의 묘도 있다. 매년 10월 9일에 추모제향을 올리는 곳으로 산책하기에 좋고 전망이 좋아 데이트 코스로 좋다. ☐ 02-813-2130

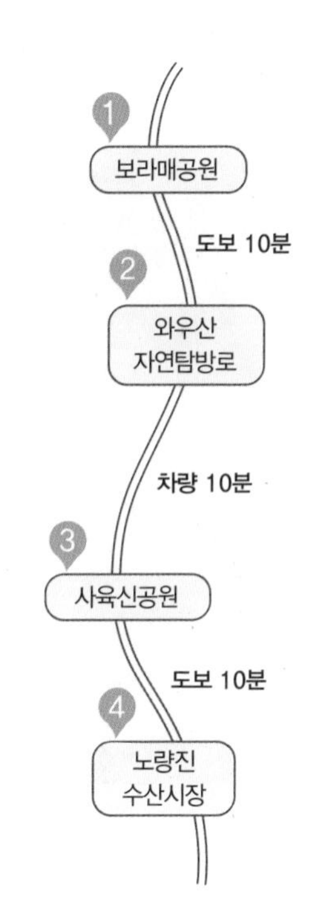

노량진 수산시장 노량진 수산시장은 국내 최대의 수산물 교역의 장이다. 사육신공원과 멀지 않아 걸어서 이동할 수 있다. 1927년 경성수산도매시장으로 시작한 이곳은 수도권 거래량의 45%를 차지한다. 신선한 해산물을 저렴하게 구입하고, 그 자리에서 맛보는 것은 물론 시장의 활기찬 모습을 구경하는 것도 또 다른 재미다.

사육신공원은 낮보다 해 질 녘 저녁이 더 아름답다. 공원의 전망대에 서면 63시티와 한강이 한눈에 내려다 보여 노을 지는 풍경을 감상하기 좋다.

주변 맛집

영건쉬림프 O.Gun Shrimp 노량진수산시장 2층에 위치한 튀김집이다. 고소한 튀김 냄새에 절로 발길이 간다. 다양한 종류의 신선한 튀김이 가득 준비되어 있다. 바로 튀겨낸 고소한 튀김 맛에 빠져보자. 모듬튀김 15,000원 베이비 크랩 10,000원. ☐ 02-2254-8420

신도세기 보라매점 특별한 돼지고기 요리를 내놓는 집이다. 같은 돼지고기라도 느낌이 전혀 다르다. 이유는 국내 유일의 슈퍼 골드 포크(SGP) 품종의 돼지고기를 사용하기 때문. 숄더랙, 통삼겹, 꽃목살 등의 메뉴는 돼지고기가 아니라 소고기를 보는 듯하다. 숄더랙 30,000원, 통삼겹 15,000원. ☐ 02-842-7755

 #쓰레기산이 하늘을 오르는 공원으로 변신 

하늘공원

하늘공원은 난지도 쓰레기매립장을 안정화하여 환경 생태공원으로 만들었다. 2000년부터는 식물들이 가루받이를 돕는 노랑나비, 제비나비, 네발나비, 호랑나비 등 3만 마리의 나비를 풀어놓아 식물 생태계가 안정될 수 있도록 했다. 하늘공원은 지그재그 300계단으로 오를 수도 있고 굽이굽이 평지를 따라 오를 수도 있다. 공원에 오르면 눈앞에 펼쳐지는 탁 트인 광활한 초원의 모습에 절로 감탄하게 된다. 공원은 네 개 지구로 나뉘는데 남북 쪽에는 억새와 띠 같은 높은 키의 풀이 심어져 있다. 바람이 불 때마다 수많은 하얀 억새가 흔들리는 모습은 장관을 이룬다. 사람들이 너도나도 억새 숲에서 사진을 찍느라 여념이 없다. 동서쪽에는 엉겅퀴, 제비꽃, 씀바귀, 토끼풀 같은 낮은 키의 아기자기한 꽃과 풀들이 있다. 아이들과 함께 꽃과 풀을 살펴보며 체험학습을 하는 가족들을 쉽게 볼 수 있다. 네 개 지구 사이와 둘레를 따라 산책로도 잘 정비되어있고 곳곳에 정자가 있어 산책하며 또 잠시 쉬며 풍경을 감상할 수 있다. 하늘공원 가장 높은 곳에서는 서울의 풍경이 한눈에 들어오는데 한강 전경과 북한산, 남산, 63시티, 행주산성이 모두 보인다.

주소 서울시 마포구 하늘공원로 95 **교통편** **자가운전** 서울시청 → 서소문로 → 마포대로 → 강변북로 → 잠두봉지하차도 진입 후 양화대교 방면 좌측 → 성산대교 북단 → 성산로 → 하늘공원 **대중교통** 지하철 6호선 월드컵경기장역 1번 출구 도보 20분 **전화번호** 02-300-5500~2 **홈페이지** worldcuppark.seoul.go.kr **이용료** 없음 **추천계절** 봄, 가을

가 볼 만한 곳

상암 DMC 영화박물관 한국영화를 수집하고 보존하여 한국영화에 대한 올바른 지식을 전달할 수 있도록 만들어졌다. 1903년부터 현재까지의 영화사를 한눈에 볼 수 있고 '여배우 열전', '사극의 방' 등 흥미로운 주제별 전시관이 있다. '소품의 방'은 영화에 직접 쓰였던 소품들이 전시되어있어 보는 재미를 더한다. 박물관 곳곳에는 시대별 영화의 음악을 직접 들어 볼 수 있는 시스템도 마련해 놓았다.

난지캠핑장 한강 둔치의 경관과 어우러진 도심 속 캠핑장이다. 언제든지 쉽게 와서 함께 바비큐도 해먹고 피크닉을 즐길 수 있다. 여름이면 텐트를 치고 강바람을 쐬며 더위를 식히기도 하고 아이들은 넓은 잔디밭에서 뛰놀 수 있어 가족단위의 여행객들이 즐겨 찾는다. 캠핑도구 및 기본적인 생활용품들은 현장에서 빌리거나 구입 가능하다.

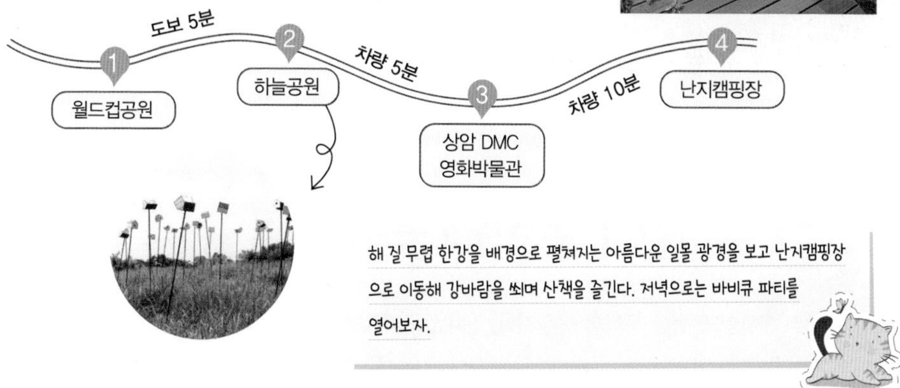

해 질 무렵 한강을 배경으로 펼쳐지는 아름다운 일몰 광경을 보고 난지캠핑장으로 이동해 강바람을 쐬며 산책을 즐긴다. 저녁으로는 바비큐 파티를 열어보자.

주변 맛집

동동가정식덮밥 테이블이 적고 브레이크 타임도 있지만 웨이팅이 길만큼 만족스러운 곳이다. 동동은 화합을 뜻하는 한자어와 돈부리를 뜻하는 일본식 한자어의 합성이라고 한다. 미소 항정살동, 매콤가지동, 불고기동, 명란 크림우동 등 식감과 영양의 조화로움을 한 그릇에 담은 메뉴가 주를 이룬다. 고로케와 미니 가라아케 등 곁들여 먹을 수 있는 메뉴도 있다. 브레이크 타임 15:00~17:30 미소항정살동 13,000원, 명란크림우동 11,000원. ☐ 02-302-2411

크라이치즈버거 상암점 한국의 인앤아웃이라고 불리는 햄버거 가게다. 치즈가 녹아내리는 모양이 꼭 눈물짓는 것 같다 해서 '크라이 치즈버거'라고 한다. 동그란 노란 얼굴에 눈물짓는 모양의 마스코트가 귀엽다. 인앤아웃처럼 구운 양파를 선택할 수도 있다. 패티의 식감과 맛도 좋다. 비교적 저렴하면서 담백하고 건강한 수제버거를 맛보고 싶다면 꼭 방문해 봐야 한다. 더블 치즈버거 5,300원, 치즈버거 세트 6,800원. ☐ 02-304-6244

자유와 열정, 개성이 넘치는 젊음의 거리

홍대 문화예술관광특구

홍대 앞은 대한민국 인디 문화의 중심지다. 홍대입구역에서 시작되는 '걷고싶은거리'에는 인디밴드가 때와 장소를 가리지 않고 버스킹을 펼친다. 가수를 꿈꾸는 고등학생부터 홍대와는 전혀 어울리지 않아 보이는 나이 지긋한 아저씨, 어제 막 한국에 도착한 외국 여행자까지, 각기 다른 사연과 노래가 지나가는 사람들의 발길을 멈추게 한다. 홍대 주차장으로 통하는 '패션거리'에는 작은 디자인 편집숍이 몰려 있다. 가게마다 개성과 자유분방함이 물씬한 패션 아이템이 눈길을 끈다. 홍대 정문에서 시작되는 '벽화거리'는 이름 없는 예술가들이 하나둘씩 벽에 그림을 그리기 시작하면서 형성되었다. 벽화거리는 벽화가 익숙해질 때쯤이면 새로운 그림으로 덧칠되는 것이 특징이다. 이밖에도 자랑거리가 많다. 대학가 특유의 저렴한 가격을 자랑하는 곱창과 돼지고기를 파는 먹자골목, 이색적인 카페와 아기자기한 소규모 공방과 갤러리, 개성 넘치는 소품숍이 있는 피카소거리, 홍대 밤 문화의 중심인 클럽거리도 젊은이들을 불러모은다. 홍대 앞과 합정동 일대는 2021년 홍대 문화예술관광특구로 지정되었다.

주소 서울시 마포구 양화로 **교통편** **자가운전** 서울시청 → 서소문로 → 마포대로 → 강변북로 → 잠두봉지하차도 진입 후 합정역 방향 → 양화로 → 합정 **대중교통** 합정역 3번 출구, 홍대입구역 9번 출구, 6호선 상수역 1번 출구에서 도보 **전화번호** 관광진흥팀 02-3153-8363 **홈페이지** www.mapo.go.kr **이용료** 없음 **추천계절** 사계절

상상마당 근처에 '홍대 문화예술관광특구' 조형물이 설치되어 있다. 컬러풀하게 디자인된 보도도 인상적이다. 홍대거리에는 많은 문화 공연과 버스킹을 즐길 수 있다. 경의선숲길에서는 나무 그늘에 앉아 책 한 권 읽는 여유를 즐겨보자.

가 볼 만한 곳

경의선숲길 홍대입구역 3번 출구를 나오면 공원으로 잘 꾸며진 경의선숲길을 만난다. 파란 잔디와 나무가 어우러진 작은 공원, 길을 따라가면 미니 분수와 작은 숲길로 이어진다. 주변으로 예쁜 카페와 맛집, 술집이 즐비하다. 주중에도 사람이 많을 정도로 인기다. 홍대 번화가에서 계절의 변화를 가장 잘 느낄 수 있는 경치 맛집이다.

망리단길 망원동 작은 골목이 힙해지면서 망리단길이 탄생했다. 독특한 인테리어, 신선한 아이템, 아기자기하게 꾸며진 예쁜 카페들이 골목 가득하다. 망원역부터 망리단길로 걷는 길은 전통 시장을 지나는데, 오래된 망원동 주택가의 풍경이 새로워진 망리단길과 묘하게 잘 어우러진다. 망원동만이 가지는 독특한 매력을 충분히 살렸다.

주변 맛집

야마뜨 캐주얼한 프랑스 레스토랑. 프랑스 남자와 한국인 여자, 〈이웃집 찰스〉에 소개되면서 유명해졌다. 프랑스 북부 브리트니 지방 인기 메뉴 갈레트와 크레페를 즐겨보자. 사장님이 추천하는 와인도 함께 즐겨도 좋겠다. 오후 6:30 오픈, 매주 월요일은 휴무다. 아보카도 샐러드 13,000원, 장모님 갈레트 9,000원, 설탕버터 & 휘핑크림 크레페 5,000원. ☐ 0507-1351-6845

크래프트한스 연남점 경의선숲길 바로 옆에 있다. 작은 건물 1층부터 3층까지 매장이다. 창에서 숲길이 바로 내려다보인다. 외국 느낌 물씬 나는 인테리어로 인기 만점이며, 언제나 사람들로 북적인다. 2층 테라스 자리가 특히 인기다. 크래프트한스 치킨 17,000원, 페퍼로니피자 15,000원, 맥주 5,500원~. ☐ 02-336-3342

 #100년 전, 독립운동 역사 체험 

서대문독립공원

서대문독립공원에서는 일제강점기 때 독립운동을 펼친 애국지사들을 기리기 위한 순국선열추념탑, 3·1독립선언기념탑, 독립문, 독립관 등을 볼 수 있다. 특히 관심을 갖고 둘러볼 곳은 서대문형무소역사관으로 옥사 7개 중 3개 동과 사형장은 사적으로 지정 되었다. 가장 시간을 들여 돌아보는 곳은 서대문형무소전시관이다. 1908년 경성감옥으로 처음 설립되어 1923년 서대문형무소로 바뀌면서 본격적으로 독립운동가들을 탄압하는 기관으로 악명을 떨쳤다. 당시 잔인했던 탄압 현장과 열악한 수감생활을 짐작하게 하는 사진, 유물들이 전시되어 이해를 돕는다. 규모가 큰 옥사를 비롯해 형무소 부지에는 한센병 수감자들을 격리한 수감시설, 고문당해 숨진 시신을 몰래 외부로 내보내는 데 사용하던 시구문, 사형장, 통곡의 나무 등이 당시 험난했던 수감생활을 보여준다. 격벽장 같은 독특한 건물은 운동하는 순간조차 다른 사람과 접촉할 수 없게끔 만들어져 있다. 건물 곳곳에는 역사적 의미와 용도에 대해 설명하는 짧은 안내판도 있어 교과서에서도 얻지 못했던 지식도 얻어갈 수 있다.

주소 서울시 서대문구 통일로 251 교통편 **자가운전** 서울시청 → 을지로 → 소공로 → 서소문로 → 통일로 → 서대문독립공원 **대중교통** 지하철 3호선 독립문역 5번 출구 전화번호 02-364-4686 홈페이지 parks.seoul.go.kr 이용료 없음 추천계절 가을

가 볼 만한 곳

서대문역사문화공원 입장은 무료지만 형무소역사관은 입장료가 있다. 서대문형무소역사관 어른 3,000원, 어린이 1,000원. 입장시간은 09:30~17:30(월요일 휴무). 또한 선바위에서 굽어보는 서울 전경은 맑은 날 가야 아쉬움이 없다.

선바위 선바위는 인왕산 기슭에 있는 바위로 스님이 장삼을 입고 있는 것 같다 해서 붙은 이름이다. 위용있는 모습의 암석을 향해 소원을 비는 사람들이 여럿 모여든다. 인왕산 위에 위치해 서울전경을 감상하기에 좋다. ☐ 02-2148-1808(종로구청 문화관광과)

국사당 조선시대 신당이었던 국사당은 일제강점기 때 남산에서 지금의 자리, 선바위 밑으로 위치를 옮겼으며 서울을 수호하는 신당 역할을 해왔다.

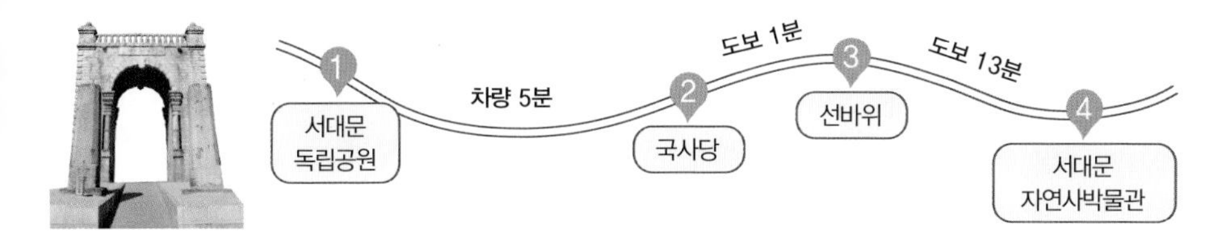

주변 맛집

앗싸복만두 골목에 있는 다소 허름하지만 정감 있는 곳. 만두고기, 김치, 콩 등 주재료는 대부분 국내산을 쓴다. 직접 빚는 만두는 일찍 품절되기도 한다. 가격은 저렴하고, 양은 넉넉하다. 김치만두, 고기만두 각 3,500원, 바지락 칼국수 5,500원, 콩국수 6,500원(계절 메뉴). ☐ 02-723-0758

한옥집 서대문역 2번 출구 골목 안에 위치한 한옥집의 대표메뉴는 김치찜과 김치찌개다. 김치찜의 커다란 포기김치와 두툼하고 부드러운 고기를 입맛에 맞게 큼직하게 썰어 쌀밥 위에 척 걸쳐먹는다. 적당히 맵고 소박한 음식이라 자주 먹어도 물리지 않는다. 김치찜, 김치찌개 각 8,500원. ☐ 02-362-8653

 # 서울에서 만나는 작은 프랑스마을 

서래마을

쁘띠프랑스라고도 불리는 서래마을은 원래 마을 앞개울이 서리서리 굽이쳐 흐른다 해서 붙여진 이름이다. 1985년 프랑스 학교가 이곳으로 이전하면서 많은 프랑스인들이 모여 살기 시작했으며 유명인사들이 사는 부촌으로도 유명하다. 프랑스어로 적힌 간판이 즐비하고 유럽풍의 가로등과 프랑스 국기와 태극기가 함께 바람에 휘날리는 이국적인 거리이다. 특히 프랑스학교의 등하교 시간엔 더욱 그렇다. 서래마을을 걷다보면 갑자기 들려오는 프랑스어도 자연스럽다. 프랑스 정통 음식뿐만 아니라 이탈리안레스토랑, 스테이크하우스, 한식 등 다양하며 최근엔 브런치 카페와 분위기 좋은 와인바 및 일본식 선술집의 인기로 이른 아침부터 밤늦은 시간까지 사람들의 발길이 끊이지 않는다. 서래마을은 프랑스마을답게 맛있는 빵집과 프랑스풍의 노천카페들이 많으며 파리크라상 서래마을점은 프랑스식 전통 바게트를 맛볼 수 있는 베이커리 카페이다. 프랑스에서 공수한 밀과 재료로 프랑스 파티쉐가 직접 만들어 다른 지점과 차별화 된 곳으로 유명하다. 매년 2월이면 프랑스 학교 학생들의 가장행렬퍼레이드가 열리고 6월에는 몽마르뜨공원 및 서래마을 일대에서 한불음악축제가 열린다. 12월의 크리스마스 장터에서는 서래마을 주민들이 각자 준비한 음식이나 와인 등을 직접 판매한다.

주소 서울시 서초구 서래로4길 5 **교통편** **자가운전** 서울시청 → 남산3호터널 → 반포대교 → 서래마을 **대중교통** 지하철 9호선 신반포역 4번 출구 도보 10분 **전화번호** 없음 **홈페이지** 없음 **이용료** 없음 **추천계절** 사계절

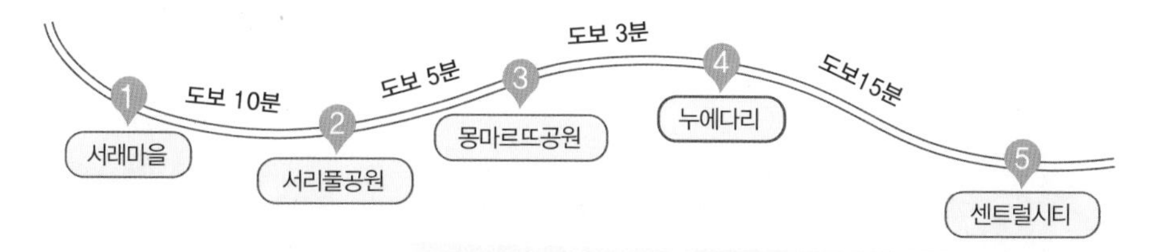

지하 5층, 지상 33층의 센트럴시티는 호남선 고속버스와 청주, 포천, 춘천 방향의 시외버스가 운행되는 센트럴시티터미널과 신세계백화점, 매리어트호텔, 컨벤션센터, 극장, 음식점 및 대형 서점 등 쇼핑몰로 이루어져 항상 사람들로 북적인다.

가 볼 만한 곳

서리풀공원 서리풀은 '서초'의 순 우리말이다. 서래마을과 대법원, 정보사 부지로 둘러싸인 서리풀공원은 지역 주민들에게 인기가 높은 산책길이다. 아카시아 향기와 아름다운 새소리는 이곳이 도심이라는 걸 잠시 잊게 한다. 누에다리로 연결된 몽마르뜨공원을 지나 서리풀 다리를 건너 청권사로 이어지는 서초 올레길도 멋진 산책로이다. ☐ 02-2155-6861

몽마르뜨공원 서래마을에서 조금만 걸으면 만나는 몽마르뜨공원은 나지막한 언덕 위에 위치, 여느 공원과는 다른 분위기다. 넓게 펼쳐진 잔디밭에서 공놀이를 하거나 나무 그늘 아래 피크닉 나온 가족도 있다. 잘 꾸며진 산책로와 벤치는 연인들의 데이트코스가 되기도 한다. 매년 반포서래 한불음악축제가 열리는 장소이며 바로 옆 누에다리를 건너면 성모병원 앞을 지나 센트럴시티까지 연결된다. ☐ 02-2155-6860

주변 맛집

밴건디 스테이크 하우스 합리적인 가격에 최고의 맛을 전하겠다는 셰프의 철학이 있는 스테이크하우스다. 뜨겁게 달궈진 플레이트에 나오는 스테이크가 유명해 평일에도 자리가 없을 정도다. 인테리어는 엔틱하면서 고급스럽다. 특별한 날 커플이나 가족모임 장소로 추천한다. 예약은 필수. 스테이크 런치 세트 27,000원, 밴건디 스테이크 세트(2인) 171,000원. ☐ 02-595-6062

담장옆에국화꽃 파미에점 서래마을 빙수맛집으로 유명해진 한식 디저트 카페다. 제6대 떡 명장 오숙경 명장이 총괄하여 직접 만든 빙수팥이 인기 비결이다. 달지 않은 건강한 맛의 팥빙수와 구움떡을 함께하면 좋다. 서래마을 근처 파미에점과 인사동점이 있다. 밤대추팥빙수 11,000원, 무가당팥죽 8,800원. ☐ 0507-1323-1157

 #자연의 향기에 취한다 

양재시민의숲

양재시민의숲은 강남의 고층빌딩 속에서 자연의 향기를 듬뿍 맡을 수 있는 곳이다. 다양한 나무들이 계절마다 색깔을 바꾸며 매력을 뽐낸다. 가족 나들이와 데이트 장소뿐 아니라 유치원, 주변 학교의 소풍 코스로 많은 사랑을 받고 있다. 고목들로 울창한 공원은 구불구불 길을 따라 산책하거나 가볍게 운동을 하는 사람들로 발길이 끊이지 않는다. 특히 여름에는 하늘 높이 솟은 나무의 녹색 물결이 장관을 이뤄 마치 깊은 숲 속을 거니는 것 같다. 연인 혹은 가족과 함께 맨발공원, 잔디공원을 걷다 보면 지루할 틈이 없다. 공원에서는 휴식뿐 아니라 역사적 사건들도 되새겨 볼 수 있다. 독립운동가인 매헌 윤봉길 의사 기념관과 백마부대 충혼탑, KAL기 피폭 희생자의 넋을 기리는 위령탑이 세워져 있다. 숲을 걸으며 몸과 마음을 정화했다면 시원한 물줄기가 흐르는 양재천으로 접근해보자. 몇 년 전까지는 악취가 진동하는 도심 속 하천에 불과했지만 정부와 시민의 노력으로 생태계가 되살아나 답답한 도시인들의 삶에 행복을 불어넣고 있다. 잘 정비된 자전거도로에서 하이킹을 즐기는 사람들, 점심시간을 이용해 휴식을 취하는 직장인의 발길이 온종일 이어진다.

주소 서울시 서초구 매헌로 99 **교통편** **자가운전** 서울시청 → 삼일대로 → 한남대교 → 강남대로 → 시민의숲 삼거리 우회전 → 양재시민의숲 **대중교통** 지하철 3호선 신분당선 양재시민의숲역에서 1, 5번 출구 도보 5분 **전화번호** 02-575-3895 **홈페이지** parks.seoul.go.kr/citizen **이용료** 없음 **추천계절** 봄, 여름, 가을

가 볼 만한 곳

양재 카페거리 연인의 길로 지정된 양재 카페거리는 양재동과 도곡동 사이 양재천 둑길을 따라 형성되었다. 20여 개의 정도의 카페들과 맛집들이 대로변과 골목 구석구석 위치해 있다. 낮에는 문을 닫은 곳이 많아 허전하지만 저녁이면 카페들의 조명이 은은하게 거리를 밝힌다. 해질 무렵 테라스에 앉아 양재천을 바라보며 즐기는 커피는 더없이 낭만적이다.

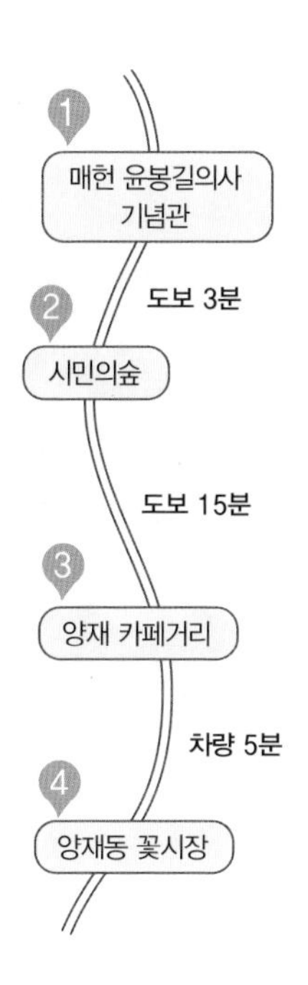

양재동 꽃시장 양재시민의숲에서 양재IC 쪽으로 걸어 내려오다 보면 양재동 꽃시장이 있다. 진한 꽃향기가 가득한 꽃시장에서는 전국에서 올라온 품질 좋은 꽃과 화분 등을 저렴하게 살 수 있다. 강습료 없이 꽃 재료비만 받고 진행되는 알찬 꽃꽂이 강좌도 있으니 꽃꽂이에 관심이 있다면 자주 들러보면 좋다.
☐ 02-579-8100

양재시민의숲에는 가족바비큐장이 있어 산책과 더불어 고기도 구워 먹을 수 있다. 홈페이지를 통해 사전 예약이 필요하다. 산책 후 양재 카페거리를 찾고자 한다면 기념관 앞 정문으로 진입하는 것이 좋다. 승용차를 이용한다면 기념관 앞 시민의숲 주차장이 강남대로변의 주차장보다 저렴하다.

주변 맛집

브루스 리 한가로이 카페골목을 걷다보면 고풍스러운 외관을 뽐내고 있는 브루스 리를 만나게 된다. 중국집처럼 생긴 이곳에는 짜장면과 짬뽕을 팔지 않는다. 대신 다양한 딤섬과 해산물을 넣은 중국식 만두로 유명하다. 중국의 오래된 가구와 그림에 둘러싸여 식사를 하고 있으면 마치 중국에 와 있는 것 같은 느낌을 준다. 딤섬 7,000원~, 유린기 23,000원. ☐ 02-576-8845

양화정 양재시민의숲역과 3분 거리에 있는 퓨전 한식 맛집. 2시간 동안 달인 건강한 차로 끓이는 부대찌개가 별미다. 남녀노소 모두가 좋아하는 김치스테이크와 바비큐 등 다양한 퓨전 음식을 즐길 수 있다. 부대찌개 10,000원, 김치스테이크 38,000원. ☐ 02-578-2396

#공연과 전시 1년 내내 관람

예술의전당

1993년에 전관 개관한 예술의전당은 복합예술공간으로 세계적 수준의 국내외 공연과 전시를 1년 내내 관람할 수 있으며 야외무대에서는 오페라페스티벌 갈라 등 무료공연이 열리기도 한다. 오페라하우스는 오페라, 발레, 무용 등 공연예술의 메카로 뮤지컬과 연극까지 모든 장르를 수용한다. 음악당은 사각형을 촘촘히 붙여 부채꼴로 만든 건축 형식으로 완벽한 음향을 만들어낸다. 국내 최초의 디자인 전문 미술관 한가람미술관은 조형예술을 수용하는 종합 미술관으로 다양하고 새로운 전시문화를 선보인다. 서울서예박물관은 동양적인 분위기로 외국인들이 많이 찾는다. 예술의전당 유료회원가입으로 다양한 혜택을 받을 수 있으며 청소년 회원제 싹틔우미는 최소 40% 이상 할인된 가격으로 예매가 가능하다. 주말이면 예술의전당은 나들이 나온 가족들과 데이트하는 연인들로 북적인다. 세계음악분수 앞 잔디에는 돗자리를 펼치고 앉아 분수쇼를 감상하는 어른들과 신나게 분수 앞을 뛰어 노는 아이들의 모습이 마치 가족공원 같기도 하다. 예술의전당 뒤쪽의 연못 우면지로 이어지는 우면산 산책로도 운치 있다. 비타민 스테이션은 서비스플라자와 레스토랑, 까페 등 편의시설이 모인 구역이다.

주소 서울시 서초구 남부순환로 2406 **교통편 자가운전** 서울시청 → 남산3호터널 → 반포대교 → 예술의전당 **대중교통** 지하철 3호선 남부터미널역 하차 후 마을버스 서초 22번 환승 후 예술의전당 하차 **전화번호** 02-580-1300 **홈페이지** www.sac.or.kr **이용료** 없음 **추천계절** 사계절

가 볼 만한 곳

대성사 우면산 자락에 위치한 대성사는 백제 때 지어진 전통사찰이다. 백제에 불교를 전해준 인도의 승려 마라난타가 백제에 오는 동안 걸린 병을 우면산에서 나오는 물을 마시고 모두 나은 후 이곳에 대성초당을 세워 이후에 대성사가 되었다고 한다. 조선후기에 만들어진 목불좌상은 서울시 유형문화재 제29호로 극락전에 있다. ☐ 02-583-1475

국립국악원 우리나라 전통음악과 무용을 보전 및 전승하기 위해 설립된 국립음악기관으로 2개의 실내 공연장(예악당, 우면당)과 야외공연장(별맞이터), 국악박물관과 국악연수관으로 이루어져 있다. 우면당 내부에 숨겨진 작은 박물관인 명인의 전당도 꼭 들러보자. ☐ 02-580-3333

예술의전당의 공연을 인터넷으로 예매할 경우 주차 사전정산권도 함께 구매하면 공연 관람 후 주차권을 구매하기 위해 무인정산기 앞에서 오래 기다릴 필요가 없다. 주차 사전정산권 구매 방법은 입장권 예매를 마친 후 완료화면에서 '예매내역 확인하기' 버튼을 누르고 주차권 구매 버튼을 클릭하면 된다. 단, 전시예매는 주차 사전정산권을 구매할 수 없으며 현장에서 구매해야 한다.

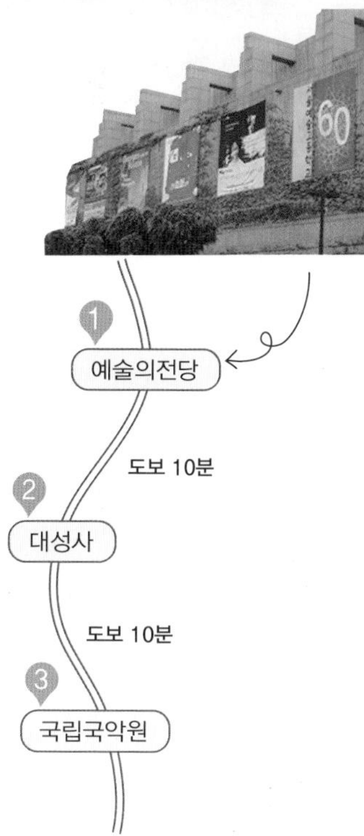

주변 맛집

모차르트502 예술의전당 문화광장에 위치한 유럽 스타일의 캐주얼 레스토랑. 음악분수를 보며 식사를 즐길 수 있다. 날이 좋은 날은 이국적 분위기를 느낄 수 있는 야외 테라스 자리가 인기가 많다. 공연이 있는 날은 대기가 길다. 오븐 스파게티 25,000원, 모차르트 햄버거 스테이크 26,000원. ☐ 02-522-4916

백년옥 예술의 전당 맞은편에 위치한 콩, 두부전문점으로 바닷물로 두부를 만든다. 자연식 순두부는 맵지 않고 담백하며 얼큰한 뚝배기맛 순두부와 콩비지도 인기다. 다양한 전과 팥칼국수도 맛있다. 본관과 별관이 있어 단체 등산객이나 여러 모임 장소로도 적합하다. 자연식 순두부 13,000원, 뚝배기 순두부 13,000원. ☐ 02-523-2860

#한강 야경의 절정, 최상의 데이트 코스

한강 새빛섬

2015년 개봉한 영화 〈어벤져스 2〉의 한국 촬영지 중 하나로 더 유명해진 한강 새빛섬. 한강의 새로운 랜드마크가 된 이곳은 2006년 시민 아이디어 공모로 시작되었다. 새빛섬은 모두 네 개의 인공섬으로 이루어졌다. 각각의 섬이름은 채빛, 솔빛, 가빛, 예빛이다. 2009년 예빛이 완공되었고, 이후 채빛과 가빛이 완공되면서 2014년 10월 전면 개장되었다. 새빛섬이 전면개장 되기까지 우여곡절의 시간이 있었다. 하지만 지금은 밤이면 화려하게 빛을 발하며 아름다운 자태를 한껏 뽐내고 있다. 채빛은 동쪽에서 떠오르는 해처럼, 솔빛은 한낮의 해, 가빛은 해질녘 노을빛과 같은 아름다움을 각각 담고 있다. 미디어 영상갤러리 예빛은 은은한 달빛을 닮았다. 각 섬 안에는 컨벤션홀, 카페, 레스토랑, 연회장 등 다양한 시설이 있다. 최첨단 음향 시설 등을 갖춘 FIC 컨벤션은 국내 유일의 수상 컨벤션 공간으로 500석 동시 식사가 가능하다. 새빛섬은 국내에서 최초로 물 위에 떠 있을 수 있는 부체 위에 건물을 짓는 플로팅 형태의 건축물로 국제적인 명소로 자리 잡았다. 한강공원 반포지구 안에 위치하고 있어 밤이면 새빛섬의 야경과 더불어 반포대교의 무지개분수를 같이 즐길 수 있다.

주소 서울 서초구 올림픽대로 2085-14 교통편 **대중교통** 6호선 이태원역에서 405번, 6호선 녹사평역에서 740번 버스 이용해 반포한강공원/새빛섬 하차 **자가운전** 남산 3호터널 → 녹사평 대로 → 반포대교 방면 직진 → 잠수교 북단 지하차도 → 잠수교 진입 후 직진 → 새빛섬 전화번호 1566-3433 홈페이지 www.somesevit.co.kr 이용료 없음 추천계절 사계절

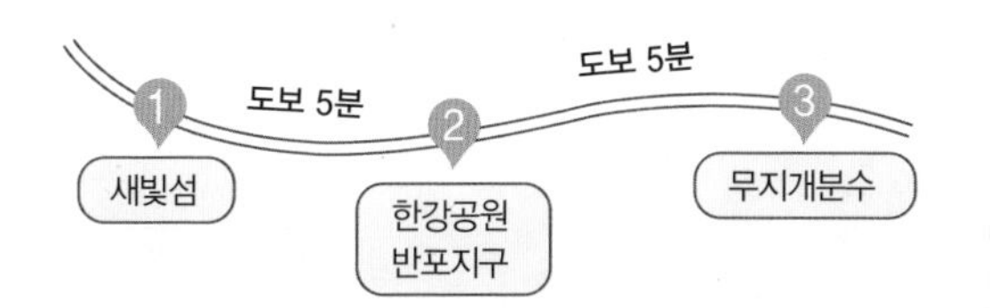

새빛섬은 야경이 특히 아름답다. 반포대교 무지개 분수와 연계해 관람하는 계획을 세우자. 오후에 한강공원에서 여유롭게 즐긴 후 저녁식사를 한 뒤 야경도 같이 감상하는 일정이면 좋다.

가 볼 만한 곳

반포한강공원 반포대교(잠수교)를 중심으로 한남대교와 동작대교 사이 강변 남단에 위치한 공원으로 반포동과 흑석동에 인접했다. 자전거 대여 및 운동시설이 있어 단체나 가족, 데이트 코스로도 좋다. 강남쪽에서는 도보로 접근할 수 있고, 새빛섬으로 가는 버스를 이용할 수 있어 교통편도 용이하다.

무지개 분수 반포대교에 설치된 분수다. 다리를 따라 길게 이어진 분수에서 솟구친 물이 아름다운 곡선을 그리며 한강으로 떨어진다. 특히, 밤에는 불빛을 이용해 분수의 물줄기가 황홀하게 빛난다. 이 모습을 카메라에 담으려고 많은 사진작가들이 찾는다. 돗자리와 맥주 캔만 준비하면 분수쇼를 즐길 준비 끝이다.

주변 맛집

이솔라 가빛섬 1층에 있는 이탈리안 레스토랑이다. 데이트 같은 특별한 날 분위기 있는 식사를 즐기고 싶다면 추천한다. 야경과 함께 멋진 분위기를 즐겨보자. 해산물 까르토치오 45,000원, 꽃등심 스테이크 48,000원, 런치 파스타 코스 29,500원. ☐ 02-533-0077

채빛퀴진 채빛섬 2층에 위치한 라이브 뷔페 레스토랑이다. 멋진 한강 뷰와 함께 색다른 식사를 즐길 수 있는 곳이다. 자리는 300석 규모로 꽤 큰 편이다. 음식은 바로바로 조리해 맛이 있다. 성인 점심 44,000원, 저녁 58,000원, 주말 및 공휴일은 70,000원. ☐ 02-3477-3100

 #한가로운 주말의 오후 같은 곳 

서울숲

공원의 벤치에 앉아 책을 보고 있는 휴그랜트의 무릎을 베고 줄리아로버츠가 누워있다. 그녀는 따스한 봄 햇살을 느끼며 사랑의 결실인 볼록한 배를 어루만진다. 평화롭고 한가로운 이 장면은 영화 〈노팅힐〉의 마지막 장면이다. 영화 속 주인공들처럼 행복한 주말의 오후를 만끽하러 사랑하는 사람과 잘 조성된 공원으로 소풍을 떠나보자. 미국 뉴욕의 센트럴파크, 영국의 하이드파크에 버금가는 공원으로 서울숲을 추천한다. 서울숲은 골프장, 승마장이 있던 뚝섬 일대의 자연환경을 그대로 살려 서울 시민의 웰빙공간으로 조성하였다. 서울숲은 2005년 6월에 서울 시민과 함께 만드는 참여의 숲, 자연과 함께 숨 쉬는 생명의 숲, 누구나 함께 즐기는 기쁨의 숲을 내세우며 개원하였다. 조각 작품 및 각종 스포츠 시설 등이 곳곳에 비치되어 복합문화 레저 공간으로 주목받고 있으며, 다양한 동·식물이 살아 숨 쉬는 생태공간으로 인기가 많다. 숲 속에 돗자리를 깔고 준비해온 도시락을 맛있게 먹는다. 배가 부르고 나른해지면 그대로 돗자리에 드러눕는다. 배드민턴을 하는 가족들, 자전거를 타는 연인들, 사슴 먹이를 주는 아이들, 이 모습을 사진에 담는 사람들. 모두가 모여 행복을 만드는 곳이 바로 여기 서울숲이다.

주소 서울시 성동구 뚝섬로 273 교통편 **자가운전** 서울시청→을지로→상왕십리역→성동교사거리→서울숲 **대중교통** 지하철 서울숲역 4번 출구 도보 5분, 뚝섬역 8번 출구 도보 10분 전화번호 02-460-2905 홈페이지 seoulforest.or.kr/info/park-info 이용료 없음 추천계절 봄, 여름, 가을

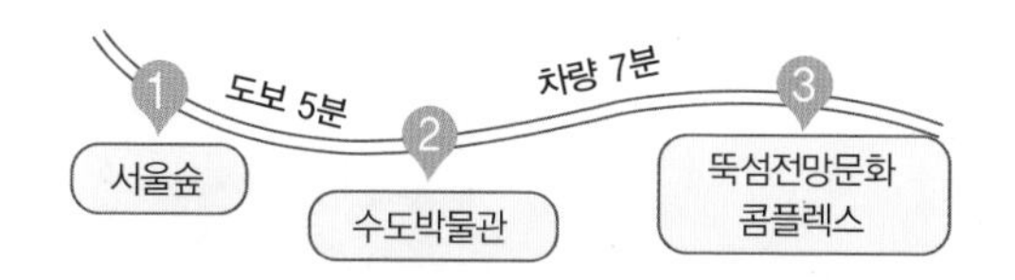

자전거를 타고 서울숲을 둘러보는 것도 색다른 재미가 있다. 언덕이 없어 평탄하고 아기자기하게 조성되어 있어서 자전거 타기에 안성맞춤이다. 자전거 대여는 분당선 서울숲역 2번 출구 앞에서 할 수 있다. 대여료는 30분 5,000원이며, 다양한 모양의 자전거를 빌릴 수 있다.

가 볼 만한 곳

수도박물관 수도박물관은 서울시 상수도의 100년 역사를 기념하여 2008년 4월에 문을 열었다. 물과 환경전시관, 수도박물관 별관과 본관, 야외전시장 등으로 나누어져 있으며 수돗물에 대한 여러 가지 이야기를 소개하고 있다. 소중한 물을 주제로 한 상수도전문 박물관으로 물이 깨끗해지는 과정과 수돗물의 역사와 물의 소중함 등을 각종 시청각 매체를 활용하여 전달하고 있다. 02-3146-5936

뚝섬전망문화콤플렉스 지하철 7호선 뚝섬유원지역에는 둥근 원통형으로 휘어진 건축물이 있다. 이 건물은 뚝섬전망문화콤플렉스라고 하는데 자나방의 애벌레를 닮아 '자벌레 전망대'로도 불리고 있다. 계단을 따라 건물로 들어가면 나타나는 1층은 A, B, C 구간으로 나누어져 있다. A는 꼬리 통로로 전시공간으로 활용되고, B는 디자인 서울갤러리, C는 시민 휴식공간으로 카페와 제과점이 운영되고 있다. 청담대교와 한강을 바라보는 조망권이 좋고, 특이하고 흥미로운 형태 덕분에 사람들에게 인기가 많다. 02-3780-0519

 주변 맛집

소녀방앗간 서울숲과 어울리는 건강한 밥집이다. 할머니가 기른 청정 재료와 어머니가 알려준 담백한 조리법으로 음식을 만든다. 청송삼거리방앗간 햅쌀과 일포댁 취나물을 넣고 지은 밥에 방위순 할머니 간장으로 비벼 먹어보자. 메뉴는 산나물밥과 요일별로 바뀌는 특선메뉴 2가지다. 산나물밥 8,800원, 산나물과 고춧가루제육볶음 11,800원, 장아찌불고기밥 10,800원. 02-6268-0778

센터커피 서울숲점 로스팅할 때마다 진한 커피 향이 카페를 가득 채우는 센터커피. 서울숲점은 창 너머로 사계절 변화하는 서울 숲의 풍경을 바라보며 커피를 마실 수 있다. 1층 테라스와 2층 창가 자리는 데이트하는 커플에게 인기다. 따사로운 봄날에는 루프탑에서 커피 한 잔의 여유를 즐기기에 그만이다. 가격은 아메리카노 5,000원, 라떼 6,000원.

도심의 온도를 낮춰주는 시원한 물소리

청계천

청계천은 청계광장에서 시작해 정릉천이 합류되는 고산자교까지 약 5.8㎞를 흐르는 생태하천이다. 6·25 이후 청계천 주변으로 가난한 피난민들이 모여 살았으나 홍수와 화재가 빈번하여 천을 덮고 도로를 만들었다. 도로의 안전등급이 낮아지고 매연 탓인 환경오염이 대두하자 청계천을 다시 흐르게 하자라는 목소리가 높아졌고 2003년 7월부터 2년 3개월간의 공사로 맑은 물이 흐르는 생태하천으로 거듭났다. 이 때문에 서울시는 환경도시로 탈바꿈해 세계적인 주목을 받고 있다. 청계천에는 365일 다양한 행사와 전시가 진행된다. 특히 매년 12월 청계천 등 축제 기간에는 아름다운 등 조형물을 보기 위해 모인 사람들로 인산인해를 이룬다. 길이가 약 6km인 걷기코스는 방향별로 2개로 나눈다. 청계광장에서 시작되는 코스와 물줄기를 거스르는 청계천문화관 코스로 구별된다. 자동차들이 다니는 도로에서 한 계단 내려가면 물소리가 들린다. 청계천문화관은 청계천의 역사와 복원공사 과정과 이후의 변화상 등 청계천의 이모저모를 보여준다.

주소 서울시 성동구 청계천로 530(청계천문화관) 교통편 **자가운전** 서울시청 → 청계천 **대중교통** 지하철 2호선 용두역 5번 출구 도보 10분, 신당역 11번 출구 도보 5분 전화번호 청계천문화관 02-2290-6114 홈페이지 www.cheonggyecheon.or.kr 이용료 없음 추천계절 사계절

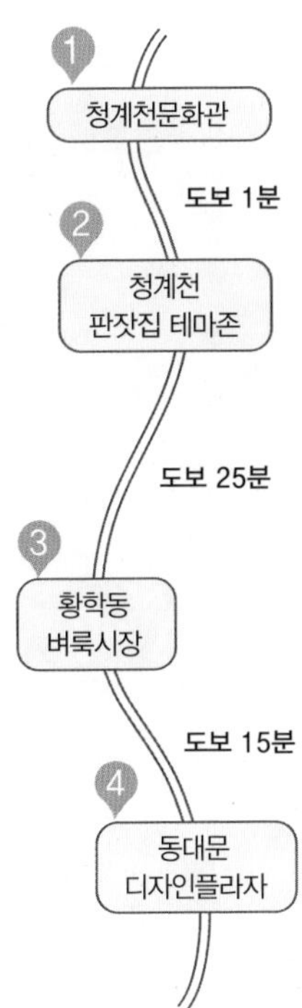

청계천을 따라 전부 걷기에는 꽤 긴 길이이므로 2개의 코스로 나뉘어 선택하면 좋다. 1코스는 약 3km로 청계광장에서 오수간교까지이고 2코스는 반대편에서 오는 코스로 고산자교에서 시작해 오수간교까지 약 2.5km의 코스이다. 제1경 분수대와 야외공연장이 있는 청계광장을 시작으로 제4경 패션광장과 제7경 철거된 청계고가도로의 교각 3개를 기념으로 남겨 놓은 존치교각 등 '청계 8경'을 찾아보는 재미도 쏠쏠하다.

가 볼 만한 곳

청계천 판잣집 테마존 청계천문화관 맞은편에 자리 잡고 있다. 청계천 주변으로 형성되었던 판잣집의 외관을 재현했다. 추억의 교실, 또리만화, 광명상회, 공부방 등을 테마로 1960~1970년대 추억을 고스란히 담고 있다. 어른들에게는 옛 기억을 떠올리는 특별한 추억의 공간으로, 어린이들에게는 새로운 과거 여행의 체험 장소로 알맞다.

동묘 다양한 골동품과 재활용 물건을 판다. 특히 좌판에서 파는 중고의류가 인기가 많다. 단돈 몇천원으로 상태 좋은 옷가지를 건지려고 남녀노소를 막론하고 달려든다. 추억의 LP판과 고서적, 다양한 장식품 등을 만날 수 있다. 두 눈을 크게 뜨고 둘러보면 예상치 못한 보물을 발견하는 재미도 있다.

주변 맛집

유래회관 청계천문화관에서 왕십리우체국 방향으로 10여 분만 걸어가면 51년 전통을 자랑하는 생등심전문점 유래회관이 나온다. 질 좋은 1등급 한우 암소 등심을 엄선해 손님상에 올린다. 특히 식사 후 순수 우리 콩으로 빚은 된장을 사용해 끓인 된장국에 넣어 먹는 국수사리가 인기를 끈다. 한우생등심(170g) 48,000원. ☐ 02-2293-8866

용두동 쭈꾸미 용두동에는 주꾸미 골목이 있을 정도로 '용두동 쭈꾸미'는 고유명사가 되었다. 그 중심에는 16년 전통의 용두동 쭈꾸미 본점이 있다. 입이 얼얼해지는 매운 양념은 쫄깃한 주꾸미와 만나 최상의 궁합을 보여준다. 특이하게도 찬 카레소스가 나와서 매운맛을 잡는데 도와준다. 1인분이 450g으로 양도 푸짐하다. 주꾸미볶음 1인분 15,000원. ☐ 02-925-3127

길상사

법정스님의 발자취를 담은 맑고 향기로운 사찰

여행 정보

주소 서울시 성북구 선잠로5길 68 **교통편 자가운전** 서울시청 → 광화문광장에서 우회전 → 원남동 사거리에서 좌회전 → 한성대입구역 사거리에서 좌회전 → 선잠단지에서 우회전 → 길상사 **대중교통** 4호선 한성대입구역 6번 출구에서 지선버스 1111, 2112번 환승 **전화번호** 02-3672-5945 **홈페이지** www.kilsangsa.or.kr **이용료** 없음 **추천계절** 사계절

"맑음은 개인의 청정을, 향기로움은 그 청정의 사회적 메아리를 뜻합니다." 사찰에 들어서면 아직도 법정스님의 법문소리가 법당 문밖까지 들리는 듯하다. 성북동의 고급 주택가에 자리한 길상사 터는 본래 김영한이라는 기생이 운영하던 대원각이라는 고급 음식점이었다. 시인 백석의 연인으로도 알려진 그녀는 법정스님의 〈무소유〉를 읽고 감명을 받아 대원각이 청정한 불도량이기를 소원하였다. "저는 죄 많은 여자입니다. 저는 불교를 잘 모릅니다만… 저기 보이는 저 팔각정은 여인들이 옷을 갈아입는 곳이었습니다. 저의 소원은 저 곳에서 맑고 장엄한 범종소리가 울려 퍼지는 것입니다." 그렇게 8년에 걸쳐 법정스님을 설득한 끝에 1995년, 비로소 대법사라는 이름으로 사찰이 세워졌다. 이후 대법사는 '맑고 향기롭게 근본도량 길상사'로 이름이 바뀌어 현재에 이르렀다. 길상사라는 이름은 공덕주인 김영한이 법정스님으로부터 받은 '길상화'라는 법명에서 따온 이름이다. 절터를 시주받아 길상사를 세웠지만 무소유를 이야기하던 법정스님은 길상사에서 하룻밤도 기거하지 않고 강원도 산골 오두막에서 책에 묻혀 지냈다. 매년 석가탄신일에 열리는 음악회로 조용하던 사찰에 음악이 잔잔히 흐른다. 부처님오신날에는 색색의 연등 아래서 아름다운 음악을 감상해 보자.

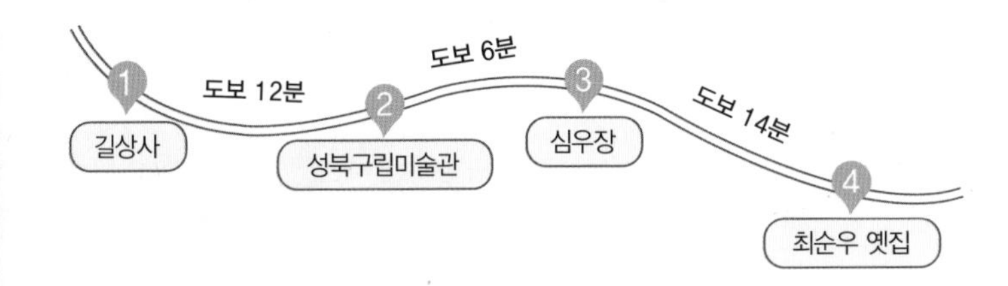

한성대입구역 6번 출구에서 100m 정도 직진 후 동원마트 앞에서 하루 8번 운행하는 길상사 셔틀버스를 이용하면 편리하다. <무량수전 배흘림기둥에 기대서서>라는 책으로 유명한 혜곡 최순우 선생이 작고하기 전까지 살던 옛집이 멀지 않다. 1930년대 지어진 가옥이지만 일본식 주거 양식이 가미되지 않고 전통적 가옥의 형태로 지어졌다.

가 볼 만한 곳

심우장 〈님의 침묵〉이란 시로 유명한 만해 한용운의 유택이다. 시인이자 승려, 독립운동가였던 한용운은 조선총독부를 마주보지 않으려 일부러 북향으로 지었다고 한다. 조국의 독립을 위한 삶을 살던 그는 1944년에 안타깝게도 광복을 보지 못하고 이곳에서 생을 마쳤다. ☐ 02-764-2451

성북구립미술관 2009년에 주민센터에서 자치구 최초의 공립미술관으로 변모한 구립미술관이다. 성북지역은 우리나라 근현대 미술이 태동할 무렵 많은 작가들이 활동의 기반으로 삼은 곳이다. 2층과 3층에 수준 높은 작품들을 전시하는 전시실이 꾸며져 있다. 전시내용에 따라 전시연계 체험프로그램을 운영한다. 미술관 방문 시 작품 해설을 요청하면 좀 더 깊이 있는 작품 감상이 가능하다. ☐ 02-6925-5011

주변 맛집

국시집 수요미식회, 허영만의 백반기행에 소개된 안동식 국숫집이다. 1969년 영업을 시작해 전통을 이어가고 있다. 메뉴는 국시, 수육, 전, 문어가 전부. 국시는 보통과 곱빼기 중에 선택할 수 있다. 정갈한 국물맛과 쫄깃한 면발이 특징. 국시 11,000원, 전(소) 17,000원. ☐ 02-762-1924

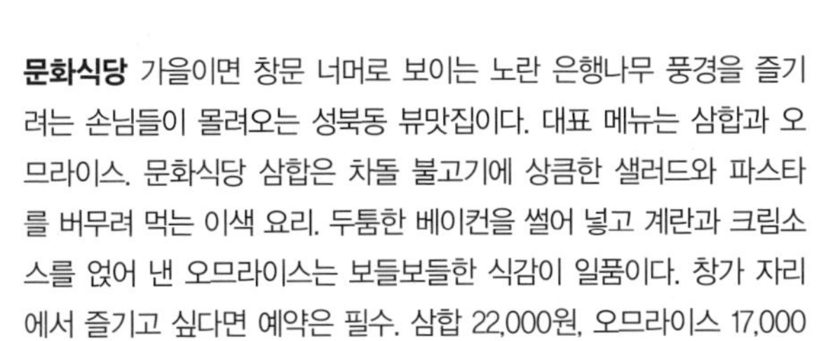

문화식당 가을이면 창문 너머로 보이는 노란 은행나무 풍경을 즐기려는 손님들이 몰려오는 성북동 뷰맛집이다. 대표 메뉴는 삼합과 오므라이스. 문화식당 삼합은 차돌 불고기에 상큼한 샐러드와 파스타를 버무려 먹는 이색 요리. 두툼한 베이컨을 썰어 넣고 계란과 크림소스를 얹어 낸 오므라이스는 보들보들한 식감이 일품이다. 창가 자리에서 즐기고 싶다면 예약은 필수. 삼합 22,000원, 오므라이스 17,000원, 하우스와인 8,000원. ☐ 0507-1377-4644

롯데월드

동심의 세계로 되돌아가는 하루

주소 서울시 송파구 올림픽로 240 **교통편** **자가운전** 서울시청 → 남산1호터널 → 한남대교 → 올림픽대로 → 롯데월드 **대중교통** 지하철 2호선/8호선 4번 출구에서 도보 5분 **전화번호** 1661-2000 **홈페이지** www.lotteworld.com **이용료** 종합이용권 1Day 62,000원, 청소년 54,000원, 어린이 47,000원, 롯데월드 이용권 어른 59,000원, 청소년 52,000원, 어린이 46,000원 **추천계절** 사계절

롯데월드는 테마파크뿐만 아니라 백화점, 호텔, 대형할인점, 면세점, 스포츠센터 등이 모여 있는 복합적인 놀이 공간이다. 실내 어드벤쳐와 실외 매직 아일랜드로 구성된 테마파크는 1년 365일 날씨에 상관없이 즐길 수 있어 항상 사람들로 북적인다. 어린이뿐 아니라 어른들의 데이트 장소로도 인기다. 자유이용권이나 연간회원권이 있다면 '매직패스(Magic Pass)' 서비스를 이용하자. 롯데월드몰은 국내 최대 도심형 수족관 아쿠아리움, 아시아 최대 규모의 시네마, 명품 백화점, 콘서트홀 등이 함께 있는 초대형 쇼핑몰이다. 여기에 2016년 한국 전통 도자기와 붓 형상을 모티브로 한 롯데월드타워가 완공되면서 정점을 찍었다. 높이 555m, 총 123층의 롯데월드타워는 세계 5위의 초고층 건물이다. 500m 높이의 전망대에 오르면 360도 서울의 뷰를 감상할 수 있다. 밤과 낮, 계절마다 변하는 다양한 서울 풍경은 벅찬 감동을 안겨준다. 롯데월드를 다 돌아보려면 하루도 부족하다. 볼거리가 많으니 계획을 잘 짜서 가는 게 좋다.

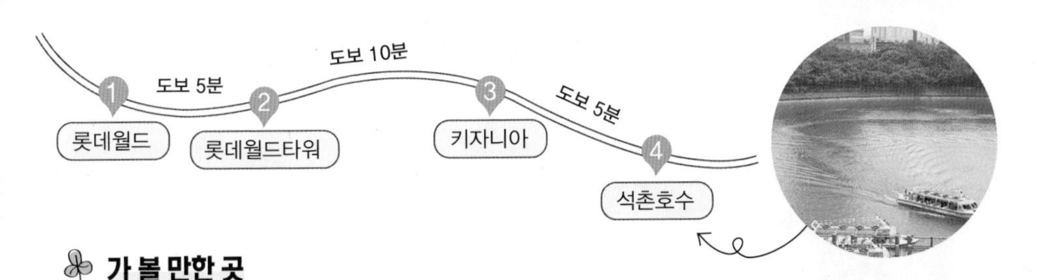

가 볼 만한 곳

석촌호수 롯데월드와 인접한 석촌호수는 송파나루공원이라고도 하며 산책로와 쉼터 등이 있어 시민들이 즐겨 찾는 휴식공간이다. 주변에 맛집과 카페들이 많아 데이트코스로 인기이며 석촌호수 벚꽃축제로도 유명하다. 동호와 서호로 구분되어 서호 쪽의 서울 놀이마당은 다양한 전통공연이 열리며, 롯데월드 매직아일랜드에서 석촌호수로 연결되는 출입구가 있다. ☐ 02-415-3595

서울스카이(롯데월드타워) 서울의 랜드마크가 된 롯데월드타워에 있는 전망대다. 117층부터 123층까지인 전망대에 오르면 360도 뷰로 서울을 볼 수 있다. 짜릿한 경험을 하고 싶다면 스카이 데크와 스카이 브리지에 도전하자. 스카이 브리지는 안전장치를 하고 541m의 건물 밖 연결통로를 걷는다. 이용료는 10만원.

입장료는 제휴카드 및 우대쿠폰 등 여러 방법으로 할인 가능하며 각종 이벤트와 프로모션도 준비되어 있다. 연간회원권은 식사나 음료 할인 등 혜택이 다양하다. 키자니아는 3세부터 15세까지의 어린이들이 90여 가지의 다양한 직업을 체험할 수 있는 신개념 직업체험 테마파크이다.

주변 맛집

고든램지 버거 롯데월드몰 지하 1층에 있는 미슐랭 3스타 셰프 고든램지의 하이엔드 버거 레스토랑이다. 아시아 최초로 선보인 이곳은 비싼 가격에 오픈 전부터 이슈가 되었다. 지금도 주말에는 줄을 서야 먹을 수 있다. 포레스트 버거 33,000원, 베지테리언 버거 28,000원. ☐ 02-3213-4797

엔제리너스 서울스카이점 롯데월드타워 122층 하늘 아래 가장 높은 곳에 자리한 카페다. 컬러풀한 시그니처 음료가 인기다. 주말에는 자리가 없을 정도로 붐빈다. 시그니처 음료를 사서 뷰가 보이는 창가에서 마셔보자. 아메리카노 커피 5,200원, 스카이 시그니처 블루 스카이 7,800원, 아메리치노 6,000원. ☐ 02-3213-9998

 # 백제 왕이 살던 역사 속 걷기 여행 

올림픽공원

올림픽공원은 세계 66개국, 155명의 201점 조각 작품이 아름답게 조화를 이뤄 '세계 5대 조각공원'으로 손꼽힌다. 올림픽공원은 백제시대 진흙으로 쌓아올린 '몽촌토성'을 품고 있다. 성벽이 아름다운 이곳은 2.4km 산책로가 있어 가볍게 걷기 좋다. 백제역사를 만나는 추억의 길, 갈대로 장관을 이루는 호반의 길, 경관이 좋은 토성의 길 등 5가지 테마별 산책을 즐길 수 있다. 몽촌토성 산책로에는 외톨이 나무가 있다. 홀로 우뚝 서 있다 해서 이름 붙여졌다. '감동이 오기 전에 셔터를 누르지 말라'는 신미식 사진가의 말이 무색할 만큼 이곳에서는 여행가나 사진가들이 외톨이나무를 배경으로 셔터를 누르기 바쁘다. 해질 무렵의 일몰은 특히 더 아름답다. 올림픽공원 들꽃마루는 철마다 다양하고 색다른 경관을 연출한다. 봄에는 양귀비꽃, 수레국화, 금영초, 가을에는 풍접초, 해바라기, 황화코스모스 등이 야생 꽃 단지에서 소담하게 피어난다. 언덕 위 오두막에 앉아 잠시 쉬어가면 산들바람이 상큼한 꽃향기를 배달한다. 장미광장은 들꽃마루 옆에 있다. 매년 봄과 가을에 장미축제가 열리니 향기 가득한 축제기간을 놓치지 말자.

주소 서울시 송파구 올림픽로 424 **교통편** **자가운전** 서울시청 → 올림픽대로 → 올림픽대교분기점 → 강동대로 → 둔촌사거리 → 양재대로→ 올림픽공원 **대중교통** 지하철 5호선 올림픽공원역 3번 출구, 8호선 몽촌토성(평화의문)역 1번 출구 **전화번호** 올림픽공원 안내센터 02-410-1600 **홈페이지** www.olympicpark.co.kr **이용료** 없음 **추천계절** 사계절

가 볼 만한 곳

방이동 백제고분군 방이동 백제고분군은 몽촌토성과 풍납토성이 인접해 있다. 백제시대의 토기가 발굴되었고 둥그런 흙무덤으로 형성되어 있어 백제의 왕이나 상류층의 무덤으로 추정된다. 백제의 흔적을 찾아 가볍게 떠나보자.

한성백제박물관 서울의 고대 역사문화를 조명하는 박물관이다. 교과서에 등장하는 구석기, 신석기, 청동기, 철기, 마한을 거쳐 백제의 생활 모습을 재현했다. 풍납토성에서 출토된 도기와 현재와 과거에 촬영된 사진 속에서 서울의 백제 유적을 만날 수 있다. 아이들과 역사가 살아 숨쉬는 여행을 하고 싶다면 암사동 선사유적지와 고구려대장간마을을 연계해 역사 체험을 해보자. ☐ 02-2152-5800

올림픽공원은 매주 월요일에서 일요일까지 만남의 광장 원형무대, 몽촌해자 수변무대, 88호수 수변무대에서 야외콘서트가 열린다. 또 서울올림픽기념관, 소마미술관, 한성백제박물관 관람도 지나칠 수 없다. 소마미술관은 넷째 주 토요일에 무료 개방하며 작품의 사진촬영도 허용하고 있다.

주변 맛집

칸지 고고 올림픽점 올림픽공원 남2문 맞은편 칸지고고는 전문 중화요리집이다. 통유리창 너머 은행나무 가로수길이 훤히 보여 창밖 전경이 좋다. 발렛파킹도 가능하다. 특히 신선한 해물을 가득 넣어 만든 짬뽕 맛이 일품이다. 런치 코스 28,000원~33,000원, 디너 코스 39,000원~44,000원. ☐ 02-3431-0607

백제추어탕 본점 영양식으로 인기 많은 추어탕 맛집. 신선한 국내산 미꾸라지와 강원도 청시래기를 넣고 부드럽게 끓인 추어탕이 별미다. 기본 반찬으로 나오는 꼬들꼬들한 목이버섯, 아삭한 양파 절임, 시원한 열무김치, 유자 드레싱 배추 샐러드까지 인기다. 갈치속젓은 솥밥 누룽지와 곁들어 먹으면 맛있다. 추어탕 12,000원, 수제 치즈돈가스 11,000원. ☐ 02-488-6788

선유도공원

한강과 자연의 예술이 내 가슴에 들어왔다

주소 서울시 영등포구 선유로 343 **교통편** **자가운전** 서울시청 → 서소문로 → 아현고가차도 신촌로 → 양화대교 진입 → 양화로 성산대교 방면 → 한강시민공원 주차장 → 선유도공원 **대중교통** 지하철 9호선 선유도역 2번 출구 도보 7분 **전화번호** 02-2631-9368 **홈페이지** parks.seoul.go.kr/seonyudo **이용료** 없음 **추천계절** 봄, 여름, 가을

양화대교 중간에는 한강의 시원한 바람을 느끼며 여유롭게 거닐 수 있는 선유도공원이 있다. 우리에겐 정수처리장으로 더 익숙한 선유도는 정수 시설물들을 재활용하고 수생식물과 풍부한 초목을 식재하여 공원으로 탄생, 서울 시민의 눈과 마음을 행복하게 만들어 주고 있다. 무지개다리라 불리는 선유교를 지나면 선유도공원에 도착한다. 선유마당을 지나 한 바퀴를 천천히 돌며 선유정까지 가보자. 탁 트인 한강이 바라다 보이는 선유정에 앉아 있자면 마치 신선이 된 기분이다. 선유정 앞에 놓인 녹색 기둥의 정원은 옛 정수지로 콘크리트 기둥들이 그대로 드러나 있지만 여름이 되면 녹색 넝쿨 식물에 휩싸인다. 전문가들에게는 녹색 풀과 콘크리트의 조화가 매력적인 걸까. 카메라를 맨 아마추어 사진작가와 웨딩 및 화보 촬영을 하는 사람들로 연일 북적인다. 녹색 기둥의 정원까지 둘러봤다면 이제 선유도공원의 하이라이트인 수생식물원과 시간의 정원만이 남아 있다. 수생식물원에서는 잔잔하게 고여 있는 인공 연못 위에 핀 연꽃이 장관이다. 차가운 콘크리트 담에 둘러싸여 있지만 초록의 연꽃과 부레옥잠과 오묘하게 조화를 이룬다. 대나무 숲으로 유명한 시간의 정원에는 혼자 들어가지 않는 것이 좋다. 다정히 데이트를 즐기는 연인들의 온기에 언제나 달콤한 바람이 살랑인다.

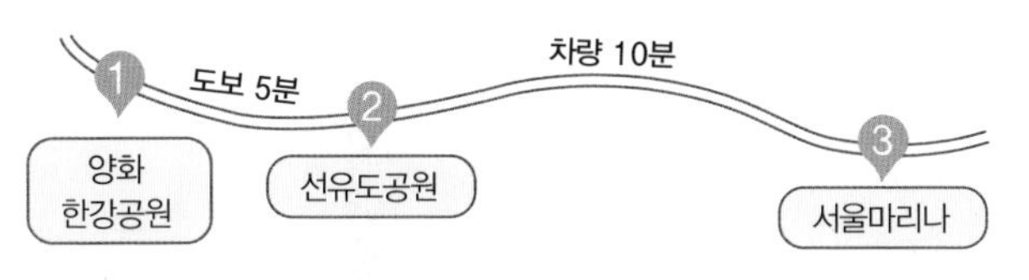

가 볼 만한 곳

양화 한강공원 한강의 많은 공원 중에서도 선유도공원과 나란히 있어 많은 사람들이 찾는 시민 공원이다. 202m 월드컵 분수가 켜질 때면 넓은 잔디밭에 앉아 시원스레 뻗어 오르는 물줄기만 보고 있어도 더위가 날아가는 것 같다. 자전거 길에는 강바람을 맞으며 자전거를 타는 사람들로 가득하다. 밤이면 로맨틱한 유람선에서의 데이트를 즐겨 보는 것도 좋다. ☐ 02-3780-0581

서울마리나 우리나라에서는 흔하지 않은 요트체험을 할 수 있는 곳이다. 바람의 힘만으로 가는 전문가용 딩기요트부터 한강의 경치를 즐기며 식사까지 할 수 있는 파워요트 등이 준비되어 있다. 강가에 정박하고 있는 요트들이 바라다 보이는 1층 테라스에서는 이국적인 느낌을 만끽하면서 식사를 할 수 있는 레스토랑이 있으며 하우스웨딩이나 돌잔치를 위한 연회장도 마련되어 있다. ☐ 02-3780-8400

선유도공원을 돌아보고 노을이 질 때쯤이면 양화 한강공원에서 유람선을 즐기거나 서울마리나 클럽에서 바비큐를 즐겨보자. 이국적인 정취에 흠뻑 빠지게 된다. 양화대교 위에 있는 전망카페는 탁 트인 한강을 바라보며 차 한 잔 마시기에 좋다. 5월에 양화 한강공원을 찾는다면 초록 잔디를 붉게 만드는 장미꽃의 향연을 놓치지 말자.

주변 맛집

스파카나폴리 주문을 받은 뒤에 도우를 만들기 시작하는 피자 가게다. 화덕에서 바로 구워 피자가 신선하고 쫄깃하다. 피자 접시 아래 양초를 켜 놓아 끝까지 따뜻하게 먹을 수 있다. 연인과 함께 데이트 코스로 가기 그만이다. 고르곤졸라 피자 25,000원, 마르게리따 피자 24,000원. ☐ 02-326-2323

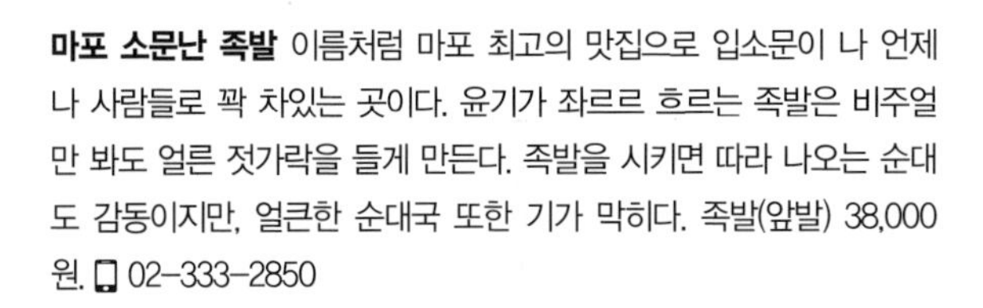

마포 소문난 족발 이름처럼 마포 최고의 맛집으로 입소문이 나 언제나 사람들로 꽉 차있는 곳이다. 윤기가 좌르르 흐르는 족발은 비주얼만 봐도 얼른 젓가락을 들게 만든다. 족발을 시키면 따라 나오는 순대도 감동이지만, 얼큰한 순대국 또한 기가 막히다. 족발(앞발) 38,000원. ☐ 02-333-2850

한강유람선

서울 야경 감상하며 낭만 데이트

주소 서울시 영등포구 여의동로 280 **교통편** **자가운전** 서울시청 → 서울역 → 원효대교 → 여의도 선착장 **대중교통** 지하철 5호선 여의나루역 3번 출구 도보 3분 **전화번호** 이랜드크루즈 02-3271-6900 **이용료** 여의도 회항 한강 투어 크루즈 화~일요일 14:00, 16:00(주말과 공휴일은 15:00 추가 운행). 요금은 성인 16,900원, 소인 11,900원. 선셋 크루즈 화~일요일 17:00. 요금은 성인 21,900원, 소인 14,900원. 달빛 뮤직 크루즈 화~일요일 19:30. 요금은 성인 29,900원 소인 20,900원. **홈페이지** www.elandcruise.com **추천계절** 봄, 여름, 가을

한강에서 바라다 보이는 서울의 풍경은 도심에서 보는 서울과는 또 다르다. 템즈강을 보고 세느강을 다녀온 사람들은 말한다. 한강이 이렇게 넓은 강폭과 물길을 가지고 있다는 사실에 새삼 감격한다고. 더구나 인구 천만 명이 넘는 세계적인 도시에 강과 산이 한데 어우러져 있는 곳이 거의 없다는 사실까지 확인하면 그저 조상의 혜안에 감탄할 뿐이다. 한강에는 모두 8개의 선착장이 있으며 주요 거점은 여의도와 잠실선착장이다. 여의도와 잠실에는 출발지로 되돌아오는 회항코스가 각각 운항되고 두 선착장을 잇는 편도 노선은 예약 운항된다. 주간 운행에서는 북한산을 비롯하여 서울을 에워싸고 있는 산과 강변에서 펼쳐지는 풍경을 두루 감상할 수 있다. 형형색색의 등불로 치장한 야간 운행 유람선에서 데이트의 낭만을 빼놓을 수가 없다. 선상요리를 즐기면서 강바람을 맞을 수도 있는 디너뷔페크루즈가 기본이고 점심시간에만 유람선을 운항하는 런치뷔페크루즈도 있다. 아름다운 통기타 연주와 노래를 감상할 수 있는 라이브 크루즈와 〈제빵왕 김탁구〉를 소재로 한 신나는 빵 쑈 팡팡크루즈도 있다. 모두 예약은 필수다. 홍수 등 특별한 경우가 아니면 4계절 운항된다. 특히 여름밤에 반포대교의 달빛무지개 분수가 가동되는 시간이 하이라이트다.

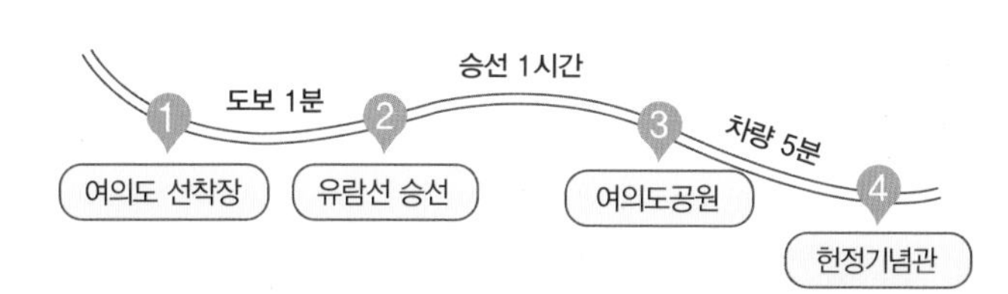

가 볼 만한 곳

여의도공원 국군의 날 퍼레이드가 벌어지거나 대규모 종교집회가 열리던 드넓은 여의도광장에 들어선 공원이다. 특히 방송사와 금융사가 밀집하고 있어 긴장 속에 근무하는 화이트칼라들에게 도심 허파의 구실을 하고 있다. 오밀조밀하게 조성된 조경 덕분에 지루하지 않게 산책하거나 연인끼리 2인승 자전거도 빌려 탈 수 있다. 가끔 방송 프로그램 녹화가 진행되기도 한다. ☐ 02-761-4079

헌정기념관 국회의 기능과 역할에 대한 홍보를 주로 하며 국회방문자센터와 같이 있다. 국회역사관에서는 상해임시정부 의정원에서 시작된 국회의 내력을 살펴본다. 의정체험관에서는 참관객이 직접 국회의원이 되어 법을 만드는 과정을 체험해본다. 어린이 체험관은 어린이의 눈높이에 맞춰서 설명하고 있어 학부모의 모습이 평일에도 눈에 띈다. 2, 4주 일요일, 법정공휴일 휴관. ☐ 02-788-3664

비수기에는 10명 이상이 안 되는 경우 팡팡크루즈나 라이브크루즈가 취소되기도 하니 미리 전화로 확인해야 한다. 4월 벚꽃 시즌에는 1주일 전에 예약을 하는 게 좋다. 헌정기념관에는 전시 외에도 다양한 단체들에서 역사적인 사건에 대한 재조명 등 기념행사를 진행한다.

주변 맛집

동해도 식사시간 1시간 기준 마음껏 먹을 수 있는 회전초밥집이다. 광어, 연어 생새우, 유부, 오징어, 달걀로 만든 초밥이 회전레일에서 손님의 선택을 기다린다. 즉석에서 만들어 얹는 초밥에 체온이 느껴져 따뜻하다. 도미는 비싸서 못쓰고 민물장어 대신 바닷장어를 쓴다는 주방장의 말에 오히려 신뢰가 간다. 성인 평일 런치(우동 및 알밥 포함) 27,800원. ☐ 02-761-6350

구이구이 KBS 본관 인근 오피스텔에 위치, 방송국 사람들이 자주 찾는 생선구이전문점이다. 꽁치, 청어, 고등어, 삼치, 연어, 병어, 임연수어, 갈치, 메로, 가자미 등 다양한 구이를 선택할 수 있다. 평일 점심에는 자리 잡기가 분주하다. 고등어구이백반 16,000원. ☐ 02-780-9292

과거와 역사를 잇는 시민들의 배움터

국립중앙박물관

국립중앙박물관은 우리나라의 과거와 현재의 모습을 가장 잘 볼 수 있는 곳이다. 용산공원의 남쪽에 위치, 복합 박물관 단지의 첫 출발지라는 상징적 의미를 지니기도 한 이곳은 많은 방문객들에게 교육, 역사, 그리고 휴식의 공간으로 자리 잡았다. 정문을 들어서면 시원하게 펼쳐진 넓은 연못에 한가롭게 자리 잡은 청자정 뒤로 웅장하고 아름다운 건축미를 보이는 것이 박물관이다. 전시장 입구의 열린 마당에 서면 우측의 상설전시장과 좌측의 기획전시장 사이로 보이는 남산의 풍경에 잠시 발을 멈추게 된다. 상설전시장에는 선사시대부터 조선시대에 이르기까지의 다양한 유물들이 총 6개관, 50개실에 1만 2천여 점이 전시되고 있다. 그 외에도 어린이박물관과 도서관, 각종 편의시설들을 잘 갖추고 있어 학습, 전시관람과 함께 휴식할 수 있는 공간으로도 손색이 없다. 극장 용은 805석 규모의 전문 공연장이고, 도서관에는 국내외 고고학, 미술사학, 역사학 등 다양한 전문 정보 자료를 제공한다. 연못을 중심으로 잘 조성된 공원은 일반 시민들의 휴식 공간이다.

주소 서울시 용산구 서빙고로 137 **교통편** **자가운전** 서울시청 → 용산역 앞에서 국립중앙박물관 방면 좌회전 → 서빙고로 → 국립중앙박물관 **대중교통** 지하철 4호선 이촌역 2번 출구 도보 5분 **전화번호** 02-2077-9000 **홈페이지** www.museum.go.kr **이용료** 없음 (특별, 기획전시 별도), 1월 1일, 매주 월요일 휴관 **추천계절** 사계절

가 볼 만한 곳

용산가족공원 국립중앙박물관 옆에 있다. 박물관 건립에 따라 이전보다 공원 규모가 축소되었지만 넓은 잔디밭과 연못, 산책로는 아직도 많은 시민들에게 휴식의 공간이다. 계절별 꽃들이 가득한 공원에는 아이와 함께 할 수 있는 놀이터를 비롯하여 작은 계곡과 산책로도 있다. 국립중앙박물관과 연결되어 있어 전시 관람 후 둘러보기에 적합하다.

국립한글박물관 국립한글박물관은 우리 문화의 근간인 한글의 우수성과 다양성, 그리고 그 가치를 알리고 보존하기 위해 만들어졌다. 한글문화의 이해를 넓히는 상설 전시장, 기획전시실을 비롯해 외국인을 위한 한글배움터를 운영 중이다. 한글배움터는 쉽게 한글을 배울 수 있는 체험 전시 공간이다. ☐ 02-2077-9000

박물관이 지루하다는 고정관념을 깨자. 아이들 교육을 위해서만 가는 곳이란 생각도 버리자. 아이들에겐 공부하며 놀 수 있는 곳이기도 하다. 최근 개관한 용산역사박물관은 근현대사의 재미있는 볼거리가 많다. 박물관 데이트를 하기에도 좋다.

주변 맛집

자원대구탕 삼각지역에는 대구탕 골목이 있다. 예전만큼은 아니지만 여전히 대구탕 골목에는 맛있는 대구탕의 얼큰한 국물 냄새가 가득하다. 골목 입구에 있는 자원대구탕은 늘 손님들로 붐빈다. 푸짐하게 나오는 대구탕에 동치미가 곁들여 진다. 마지막에 볶아먹는 밥에 아가미 젓갈을 함께 넣고 먹으면 더 맛있다. 대구탕 13,000원. ☐ 02-793-5900

미미옥 신용산점 국립중앙박물관에서 멀지 않다. 서울식 쌀국수와 비빔밥을 맛있게 먹을 수 있는 집이다. 1인 세트 메뉴가 있어 혼자도 눈치 볼 필요가 없다. 식사 시간에 늦으면 웨이팅 걸리기도 한다. 양지차돌박이 국수 12,700원, 우삼겹 비빔밥 11,000원, 코로케와 음료까지 포함된 각 1인 세트 17,000원. ☐ 0507-1376-0819

N서울타워

서울의 랜드마크, 대한민국 심장부를 한 눈에!

주소 서울 용산구 남산공원길 105 **교통편 자가운전** 서울시청 → 서울역 → 남산도서관 **대중교통** 충무로역(3, 4호선) 또는 동대입구역(3호선)에서 01번 남산 순환버스 이용 전화번호 02-3455-9277 홈페이지 www.nseoultower.com 이용료 어른 16,000원, 소인 12,000원 추천계절 사계절

남산의 영문 이니셜 N을 써 N서울타워라 불린다. 방송 전파 송수신을 위해 만들어진 국내 최초의 종합 전파탑으로 1969년에 착공해 1980년에 개장했다. 지금은 서울 최고의 관광명소이자 랜드마크다. 높이 236.7m의 타워는 처음에는 전망대가 없었다. 지금의 형태를 갖춘 건 1975년이다. 2015년에 탑 하부에 레스토랑, 카페, 기념품숍, 홍보관 등이 들어서면서 복합문화공간으로 재탄생했다. 전망대 하부 난간에 빼곡하게 채워진 '사랑의 자물쇠'는 N서울타워의 명물이자 연인들이 이곳에 오는 이유 중 하나다. 그동안 걸고 간 자물쇠에 난간이 휘청거릴 정도다. 지금도 연인들이 난간의 빈틈을 찾아 자물쇠를 채우고 있다. 전망을 보며 커피나 음료를 마실 수 있는 카페테리아와 기념품숍은 특히 외국인 관광객에게 인기다. 저녁 7시(하절기는 6시)부터 밤 12시까지 타워에 조명이 들어온다. 타워의 조명은 대기의 상태에 따라 색이 변한다. 맑은 날은 파란색, 보통일 때는 초록색, 매우 안 좋을 때는 빨간색이다. 타워 주변에는 팔각정과 조선시대 봉수대 터가 있다. 봉수대 터에서는 해마다 통일을 기원하며 불을 붙이는 남산 봉화식을 진행한다. 4층에 있는 갤러리 K도 둘러보자.

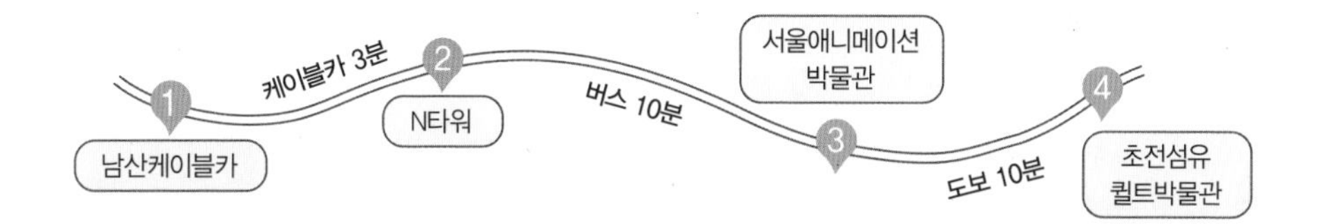

N서울타워는 충무로역과 동대입구역에서 01번 버스로 갈 수 있다. 케이블카나 걸어서 가기 힘들다면 남산순환버스를 타고 가는 것도 또 하나의 여행이다. 남산 둘레길을 산책 삼아 거니는 것도 좋다.

가 볼 만한 곳

남산공원 녹사평역이나 한강진역에서 쉽게 갈 수 있는 남산공원은 계절마다 다양한 식물을 구경할 수 있다. 토끼나 다람쥐, 꿩 같은 야생동물을 도심에서 만날 수 있는 것도 색다른 경험이다. 팔도 소나무 공원에는 전국의 소나무 80그루가 있고, 185종의 야생화는 계절마다 다른 풍경을 만든다. 한강진역에서 올라가 해방촌으로 내려온다면 데이트 코스로도 손색없다. 날씨 좋은 날에는 N서울타워까지 산책해도 좋겠다.

안중근의사기념관 1970년 건립된 안중근의사기념관을 허물고 2010년 그 자리에 한옥으로 지었다. 총공사비 중 34억원은 국민 성금이었다. 기념관 내부는 안중근 의사와 가족, 일제강점기 독립운동에 관한 다양한 자료가 전시되어 있다. 1층 현관에는 안중근 의사의 동상이 있다. 출구 쪽 벽에는 국민 성금 참여자 이름이 새겨져 있다. 매주 월요일은 휴무. ☐ 02-3789-1016

주변 맛집

목멱산방 비빔밥으로 유명한 미슐랭 레스토랑. 본래 남산공원에 있었지만 N서울타워에서 리라초교 방면 남산 둘레길 방면으로 옮겼다. 장소는 바뀌었지만 맛은 여전하다. 놋그릇에 정성스럽게 담아내는 비빔밥을 먹고나면 건강해지는 느낌이다. 산방비빔밥 8,500원, 곤드레 간장 비빔밥 9,000원. ☐ 02-318-4790

엔테라스 N서울타워 1층에 위치한 캐주얼한 펍&카페. 한눈에 내려다보이는 도심의 풍경이 압권이다. 멋진 풍경을 감상하며 잠시 쉬어가면 좋다. 커피와 맥주 등 음료를 마셔도 좋고, 스낵류를 곁들여 간단히 식사를 즐겨도 좋다. 피시&칩스 13,000원, 닭강정 9,000원, 생맥주 4,500원. ☐ 02-3455-9222

#아름다운 석양과 음악, 미술이 함께하는 문화복합기지

노들섬

한강대교 중간에 위치한 노들섬은 자연과 문화, 쉼이 함께하는 글로벌 아트섬이다. 한강, 63빌딩, 한강철교가 어우러진 풍경이 시원하게 펼쳐진다. 1950년대까지만 해도 백사장으로 이어져 물놀이와 천연 스케이트장으로 사랑받던 곳이었다. 하지만 그 이후 오랫동안 방치되었고 2019년 '음악을 매개로 한 복합문화기지'로 새롭게 탄생하였다. 노들섬을 대표하는 '잔디마당'은 노을 지는 한강을 바라보며 공연을 즐기는 야외공연장이자 쉼터이다. 매년 서울뮤직페스티벌, 서울재즈페스타, 서울거리예술축제 등 다양한 페스티벌이 열린다, 최고의 음악 공연 시설을 갖춘 '라이브하우스'는 가수들의 콘서트 장소로 인기다. 책 문화를 이끄는 '노들서가', 음악이 있는 휴식공간 '뮤직라운지 류', 체험형 식물문화공간 '식물도', 아트갤러리 '스페이스445' 등 예술적 영감을 주는 문화공간들도 다양하다. 노들섬 둘레길을 걷다 보면 거대한 달을 형상화한 조형물 '달빛노들'과 멸종위기의 맹꽁이들이 서식하는 '맹꽁이 숲'도 만날 수 있다. 노들섬은 2023년 서울시 디자인 혁신 시범 사업 1호로 선정돼 한강의 새로운 랜드마크를 목표로 스카이 트레일(노을 전망대), 아트 브릿지, 수상 예술무대 등 창의적인 건축물이 조성될 예정이다.

주소 서울특별시 용산구 양녕로 445 **교통편** **자가운전** 서울시청 → 세종대로 → 노들섬 **대중교통** 지하철 9호선 노들역 2번 출구 도보 10분 **전화번호** 02-749-4500 **홈페이지** nodeul.org **이용료** 없음 **추천계절** 봄, 가을

가 볼 만한 곳

용양봉저정공원 정조가 아버지 사도세자의 죽음을 슬퍼하며 그의 묘가 있는 화성 현륭원으로 행차할 때마다 한강을 건너 잠시 쉬어 가던 곳이 용양봉저정이다. 근처 공원은 잘 조성된 산책로와 전망대가 있어 한강뷰 명소로도 유명하다. 산책하다 만나게 되는 그림자 포토존, 발자국 조명, 일루미아 트리 등을 즐기려면 야경이 멋진 밤에 가면 더 좋다. 숲 놀이터는 아이들이 있다면 꼭 들려보자.

노량진 수산시장 노량진 수산시장은 국내 최대의 수산물 교역의 장이다. 사육신공원과 멀지 않아 걸어서 이동할 수 있다. 1927년 경성수산도매시장으로 시작한 이곳은 수도권 거래량의 45%를 차지한다. 신선한 해산물을 저렴하게 구입하고, 그 자리에서 맛보는 것은 물론 시장의 활기찬 모습을 구경하는 것도 또 다른 재미다.

1 노들섬 — 도보 10분 — 2 용양봉저정 — 도보 3분 — 3 용양봉저정공원 — 차량 7분 — 4 노량진수산물 도매시장

용양봉저정공원 중턱에 위치한 동작청년카페 1호점 'THE한강'은 착한 가격으로 한강뷰를 즐길 수 있어 아는 사람만 아는 숨겨진 핫스폿이다. 남산보다 규모는 작지만, 카페 앞에 러브락이 있어 연인들의 데이트 코스로도 인기다. 사랑의 열쇠는 카페에서 구매할 수 있다.

주변 맛집

더 피자 사운즈 이태리 화산석 오븐에서 450도 저온 숙성한 찰진 도우로 만든 피자와 함께 노들섬의 석양을 바라보며 피맥하기 좋은 곳이다. 먼저 자리를 잡고 테이블 번호를 기억한 후 키오스크로 주문하는 시스템으로 노들 콤보와 피맥 세트가 대표 메뉴다. 마르게리따 15,900원, 피맥 세트 25,000원. ☐ 0507-1483-0251

블루메쯔 노들섬점 국내 1호 부처쉐프가 운영하는 독일식 정육점과 식당을 결합한 공간으로 창가 자리는 예약 필수다. 시그니처 메뉴인 독일 정통 스타일의 슈바인학센은 최소 3시간 전까지 선주문해야 한다. 다진 쇠고기로 만든 오리지널 파이도 인기다. 슈바인학센 42,000원, 오리지널파이 14,000원. ☐ 0507-1375-6658

#뉴욕 하이 라인 파크를 닮은 공중정원

서울로7017

'서울로7017'은 서울역 위를 가로질러 퇴계로와 만리동을 연결하는 고가도로에 만든 공중정원이다. 뉴욕 맨해튼의 폐 고가 철교를 이용한 하이 라인 파크High Line Park를 벤치마킹 했다. 처음에는 고가도로 철거를 두고 반대도 심했다. 그러나 2017년 개장한 이후에는 서울의 새로운 명소가 되었다. 공원 이름에 붙은 숫자는 의미가 있다. '70'은 고가도로 만든 연도(1970년)를, 17은 연결되는 출입통로의 숫자로, 다시 태어난다는 뜻을 담고 있다. 서울로7017은 인공조경이지만 자연의 멋을 최대한 부각시켰다. 전국 8도에서 옮겨온 나무, 장미의 정원 등 테마를 잘 조합해 사계절 내내 자연을 느낄 수 있다. 이곳에 식재된 식물은 50과 228종, 24,085주나 된다. 서울로7017 공원 한가운데는 버스킹을 할 수 있는 공간도 있다. 여러 대의 피아노가 설치된 '달려라 피아노'는 누구나 연주해 볼 수 있다. 공중 정원을 거닐며 1925년 르네상스 양식으로 지은 옛 경성역의 아름다움도 즐길 수 있다. 교각을 이용해 만든 〈서울로 문화센터〉에서 고가도로의 역사와 재탄생의 과정도 알 수 있다.

주소 서울시 용산구 한강대로 405 **교통편** **자가운전** 서울시청 → 세종대로 → 숭례문 → 서울역 **대중교통** 지하철 1호선 1·2번 출구, 4호선 14번 출구 **전화번호** 1544-7788 **홈페이지** www.korail.com **이용료** 없음 **추천계절** 사계절

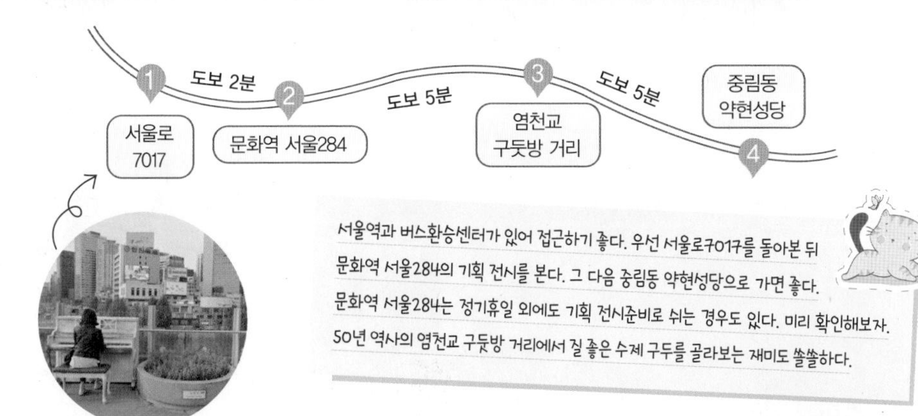

가 볼 만한 곳

문화역 서울284 1981년 사적 제284호로 지정된 구 서울역사는 2012년 4월 문화적 색채를 입은 전시관으로 탈바꿈했다. 기차역의 수명이 다한 자리에 우리나라 대표복합문화 공간을 자부하며 출범했다. 상설 전시관과 다목적 홀이 일반에 공개됐다. 돔형 천장을 올려다보면 건축물에 담긴 세월의 무게가 고스란히 느껴진다. 길게는 3개월, 짧게는 2주 단위로 수준 높은 전시나 기획이벤트가 열린다. ☐ 02-3407-3500

중림동 약현성당 한국 최초의 서양식 성당 건물로 명동성당보다 역사가 더 오래된 사적 제252호이다. 1998년 노숙자의 방화로 소실되었다가 복원되었다. 성당의 아름다운 스테인드글라스와 경건함 때문에 드라마 촬영지로도 자주 소개된다. 서소문 순교성지 전시관에는 신유박해로 순교한 44인의 위패와 16인의 성인에 대한 생생한 기록이 있어 천주교 수난사에 옷깃을 여미게 된다. ☐ 02-362-1891

주변 맛집

비스트로미 서울역점 4호선 서울역 10번 출구에서 바로 이어진다. '로마에 가지 않고 로마 음식을 먹다'를 뜻하는 이태리 레스토랑이다. 단체나 가족은 4인 코스를 먹어도 좋다. 양이 푸짐하고, 젊은 취향에 어울린다. 스테이크류 36,000~49,000원, 챱스테이크 리조또 30,000원, 마르게리따 피자 25,000원. ☐ 02-2288-7488

중림장 투명한 국물과 깍두기 맛이 일품인 설렁탕, 도가니탕 전문집이다. 설렁탕 맛을 아는 단골들로 식사시간이 따로 없이 붐빈다. 설렁탕 10,000원, 도가니탕 14,000원. ☐ 02-393-8743

조용하게 즐기는 데이트 명소

한남동 가로수길

'가로수길' 하면 신사동이다. 그곳에는 화려한 곳을 좋아하는 멋쟁이들이 몰려든다. 하지만 가로수길이 신사동에만 있는 것은 아니다. 강 건너 한남동에 있는 가로수길도 요즘 물 좋은 곳으로 주가를 높이고 있다. 한남동 가로수길은 신사동과는 또 다른 소박함이 매력이다. 한남동 가로수길이 조성된 것은 2013년부터다. 이태원이 외국인은 물론 내국인까지 몰려들면서 발 디딜 틈없이 번화해지자 카페나 레스토랑, 숍이 경리단과 한남동으로 퍼져나갔다. 한남동 가로수길은 길지 않다. 하지만 의외로 볼거리가 많다. 남산과 이어진 산책로와 블루 스퀘어, 리움미술관 등 아기자기한 볼거리가 많다. 특히, 이태원이나 경리단 보다 더 창의적인 곳이 많다. 톡톡 튀는 아이디어로 가게를 만들어 지나던 이의 눈길을 잡는 곳들이 곳곳에 있다. 맛있는 빵집, 브런치 카페, 피자 레스토랑, 미술관 등을 기웃거리며 걷다보면 한나절이 훅 지난다. 날씨 좋은 날에는 남산까지 걸어봐도 좋고, 흐린 날은 카페 창밖으로 넋 놓고 시간을 보내도 좋다. 여유로운 식사와 조용한 산책을 즐기고 싶다면 이태원 보다 한남동 가로수길로 가자.

주소 서울 용산구 한남동 **교통편** **자가운전** 서울시청 → 남산3호터널 → 녹사평역에서 좌회전 → 이태원로 직진 **대중교통** 지하철 6호선 이태원역, 한강진역 / 버스 405번, 421번, 400번, 110A, 110B **전화번호** 용산구청 문화체육과 관광시설팀(02-2199-7250) **홈페이지** www.yongsan.go.kr **입장료** 없음 **추천계절** 사계절

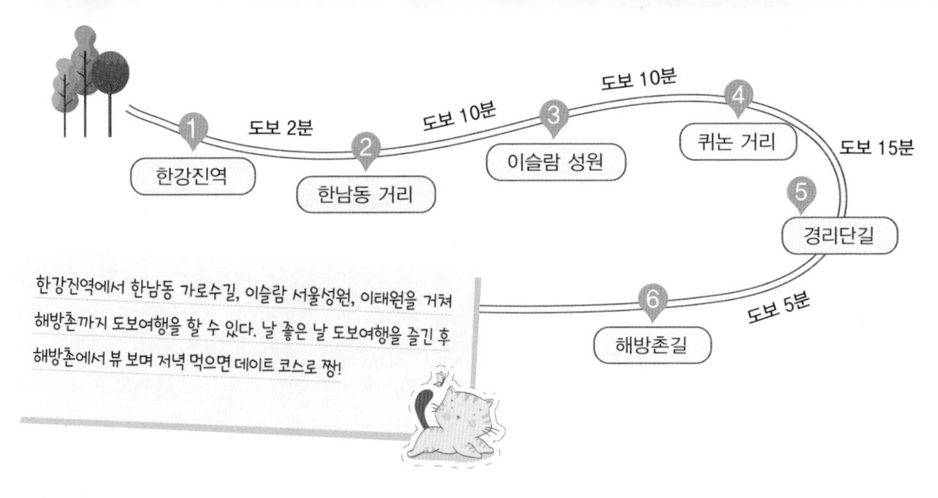

가 볼 만한 곳

리움미술관 2004년 개관한 미술관으로 삼성문화재단에서 운영한다. 고미술품을 전시하는 뮤지엄1과 근현대 미술품을 전시한 뮤지엄2로 이루어져 있다. 고미술관에는 역사적으로 가치가 높은 120여 점의 작품이, 현대미술관에는 이중섭, 박수근, 백남준 등 세계적인 유명 작가들의 작품이 전시되어 있다. 미술관 주변에 이색적인 맛집과 쇼핑 공간도 많아 함께 즐길 수 있다.

해방촌길 요즘 핫하게 떠오르는 거리다. 이태원과 경리단에 밀렸던 설움을 딛고 가장 인기 있는 스폿이 되었다.거주하는 외국인을 중심으로 그들만의 독특한 문화를 형성하고 있다. 매년 10월 H.B.C(해방촌) 축제를 열고 즐긴다. 모로코 레스토랑, 베트남 카페, 이탈리안 레스토랑, 비건 레스토랑 등 특색있는 레스토랑이 들어섰다. 코로나19 팬데믹에도 해방촌 맛집은 줄을 섰을 정도다.

주변 맛집

쏭타이 이태원점 엔틱가구길 대로변에서 퀴논길 안쪽으로 확장 이전했다. 1~2층 실내는 넓지 않지만 감각적인 인테리어가 돋보인다. 3층 루프탑으로 올라가면 멋진 공간이 나온다. 봄가을에 선베드에 앉아 칵테일을 마시면 마치 어느 해변에 휴가 온 듯 기분이다. 팟타이 17,000원, 똠양꿍 17,000원. ☐ 02-798-2495

알마또 해방촌길 중간에 위치한 아담한 이탈리안 레스토랑이다. 컬러풀한 꽃무늬 테이블보, 빨간색 유리창틀, 식물 화분이 놓인 외관 인테리어가 인상적이다. 내부는 넓지 않지만 요리가 맛있고 분위기 있어 데이트 장소로 인기다. 피자, 파스타 그리고 와인 등이 있다. 루꼴라 파르마피자 18,000원, 해산물 오일파스타 18,000원. ☐ 02-794-4616

은평한옥마을

아름다운 자연과 문화가 함께 숨 쉬는 힐링 여행지

주소 서울시 은평구 진관동 193-14 **교통편** **자가운전** 서울시청 → 연신내역 → 연서로 → 은평한옥마을 **대중교통** 3호선 연신내역에서 버스 7211, 701, 7723번으로 환승해 하나고등학교 앞 하차 **전화번호** 없음 **홈페이지** https://eptour.kr **이용료** 없음 **추천계절** 사계절

은평한옥마을은 북한산 자락 아래에 조성된 한옥마을이다. 전북 전주나 서울 종로 북촌처럼 역사 깊은 한옥마을과 달리 조성된 지 10여 년밖에 되지 않았다. 하지만 현대에 지어진 만큼 한옥 자체도 신축이고, 주변 거리도 깔끔하게 잘 정비되어 있다. 넓지는 않아도 방문객을 위한 주차장도 마련되어 있다. 실제로 거주하는 한옥과 카페나 박물관, 한옥 스테이 등으로 운영되는 한옥들이 어우러져 있어 한옥을 보는 것뿐 아니라 보고 쉬는 다양한 경험이 가능한 곳이다. 한옥마을 거리는 매우 조용한 편이다. 고즈넉하고 분위기 있는 골목마다 방문객들이 기념 촬영하는 모습을 자주 볼 수 있다. 한옥마을 안에는 서울시 지정 보호수인 200여 년 된 큰 느티나무와 마실길 근린공원의 산책로도 있어서 한옥과 함께 자연의 정취를 느끼기에 좋다. 또한, 북한산이 배경처럼 있어서 한옥을 더욱 돋보이게 해주고 맑은 공기와 조용한 정취를 느끼게 해준다. 한 번쯤 시간을 내어 한옥 스테이를 한다면 몸과 마음이 평온해지는 것을 느낄 수 있을 것이다.

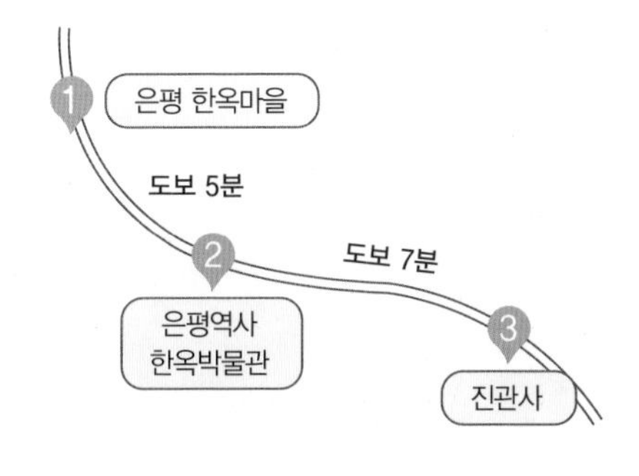

한옥마을 구석구석을 걸으며 한옥의 멋과 길을 마음껏 느껴보자. 특히, 한옥마을 골목길은 그 자체로 멋이 있어 추억 사진을 남기기 좋다. 한옥 찻집에서 차도 한잔하고 창문 너머로 보이는 병풍 같은 북한산의 모습도 꼭 즐겨보자. 은평역사한옥박물관에서 진관사까지 천천히 걸어가며 맑은 공기를 마시면 복잡한 도심에서 벗어나 힐링되는 반나절을 보낼 수 있다.

가 볼 만한 곳

진관사 서울 근교 4대 명찰로 손꼽히는 이름난 사찰이다. 고려 시대 현종이 임금이 되기 전 살해의 위협에 시달릴 때 진관대사가 끝까지 지키고 보호해 준 보답으로 지어주었다고 한다. 역사가 오래된 만큼 태극기와 독립신문 등 보존 가치가 높은 유물도 많이 발견되었다. 북한산 아래 지어져 사계절 아름다운 풍경을 볼 수 있다. 입구에 찻집도 있어 진관사를 둘러보고 자연을 만끽한 후 따뜻한 차나 커피를 마시며 잠시 쉬어 갈 수도 있다.

은평역사한옥박물관 은평구만의 정체성 확립과 문화콘텐츠 확립을 위해 지어진 박물관. 은평의 역사와 뉴타운 발굴 유물이 전시된 은평역사실과 한옥의 건축 과정 및 한옥의 과학성, 자연 친화성 등이 전시된 한옥전시실로 이루어져 있다. 그 외에도 작은 도서관, 체험학습실, 교육실 등의 부대시설이 있다. 옥상에 정자도 있어 전시 관람과 더불어 휴식도 할 수 있다. ☐ 02-351-8524

주변 맛집

1인1상 한옥마을 입구에 있다. 1~3층은 1인 1잔 카페, 4~5층은 1인 1상 브런치 카페다. 한옥 사랑채 같은 분위기의 인테리어에 통창으로 한눈에 보이는 북한산과 한옥마을의 모습이 즐거움을 더해준다. 식사 후 6층 루프탑에서 장애물 없이 한옥마을을 감상할 수 있다. 소프트쉘크랩 파스타와 음료 25,000원, 그릴에 구운 안심 스테이크와 음료 36,000원. ☐ 02-355-1111

송추가마골 고품격 갈비 전문 음식점으로 가족이 식사하기 좋다. 질 좋은 소갈비, 돼지갈비부터 왕갈비 두 대가 들어있는 푸짐한 갈비탕, 매콤한 갈비찜 정식, 입가심으로 좋은 냉면과 된장찌개도 있다. 반찬도 다양해 만족스러운 식사를 할 수 있다. 식사 시간에는 종종 대기해야 할 만큼 인기가 좋다. 본점과 바로 옆 2호점까지 있어서 주차 공간은 넉넉하다. 가마골갈비정식(런치) 27,000원, 갈비탕 15,000원. ☐ 02-371-0022

북한산 서편의 천년 고찰

진관사

진관사는 서울 근교의 4대 명찰로 손꼽히는 곳이다. 은평구 끝자락에 위치하고 있으며 주거 지역과 떨어져있고 북한산 국립공원과 맞닿아 있어 복잡한 도심 속에서도 고요하고 평화로운 기운을 느낄 수 있다. 1011년, 고려 현종 때 창건되었으며 6·25 당시 폐허가 되었다가 복구된 천년 고찰로 역사가 깊다. 그런 만큼 보존가치가 높은 유물도 많다. 건물들 중 칠성각과 독성전은 1907년에 지어졌고 현판도 당시의 것이라고 한다. 윤달이 든 해마다 수륙재가 열리고 있다. 이는 조선 왕실에서부터 내려오고 있는 불교의식으로 물과 육지에서 떠도는 영혼을 달래기 위해 불법을 강론하고 음식을 베푸는데 현재 귀중한 문화유산으로 평가받고 있다. 진관사 뒤로 병풍처럼 둘러선 북한산이 사계절 사찰의 풍경을 더욱 아름답게 만들어준다. 언제든 자연과 벗하며 마음을 다스리고 싶을 때 찾을 만하다. 진관사에서는 템플스테이도 할 수 있다. 템플스테이는 여름방학 때 어린이와 청소년을 위한 프로그램이 따로 마련되어 있어 불교에 대해서도 배우고 인절미 만들기, 사경책 엮어보기, 연꽃등 만들기가 진행된다.

주소 서울시 은평구 진관길 73 **교통편 자가운전** 서울시청→ 연신내역 → 연서로 → 진관사 **대중교통** 지하철 3호선 연신내역에서 버스 7211, 701, 7723번 환승해 하나고등학교 앞 하차 **전화번호** 02-359-8410 **홈페이지** www.jinkwansa.org **이용료** 없음 **추천계절** 사계절

진관사에서도 북한산 등산을 시작할 수 있다. 진관사계곡을 거쳐 향로봉과 전망대까지 올랐다가 원점인 진관사로 다시 하산한다. 총 거리 5.5km.

가 볼 만한 곳

북한산 둘레길 21개의 북한산 둘레길 중 9구간인 '마실길'로 쉽게 산책할 수 있는 난이도 하의 구간이다. 이웃에 놀러 간다는 뜻의 '마실길' 이름에서 표현되듯이 옆집에 놀러가듯 1.5km의 구간을 가볍게 걸으며 자연을 만끽할 수 있다. 높이 15m, 둘레가 3.6m나 되는 은평구 보호수인 150년 된 느티나무, 은행나무들도 볼 수 있다.

1 진관사
도보 15분
2 북한산 둘레길
차량 15분
3 고양 스타필드

고양스타필드 쇼핑, 레저, 힐링이 한 곳에서 이뤄지는 쇼핑 테마파크다. 아침부터 저녁까지 가족, 친구들과 함께 쇼핑하면서 맛있는 음식과 레저를 즐길 수 있다. 반려견도 데리고 갈 수 있다.

주변 맛집

유라쿠 아담한 식당이지만 식사 시간이면 대기해야 할 정도로 많은 사람이 찾는 곳이다. 저렴한 가격이지만 맛과 양은 어느 초밥집과 비교해도 뒤지지 않는다. 특히 연어롤, 장어롤이 인기가 많은데 한입에 다 들어가지 않을 정도로 푸짐하다. 연어롤 12,000원. ☐ 02-384-9696

송추 가마골 은평점 고품격 갈비 전문 음식점으로 가족이 식사하기 좋다. 질 좋은 소갈비, 돼지갈비부터 왕갈비 두 대가 들어있는 푸짐한 갈비탕, 매콤한 갈비찜 정식, 입가심으로 좋은 냉면을 낸다. 반찬도 다양해 만족스러운 식사를 할 수 있다. 식사 시간에는 종종 대기해야 할 만큼 인기가 좋다. 주차공간은 넉넉하다. ☐ 02-371-0022

#조선의 법궁을 거닐다

경복궁

조선을 세우고 개성에서 한성으로 수도를 이전해 궁을 완성한 태조 이성계에게 정도전이 '경복'이라는 이름을 선물하여 조선의 첫 궁은 경복궁이 되었다. 궁궐 건물은 외전과 내전으로 나뉘는데 그 차이를 알고 둘러보면 더 재미있다. 외전에는 궁궐에서 가장 위엄 있는 건물인 정전과 편전, 궐내각사가 있다. 국가 행사를 거행하던 경복궁 근정전, 집무를 보던 곳이 사정전이 정전과 편전이다. 궐내각사에는 장금이가 요리했던 수라간, 허준 선생이 근무했던 내의원, 조선왕조실록을 기록하는 곳 등이 있다. 내전은 왕과 왕비의 사적인 공간으로 침전과 중궁전, 대비전 및 후원 등을 말한다. 외전과 내전은 용마루의 유무로도 구분된다. 용마루의 양끝 처마 위에는 '잡상'이라 불리는 작은 조각상들이 있는데 많을수록 중요한 건물을 의미한다. 경사스러운 일이 모이기를 바란다는 의미의 경회(慶會)루는 우리나라 최대의 누각으로 태종대왕이 연못을 넓히고 크게 세운 뒤 고종 황제 때 중건해 지금에 이른다. 경회루를 거닐며 시름을 떨치던 임금처럼 연못가의 쉼을 누려보면 어떨까.

주소 서울특별시 종로구 사직로 161 **교통편** **자가운전** 서울시청 → 세종대로 → 삼청로 → 광화문 **대중교통** 지하철 3호선 경복궁역 5번 출구 도보 5분 **전화번호** 02-3700-3900 **홈페이지** www.royalplace.go.kr **이용료** 어른 3,000원, 만 24세 이하 및 65세 이상 무료. 화요일 휴궁 **추천계절** 봄, 가을

가 볼 만한 곳

국립민속박물관 경복궁의 일부로 착각할 만큼 고풍스럽고 뾰족한 탑 모양의 건물이 바로 국립민속박물관이다. 경복궁과 이어진 통로로 입장하면 십이지신상이 먼저 반긴다. 안에는 한국인의 전통생활문화를 엿볼 수 있는 다양한 상설전시와 기획전시가 펼쳐진다. 70년대 옛 거리를 재현해 놓은 야외전시장도 인기다. DJ가 있던 다방, 만화방, 전차와 포니자동차 등이 추억 속으로 여행을 떠나게 해준다.
☐ 02-3704-3114

대림미술관 무겁고 어려운 현대미술 대신 패션, 디자인 등 일상과 밀접한 전시로 늘 붐비는 미술관이다. '스와로브스키, 그 빛나는 환상', '핀 율 탄생 100주년 전 북유럽 가구 이야기' 등 대림미술관이 열어온 전시의 면면을 살펴보면 일상이 예술이 되는 미술관이라는 모토에 고개가 끄덕여진다. 매월 마지막 주 토요일 미술관에서 여는 재즈콘서트도 문화 데이트를 즐기려는 연인들의 발길을 끈다.
☐ 02-720-0667

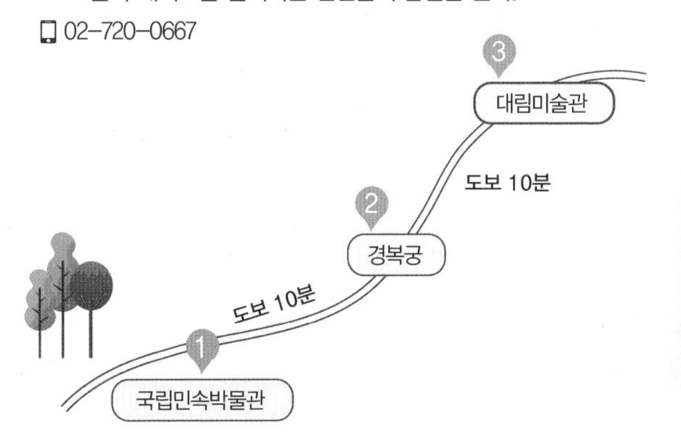

밤의 경복궁이 궁금하다면 야간개장을 놓치지 말자. 불 밝힌 궁궐, 밤의 정취를 흠뻑 느낄 수 있다. 매년 봄, 가을에 한 번씩 흥례문, 근정문, 근정전, 수정전, 경회루로 이어지는 경복궁 일부 구간을 야간개방 한다. 개장 기간에는 온라인으로 미리 예약해야 관람할 수 있다.

주변 맛집

디미 '맛을 알다'라는 뜻의 지미에서 이름을 딴 디미는 소박한 이태리 음식 식당이다. 2층 창가에 앉아 경복궁을 내려다보며 매일 아침 생면을 반죽해 한 가닥 한 가닥 만드는 수제 파스타를 맛볼 수 있다. 가게 곳곳에는 여행을 하며 모아온 그릇을 전시 및 판매한다. 올리브 오일 파스타 19,000원. 머쉬룸 리조또 23,000원. ☐ 02-730-4111

스쿠퍼 이탈리아로 요리를 공부하러 갔다가 젤라또에 빠진 차상혁 대표가 문을 연 가게다. 스쿠퍼를 열기 전 냉천동에서 '끼아로 젤리떼리아'를 운영하기도 했다. 한 마디로 젤라또 외길 인생. 완성도 높은 젤라또와 소르베를 뚝심 있게 만들고 있다. 오도독, 산딸기 요거트, 무화가 크림치즈, 이태리 초콜릿 등 이름만 들어도 입에 침이 고이는 젤라또가 가득하다. 젤라또 5,500원. ☐ 0507-1333-762

서울 도심에서 만나는 정겨운 시장 풍경

광장시장

광장시장은 1905년에 문을 연 우리나라 최초의 상설시장이다. 지리적으로 서울 종로구 청계천 광교와 장교 사이에 있어 광장시장이라는 이름이 붙었다. 서울 지하철 1호선 종로5가역 7번, 8번 출구로 나가면 광장시장이 이어져 접근성이 좋다. 시장길을 따라 식료품, 한복, 직물, 패션, 공예품 등 다양한 품목을 취급하는 상점이 옹기종기 모여 있다. 점포 수만 해도 5,000여 개에 이른다. 점포 대부분은 수십 년 동안 영업해 온 곳이다. 품질 좋고, 값싼 물건을 판매해 서울 한복판에 있는 숨은 보물 상자라 해도 과언이 아니다. 광장시장도 식후경이다. 광장시장 먹자골목 입구에 풍기는 고소한 기름 냄새가 발걸음을 멈춰 세운다. 맷돌로 갈아낸 녹두를 반죽해 즉석에서 전을 부친다. 바싹 튀기듯이 전을 부치는 것이 포인트! 노릇노릇한 녹두전과 고기전이 입맛을 사로잡는다. 마약처럼 중독성이 있다고 이름 붙은 마약김밥은 꼬마김밥을 말하는데, 겨자 간장 소스를 곁들여 먹는 것이 특이하다. 신선한 육회도 광장시장의 대표 먹거리다. 이 밖에 떡볶이, 순대, 잔치국수, 비빔밥 등 간단하게 즐길 수 있는 시장 음식을 한자리에서 맛볼 수 있다. 그릇이 넘칠 만큼 수북이 담아주는 훈훈한 시장 인심은 보너스다.

주소 서울특별시 종로구 창경궁로 88 **교통편 자가운전** 서울시청 → 을지로 → 종로 광장시장 (종묘 주차장) **대중교통** 지하철 1호선 종로5가역 7번, 8번 출구 **전화번호** 02-2267-0291 **홈페이지** www.kwangjangmarket.co.kr **이용료** 없음 **추천계절** 사계절

가 볼 만한 곳

종묘 조선 왕과 왕비의 위패를 모시고, 제사를 지내던 곳이다. 2001년 유네스코 세계문화유산으로 등재됐으며 유교를 바탕으로 지금까지 제사 의식을 이어간다. 매년 5월 첫째 일요일에 종묘제례가 열린다. 장엄한 건축미와 계절의 흐름을 오롯이 느낄 수 있는 곳. 평일에는 정해진 시간에 입장해 문화재 해설사와 함께하는 시간제 관람으로 운영하고, 주말과 공휴일에는 입장시간 내 자유롭게 둘러볼 수 있다. 매주 화요일 휴관. ☐ 02-765-0195

익선동 종로3가 지하철 5호선 4번 출구 맞은편에 익선동이 있다. 오래된 한옥 사이 좁은 골목을 따라 카페와 식당이 자리 잡았다. 곳곳에 감성 넘치는 핫플레이스 상점이 눈길을 사로잡는다. 2016년부터 상권을 형성해 한식, 일식, 태국식, 이태리식 등 다양한 세계음식점이 들어섰다. 2030 세대의 데이트 성지로 손꼽히면서 서울의 핫플레이스로 떠올랐다. 예스러운 외관과는 달리 내부 공간은 힙하게 꾸민 곳이 많아 반전 매력을 선사한다.

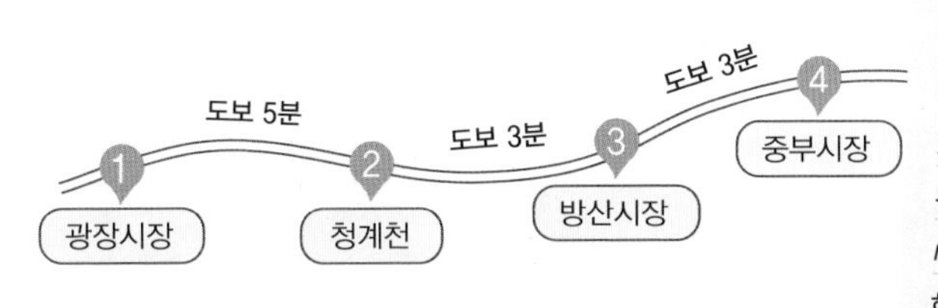

광장시장에는 가격 착한 가성비 맛집이 많다. 입맛에 따라 시장 먹거리를 즐겨보는 것도 여행의 소소한 재미다. 광장시장 주변에는 포장지, 홈베이킹 재료를 판매하는 방산시장과 건어물 전문시장인 중부시장이 있어 함께 둘러봐도 좋다.

주변 맛집

모녀김밥 Since1975. 광장시장 명물 먹거리 마약김밥 원조 맛집이다. 단무지와 당근을 넣고 둘둘 말아 만든 꼬마김밥이 뭐가 그리 특별할까 싶지만, 그 맛이 중독성이 강해 마약김밥이라는 별명을 얻었다. 김밥을 겨자 간장 소스에 찍어 먹는 것이 포인트다. 유부초밥과 떡볶이도 판매한다. 마약김밥 1인분 3,000원. ☐ 02-2264-7668

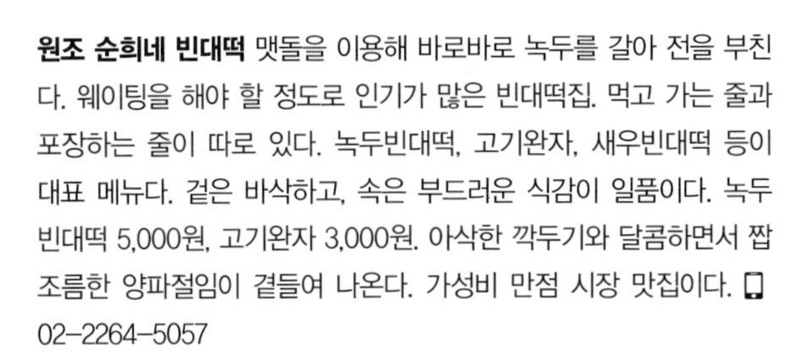

원조 순희네 빈대떡 맷돌을 이용해 바로바로 녹두를 갈아 전을 부친다. 웨이팅을 해야 할 정도로 인기가 많은 빈대떡집. 먹고 가는 줄과 포장하는 줄이 따로 있다. 녹두빈대떡, 고기완자, 새우빈대떡 등이 대표 메뉴다. 겉은 바삭하고, 속은 부드러운 식감이 일품이다. 녹두빈대떡 5,000원, 고기완자 3,000원. 아삭한 깍두기와 달콤하면서 짭조름한 양파절임이 곁들여 나온다. 가성비 만점 시장 맛집이다. ☐ 02-2264-5057

광화문광장

민주주의를 꽃 피운 대한민국의 중심

주소 서울시 종로구 세종대로 **교통편 자가운전** 서울시청 → 세종대로 → 청계광장교차로 → 광화문광장 **대중교통** 지하철 1호선 종각역, 3호선 경복궁역, 5호선 광화문역에서 도보 3분 **전화번호** 종로구청 관광산업과 02-2148-1852 **홈페이지** https://gwanghwamun.seoul.go.kr **이용료** 없음 **추천계절** 봄, 여름, 가을

광화문광장은 대한민국 수도 서울의 랜드마크다. 민주주의에 대한 국민의 열망이 모아지는 곳으로 사회 각계각층의 다양한 요구가 이곳에서 표출된다. 또한, 한국을 찾는 외국의 여행자들도 이곳에서 한국의 자유를 만끽한다. 경복궁과 덕수궁, 청계천 등 서울의 핵심 여행지들이 모여 있어 광화문광장을 중심으로 여행할 수 있다. 2009년 개장 당시에는 그늘 하나 없는 삭막한 광장이라 비난받기도 했지만, 지금은 누구나 사랑하는 광장으로 변모했다. 광화문광장은 서울은 물론 수도권 어디서든 지하철이나 버스를 타고 쉽게 찾아갈 수 있다. 광장에 서면 북쪽으로 청와대와 경복궁을 안고 있는 북악산의 빼어난 자태를 볼 수 있다. 이순신 장군에서 세종대왕 동상으로 이어진 광장 좌우의 물길 바닥에는 우리나라의 역사적 사건이 새겨져 있다. 이것을 하나씩 찾아보며 대한민국 연대표를 되새겨 보는 것도 새롭다. 다만, 최근 촛불과 태극기로 상징되는 이념과 세대가 충돌하는 곳으로 고착화되고 있어 아쉬움을 준다. 이순신 장군 동상 앞 춤추는 바닥분수에 맞춰 어린이들의 신나게 뛰노는 여름이 다시 오기를 소망한다.

먼저 '광화문 이야기' 관에서 광장의 역사를 연대기별로 살펴보자. 이순신 장군과 세종대왕 동상을 둘러보며 광장이 주는 해방감에 취하면 지하에 있는 '세종·충무공 이야기' 전시관을 지나칠 수 있으니 주의할 것. 광장 동쪽 교보빌딩 앞 비각(칭경기념비전)에 있는 옛 도로원표를 보며 국토의 거리를 따져보는 것도 흥미롭다. 교보문고 종로통 출입구에 있는 소설가 염상섭 좌상에서 기념사진도 찍어보자.

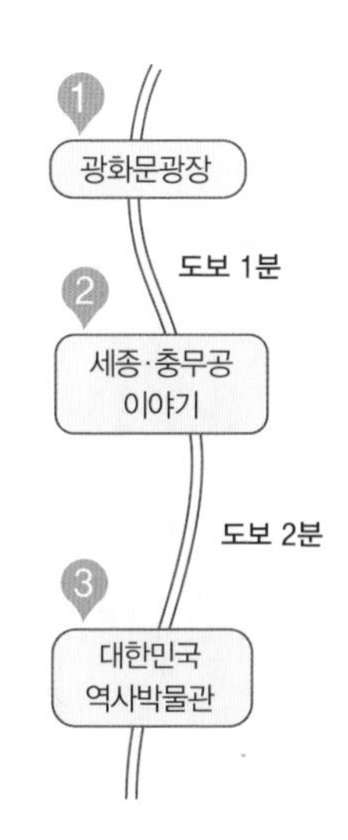

가 볼 만한 곳

세종충무공이야기 세종대왕 동상 지하에 있는 '세종·충무공이야기' 전시관은 광화문광장 볼거리의 진수다. 동쪽에는 세종의 치적과 한글의 창제 과정, 서쪽에는 난중일기에 담긴 성웅 이순신의 리더십과 인간적 모습이 조명되어 있다. 내부에 직접 들어가 볼 수 있는 거북선의 실물모형과 4D 체험관 또한 실감 난다. 해치마당 6조 거리 유적에서는 역사의 퇴적층도 직접 확인할 수 있다.

대한민국역사박물관 '국민 모두가 대한민국의 역사 속으로'라는 캐치프레이즈로 광화문광장 동쪽 옛 문화관광부 자리에 2012년 12월 개관했다. 3~5층에 강화도조약 이후 시대별로 4개의 전시실이 들어섰다. 대한민국 근현대사의 고난과 역경의 극복, 도전과 성취의 과정을 보여주면서 그늘진 부분까지도 조명하고 있다. ☐ 02-3703-9200

주변 맛집

안성또순이 광화문광장에서 신문로 쪽으로 약 400m 떨어진 주택가 입구에 있다. 모시조개와 대파를 넣은 생태찌개 국물은 밥도둑이 따로 없다. 땀을 뻘뻘 흘리며 먹으면서도 시원하단 소리가 절로 나온다. 미식가들에겐 이미 널리 알려진 맛 집이다. 생태찌개(소) 40,000원. ☐ 02-720-5670

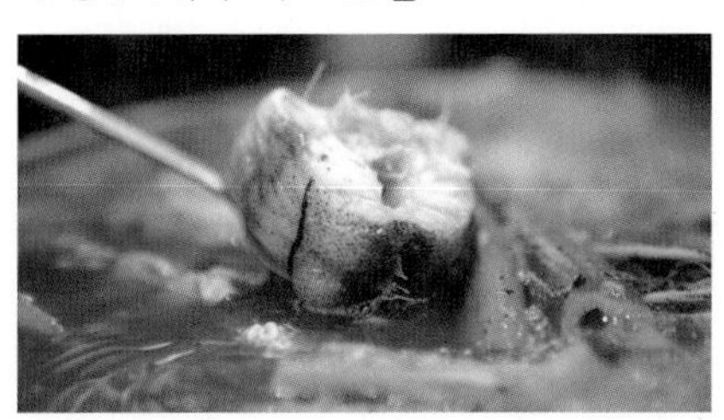

친니 지하의 전문식당가 광화문 아띠에 있다. 예술이 있는 외식공간이라는 주제답게 깨끗하고 가족단위 식사나 데이트에도 적합하다. 점심시간에는 주변의 직장인들로 붐빈다. 코스요리 외에 퓨전 중국식 일품요리도 예쁜 그릇에 담겨 입맛을 돋게 한다. 친니짜장 9,000원, 탕수육 28,000원. ☐ 02-733-3270

 # 서울 100년 시간여행 놀이터 

돈의문박물관마을

서대문이라는 이름으로 더 익숙한 돈의문은 서울의 사대문 가운데 안타깝게 사라진 문이다. 1396년 처음 세워졌으나 1413년 경복궁의 지맥을 해친다는 이유로 폐쇄되었다가 1422년 지금의 정동 사거리에 새롭게 조성되었다. 그 시절 돈의문에는 새문(新門)이라는 애칭이 붙었고, 돈의문 안쪽 동네는 새문안골(새문안동네)이라 불렸다. 일제강점기에 도시 계획이라는 명목 아래 돈의문은 철거되었지만, 새문안동네는 그 터를 지켜왔다. 1960년대부터 70년대까지 새문안동네에는 가정집을 개조해 소수의 학생을 가르치는 과외방이 성행했다. 주변에 서울고, 경기고, 경기중, 경기여고 등 명문 학교와 유명 입시학원이 많았기 때문. 정겨운 골목의 정취가 살아있는 새문안동네가 그 자체로 '돈의문박물관마을'이 되었다. 돈의문 지역의 역사와 재생을 소개하는 돈의문 전시관, 전통문화체험이 가능한 한옥시설, 6080세대의 추억이 살아있는 아날로그 감성 공간 등 서울 100년의 시간이 중첩된 역사·문화 공간으로 재탄생한 것. 이왕이면 도슨트 투어 프로그램을 통해 오래된 주택과 좁은 골목, 가파른 계단 등 마을 구석구석 돌아보자. 도슨트 투어는 하루 2회 진행되며 홈페이지나 현장에서 예약하면 된다.

주소 서울 종로구 송월길 14-3 교통편 **자가운전** 서울시청 → 세종대로 → 새문안로 → 송월길 **대중교통** 지하철 5호선 서대문역 4번 출구 도보 5분 전화번호 02-739-6994 홈페이지 dmvillage.info 이용료 무료 추천계절 봄~가을

가 볼 만한 곳

경희궁 도심 한가운데라고 믿어지지 않을 만큼 호젓한 경희궁은 광해군이 건립한 조선 후기의 궁이다. 일제강점기를 거쳐오면서 옛 모습을 많이 잃어 지금은 숭정전 등 정전 지역만 남아 있다. 자정전 뒤편 언덕에서 경희궁을 내려다보면 신문로의 빌딩숲과 N서울타워까지 조망할 수 있는 전망이 근사하다. 둘만의 데이트로 코스로도, 혼자 사색에 잠기기에도 좋다. ☐ 02-724-0274

국립기상박물관 기상청의 옛터이자 100년 넘게 서울의 기상관측을 해온 서울기상관측소에 설립한 박물관이다. 기상관측부터 현대 기상기술의 발전까지 한국 기상과학의 역사를 한눈에 살펴볼 수 있다. ☐ 02-3780-8400

1 돈의문 박물관마을 — 도보 6분 — 2 경희궁 — 도보 15분 — 3 국립 기상박물관

돈의문박물관마을에서 다양한 체험을 한 후 호젓하게 경희궁 산책을 즐겨보자. 반나절 여행의 마침표는 이색적인 국립기상박물관 관람. 세 곳 모두 야외 공간에서 계절의 변화를 느끼기 좋다.

주변 맛집

디언타이틀드카페 보이드 갤러리 건물에 위치한 카페다. 갤러리와 루프탑 카페가 함께 있어 전시와 전망 두 마리 토끼를 잡을 수 있다. 루프탑에는 선베드도 있어 도심 속 하늘과 여유로운 분위기를 만끽할 수 있다. 노을 맛집으로도 유명하다. 아메리카노 5,000원, 말차 라떼 6,500원. ☐ 02-722-4603

스태픽스 이름처럼 스태프들이 큐레이션 한 물건을 파는 편집숍 겸 테라스 카페다. 스태픽스의 매력 포인트는 드넓은 야외 정원과 파운드 케이크. 마당에는 커다란 은행나무를 중심으로 벤치와 테이블이 놓여있다. 이곳에서 탁 트인 전망을 바라보며 커피와 촉촉하고 부드러운 파운드 케이크를 맛볼 수 있다. 파운드 케이크 6,900원. ☐ 0507-1341-2055

백사실 계곡

부암동 골목에서 도심 숲길 트레킹

주소 서울시 종로구 백석동길 153 (산모퉁이 카페 출발 기준) **교통편** **자가운전** 서울시청 → 세종대로 → 자하문로 → 백석동길 → 산모퉁이 카페 **대중교통** 지하철 2호선 시청역 4번 출구 서울신문사에서 7016번 버스 환승 자하문 터널 입구 하차 도보 6분 **전화번호** 120 **홈페이지** korean.visitkorea.or.kr **이용료** 없음 **추천계절** 여름

서울의 마지막 비밀정원이라고도 불리는 북악산의 백사실계곡은 청정한 자연과 문화유산이 다수 남아 있는 곳이다. 계곡에는 아직도 도롱뇽이 서식하고 곳곳에 이항본, 추사 김정희 등 풍류를 즐기던 조상들의 흔적이 고스란히 남아있다. 계곡이 시작되는 곳에 있는 커다란 바위에는 '백석동천'이라는 글자가 아직도 선명하다. 수려한 경관을 뜻하는 '동천'은 서울의 백사실계곡과 인왕산 자락 청계계곡인 청계동천에만 유일하게 붙는다. 그 문화적인 가치와 풍경을 인정받아 명승지로 지정되었다. 백사실계곡으로 향하는 방법은 다양하지만 계곡을 위에서 아래로 구경하고 싶다면 부암동 주민센터에서 시작해 드라마 〈커피프린스 1호점〉로 유명해진 산모퉁이 카페를 지나 백사실계곡으로 들어서면 된다. 백사실계곡을 따라 아래로 향하는 길에는 조선시대 백사 이항복의 별장 터로 추정되는 곳이 있다. 건물터에는 십 수 개의 주춧돌만이 남아 그 시절을 떠올리게 한다. 계속해서 계곡을 따라 아래로 내려가면 아늑한 정취가 돋보이는 현통사가 나타난다. 백사실계곡에서 흘러내린 물은 거대한 바위 위에 물길을 내며 부암동 주택가 사이 개천으로 모인다. 내리막을 걷다보면 세정검로 6길이 나타나고 세검정으로 이어진다.

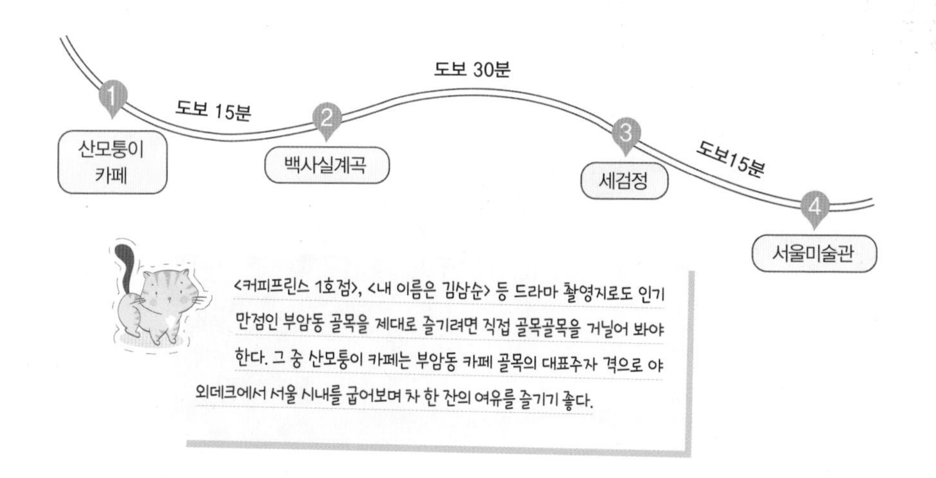

가 볼 만한 곳

세검정 삼각산과 백운산 두 산 사이에 위치해 주변 경관이 아름답다. 한성의 북방을 지키기 위해 조선 영조 때 총융청을 옮기면서 정자를 지은 것이 세검정이다. 세검정이란 이름의 유래에는 여러 가지가 있지만 한 기록에 따르면 인조반정을 위해 모인 사람들이 칼을 갈아 물에 씻었다는 데서 유래했다고 한다.

석파정서울미술관 '모든 것은 예술이다.'라는 이념아래 특정 사조나 양식과 장르, 시대에 구애받지 않고 다양한 작품을 전시하는 것을 목표로 한다. 미술작품을 전시한 공간만큼이나 멋진 곳은 석파정인데 한때 흥성대원군의 별서로 사용되었다고 한다. 서울시 유형문화재로 한옥의 예스러운 정취가 돋보인다. 관람료 15,000원(매주 월,화 휴관).
☐ 02-395-0100

주변 맛집

산모퉁이 카페 부암동 언덕 위에 있는 전망 좋은 카페다. 오래전 TV 드라마로 유명해졌고, 지금도 위치 좋은 뷰 맛집으로 인기가 많다. 야외 테이블에 앉으면 북악산과 평창동이 그림처럼 보인다. 쿠키 7,000원, 아메리카노 7,000원, 카페라떼 8,000원. ☐ 0507-1354-4737

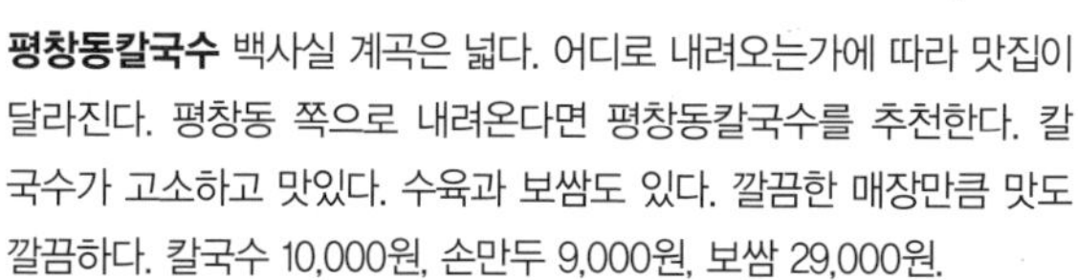

평창동칼국수 백사실 계곡은 넓다. 어디로 내려오는가에 따라 맛집이 달라진다. 평창동 쪽으로 내려온다면 평창동칼국수를 추천한다. 칼국수가 고소하고 맛있다. 수육과 보쌈도 있다. 깔끔한 매장만큼 맛도 깔끔하다. 칼국수 10,000원, 손만두 9,000원, 보쌈 29,000원.

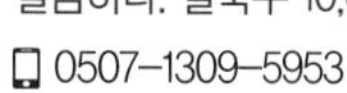

☐ 0507-1309-5953

#골목길 누비며 느껴보는 힐링 타임

부암동

인왕산 기슭에 있는 부암동은 복잡한 도심과 가깝지만, 오히려 개발 전 동네 골목길을 방문한 것처럼 소박하고 아늑하다. 오래된 담장을 두른 단독 주택도 많고 구석구석 개성 있는 상점과 옛 골목길의 정취가 남겨져 있는 낭만 있는 곳이다. 클럽 에스프레소의 맞은편 길을 따라 한가로운 동네를 걷노라면 자연스럽게 걸음은 느려지고 주변의 조용한 풍경을 감상하게 된다. 담벼락마다 재미있는 그림과 문구들이 적힌 벽화들을 발견할 수 있어서 산책에 즐거움을 더해준다. 주택들 사이로 미술관, 갤러리도 만날 수 있다. 인상적인 물방울을 그렸던 김환기 화백을 기념하는 환기미술관, 박노해 사진전이 열린 라 카페 갤러리 등이 대표적이다. 오래전 드라마 '커피프린스 1호점'을 통해 알려진 산모퉁이 카페는 부암동을 찾는 사람들이 빼놓지 않고 들르는 참새방앗간 같은 곳이다. 테라스에서는 서울 성곽과 동네 전경이 한눈에 들어온다.

주소 서울 종로구 부암동 창의문로 교통편 **자가운전** 서울시청 → 광화문 → 효자로 → 창의문로 → 부암동 **대중교통** 지하철 2호선 시청역 서울신문사 앞에서 7016, 1711번 버스 승차 부암동 주민센터 정류장 하차 전화번호 종로구청 관광마케팅팀 02-2148-1862 홈페이지 www.jongno.go.kr 이용료 없음 추천계절 봄, 여름, 가을

가 볼 만한 곳

윤동주 문학관, 윤동주 시인의 언덕 윤동주 문학관은 규모는 작은 편이지만 시인 윤동주를 좋아하는 사람이라면 한 번쯤 들러볼 만한 곳이다. 현재 문학관이 위치한 곳은 윤동주가 산책하던 곳이라고 한다. 내부는 총 세 곳이며, 2전시실 외 내부에서는 촬영 금지이다. 문학관을 둘러본 후 바로 길을 따라 윤동주 시인의 언덕에 오르면 서울 시내가 한눈에 보인다. 윤동주 서시가 새겨진 바위와 탁 트인 풍경을 따라 산책도 할 수 있다. 02-2148-4175

환기미술관 김환기 화백의 부인 김향안 여사가 세운 곳으로 2022년 개관 30주년을 맞았다. 부암동 골목 안쪽에 자리 잡고 있으며, 관람객을 위한 작은 주차공간도 있다. 본관은 3층으로 이루어져 있으며 김환기 화백과 다른 작가들의 작품도 전시되어 있다. 야외 갤러리도 있는데, 곳곳에 숨겨진 작품을 찾아보는 재미도 있다. 별관에는 AR 체험을 비롯해 직접 체험해 볼 수 있는 재미있는 공간이 있다. 매주 월요일은 휴관이다. 02-391-7701

윤동주 문학관을 관람하고 윤동주 시인의 언덕에 올라 탁 트인 서울 광경을 바라보면 마음이 상쾌해진다. 프랜차이즈가 아닌 집에서 직접 튀겨먹는 듯한 맛있는 통닭과 맥주로 배를 채운 후 잠시 동네를 걸으며 정취를 느껴보자. 골목에서 만날 수 있는 환기미술관에서 멋진 미술 작품들을 관람한 후 산모퉁이 카페 테라스에서 부암동 전경을 구경해보자.

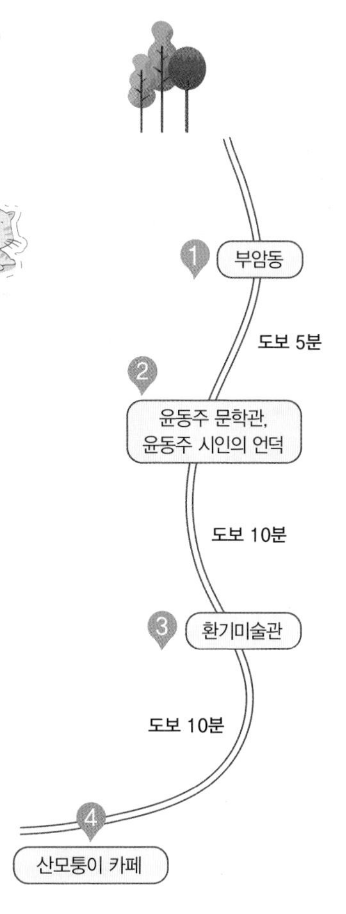

주변 맛집

자하손만두 이곳도 부암동에서 아주 오래된 곳으로 2022 미쉐린 가이드 서울에도 소개된 맛집이다. 만두 전문점으로 살던 집을 개조해 레스토랑으로 만들었다. 일체 조미료를 배제하고 직접 담근 조선간장으로 맛을 낸 국물이 일품이다. 만두피도 국내산 밀가루로 직접 만들어 쫄깃하고 정성이 느껴진다. 조망도 훌륭하여 맛과 눈 모두 만족할 수 있다. 만둣국, 떡만두국 17,000원. 02-379-2648

부암동 계열사 수요미식회에도 소개되었던 부암동의 터줏대감 같은 대표 맛집이다. 여전히 많은 사람들이 포장도 해간다. 직접 튀겨주는 맛있는 통닭과 매콤새콤한 골뱅이 소면 등 다양한 음식과 함께 맥주 한잔하기 제격이다. 주차공간은 따로 없다. 대중교통 이용을 추천한다. 후라이드 치킨 22,000원, 골뱅이소면 소 25,000원. 02-391-3566

 # 서울을 굽어보는 드라이브길 1번지 

북악스카이웨이

서울 도심을 바라보고 뻗어나간 북악산 북쪽 능선을 따라 만들어진 도로를 일컫는다. 정식명칭은 북악산길이지만 북악스카이웨이라는 이름으로 더 알려져 있다. 산길을 따라 이어지는 구불구불한 도로와 도심이 내려다 보이는 풍경때문에 드라이브 코스로 유명하다. 매년 봄이 되면 개나리와 진달래, 가을이면 붉은 단풍과 은행나무가 곳곳을 물들여 드라이브의 정취를 더한다. 요즘은 자동차뿐 아니라 자전거를 타는 사람들도 많이 만날 수 있다. 8km가 채 되지 않는 거리에 차들의 통행이 적고 수려한 경치까지 덤이니 훌륭한 라이딩 코스다. 한옥형 정자로 지어진 팔각정은 레스토랑, 카페, 편의점 등 편의시설과 주차공간을 갖췄다. 이곳에서 다양한 각도로 서울 풍경을 감상할 수 있다. 병풍처럼 펼쳐진 북한산 능선과 아차산 일대부터 남산까지 이어지는 산세가 멋지다. 휴대폰으로 사진을 찍어 식당에서 인화한 후 엽서에 내용을 써서 팔각정 앞 느린 우체통에 넣으면 1년 뒤에 받아볼 수 있다. 이용요금은 3,000원. 연인에게 편지를 썼다면 1년 동안 헤어지지 말아야 할 일이다.

주소 서울시 종로구 북악산로 267(북악팔각정) 교통편 **자가운전** 서울시청 → 광화문삼거리 → 정부중앙청사 사거리 → 창의문앞 삼거리 → 북악산로 → 북악팔각정 **대중교통** 지하철 4호선 성신여대입구역 6번 출구에서 지선버스 1162 또는 마을버스 20번 이용해 아리랑고개 하차 후 북악산 길 입구까지 도보 3분 전화번호 종로구시설관리공단 02-2236-0052 홈페이지 bukak-palgakjeong.tistory.com 이용료 없음 추천계절 사계절

가 볼 만한 곳

정릉 조선의 태조 이성계의 비 신덕왕후의 능으로 유네스코 세계문화유산으로 등재되어 있다. 본래 현재 정동에 있었으나 태조가 승하한 후 지금의 자리로 옮겨지고 신덕왕후는 후궁으로 강등되었다. 현종 10년인 1669년 복원이 되어 지금과 같은 능의 형식을 갖추게 되었다. 능의 뒤쪽으로는 약 2.5km 거리의 산책로가 꾸며져 있어 숲길을 산책하기 좋다.

성곽길 북악산코스 성곽길 북악산코스는 1968년 무장간첩 침투 사건 이후로 폐쇄되었다가 40여년 만에 산책로가 개방되면서 시민들에게 개방되었다. 당시 총격전을 벌였던 흔적인 1·21 소나무가 아직 남아있다. 서울 한복판이면서 자연이 잘 보존되어있는 지역이다. 북악산의 백악마루에 오르면 서울 도심 풍경이 파노라마처럼 펼쳐진다. 북악스카이웨이가 자동차를 위한 길이라면 성곽길 북악산코스 도보여행족들을 위한 길이다.

주변 맛집

금왕돈까스 본점 성북동 일대에서 소문난 돈가스집이다. 추억의 경양식 스타일의 돈가스를 맛볼 수 있다. 자리에 앉으면 우선 크림스프가 나온다. 큼직한 돈가스 패티는 부드럽고 양이 많다. 함께 나오는 깍두기는 느끼함을 달래준다. 돈까스 10,000원, 함박스테이크 10,000원. ☐ 02-763-9366

아델라베일리 정통 유러피안 레스토랑을 표방하는 곳이다. 꼬불꼬불 북악스카이웨이길 산 중턱에 위치해 주변 풍광이 좋고 실내는 고급스럽다. 모든 요리에 조미료를 사용하지 않고 갓 구운 유럽식 유기농 빵을 낸다. 와인리스트도 충실하다. 런치 세트 28,000원, 디너 코스 58,000원. ☐ 02-3217-0707

성곽길 북악산코스는 개방시간에 제한이 있다. 하절기인 3월에서 10월까지는 오전 9시부터 오후 4시까지 입장이 가능하며 6시까지 퇴장해야 한다. 동절기인 11월에서 2월까지는 오전 10시부터 오후 3시까지 입장 가능하며 오후 5시까지는 퇴장해야 한다. 이 구간은 신분증을 지참해 말바위 안내소나 창의문 안내소에서 출입증을 교부받아야 한다.

북촌
한옥마을

여행 정보

주소 서울시 종로구 북촌로 11~12길 일대 **교통편 자가운전** 서울시청 → 을지로1가 → 남대문로 → 안국동 사거리 → 삼일대로 → 창덕궁길 → 북촌로 **대중교통** 지하철 3호선 안국역 3번 출구에서 가회동 주민센터 방향으로 도보 10분 **전화번호** 북촌문화센터 02-3707-8388 **홈페이지** bukchon.seoul.go.kr **이용료** 없음 **추천계절** 사계절

조선시대 한양의 중심지였던 종로와 청계천의 윗동네라 하여 북촌이라 불리는 곳, 여기에 북촌한옥마을이 있다. 최첨단시대의 서울과 대조되는 풍경은 흡사 시간이 멈춘 듯하다. 전통과 현대가 맞닿아 있어 이곳을 처음 방문한 사람들은 곧잘 이런 말을 한다. “여기 서울 맞아?” 재동초등학교와 가회동 주민센터 사잇길이 북촌로다. 이 길을 가운데 두고 북촌로 11길과 12길이 마주하고 있다. 북촌 곳곳에 한옥이 있지만 골목길 전체에 어우러져 있는 곳은 이곳뿐이라 ‘한옥마을’로 통한다. 일명 공방길이라 불리는 12길의 한옥마을은 체험관이나 공방으로 변신했다. 5천원 내외의 입장료와 체험비를 내면 염색, 매듭, 한지 공예 등 다양한 전통체험이 가능하다. 또 ㄷ,ㅁ자 구조의 한옥 내부까지 구경할 수 있어 일거양득의 즐거움을 누릴 수 있다. 돈미약국 골목으로 따라난 길을 걸으면 또 다른 한옥마을이 나타난다. 이곳이 북촌로 11길이다. 세 갈래로 난 골목이 서로 이웃하고 있는 것이 특징이다. 골목 끝까지 양옆으로 나란히 이어진 한옥에 탄성이 절로 난다. 골목 언덕에 오르면 N서울타워를 비롯한 서울 시내 전경이 한눈에 담긴다. 서울에서 볼 수 없는 생경한 풍경이다. 북촌로 양쪽으로 늘어선 갤러리나 소품가게를 구경하는 것도 또 다른 재미이니 천천히 둘러보자.

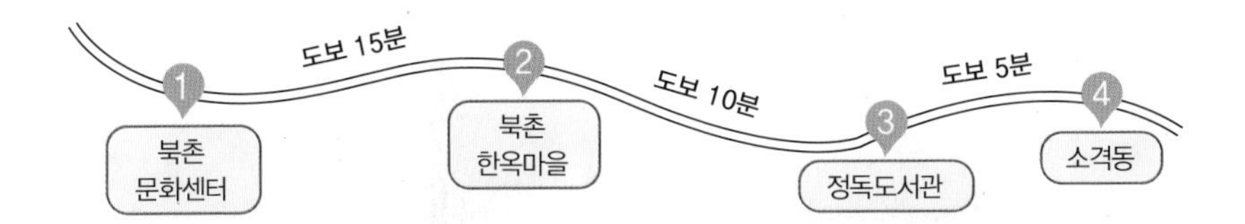

자전거 인력거를 타고 북촌 일대를 돌아볼 수 있다. 은덕 문화원, 빨래터가 포함된 '히스토리 코스'와 갤러리길, 북촌한옥마을을 달리는 '로맨스 코스'로 나뉜다. 인력거를 끄는 자전거 라이더가 전해주는 생생한 동네 이야기를 들을 수 있다. 문의 및 예약 1666-1693(아띠 인력거)

가 볼 만한 곳

북촌 문화센터 창덕궁 후원 내 연경당을 본 떠 지어진 한옥이다. 계동길 초입에 있어 북촌 여행 전 동네 사랑방처럼 들리는 곳이다. 실제로 사랑채를 개방하고 있어 오가는 사람들의 쉼터 역할을 한다. 현재는 서울시에서 홍보관 및 문화체험관으로 운영 중이다. 때에 따라 다양한 문화행사도 진행된다. 이어지는 계동길을 따라 걸으면 또 다른 북촌 여행을 시작할 수 있다. ☐ 02-2133-1371

정독도서관 강남으로 이전한 경기고등학교의 옛 건물로 아름다운 도서관으로 손꼽힌다. 잘 가꿔진 도서관 내 정원은 계절마다 다른 모습을 선사한다. 책 읽는 목적 외에 데이트 장소로 인기 있는 이유다. 특히 봄이 되면 벚꽃을 보기 위해 사람들의 발길이 끊이질 않는다. 도서관 입구의 서울교육박물관 관람도 잊지 말자. 옛 추억을 떠올리게 하는 즐거운 전시가 이어진다. 매월 첫째/셋째주 수요일 및 일요일을 제외한 법정공휴일 휴관. ☐ 02-2011-5799

주변 맛집

북촌손만두 헌법재판소 지나 재동초등학교 맞은 편 언덕길에 있다. 함흥 웅기마을 이씨만두에서 유래한 손맛이 3대째 이어진다. 만두 전문점답게 찐만두, 굴림만두 등 다양한 종류의 만두가 있지만 그 중에서도 튀김만두가 잘 나간다. 북촌만둣국 8,500원, 튀김만두 5,000원. ☐ 02-745-2121

마산해물아구찜 아는 사람은 다 아는 가회동의 오래된 맛집. 입에 착착 붙는 감칠맛 나는 양념에 해물이 듬뿍 들어간 해물찜이 특히 인기 있다. 해물을 먼저 먹고 남은 양념에 라면 사리를 넣어 먹는 것은 단골들이 손꼽아 추천하는 팁이다. 주문하면 볶아져 나오는 볶음밥도 빼놓기 아쉽다. 방송에서도 자주 소개되어 늘 붐빈다. 해물찜(중) 54,000원. ☐ 02-741-2109

 #골목골목 누비며 산책하기 좋은 길 

삼청동

삼청동은 한옥, 카페, 갤러리, 박물관, 옷가게가 오밀조밀 모여 있어 지루할 틈 없는 도심 속 데이트코스로 인기가 높다. 한국적이면서도 이국적인 풍경이 펼쳐지는 이곳을 산책하는 길을 여러 갈래다. 경복궁 돌담을 따라가도 되고 분식집이 즐비한 풍문여고 옆길부터 시작해도 된다. 카페와 레스토랑이 기지개를 펴기 전이라면 경복궁 돌담 옆 갤러리길 부터 거닐어 보자. 오랜 시간 삼청동 초입을 지켜온 국제갤러리와 학고재라면 문화로 힐링하는 시간을 보낼 확률이 높다. 갤러리길을 지나면 가을마다 노란색으로 옷을 갈아입는 키 큰 은행나무 사이로 알록달록한 벽화와 카페들이 눈길을 사로잡는다. 보물찾기를 하듯 커피향이 번지는 골목 사이를 누비며 옷과 소품 구경을 하다 보면 반나절이 훌쩍 지나간다. 삼청동을 한눈에 담아가고 싶다면 삼청동전망대에 올라가자. 전망대에서는 북악산과 그 아래로 굽이굽이 흘러내리는 듯한 삼청로의 풍경이 한눈에 들어온다. 전망 좋은 언덕배기 카페에서 느긋하게 차 한 잔 마시며 반나절 여행의 쉼표를 찍기도 좋다.

주소 서울시 종로구 삼청동 **교통편** **자가운전** 서울시청 → 을지로 → 세종대로 → 사직로 → 삼청로 **대중교통** 지하철 안국역 1번 출구에서 풍문여고 방향으로 도보 5분 **전화번호** 종로구청 관광산업과 02-2148-1852 **홈페이지** www.jongno.go.kr **이용료** 없음 **추천계절** 봄, 가을

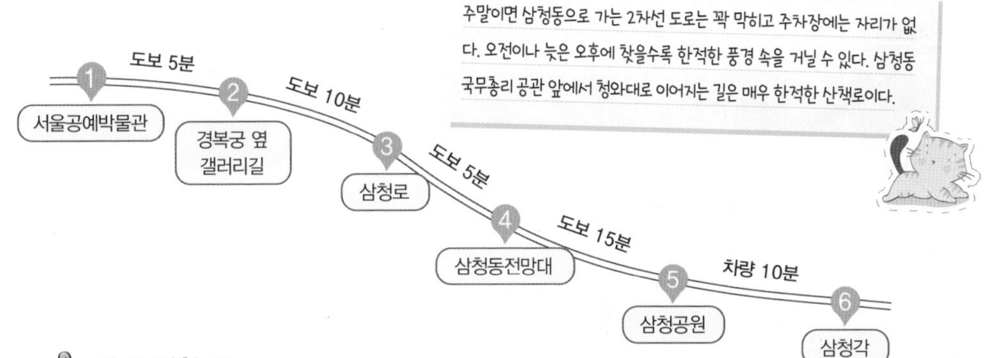

가 볼 만한 곳

서울공예박물관 2021년 7월 문을 연 한국 최초의 공예박물관. 시대와 분야를 아우르는 공예품 2만여 점을 보유하고 있다. 박물관은 잔디밭을 품은 옛 풍문여고 건물 5개 동을 리모델링 해 학창 시절 추억을 돋운다. 전시1동에는 상설전시관과 기획전시관, 도서관이 있다. 전시2동에는 지역공예실, 전시3동에는 카페와 안내동이 자리한다. 이 모든 것이 무료다.

삼청공원 경복궁의 북동쪽 북악산 기슭에 위치한 삼청공원은 봄에는 벚꽃이, 가을에는 고운 단풍이 아름답다. 꽃이 져도 푸르른 녹음 속에서 쉬어가기 좋은 장소다. 공원을 한 바퀴 도는 데는 20~30분이면 충분하다. 500m쯤 걸어 올라가 말바위전망대에서 내려다보는 서울의 전망도 청정하다.

주변 맛집

삼청동 수제비 2020년 미쉐린 가이드에 소개된 곳으로 1982년 문을 열었다. 동네 단골뿐 아니라 미식가들에게는 이미 익숙한 식당이다. 줄을 서야 하는 번거로움이 있지만, 맛있는 국물의 수제비를 좋아한다면 들러보자. 100% 감자로 만든 감자전도 별미다. 수제비 9,000원, 감자전 11,000원. ☐ 02-735-2965

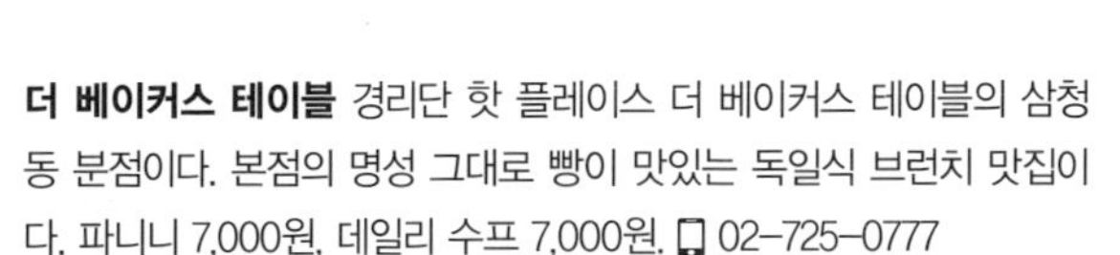

더 베이커스 테이블 경리단 핫 플레이스 더 베이커스 테이블의 삼청동 분점이다. 본점의 명성 그대로 빵이 맛있는 독일식 브런치 맛집이다. 파니니 7,000원, 데일리 수프 7,000원. ☐ 02-725-0777

서울의 옛 수도, 한양을 걷다

서울한양도성 낙산 구간

조선을 건국한 태조 이성계가 한양에 궁궐과 종묘를 지은 뒤 수도방위를 위해 도시를 빙 둘러 쌓은 성곽이다. 태조 5년(1396년)에 공사를 시작해 동, 서, 남, 북으로 흥인지문, 돈의문, 숭례문, 숙정문의 4대문과 동북, 동남, 서북, 서남으로 홍화문, 광희문, 창의문, 소덕문을 두었으며 성곽 전체 길이는 18.6km에 달한다. 성곽을 따라 걷다보면 성벽에 암문이라 불리는 조그만 구멍들을 볼 수 있다. 이것들은 비밀통로 역할을 했다고 한다. 성벽의 돌을 보면 태조, 세종, 숙종 때까지 기술의 발전에 따라 완성도가 조금씩 차이가 나는 것을 볼 수 있다. 낙산 구간은 다른 구간에 비해 비교적 경사도가 완만하고 산책로가 잘 다듬어져 걷기 편한 코스다. 흥인지문 앞에서부터 혜화문까지 2.3km의 거리로 가볍게 산책하며 주변 풍경을 감상할 수 있다. 낙산공원에서는 서울 시내 도심과 남산과 인왕산이 손에 잡힐 듯 보인다. 도성 길을 따라 걷는 동안 숲길, 도심, 골목 등 서울의 다양한 풍경을 만날 수 있다.

주소 서울시 종로구, 성북구 일대 교통편 **자가운전** 서울시청 → 을지로입구역 사거리 → 종각역 → 동묘앞역 사거리에서 유턴 → 흥인지문 사거리 우측 → 동대문 성곽공원 **대중교통** 지하철 1, 4호선 동대문역 1번 출구 도보 1분 또는 지하철 4호선 한성대입구역 4번 출구 도보 3분 전화번호 종로구청 관광산업과 02-2148-1863 홈페이지 tour.jongno.go.kr 이용료 없음 추천계절 사계절

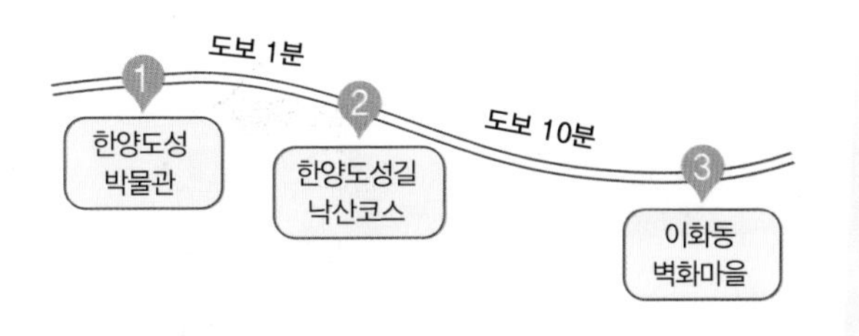

성곽길 낙산코스가 시작되는 입구 1호선 동대문역 3번 출구 부근 창신동에는 네팔거리가 있다. 한국에 이민 와서 살던 한 네팔인 부부가 문을 연 네팔 식당이 인기를 얻자 주변에 하나둘씩 식당과 가게들이 생겨나며 자연스레 형성되었다. 네팔 식당 원조 격인 에베레스트에서는 정통 네팔 음식을 맛볼 수 있다.

가 볼 만한 곳

한양도성박물관 조선시대부터 현재에 이르는 한양도성의 역사와 문화를 전시한다. 한양도성의 축소 모형과 사진, 영상 등 다양한 자료를 통해 한양도성의 의미를 전한다. 상설전시실, 기획전시실, 도성정보센터, 학습실 등으로 이루어졌다.

이화동 벽화마을 젊음의 거리 대학로 옆, 오래되고 낡은 집들이 다닥다닥 붙어있는 동네다. 대학로와는 달리 개발의 손길이 덜미쳐 지금은 오히려 옛 모습을 간직한 귀한 존재가 되었다. 예술가들의 공공미술낙산 프로젝트에 의해 그려진 벽화가 TV 예능 프로그램에 소개 되면서 유명세를 탔다.

주변 맛집

곤드레딱주기 강원도 특산물인 곤드레 밥을 맛볼 수 있는 곳. 강원도에서 가져온 산나물과 인공 조미료를 쓰지 않는 건강한 먹거리를 내온다. 함께 나오는 밑반찬도 생선과 채식 위주로 담백하다. 외부에서 식당이 잘 눈에 띄지 않으나 내부는 깔끔한 분위기다. 곤드레뚝주기 정식 20,000원, 곤드레찰솥밥 12,000원. ☐ 02-764-5959

삼삼 뚝배기 대학로 맛집으로 소문난 뚝배기 비빔밥집. 된장찌개, 김치찌개, 미역국, 생선백반 등 집밥 메뉴를 선보인다. 큰 그릇에 밥이 담겨 나와 김, 고추장을 곁들여 비벼먹는다. 맛도 좋고 양도 푸짐해 최고의 가성비를 자랑한다. 모든 메뉴 5,500~6,000원. ☐ 02-765-4683

 #보물찾기 하듯 걷는 골목길 여행 

세종마을

역사만큼이나 동네를 부르는 이름도 여럿. 조선 시대 후기에는 우대로 불리었고 몇 년 전만 해도 경복궁의 서쪽에 있다 하여 서촌이라 칭했다. 세종대왕 탄신 614주년을 맞이하여 2011년부터는 세종마을이라 불린다. 경복궁역 2번 출구로 나와 자하문로 우리은행 주변으로 볼거리가 많다. 시인 이상의 집터인 이상의 집이 은행 뒷골목 통의동에 있다. 은행 맞은편으로 벽화가 유명한 창성동 미로골목과 대림미술관이 있는 갤러리 골목이 이어진다. 통의동과 이웃하는 누하동에는 60년 넘은 헌책방 대오서점이 있다. 드라마와 영화에 단골로 출연하는 동네 스타서점이다. 토박이들의 손때가 묻은 옥인동길에는 하나 둘씩 새롭게 식당, 카페가 들어섰다. 옛길의 분위기를 거스르지 않고 독특한 개성을 뿜어낸다. 윤동주 하숙집터, 박노수 가옥도 이곳에 있다. 이 골목 끝까지 닿으면 마침내 수성동계곡이 보인다. 진경산수화로 유명한 겸재 정선의 수성동 그림 배경지다. 사계절마다 다른 비경을 뽐낸다. 계곡을 가로지르는 통돌다리 기린교와 수려한 경치의 인왕산을 놓치지 말자.

주소 서울시 종로구 자하문로 **교통편 자가운전** 서울시청 → 무교로 → 세종대로 → 광화문 → 사직로 → 자하문로 **대중교통** 지하철 3호선 경복궁역 2번 출구 **전화번호** 종로구청 관광산업과 02-2148-1853 **홈페이지** tour.jongno.go.kr **이용료** 없음 **추천계절** 봄, 가을

가 볼 만한 곳

사직단 토지의 신인 사신과 곡식의 신인 직신에게 제사를 지내는 제단이다. 기우제와 기곡제를 지내기도 했다. 중심을 상징하는 황색 모래 위에 사단과 직단이 각각 동쪽과 서쪽에 설치되어 있다. 사직단 뒤로는 궁술 연습을 위해 만들어진 정자 황학정과 율곡 이이, 신사임당의 동상이 서 있는 사직공원이 있다. 종로도서관과 인왕산도 지척이다. ☐ 02-739-7205

통인시장 금천교시장 조금 위편에 자리한 전통시장이다. 슈퍼마켓부터 생선가게까지 70여 개의 점포가 동서로 늘어서있다. 김밥, 기름떡볶이 등 먹을거리가 유명하다. 시장 내 고객만족센터에서는 오후 5시까지 도시락 카페를 운영한다. 시장을 돌아다니며 원하는 반찬을 골라 담으면 된다. 이 때 엽전으로 돈을 지불하는 이색적인 경험을 할 수 있다. ☐ 02-722-0911

서촌의 대부분이 거미줄처럼 얽힌 골목길이다. 지도로 찾기보단 사람에게 물어 찾는 편이 낫다. 이 때 동네 이름을 정확히 알고 있는 것이 유리하다. 효자동, 통의동, 누하동 등 골목 따라 이름이 달라지기 때문. 자하문로를 좌우로 나누어 다니면 길 찾기가 훨씬 수월하다. 좌측의 우리은행과 우측의 대림미술관을 기준으로 구석구석 골목을 여행하자.

주변 맛집

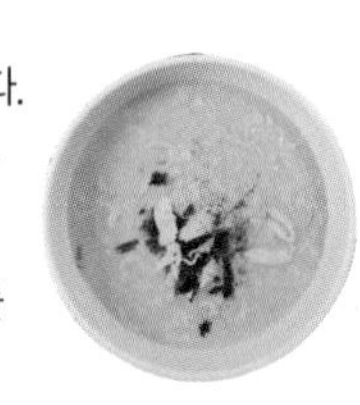

체부동잔치집 '세종마을 맛집 문화거리'에서도 유난히 사람이 많은 가게 중 한 곳이다. 잔치집에 온 듯 시끌벅적한 분위기에 메뉴도 다양하다. 본디 '맛집'이라하면 단일 메뉴로 승부하는 법이지만 이곳에서는 무엇을 주문하든 실패 확률이 적다. 첫 방문이라면 '들깨칼국수'를 주문해볼 것. 이 때문에 칼국수 맛집으로 입소문이 나기 시작했다. 들깨의 고소함에 숟가락질을 멈출 수가 없다. 들깨칼국수 6,500원. ☐ 02-730-5420

영화루 청와대로 짜장면 배달 간다는 풍문이 날만큼 골목의 터줏대감인 중식당이다. 매콤한 맛이 특징인 고추간짜장이 유명하고 독특한 외관으로 영화나 드라마의 촬영 명소로도 인기다. 고추간짜장, 고추짬뽕 각 9,000원, 볶음밥 7,500원. ☐ 02-738-1218

인사동

문화와 전통이 흐르는 한류관광지

여행 정보

주소 서울시 종로구 사직로9길 22 교통편 **자가운전** 서울시청 → 광화문사거리 → 종각역 → 인사동 **대중교통** 지하철 3호선 안국역 6번 출구 도보 5분 전화번호 인사동홍보관 02-737-7890 홈페이지 www.hiinsa.com 북인사관광안내소 insainfo.or.kr 이용료 없음 추천계절 봄, 기을

시간의 흔적이 겹겹이 쌓여있는 길은 언제 걸어도 정겹다. 조선시대의 인사동은 예술관청 도화서가 있어 김홍도 등 당대에 내로라하는 화공들의 풍류와 문화의 거리였다. 일제강점기에는 인사동에서 몰락하는 북촌 양반들의 도자기, 고서화 같은 골동품이 일본인들에게 팔려나갔다. 광복 후 고미술, 화랑, 표구점이 속속 모여들며 화랑가를 이루게 됐다. 화랑가는 자연스럽게 예술가들의 만남의 장소가 되었고 전통찻집과 음식점이 들어섰다. 지금은 골동품, 고서적, 필방, 전통 찻집, 한정식집 등의 가게들이 골목을 가득 메우고 있다. 인사동 산책은 북인사안내소에서 남인사 마당으로 이어지는 널찍한 길을 따라 걷는 것이 편하다. 골목골목 멋스러운 전통찻집과 화랑, 골동품 가게가 숨어 있다. 대표적인 화랑으로는 경인미술관, 관훈갤러리, 선화랑 등이 있다. 일층부터 옥상 정원까지 막힘없이 경사진 길을 오르며 다양한 가게들을 구경할 수 있는 쌈지길 산책도 재미있다. 쌈지길은 층마다 아기자기하고 개성 만점인 가게들로 빼곡하다. 톡톡 튀는 물건들 하나하나 구경하다 보면 어느새 옥상 하늘정원에 이른다. 쌈지길, 인사아트프라자 등 공방에서는 한지공예, 도자기 등 체험도 할 수 있다. 주말에는 시민과 함께 하는 풍물음악회 등 야외 풍물 공연도 열려 흥겨움이 더해진다.

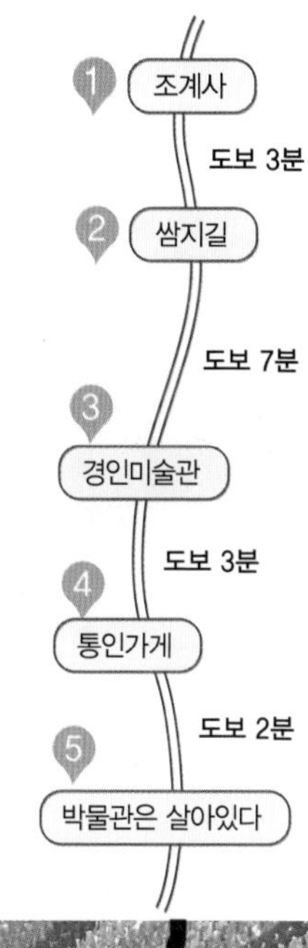

가 볼 만한 곳

조계사 4대문 안에 최초이자 유일하게 들어선 사찰 조계사는 도심 속 여유를 누릴 수 있는 공간이다. 고풍스러운 대웅전 앞에는 500살이 넘은 회화나무가 사찰을 감싸듯 서 있다. 석가탄신일에는 회화나무 아래 색색의 연등이 붉을 밝힌다. 조계사 옆에는 불교중앙박물관이 있어 부처님의 만다라 등 한국 불교미술의 보물들을 감상할 수 있다. ☐ 02-768-8600

박물관이 살아있다 평면 회화를 3D처럼 입체감 있게 그린 '트릭아트'를 테마로 한 문화놀이공간이다. 80여점이 넘는 작품과 넓은 전시공간을 자랑한다. 명화 속에 들어가 모나리자의 머리를 빗겨 주고, 고흐의 모자를 씌워주는 장면을 보다 보면 시간가는 줄 모를 정도. 아이 손잡고 추억 만들기나, 사진 찍기 좋아하는 커플의 닭살 데이트 코스로 그만이다. ☐ 02-2034-0600

인사동길은 평일 오전에는 10시부터 밤 10시까지는 북인사 마당에서 수도약국까지, 주말 오전 10시부터 밤 10시까지는 북인사 마당에서 인사네거리까지 차 없는 거리를 운영한다. 차는 두고 가벼운 발걸음으로 통인가게 등 전통소품을 파는 가게도 둘러보며 인사동길을 걸어보자.

주변 맛집

조금 인사동 거리가 시작되는 북인사 관광안내소에서 가까운 일본식 솥밥 전문점이다. 밥 위에 새우, 굴, 양송이버섯, 죽순, 밤 등을 푸짐하게 얹은 조금솥밥 외에도 송이솥밥, 오징어구이와 각종 꼬치구이 등을 즐길 수 있다. 조금솥밥, 송이솥밥 18,000원. ☐ 02-725-7797

텅 비어있는 삶 오래된 건물 7층에 자리한 '텅 비어있는 삶'은 창덕궁과 인사동 전망으로 꽉 찬 카페다. 엘리베이터에서 내리면 오른쪽은 카페 '텅', 왼쪽은 '비어있는 삶'이 자리한다. 비어있는 삶에서 원하는 메뉴를 주문한 후 원하는 공간에 자리를 잡고 전망 한 모금의 여유를 즐겨보자. 아메리카노 5,500원, 플랫화이트 6,000원.

#창덕궁, 종묘와 이어진 조선의 궁궐

창경궁

조선의 세 왕후인 정희, 소혜, 안순왕후의 거처를 위해 지어진 궁궐이다. 정문인 홍화문을 지나 보물로 지정된 옥천교를 지나면 명정전이다. 이곳에선 연회, 과거시험 등 공식 행사를 치렀다. 내부 옥좌 뒤로는 왕의 권위와 위엄을 상징하는 일월오봉병이 보인다. 해와 달이 그려진 8폭 병풍으로, 그 사이에 앉는 왕이 천하를 다스린다는 것을 의미한다. 명정전 앞마당인 조정은 독특한 울림 현상이 나타난다. 조정을 둘러싸고 있어 행각이 소리를 가둬준다. 가장 큰 의례를 행하던 곳이었기에 소리가 잘 울려 퍼질 수 있도록 건축되었다. 바닥에 깔린 박석은 왕의 권위를 상징한다. 눈부심을 방지하고 물이 빠지는 배수로 역할을 하기 위해 틈이 벌어져 있다. 왕비가 거주했던 통명전 앞에도 박석이 깔렸다. 그 밖에 내전, 국왕의 공식 집무실인 문정전, 정사와 학문을 논하던 숭문당과 함인정을 두루 살펴보자. 두 개의 연못으로 이뤄진 춘당지와 바람의 방향과 속도를 측정하던 풍기대도 눈여겨볼 만하다. 봄, 가을에는 야간 개장을 해 조명과 어우러진 색다른 궁궐을 즐길 수 있다.

주소 서울시 종로구 창경궁로 185 **교통편 자가운전** 서울시청 → 을지로 1가 → 남대문로 → 안국동사거리 → 율곡로 → 원남동사거리 → 창경궁로 **대중교통** 지하철 4호선 혜화역 3번 출구에서 서울대 연건캠퍼스를 가로질러 나와 후문 끝 **전화번호** 02-762-4868 **홈페이지** cgg.cha.go.kr **이용료** 만 24~64세 1,000원, 그 외는 무료, 매주 월요일 휴관 **추천계절** 사계절

가 볼 만한 곳

종묘 종묘는 즐기기 위한 공간이 아니다. 조상에게 제사를 지내는 유교 예법에 따라 조선 왕과 왕비의 신주를 모시고 제를 올리는 곳이다. 정전을 비롯한 건축물과 제례, 제례악이 잘 보존 계승되고 있어 유네스코 문화유산으로 등재되었다. 5월과 11월의 첫째 주 일요일에 각각 종묘대제와 종묘제례 의식이 치러지며 자유 관람이 가능하다. ☐ 02-765-0195

문묘 공자를 모시는 사당이다. 공자 위패를 모시고 제사를 지내는 대성전과 유학을 가르치고 배우는 명륜당으로 나뉜다. 대성전 뒤로 성균관이 배치되어 있는데 이는 전묘후학의 유교이념에 따른 것이다. 성균관 앞뜰에는 수령 500년 된 은행나무가 위용을 드러내고 서 있다. 유생들의 기숙사로 쓰인 동재와 서재, 도서관으로 사용된 존경각 등도 함께 둘러보자. ☐ 02-760-1472

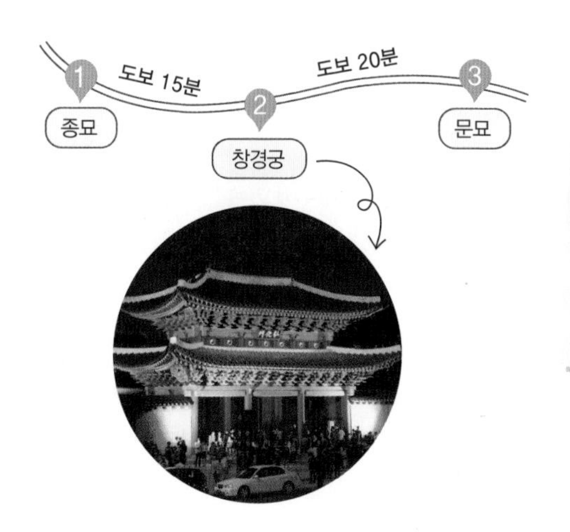

창경궁 춘당지에서 홍화문으로 이어지는 금천길은 산책하기 제격이다. 자작나무, 산딸나무, 함박꽃나무 등이 숲을 이뤄 수려한 경관을 자랑한다. 물이 흐르는 금천에는 연꽃도 핀다. 시원한 물소리와 그늘 덕에 무더운 여름에 더욱 반갑다.

주변 맛집

고궁의 아침 1975년부터 시작한 한우불고기 전문점이다. 한우생등심, 안창살 등 고기 메뉴부터 갈비탕, 육개장, 돌솥 비빔밥 등 간단한 식사 메뉴도 있다. 무난한 한식을 즐길 수 있어 가족, 연인, 친구 등 전 연령대가 부담 없이 찾기 좋다. 한우불고기 22,000원, 불낙전골 17,000원. ☐ 02-762-7620

창경궁 150 돈까스 카레를 잘 하는 집이다. 레스토랑은 아담하다. 실내는 정갈하고 심플함이 돋보이는 인테리어에 오픈 키친이다. 맛집으로 소문나 웨이팅이 긴 날은 조금 기다릴 수 있다. 돈가스카레 9,000원, 돈가스 새우덮밥 10,000원. ☐ 02-747-0150

#왕들이 사랑한 가장 한국적인 궁궐

창덕궁

"한국적 미를 잊지 않으려면 적어도 일 년에 두 번은 의무적으로 창덕궁에 가라." 프랑스 건축가 장 미셸 빌모트는 이런 말로 창덕궁을 예찬했다. 경복궁을 포함한 조선 5대 궁궐 중 유일하게 유네스코 세계문화유산으로도 등재되었다. 우리나라 고유의 자연미가 잘 살아있다는 점을 높이 평가받았다. 경복궁과 비교할 때 창덕궁의 건물은 우리식으로 소박하고 검소하다. 건물 위주로 감상하는 것보다 자연과 어우러진 건물의 배치를 눈여겨보자. 정문인 돈화문은 뒤로 보이는 매봉산, 북한산과 겹쳐보아야 한다. 넓고 큰 대문이 산과 이어지면서 건물의 웅장함이 배가 된다. 특히, 정문인 돈화문에서 인정전으로 가는 길목의 구조가 독특하다. 90°로 두 번 방향을 틀어야 비로소 정전이 모습을 드러낸다. 우리나라 특유의 비대칭미가 돋보여 가장 한국적이라고 칭송받는 점이다. 중국식 건축양식의 영향으로 대문 안에 일직선으로 건물을 배치한 경복궁과 대조적인 모습이다. 또 건물을 극적으로 드러날 수 있게 연출해 재미를 주었다. 조선의 왕들이 창덕궁을 제일 좋아한 이유도 이런 요소들이 곳곳에 묻어있기 때문이다. 더불어 낙선재 담장 장식, 대조전 굴뚝 장식, 연경당 주련 장식과 명정전 당가 등을 꼼꼼히 살펴보자. 토끼, 포도, 국화 등의 세밀한 조각이 흥미롭다.

주소 서울시 종로구 율곡로 99 **교통편 자가운전** 서울시청 → 을지로 1가 → 남대문로 → 안국동사거리 → 율곡로 → 창덕궁 **대중교통** 지하철 3호선 안국역 3번 출구 도보 5분 **전화번호** 창덕궁 관리소 02-3668-2300 **홈페이지** www.cdg.go.kr **이용료** 만 24세~64세 3,000원, 그 외는 무료, 매주 월요일 휴관 **추천계절** 사계절

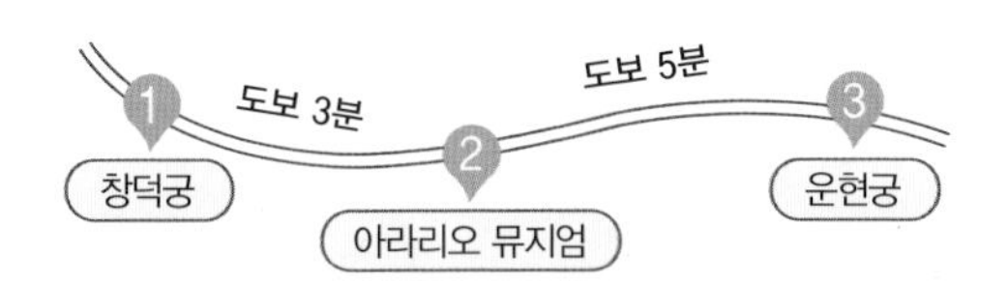

달빛이 가장 밝은 음력 보름 밤 창덕궁을 거닐 수 있는 행사가 있다. '창덕궁 달빛 기행'이라는 이름으로 매해 봄, 가을에 열린다. 도심 속 궁궐의 야간 산책을 놓치지 말자.

가 볼 만한 곳

아라리오 뮤지엄 한국 건축의 1세대라 불리는 건축가 김수근이 1971년 건축한 것을 2014년 박물관으로 개조했다. 주변 창덕궁과 한옥의 조화를 위해 기왓장 느낌의 전돌을 주재료로 만들었다. 검은 벽돌 건물을 담쟁이가 뒤덮은 것이 인상적이다. 박물관은 지하 1층, 지상 5층으로 다양한 예술가들의 작품을 전시하고 있다. 야외에 마련된 1층 카페는 계절의 변화를 느끼며 잠시 쉬어 가기 좋다. ☐ 02-736-5700

운현궁 흥선대원군의 사저로 그의 둘째 아들 고종이 나고 자란 곳이다. 고종이 조선 제 26대 왕이 되자 궁이라는 이름을 받았다. 원래의 규모와 크기는 궁궐에 견줄 만큼 웅장했으나 현재는 사랑채로 쓰인 노안당, 가례식이 열렸던 노락당 등 건물 몇 채만 남아 있다. 건물 뒷길이 하나로 이어지고 처마 아래로 보첨이 설치된 점이 독특하다. 문화해설사 해설 프로그램은 매일 5회 진행되며, 다양한 프로그램도 운영 중이다. 매주 월요일은 휴무. ☐ 02-766-9090

주변 맛집

비원 손칼국수 짭짤한 젓갈 맛이 나는 부추김치와 양지 국물로 만든 심심한 칼국수의 조화가 완벽하다. 밀가루에 옥수수가루, 콩가루를 섞어 만든 면발은 씹을 새 없이 후루룩 넘어간다. 빈틈없이 속이 꽉 찬 만두도 별미다. 칼국수 8,000원. ☐ 02-744-4848

프릳츠 원서점 아라리오 뮤지엄 1층에 있는 카페. 뉴트로 한 느낌으로 유명한 카페 체인이다. 기와지붕에 통유리로 된 실내와 담쟁이로 덮인 아라리오 뮤지엄 건물이 잘 어울린다. 주문하는 공간은 좁지만 음료를 마실 수 있는 공간은 제법 넓다. 무화과 깜빠뉴 4,800원, 아메리카노 4,600원. ☐ 02-747-8101

 # 대통령 집무실에서 시민의 휴식 공간으로 

청와대

20대 대통령 취임 후 대통령 집무실이 용산으로 이전하면서 청와대가 완전 개방됐다. 1948년 대한민국 정부가 수립되면서 대통령 관저로 사용된 후 74년 만의 일이다. 청와대가 개방되면서 그동안 비밀에 싸여 있던 대통령 집무실 등 관저를 찬찬히 돌아볼 수 있게 됐다. 청와대에는 서울특별시 유형문화제 103호로 지정된 침류각, 오색구름이 드리운 풍광이 마치 신선이 노는 곳과 같다는 뜻의 오운각, 대통령 집무실 겸 외빈 접견 공간이었던 청와대 본관이 있다. 또 국내외 귀빈에게 우리나라의 전통 가옥 양식을 소개하거나 의전행사, 비공식 회의 등을 진행하던 장소인 상춘재, 대통령 기자 회견 및 출입 기자들의 기사송고실로 사용된 춘추관, 외국 대통령이나 총리 등 국빈 방문 시 공연과 만찬 등의 공식 행사를 진행하던 영빈관, 청와대 경내에서 가장 아름다운 정원 녹지원, 2018년 보물로 지정된 9세기 통일신라 석불좌상을 볼 수 있는 미남불 등 볼거리가 많다. 청와대 관람은 홈페이지에서 미리 신청해야 한다. 관람은 1일 6회, 2시간 단위로 진행한다. 개인 관람은 4인 이하, 단체는 30~50명이다.

주소 서울시 종로구 청와대로 1 교통편 **자가운전** 서울시청 → 세종대로 경복궁 방향 → 효자로 **대중교통** 서울시청 옆 서울신문사 정류장에서 01번 버스 탑승 후 청와대 정류장 하차 홈페이지 reserve.opencheongwadae.kr 관람료 무료 추천 계절 봄~가을

청와대 관람 후 도보로 더숲초소책방으로 이동해 인왕산의 정취를 느껴보자. 인왕산에서 충분히 휴식한 후 세종마을 음식문화거리로 내려와 골목골목 맛집 탐방을 하자. 낮보다는 어둑어둑해질 무렵 맛집을 찾아 허기진 배를 채우는 일정으로 짜보자.

가 볼 만한 곳

더숲초소책방 1968년 김신조 사건 이후 청와대 방호 목적으로 건축했던 초소다. 50여 년 동안 일반인 출입을 통제했던 곳을 2018년 인왕산과 함께 개방했으며, 복합문화공간과 전망데크로 조성됐다. 2020년 대한민국 공공 건축상 특별상을 받을 만큼 건축미가 아름답다. 특히, 통창으로 된 2층 인테리어가 인상적이다. 카페에서 음료를 주문하고 야외 테라스로 나가 빌딩과 숲이 어우러진 서울의 뷰를 함께 맛보자. 주차가 여의치 않으니 산책하며 걸어가길 추천한다. ☐ 02-735-0206

세종마을음식문화거리 레트로한 감성과 트렌디함을 같이 느낄 수 있는 미식 거리다. 막걸리 한 잔과 함께 빈대떡을 즐길 수 있는 아우네 빈대떡, 수요미식회 등에도 소개된 서촌 맛집 터줏대감 계단집, 체부동 잔칫집 돼지갈비, 영화 세트 같은 분위기에서 바비큐를 맛볼 수 있는 효자바베 등 맛집이 즐비하다. 골목을 따라 청사초롱이 켜지는 밤에는 더욱 옛 정취가 산다.

주변 맛집

김진목삼 서촌에서 가장 유명한 돼지고기 전문점이다. 2016년 10평 공간에서 시작했지만, 서촌 주민은 안 가본 사람이 없을 정도로 인기가 많다. 근처에 2호점을 내기도 했다. 메인은 목살. 부드러운 맛이 일품이다. 조미료를 전혀 넣지 않은 반찬도 훌륭하다. 통목살 16,000원 통삼겹살 16,000원. ☐ 02-929-2929

칸다소바 도쿄 라멘 대회에서 우승했던 라멘 명소 '와이즈'의 마제소바 기술과 3대째 이은 라멘 장인에게 제면 기술을 전수 받아 연 마제소바 전문점이다. 메뉴는 3가지가 전부. 국내에서는 쉽게 접할 수 없는, 국물 없는 면에 고기와 채소, 계란 등 다양한 고명을 얹고 소스에 비벼 먹는 라멘을 맛볼 수 있다. 마제소바 11,000원. ☐ 0507-1351-1662

 # 서울 도심 한복판에서 만나는 조선시대 한옥 

남산골 한옥마을

서울 도심 한복판 빌딩 숲 사이에 한국의 전통이 살아 숨 쉬는 남산골 한옥마을이 있다. 가난하면서 자존심만 센 선비를 빗대어 '남산골 샌님'이라 하는데 과거 이 동네에 남산골 샌님들이 모여 살았다. 남산골 한옥마을은 1998년 서울시가 민속자료로 지정한 한옥 다섯 채를 이전, 복원해 조성했다. 정문으로 들어서면 정자와 연못이 어우러진 한국 전통 정원이 나온다. 정원 서쪽에 계곡물이 흘러 유유자적한 남산 기슭의 옛 정취가 느껴진다. 남산골 한옥마을 마당에는 삼각동 도편수 이승업 가옥, 삼청동 오위장 김춘영 가옥, 관훈동 민씨 가옥, 제기동 해풍부원군 윤택영 재실, 옥인동 윤씨 가옥 등 전통 한옥 다섯 채가 모여 있다. 조선 시대 신분에 따라 달라지는 다양한 형태의 주거문화를 엿볼 수 있다. 집 안에는 가구와 살림살이를 재현해 놓아 마치 타임머신을 타고 과거로 여행을 온 듯하다. 전통가옥을 둘러보고 언덕을 따라 올라가면 서울 정도 600년을 기념해 조성한 서울 천년 타임캡슐광장이 나온다. 서울 정도 600년이 되던 1994년 보신각종 모형의 타임캡슐에 서울의 도시 모습, 생활, 문화를 대표하는 물건 600여 점을 넣어 지하에 매설했다.

주소 서울 중구 퇴계로34길 28 교통편 **자가운전** 서울시청 → 을지로 → 소공로 → 회현사거리에서 명동역 방면 → 퇴계로 → 남산골한옥마을 (주차장) **대중교통** 지하철 3호선, 4호선 충무로역 4번 출구 전화번호 02-2261-0517 홈페이지 www.hanokmaeul.or.kr 이용료 없음, 매주 화요일 휴관 추천계절 사계절

가 볼 만한 곳

을지로 노가리 골목 서울 지하철 3호선 을지로3가역 3번 출구와 4번 출구 사이에 노가리 골목이 있다. 생맥주와 노가리 등의 안주를 저렴하게 파는 호프집이 즐비하다. 저녁이 되면 노가리 골목에 간이 테이블과 의자를 펼쳐놓는데, 그 모습이 장관이다. 마치 동남아 야시장에 온 듯하다. 삼삼오오 모여 앉아 맥주잔을 부딪치며 이야기꽃을 피운다.

충무로영상센터 오재미동 충무로역 지하 1층에 있는 오재미동은 누구나 무료로 이용할 수 있는 문화쉼터이다. 다양한 영상작품과 예술 서적을 볼 수 있는 아카이브, 영상작업을 할 수 있는 편집실, 기획전시가 열리는 갤러리, 영화를 상영하는 소극장, 다양한 교육프로그램이 열리는 교육실로 구성된다. 일요일, 공휴일 휴관. ☐ 02-777-0421

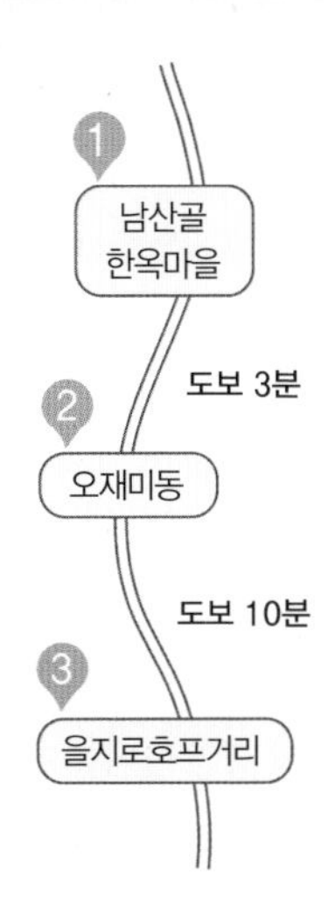

남산골한옥마을에는 전통예술 공연장인 서울남산국악당이 있다. 전통공연을 관람하며 한국의 풍류와 정취를 느껴보자. 한옥마을에는 별도의 주차공간이 마련되어있지 않으므로 대중교통을 이용할 것.

주변 맛집

충무칼국수보쌈 본점 충무로에서 가장 오래된 칼국수 집. 1972년에 문을 열어 전통 손맛을 그대로 이어가고 있다. 멸치로 우려낸 시원한 국물 맛이 일품이다. 여름에는 한시적으로 콩국수를 출시한다. 칼국수 7,000원, 콩국수 7,000원. ☐ 02-2267-8913

딸깍발이 2007년 필동 골목길에 자리잡은 카페로 커피맛이 뛰어나다. 국제 로스팅대회에서 우승할 만큼 로스팅에 각별히 신경 쓰고 있다. 다양한 종류의 스페셜티 원두와 핸드드립 커피는 물론, 샐러드, 치아바타 등 브런치 메뉴도 있다. 전통 간식 떡볶이도 맛볼 수 있다. 핸드드립 커피 7,000~14,000원, 떡볶이 4,500원. ☐ 02-2267-7009

\# 전통과 근대가 함께 호흡하는 궁궐

덕수궁

덕수궁은 조선의 마지막 궁궐로 서울의 5대 궁 중에서 유일하게 전통과 근대가 어우러진 궁이다. 전통의 궁궐 안에 서양식 건축물들이 함께 조화를 이루고 있다. 이는 다른 궁궐 내에서는 찾아볼 수 없는 독특한 특징으로 개화 이후 근대 문물을 받아들이면서 궁궐에도 영향이 미쳐진 것이라고 볼 수 있다. 정관헌은 고종이 러시아 건축가를 불러 전통과 서양의 양식을 함께 섞어 지은 휴식 공간이다. 러시아에서 커피를 처음 마시고 커피 애호가가 된 고종이 이곳을 자주 찾아 음악을 들으며 커피를 마셨다고 한다. 지금도 관람객 누구나 정관헌 안으로 들어가 볼 수 있다. 테이블에 앉아 궁궐 경치를 감상하면 커피를 마시며 저물어가는 국운을 애통해하던 고종의 마음을 느껴볼 수 있을 것이다. 석조전은 영국인 하딩이 설계한 것으로 신고전주의 유럽 궁전 건축 양식을 따른 것이다. 한국전쟁 때 내부가 크게 훼손되었다. 석조전은 외관부터 건물 앞 정원과 청동 분수까지 서양식을 따랐기 때문에 전통의 궁궐 안에서 이국적인 풍경을 연출한다.

여행 정보

주소 서울 중구 세종대로 99 **교통편 자가운전** 서울시청 → 신촌로터리, 숭례문 방면 → 을지로 → 소공로 → 덕수궁 **대중교통** 지하철 1호선 시청역 2번 출구, 2호선 12번 출구 **전화번호** 덕수궁 안내실 02-771-9955 **홈페이지** www.deoksugung.go.kr **이용료** 어른 1,000원, 청소년·어린이 무료 매주 월요일은 휴관 **추천계절** 사계절

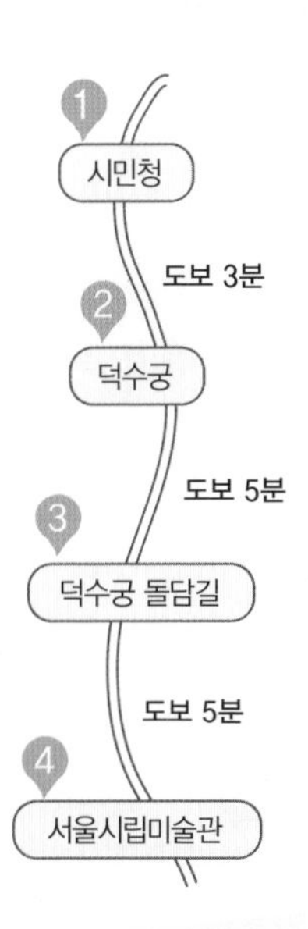

가 볼 만한 곳

시민청 구 서울시청 건물이 '시민청'이라는 이름으로 시민에게 개방되었다. 지하 1층에는 시민의 삶을 테마로 한 기획전시가 이루어지는 시민청갤러리, 12개의 스피커를 통해 입체적으로 소리를 들을 수 있는 귀로 듣는 전시가 열리는 소리갤러리, 영상 전시가 열리는 뜬구름갤러리 있다. 시민과 동행하기 위한 목적의 프로그램으로 동행이벤트 시민청 결혼식이 있다. 과도한 비용과 허례허식의 결혼문화를 개선하고자 기획하여 시민이 이용할 수 있도록 했다. 사회적 이슈들을 가지고 토론하는 프로그램, 언더그라운드 시민 뮤지션들을 위한 공연 프로그램 등 누구나 참여할 수 있는 프로그램이 풍부하다.

조선시대 궁궐 문을 경비, 순찰하는 업무를 수행한 수문군이라는 군대가 있었다. 이들이 교대하는 의식인 수문군 교대식이 덕수궁 대한문 앞에서 매일 재현되고 있다. 매주 월요일을 제외한 오전 11시, 오후 2시, 3시 30분에 관람할 수 있다. 조선 시대의 전통 의복을 입고 기념사진도 찍을 수 있는 '전통 복식체험'도 참가해 보자.

정동 전망대 서울시청 서소문청사 1동 13층에 있다. 덕수궁과 정동 일대가 한눈에 내려다보인다. 사진 동호인들에게 '사진 찍기 좋은 명소'로 이미 알려져 있다. 세계적인 사진가 마이클 케나가 이곳에서 야경 촬영을 한 적도 있다. 특히, 덕수궁의 가을과 눈 쌓인 풍경을 보기에 이만한 곳이 없다.

주변 맛집

유림면 시청역 12번 출구 근처에 있는 50년 전통의 면 집이다. 내외관이 모두 깔끔하며 전통 있는 음식점답게 사람들의 발길이 끊이지 않는 곳이다. 메밀국수, 비빔메밀국수, 냄비국수 등의 메뉴가 있으며 비빔메밀국수에 넣는 새콤달콤한 비빔장과 반찬으로 나오는 짜지 않고 아삭한 단무지는 이곳에서 직접 만든다. 메밀국수 10,000원, 비빔메밀 11,000원, 냄비국수 10,000원. ☐ 02-755-0659

소공죽집 죽이 주 메뉴이지만 솥밥 또한 훌륭해 직장인들에게 인기가 좋다. 요즘은 흔치 않는 영양솥밥을 먹을 수 있다. 누룽지가 바삭하게 깔린 솥밥 위에 각종 야채와 버섯, 큰 새우를 올라준다. 양념장에 비벼 콩나물, 김치, 젓갈 등 밑반찬과 함께 먹으면 맛과 영양 모두 만점이다. 영양솥밥 9,000원 게살죽 12,000원. ☐ 02-752-6400

동대문디자인 플라자(DDP)

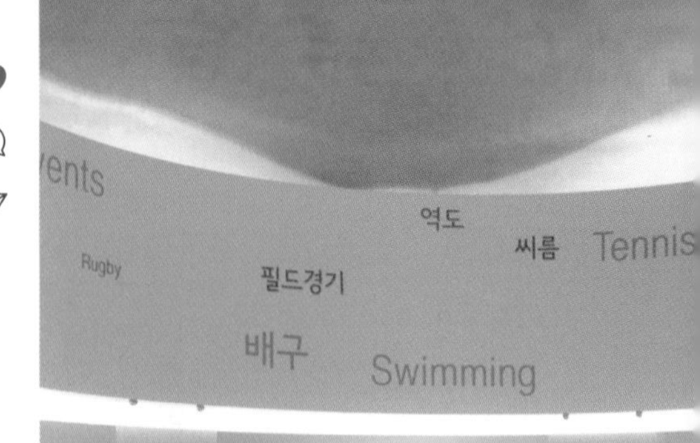

주소 서울시 중구 을지로 281 교통편 **자가운전** 서울시청 → 세종대로 → 청계천로 → 삼일대로 → 을지로 → 동대문역사문화공원역 **대중교통** 지하철 2 , 4 , 5호선 동대문역사문화공원역 전화번호 DDP 02-2153-0000 홈페이지 www.ddp.or.kr 이용료 없음, 전시관 매주 월요일 휴무 추천계절 여름

24시간 환하게 빛나는 쇼핑타운의 네온사인, 관광객과 장사꾼의 열기로 북적거리는 핫 플레이스, 동대문에서 바라보는 DDP(동대문디자인플라자)는 막 착륙한 우주선을 연상시킨다. 건축계의 노벨상으로 불리는 프리츠커 상을 수상한 세계적 디자이너 자하 하디드가 설계해서 독특한 공간 구성과 예술성을 자랑한다. 제법 규모가 큰 내부로 들어가면 재기발랄한 아이디어로 무장한 디자인 상품 등을 판매하는 살림관으로 연결된다. 인터넷을 뒤져봐도 찾기 어려운 독특한 디자인의 조명, 액자, 컵, 접시 등을 판매하는 작은 가게들을 만날 수 있다. 어린이들이 디자인을 직접 체험할 수 있는 DDP 아이플레이 키즈카페와 매달 열리는 각종 패션 및 디자인 행사도 눈여겨볼 만하다. 일정은 DDP 홈페이지에서 미리 확인 가능하다. 이 밖에 DDP를 둘러싼 동대문운동장기념관, 서울성곽, 동대문유구전시장, 동대문역사관 등도 잊지 말고 발도장을 찍어야 할 명소다. 동대문운동장기념관에서는 수십 년 전 운동장에서 사용했던 검표기나 조명, 사이렌 같은 오래된 물건을 구경하는 재미가 있다. 또 그 시절 사람들의 일상이 담긴 그림과 각종 체육경기 포스터도 전시되어 향수를 자극한다. 이곳에는 조선시대 유적을 볼 수 있는 동대문역사관과 동대문유구전시관도 있다.

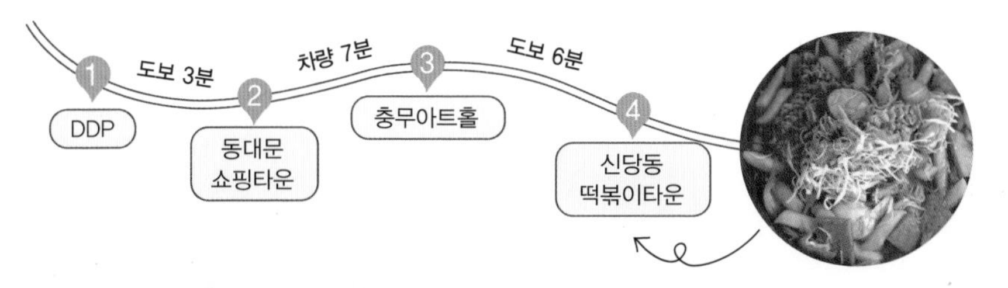

저녁시간, 동대문역사문화공원 내 통창으로 꾸민 카페에 앉아 불야성을 이루는 쇼핑타운과 퇴계로를 질주하는 차들을 여유롭게 감상해보자. 북적북적한 길 건너편과는 달리 한 적한 분위기가 여유롭다.

가 볼 만한 곳

충무아트홀 뮤지컬공연과 예술품을 관람할 수 있는 전시장소 겸 시민대상 예술교육기관이다. 매년 책·드라마 페스티벌, 문화콘서트 등 다채로운 행사를 진행한다. 국립발레단의 공연이나 규모가 큰 뮤지컬 공연도 펼쳐지니 문화생활 만끽하러 들러보자. ☐ 02-2230-6600

신당동 떡볶이타운 이제는 외국인도 신당동에서 한국의 매운 맛을 톡톡히 느끼고 간다. 골목 양 옆으로 길게 난 떡볶이 집은 대부분 즉석에서 조리해 먹는 일명 '즉석 떡볶이'를 판매한다. 요즘에는 고추장뿐만 아니라 짜장, 매운맛, 카레 등의 다양한 양념도 등장했다. 마복림 떡볶이집이 유명하다.

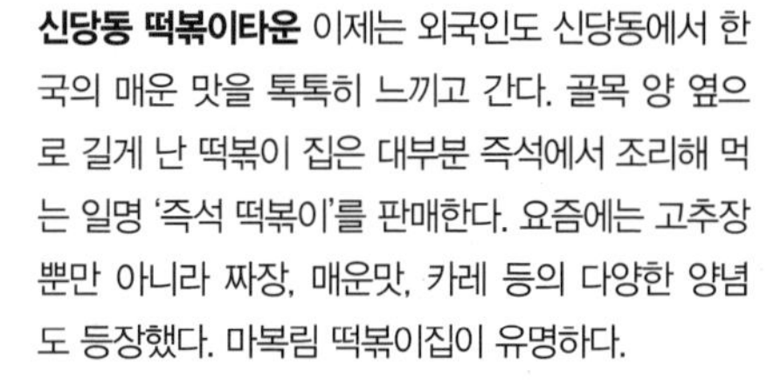

주변 맛집

평양면옥 평양식 메밀 면발의 구수한 맛과 깔끔한 육수 맛이 잘 어우러져 특별한 맛을 낸다. 3대째 내려오는 손맛이 비법이라면 비법이다. 제분기를 설치해서 매일 메밀가루를 만든다. 냉면 외에 고기가 담뿍 들어가 묵직한 만두도 인기다. 냉면 11,000원, 접시만두 11,000원. ☐ 02-2267-7784

에베레스트 레스토랑 동대문역 3번 출구 우리은행 골목 2층에 위치한다. 네팔식 카레 치킨 티카에 얇게 구운 밀가루 빵을 찍어먹으면 맛이 그만이다. 네팔 만두 모모도 인기다. 네팔인 사장이 운영해 맛도 분위기도 이국적이다. 치킨 마커니 8,000원, 탄두리치킨 14,000원. ☐ 02-766-8850

중랑캠핑숲

주소 서울 중랑구 망우로 87길 110 교통편 **자가운전** 서울시청 → 을지로 → 남대문로 → 종로 → 망우로 → 양원역로 → 망우로 87길 → 중랑캠핑숲 **대중교통** 지하철 중앙선 양원역 2번 출구 도보 5분 전화번호 중랑캠핑숲 관리사무소 02-435-7168 홈페이지 parks.seoul.go.kr/JungnangCampGround 이용료 캠핑장주중 17,500원, 주말 25,000원, 전기 사용 3,000원, 매트 4,000원 추천계절 봄, 가을

캠핑의 새로운 시대가 열렸다. 경의중앙선 양원역에서 도보 3분 거리에서 중랑캠핑숲을 만날 수 있다. 중랑캠핑숲은 서울 동북지역의 개발제한구역 내에 비닐하우스 등으로 훼손된 곳을 복원해 조성한 체험형 캠핑공원이다. 이곳은 5성급 캠핑장이라 불릴 만큼 완벽한 편의시설을 자랑한다. 캠핑지 전체가 오토캠핑장이라서 텐트 옆에 차를 세울 수 있다. 이밖에도 옥외스파, 물놀이장, 화장실, 수유실, 매점, 식기세척장, 바비큐장 등 편의시설을 갖췄다. 캠핑장 주변으로 아이들이 마음껏 뛰어놀 수 있는 잔디광장을 비롯해 120m의 지압보도가 설치된 맨발광장, 계절마다 다양한 꽃이 피는 야생초화원, 외양간과 장독대 텃밭으로 가꾸어진 농촌체험장 등이 있다. 봄에는 산책로를 따라 배나무 꽃이 장관을 이루고, 여름에는 아이들을 위한 물놀이장이 열린다. 가을에는 오색찬란한 단풍터널이 펼쳐지고, 겨울에는 설원캠핑의 낭만을 즐길 수 있다. 사계절 언제라도 한적한 휴식을 보장한다. 숲 향기 가득한 흙길을 걷고 있으면 어느새 몸과 마음에도 자연의 기운이 샘솟는다. 중랑캠핑숲에서는 과수원체험, 곤충탐험 등 다채로운 생태프로그램을 운영하며 사전예약을 통해 참여할 수 있다. 꼭 캠핑이 아니더라도 가족 나들이나 데이트 장소로도 추천할만한 곳이다.

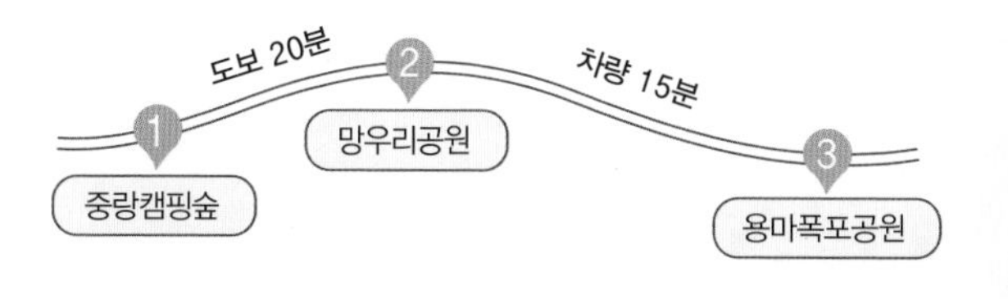

캠핑장은 인터넷 예약자에 한해 이용할 수 있으며 매달 15일 오후 2시에 다음 달 예약을 받는다. 해당 홈페이지에 접속해 기간을 선택하고 위치를 지정하면 되는데 인기가 좋은 곳이니 예약을 서둘러야한다.

가 볼 만한 곳

망우리공원 공동묘지가 묘지공원으로 탈바꿈했다. 망우리공원에는 한용운, 방정환, 이중섭 등 독립운동가, 정치가, 시인 등 유명인사 23인이 잠들어 있다. 망우리공원 입구에서 주차장을 지나면 사색의 길 출발점이 나온다. 순환로를 따라 크고 작은 묘지들이 이어진다. 구리시 쪽으로는 탁 트인 한강 전경을 감상할 수 있고 중랑구 쪽으로는 시가지가 한눈에 내려다 보인다.

용마폭포공원 과거 채석장이었던 용마산 중턱에 용마폭포공원이 있다. 용마폭포의 높이는 51m이며 좌우로 청룡폭포와 백마폭포도 높이가 20m 이상이다. 여름이면 시원한 물줄기가 더위를 식혀주고, 겨울이면 빙벽타기 장소로 활용된다. 폭포광장에서는 마을주민을 위한 에어로빅 교실이 열린다. 폭포는 아침 10시~오후 1시, 오후 2시~오후 5시 두 차례 가동된다.

주변 맛집

서옹메밀막국수 메밀을 직접 제분해 만드는 수제 막국수 식당이다. 자작한 육수를 부어 만든 물막국수와 벌건 양념장이 올라간 비빔막국수가 대표메뉴다. 이 밖에도 만두와 메밀전, 메밀묵 등의 메뉴가 있다. 양은 주전자에 면수가 담겨 나오는데 그 맛이 구수하다. 막국수, 메밀전 각 10,000원. ☐ 031-568-7006

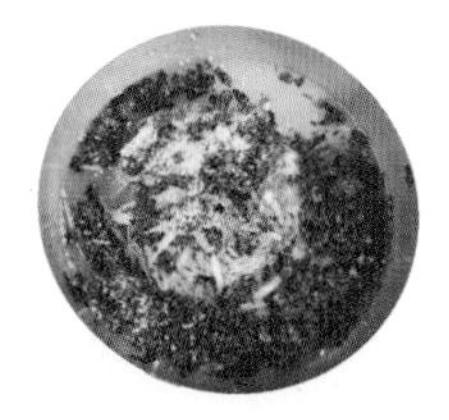

동강오리 본점 테이블마다 놓인 철판 위에 오리 주물럭과 마늘, 버섯, 감자, 부추가 노릇하게 익어간다. 이 집의 별미는 뚝배기에 담겨 나오는 미나리무침이다. 향긋한 미나리무침과 오리고기가 절묘한 궁합을 이룬다. 돌솥밥, 오리탕, 누룽지까지 풀코스로 먹고 나오면 속이 든든하다. 통마늘 오리주물럭 65,000원, 오리주물럭 60,000원. ☐ 02-492-6717

02

경기

어린왕자가 살고 있는 프랑스 마을

쁘띠프랑스

작은 프랑스 마을로 들어서면 길가에는 유럽의 골동품이 즐비한 벼룩시장이 열리고 광장에서는 마리오네트 공연이 펼쳐진다. 어디선가 울리는 오르골의 멜로디에 이곳 사람들 모두가 리듬을 타고 있는 듯하다. 정말 프랑스 거리를 배회하고 있는 착각이 든다. 프랑스의 낭만적이고 예술적인 분위기가 물씬 풍기는 이곳에는 어린왕자가 살고 있다. 아름다운 건물들의 모퉁이를 돌면 다양한 모습의 어린왕자가 등장한다. 어린 양도, 사막여우도 숨어있으니 운 좋게 만나면 놀라지 않게 가벼운 인사를 건네도 좋겠다. 어린왕자의 아버지, 생텍쥐페리를 기념하는 곳도 있다. 이곳에서 생텍쥐페리의 일생과 작품세계, 그의 친필 원고와 삽화를 만나볼 수 있다. 프랑스 전통주택전시관에서는 실제 150년 된 프랑스의 고택과 사용되던 각종 가구와 생활용품까지 고스란히 옮겨와 프랑스의 18~19세기 실생활을 그대로 엿볼 수 있다. 수백 년 된 대형 오르골과 예술작품을 감상할 수 있는 오르골 하우스와 유럽 곳곳의 전통인형 300여 점을 한곳에 모아놓은 유럽인형의 집 등을 만날 수 있다.

주소 경기도 가평군 청평면 호반로 1063 교통편 **자가운전** 서울춘천고속도로 → 화도IC → 모란터널 → 대성리 → 청평댐입구 → 호반로 → 쁘띠프랑스 **대중교통** 동서울종합터미널에서 청평행 시외버스를 타고 청평터미널에 하차, 고재행 30-5번 시내버스 이용 전화번호 031-584-8200 홈페이지 www.pfcamp.com 이용료 어른·중고생 12,000원, 36개월~초등생 10,000원 추천계절 사계절

가 볼 만한 곳

호명호수 호명산 정상에는 백두산 천지와 똑 닮은 호명호수가 있다. 이곳은 양수발전용 물을 저장하기 위하여 인공적으로 만든 호수로 267만 톤의 물을 담고 있다. 이 호수에서 조금만 위로 올라가면 팔각정이 나온다. 이곳에 서면 쪽빛 하늘과 맞닿는 청초한 호수물이 산세와 어울려 절경을 자아낸다. 안전과 자연보호, 주차난 해소를 위해 버스만 정상까지 운행된다. 승용차를 가져온 사람은 관리사무소 입구에 주차하고 버스를 타거나 걸어 올라가야 한다. ☐ 031-580-2062

쁘띠프랑스 바로 옆에 이탈리아 문화 테마파크 피노키오와 다빈치가 있다. 쁘띠프랑스+피노키오와 다빈치 통합권을 구매하면 조금 저렴한 가격에 두 곳 모두 입장할 수 있다. 쁘띠프랑스 홈페이지에서 공연 일정을 미리 알아보고 가면 유익한 공연을 놓치지 않는다.

에델바이스 스위스 테마파크 스위스의 작은 시골마을을 옮겨놓은 듯 이국적인 모양의 알록달록한 건물이 시선을 끄는 곳이다. 먹이주기 체험이 가능한 양떼목장과 썰매장 등 아이들이 뛰놀기 좋은 시설은 물론 연인을 위한 러브 프로포즈관, 반려견이 마음껏 뛰놀 수 있는 펫 파크도 있다. 치즈와 초콜릿, 와인을 주제로 한 박물관과 주말에 열리는 요들송 공연도 놓치지 말자. ☐ 031-585-3359

주변 맛집

하늘땅별땅 호명호수 바로 아래에 있는 하늘땅별땅은 가평의 특산물인 잣으로 만든 잣묵사발이 유명하다. 이곳에서만 맛볼 수 있는 잣묵사발은 부드러운 묵과 고소한 잣이 어울려 하늘땅별땅의 별미로 자리매김했다. 푸른 나무로 둘러싸여 있고 산 새소리가 들리는 곳에서의 식사는 건강 그 자체이다. 잣묵사발 12,000원. ☐ 031-584-3384

청평호반닭갈비막국수 청평호반닭갈비막국수집의 음식은 빨간 양념이 고루 배어 먹음직스러운 닭고기가 깻잎과 어울려 오묘한 향을 풍긴다. 이 집은 닭갈비만큼이나 막국수도 끝내준다. 막국수로 마무리하면 한 상 거하게 잘 먹은 느낌이 든다. 막국수 9,000원, 닭갈비 13,000원. ☐ 031-585-5921

아침고요 수목원

고요한 아침의 나라, 한국의 정원을 거닐다

주소 경기도 가평군 상면 수목원로 432 교통편 **자가운전** 서울춘천고속도로 → 화도IC → 마석IC → 금남IC → 청평1터널 → 아침고요수목원 **대중교통** 동서울종합터미널에서 청평행 시외버스를 타고 청평터미널에 하차, 수목원행 30-6, 30-7번 시내버스 이용 전화번호 1544-6703 홈페이지 www.morningcalm.co.kr 이용료 어른 11,000원, 청소년 8,500원, 어린이 7,500원 추천계절 사계절

한국의 미를 그대로 담고 있는 아침고요수목원은 인도의 시성 타고르가 조선을 '고요한 아침의 나라'라고 예찬한데서 비롯된 이름이다. 원예학과교수가 한국미의 특성인 곡선과 비대칭의 균형을 살려 10여년에 걸쳐 직접 설계하고 조성했다. 총 20여 개의 테마정원에서 약 4,500여 종의 꽃과 나무가 자란다. 직접 만져보고 향을 맡을 수 있는 허브정원, 200여 품종의 다양한 무궁화가 전시되어 있는 무궁화동산, 암석지 사이에서 자라는 230여 종의 고산식물만 모아놓은 석정원, 여러해살이풀들로 채워져 다음해를 기약하게 하는 약속의 정원, 잣나무, 구상나무, 주목 등을 심어 송진 냄새를 맡으며 삼림욕을 할 수 있는 침엽수정원, 나뭇가지가 아래로 처진 수정들만 모아 식재한 능수정원 등…. 계절별, 주제별로 본연의 아름다움을 선보일 수 있도록 정원 하나하나에 의미를 담았다. 수목원을 가로지르는 에덴계곡에서는 또 다른 장관이 펼쳐진다. 방문객들이 하나씩 쌓아 올려 만든 수많은 돌탑이다. 소원을 담아 돌탑도 쌓고 계곡에 발도 담가보자. 병풍처럼 둘러진 푸른 잣나무의 향기가 몰려오며 일상에 지친 몸과 마음이 건강해지는 기분이다. 클래스하우스에서는 20명 이상 단체와 주말 개인 방문자를 대상으로 다양한 자연 체험 프로그램이 진행된다.

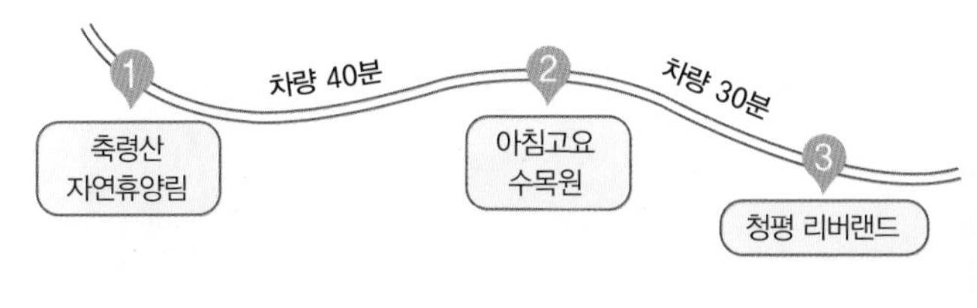

아침고요수목원은 1년 내내 풍성한 축제가 열린다. 봄에는 야생화와 봄꽃축제, 여름에는 아이리스와 수국, 무궁화축제가, 가을에는 들국화와 단풍축제, 겨울에는 오색별빛정원전이 진행된다.

가 볼 만한 곳

축령산 자연휴양림 축령산은 가평군과 남양주시에 걸쳐 있다. 숲이 울창하고 계곡이 아름다운 산으로 태조 이성계가 고려 말 사냥을 왔다가 짐승을 한 마리도 잡지 못해 산 정상에 올라 제사를 지낸 후 멧돼지를 잡았다는 전설이 있다. 평균 2m 높이의 80년생 잣나무가 5만 그루 이상 자라고 삼림욕장, 체육시설, 물놀이장, 야영장, 자연관찰장 등이 있어 가족단위의 휴양공간으로 좋다. ☐ 031-8008-6690

청평 리버랜드 리버랜드에는 50m 높이를 자랑하는 번지점프가 있다. 수려한 자연 속에서 청평호수의 물을 벗 삼아 스릴을 만끽하는 번지점프로 많은 사람이 찾는다. 그 외에도 웨이크보드, 수상스키, 바나나보트, 플라이피시 등의 수상 레저와 일명 사발이로 불리는 ATV, 단체로 진행되는 서바이벌까지 다양한 레저 활동을 즐길 수 있다. ☐ 031-585-5525

주변 맛집

옛골75 직접 담근 메주와 텃밭에서 재배한 풋고추, 감자, 고구마 호박 등을 잘 다져 만든 양념을 넣은 청국장으로 어머니의 정성스런 손맛을 느낄 수 있다. 매실막국수는 별미이다. 감자전, 쌈채, 장떡, 도토리묵, 국수호박 등 반찬이 곁들여져 정갈하고 맛깔스럽다. 옛골정식(1인, 2인 이상 주문 가능) 20,000원, 잣두부전골(1인, 2인 이상 주문가능) 15,000원. ☐ 031-585-7503

뿌리가든 잣으로 유명한 가평군에서 1호 잣두부 식당으로 알려진 곳이다. 12가지 밑반찬과 함께 내는 20년 주인장 정성이 깃든 잣두부전골과 두부보쌈이 인기메뉴다. 직접 농사 지은 식재료라 건강에 이롭다. 두부버섯전골 30,000원(2인분), 두부보쌈(중) 30,000원. ☐ 031-584-9593

#재즈와 축제의 섬

자라섬

자라 모양을 닮아 자라섬이라 이름 붙은 이곳은 재즈와 오토캠핑의 섬이다. 뭍과 연결돼 있어 배를 타지 않고도 섬으로 들어갈 수 있다. 2004년 10월에 시작된 '자라섬재즈페스티벌'이 인기를 모으며 가평을 대표하는 관광지가 됐다. 자라섬재즈페스티벌이 열리는 3일 동안에는 가평 읍내에 있는 카페에서 음악을 연주하는 '미드나잇 재즈카페'도 함께 진행된다. 읍내 곳곳에서 들리는 연주 소리는 축제 분위기를 돋운다. 오목교에서 자라섬 입구까지 이르는 거리는 유명 재즈 아티스트의 핸드프린팅으로 채워진 재즈 명예의 거리로 조성되었다. 겨울에도 축제는 계속된다. 추위마저 잊게 해주는 '자라섬 씽씽겨울축제'에서는 송어얼음낚시는 물론 거대한 눈 조각들 사이에서 썰매도 타고 다양한 먹을거리도 맛볼 수 있다. 자라섬은 축제가 아니어도 가슴이 탁 트이는 청량한 풍경을 만끽할 수 있는 자연휴양지다. 봄에는 초록의 산, 가을에는 울긋불긋 단풍으로 물든 산이 북한강과 하모니를 이룬다. 중도, 서도, 남도 등 3개의 섬과 2개의 부속 섬에는 모험놀이공간, 인라인스케이트장, 운동장, 수상카페 등 다양한 편의시설이 갖춰져 있다.

주소 경기도 가평군 가평읍 자라섬로 20 교통편 **자가운전** 올림픽대로 → 서울춘천고속도로 미사IC → 춘천, 청평 방면으로 좌측→ 금남IC에서 좌측 → 가평읍 진입 전 SK주유소 → 자라섬 입구 **대중교통** 지하철 경춘선 가평역 도보 15분 전화번호 가평군청 문화관광과 031-580-2878 홈페이지 www.jarasum.net 이용료 없음 추천계절 봄, 가을, 겨울

섬 안 4Km에 이르는 수변 산책로는 해바라기, 코스모스, 맨드라미 등 꽃이 핀다. 자전거를 대여해 시원한 바람을 가르며 섬을 돌아보는 것도 상쾌하다. 가평역사~자라섬~이화원~생태문화공간~자라섬씽씽축제장을 돌아보는 5km는 가평 올레길 1코스로 자연과 호흡하며 걷기 좋은 길이다.

1 이화원
도보 10분
2 자라섬 서도 잔디광장
도보 10분
3 자라섬 중도
도보 15분
4 자라섬 남도
차량 20분
5 용추계곡

가 볼 만한 곳

이화원 자라섬 초입의 이화원은 서로 다른 둘이 만나 조화를 이루며 더 큰 발전을 이룬다는 뜻의 생태테마공원이다. 동양과 서양, 국가와 지역 간의 화합을 상징하는 의미에서 브라질 커피나무, 이스라엘 가람나무, 하동의 녹차나무, 고흥의 유자나무 등을 온실 속에 조성해 놓았다. 코로나19 발생 시기에 임시 휴장을 거치면서 새로운 모습으로 단장을 마쳤다. 곳곳에 예쁜 사진을 찍을 수 있는 포토존이 있다. ☐ 031-581-0228

용추계곡 용추계곡은 용추구곡을 시작으로 와룡추, 무송암, 탁령뇌, 고실탄, 일사대, 추월담, 청풍협, 귀유연, 농완개 등 아홉 군데 비경을 자랑하고 있어 용추구곡이라고도 부른다. 용추구곡은 용이 하늘로 날아오르며 아홉 굽이의 그림 같은 경치를 수놓았다는 데서 유래된 이름이다. 여름철 온 가족의 물놀이 장소로 부족함이 없다.

주변 맛집

송원막국수 주문과 동시에 주방에서 바로바로 면을 뽑기로 알려진 송원막국수는 허형만의 〈식객〉 국수 완전정복 막국수편에 소개돼 유명세를 탔다. 푸짐한 메밀막국수에 고춧가루 들깨 등 갖은 양념을 얹어 나오는데 손으로 뽑은 면이 두툼해 맵지 않고 쫄깃하고 고소하다. 막국수 9,000원, 수육 25,000원. ☐ 031-582-1408

동기간 운치 있는 한옥이나 정겨운 시골 마당 방갈로에서 닭백숙을 즐길 수 있는 토속음식점이다. 식사 후 장작불에 군고구마를 구워 먹는 재미는 보너스. 미리 전화 하고 가면 기다리지 않고 바로 먹을 수 있다. 토종닭백숙+죽 70,000원, 토종닭복음탕 70,000원. ☐ 031-581-5570

 # 그림 같은 초원의 목장, 여기 한국 맞아? 

원당종마목장(렛츠런팜 원당)

서울에서 조금만 벗어나면 넓은 초원에서 말들이 한가로이 풀을 뜯는 모습을 만날 수 있다. 바로 서삼릉 옆에 위치한 렛츠런팜 원당이다. 88올림픽 당시에는 마상 장애물 경기장이었으나 지금은 기수들을 교육시키거나 경기하는 말을 사육하는 목장으로 운영한다. 1997년부터 일반인에게도 무료로 개방되었으며 월요일과 화요일은 개방하지 않는다. 관광을 목적으로 개방한 곳이 아니므로 주차시설이나 화장실, 매점 같은 편의시설이 부족하고 대중교통으로 오기에도 불편하지만 많은 사람들이 찾는 명소이다. 이국적인 풍경의 하얀 울타리 옆 목장길을 한가로이 산책하다보면 앞머리가 눈을 가린 짧은 다리의 포니도 만나게 된다. 목장 입구에서 파는 당근을 준비했다면 조랑말이 더욱 반겨줄 것이다. 때로는 트랙을 달리며 연습 중인 기수도 보게 된다. 매주 토, 일요일은 기승체험, 말 관련 시설 견학 등 어린이들을 위한 말 문화 체험이 진행된다. 데이트나 가족나들이는 물론 출사나 웨딩촬영지로도 인기이며 드라마나 영화의 배경으로도 자주 나온다. 특히 목장 초입의 은사시나무길은 계절마다 색다른 아름다움으로 유명한 길이다. 렛츠런팜 원당은 복잡한 도심을 벗어나 탁 트인 초원을 거닐며 기분 전환하기에 더 없이 좋다.

주소 경기도 고양시 덕양구 서삼릉길 233-112 교통편 **자가운전** 광화문광장 → 구파발→ 원당종마목장 **대중교통** 지하철 3호선 삼송역 하차 후 마을버스 041번 환승 후 종점에서 하차 도보 15분 전화번호 02-509-2672 홈페이지 한국마사회 www.kra.co.kr 이용료 없음 추천계절 봄, 가을

원당종마목장은 83칸의 마방과 1곳의 교배소가 있으나 모든 곳이 공개된 것은 아니다. 서삼릉과 서오릉은 걷기코스 정보를 참고하여 걸으면 좋다. 원당종마목장 입구에서 말에게 줄 당근을 파는데 직접 준비해가도 된다. 매점이나 편의시설이 부족하므로 먹을거리와 돗자리를 가지고 가면 좋다.

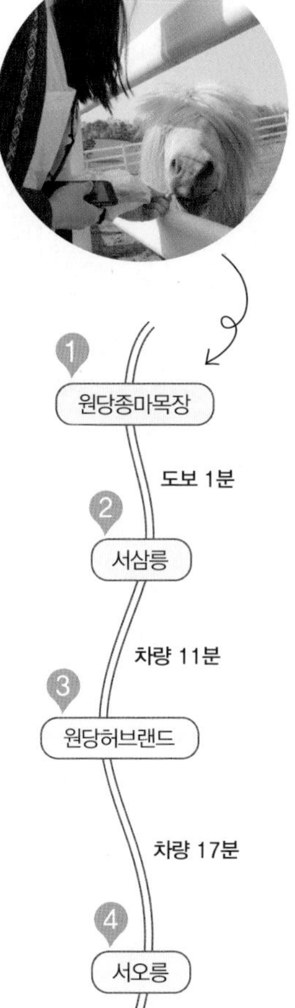

가 볼 만한 곳

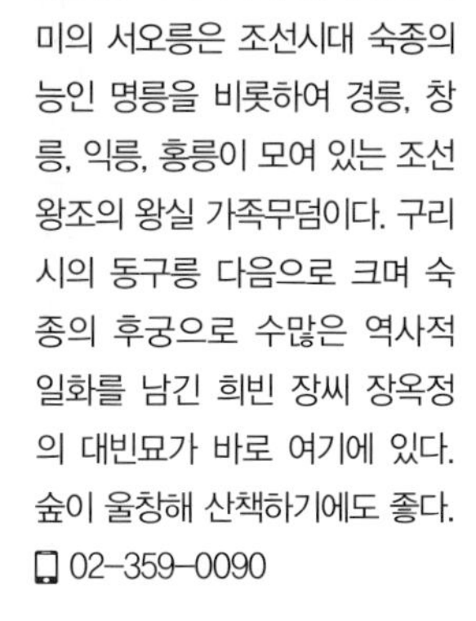

서삼릉 원당종마목장 바로 옆에 위치하며 서오릉과 함께 조선시대를 대표하는 무덤이다. 희릉, 효릉, 예릉이 모여 있으며 그 중 조선 12대 왕인 인종과 그의 비 인성왕후의 무덤인 효릉은 일반인에게 개방되지 않아 희릉과 예릉만 볼 수 있다.
☐ 031-962-6009

서오릉 서쪽의 5개 능이라는 의미의 서오릉은 조선시대 숙종의 능인 명릉을 비롯하여 경릉, 창릉, 익릉, 홍릉이 모여 있는 조선왕조의 왕실 가족무덤이다. 구리시의 동구릉 다음으로 크며 숙종의 후궁으로 수많은 역사적 일화를 남긴 희빈 장씨 장옥정의 대빈묘가 바로 여기에 있다. 숲이 울창해 산책하기에도 좋다.
☐ 02-359-0090

주변 맛집

서삼릉 보리밥 옛날엔 주막이었다는 오래된 맛집으로 세월이 느껴지는 분위기의 허름한 가게지만 맛은 결코 그렇지 않다. 직접 재배한 싱싱한 채소로 상이 차려지며, 코다리도 맛있지만 여러 가지 나물을 넣고 비벼먹는 보리밥과 된장찌개도 일품이다. 옛날보리밥 10,000원 코다리 9,000원. ☐ 031-968-5694

고자리냉면칼만두 본점 협소한 주차공간으로 가기 불편함에도 불구하고 줄서서 먹는 냉면집으로 오이와 깨소금을 듬뿍 올린 칡냉면과 해산물, 버섯을 넣은 칼국수가 유명하다. 손만두와 수제비가 함께 들어간 칼만두는 동절기 음식으로 9월 이후부터 한시적으로만 판다. 물냉면, 비빔냉면, 칼만두 각 11,000원. ☐ 031-969-8250

 #짜릿한 즐거움이 함께하는 종합테마파크 

원마운트

2013년 5월에 개장한 원마운트는 워터파크, 스노우파크, 쇼핑몰, 스포츠클럽 등으로 구성된 복합문화공간이다. 코로나19 이후에는 일부 시설을 제외하고 2년 동안 문을 닫았다가 2022년 여름에 워터파크를 재개장 했다. 워터파크에서는 짜릿함을 선사하는 파도풀 레프팅보트 체험과 함께 120m 최장 길이의 야외 슬라이드 팝핑바운스, 바디스플래쉬 등 다양한 어트랙션을 운영한다. 이밖에 익스트림 튜브 슬라이드 스카이 부메랑고, 초고속 하강 슬라이드 콜로라이드, 지상 50m 고공 슬라이드 월링더비쉬 등 다양한 슬라이드가 짜릿함을 선사한다. 쾌적하고 깨끗한 워터파크 운영을 위해 매주 클린데이를 진행하며 정기적으로 클린시스템을 가동해 이용객들에게 깨끗하고 안전한 서비스를 제공한다. 더욱 빨라진 110m 길이의 눈썰매장으로 새단장한 스노우파크는 회전목마, 컬링존 등으로 구성된 실내 아이스링크와 온수 워터파크를 갖추었다. 이밖에 원마운트에는 유명 패션 브랜드 숍이 입점해 쇼핑이 가능하고, 카페, 식당 등 편의시설이 잘 갖춰져 있어 가족 나들이 장소로 제격이다.

주소 경기도 고양시 일산서구 한류월드로 300 교통편 **자가운전** 서울시청 → 강변북로 → 자유로 킨텍스IC→ 원마운트 (주차장) **대중교통** 지하철 3호선 주엽역 4번 출구 도보 15분 전화번호 1566-2232 홈페이지 www.onemount.co.kr 이용료 워터파크 60,000원 (시즌마다 다름) 추천계절 사계절

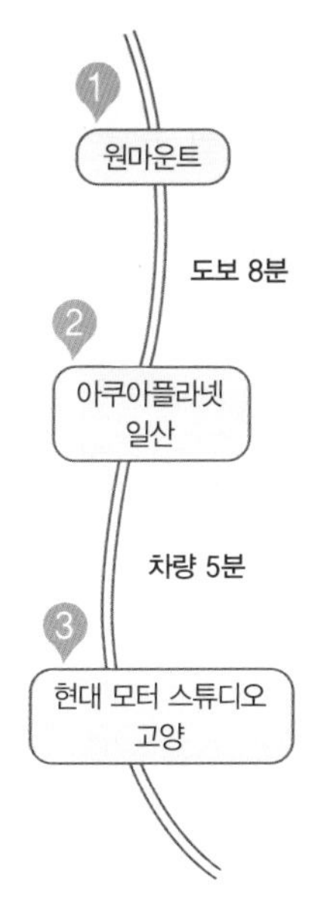

가 볼 만한 곳

아쿠아플라넷 일산 국내 최초 아쿠아리움과 동물원을 결합한 테마파크다. 해양과 육지 생물을 한 자리에서 만날 수 있는 것이 특징이다. 바닷속을 재현한 메인 수조에서 수중공연과 각종 체험이 열린다. 바다코끼리, 가오리, 앵무새 등을 가까이 만나볼 수 있는 생태설명회도 흥미롭다. 홈페이지에서 프로그램과 시간표를 미리 확인하고 갈 것. ☐ 1833-7001

현대 모터스튜디오 고양 국내 최대 체험형 자동차 테마파크. 1층 상설전시관은 전시된 자동차를 탑승해 볼 수 있다. 자동차 제작과정, 미래 모빌리티 등 체험 프로그램은 홈페이지에서 예약 필수다. 면허증이 있다면 시승 체험도 가능하다. 주말에는 인원 제한이 있어 사전예약 후 방문을 추천한다. ☐ 1899-6611

원마운트와 아쿠아플라넷 일산은 도보 5분 거리. 바로 옆 건물에 있어 코스로 다녀오기에 좋다. 원마운트 바로 앞에 있는 고양관광안내센터 또는 정발산역 2번 출구 바로 앞 고양 관광 정보센터에서 고양시 관광에 대한 정보를 얻을 수 있다.

주변 맛집

키친 바이 해비치 현대 모터스튜디오 고양 4층에 위치한 레스토랑. 해비치 호텔앤리조트에서 운영하며, 실내는 넓고 모던하게 꾸며졌다. 중식, 한식, 이탈리아 등 다양한 메뉴를 한자리에서 즐길 수 있다. 관람객이 많은 주말은 대기줄이 길다. 해물짜장면 10,000원, 돈까스 12,000원. ☐ 1899-611

밍차이 실력 있는 오너 셰프의 5가지 코스 요리를 만 원대에 즐길 수 있는 가성비 최고의 중식당이다. 가격도 착하지만, 맛도 훌륭해 평일 점심에도 한 시간 이상 대기는 기본이다. 방문 전 전화나 어플(예써)로 줄서기 예약하는 것을 추천한다. A밍차이 메인 메뉴 12,000원, 짜장면 7,000원. ☐ 0507-1351-8855

물과 꽃의 조화, 고양시민들의 안방 같은 생태 공원

일산호수공원

일산호수공원은 180여 종의 식물과 58종의 동물들이 살고 있는 자연 친화적 생태 공원이다. 호수 주변으로 산책로와 자전거길이 잘 조성되어 있으며 생활체육시설도 다양해 여가를 즐기기에 좋다. 연못과 기와담으로 꾸며진 전통정원과 중국 전통정자인 학괴정, 호수공원이 한눈에 들어오는 월파정 등 곳곳엔 쉬어갈 곳도 많다. 고양국제꽃박람회가 열리고 봄이면 벚꽃과 개나리가 만발하며 5월이면 수백만 송이의 장미로 꾸며진 유럽풍의 정원 장미원을 볼 수 있다. 애수교 다리와 영화 속 한 장면 같은 메타세쿼이아 길은 데이트 명소이다. 호수공원 내 선인장 전시관과 동서양 화장실의 변천사를 볼 수 있는 화장실문화전시관, 신한류홍보관은 무료이다. 또한 대규모 자연학습장에는 맹꽁이 같은 멸종위기종이 살고 있으며 중국에서 기증한 단정학(천연기념물 제202호)은 호수공원의 명물이다. 야생의 새들에게 먹이를 제공하는 약초섬은 새들의 천국이며 곳곳의 놀이터는 아이들의 천국이다. 다양한 축제와 공연이 주제광장과 한울광장에서 펼쳐지고 노래하는 분수대는 밤이 되면 환상적인 분수쇼를 선보인다. 고양 600년 기념전시관은 고양의 역사를 한눈에 볼 수 있다.

주소 경기도 고양시 일산동구 호수로 731 **교통편** **자가운전** 강변북로 → 자유로 장항IC → 호수공원 **대중교통** 지하철 3호선 정발산역 2번 출구에서 도보 10분 **전화번호** 호수공원 종합안내소 031-8075-4347 **홈페이지** www.goyang.go.kr/park **이용료** 없음 **추천계절** 봄, 여름, 가을

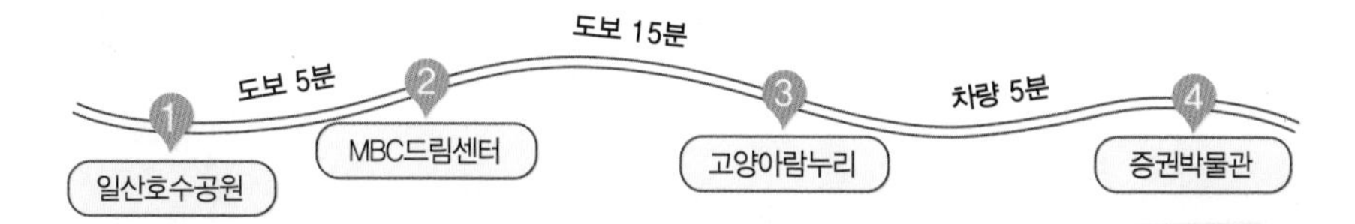

정발산동 밤리단길 디저트 카페 거리와 식사동 구제 거리는 고양시 관광특화거리로 지정된 숨겨진 핫스폿이다. 인스타 감성의 분위기 좋은 카페와 이국적인 맛집들이 모여 있는 밤리단길은 젊은 커플들의 데이트 장소로 인기다. 100여 개의 구제 의류업체가 입점한 구제 거리는 모델 배정남이 쇼핑했던 곳으로도 유명하다.

가 볼 만한 곳

고양아람누리 장르별로 특성화하여 건설한 전문 공연예술센터. 오페라, 발레, 뮤지컬을 위한 아람극장, 최고의 오케스트라 연주가 가능한 아람음악당, 가변형 객석으로 실험적 공연이 가능한 새라새극장으로 3개의 전문 공연장이 있다. 그 외에도 아람미술관과 갤러리누리, 정발산을 배경으로 한 노루목 야외극장과 아람누리도서관과 카페 및 레스토랑 등 편의시설도 갖췄다. ☐ 1577-7766

증권박물관 한국예탁결제원이 운영하는 국내 유일의 증권전문박물관으로 스위스에 이어 2004년에 세계 두 번째로 설립되었다. 증권의 역사부터 세계 각국의 증권 등 증권관련 전시와 체험코너, 증권관련 교육 등 다양한 프로그램이 준비되어 있어 학생들의 경제교육을 위한 단체관람이 줄을 잇는다. 신분증을 맡겨야 출입이 가능하다. museum.ksd.co.kr ☐ 031-900-7070

주변 맛집

2리 식당 밤리단길에서 오랫동안 사랑받고 있는 일본 가정식 맛집이다. 깔끔한 분위기와 건강한 맛이 인기 비결. 두툼한 연어가 올라간 사케동은 늦게 가면 재료가 소진될 수 있다. 아보카도 간장연어덮밥과 버섯크림파스타도 인기메뉴다. 사케동 14,800원, 아보카도 간장연어덮밥 15,800원. ☐ 031-907-0121

일산칼국수 본점 일산역 기찻길 옆 작은 가게로 시작해 지금의 노란색 단독 건물이 되기까지 20년 넘게 사랑받는 일산 대표 맛집이다. 닭칼국수와 콩국수 두 가지 메뉴에 반찬은 배추 겉절이 하나가 전부다. 하지만 푸짐한 양과 바지락과 함께 끓인 진한 닭육수가 인기비결이다. 주말은 물론 평일에도 대기해야 한다. 닭칼국수 9,000원, 냉콩국수 8,000원. ☐ 031-903-2208

서울 근교에서 중남미대륙의 문화를 만나다

중남미문화원

중남미문화원은 중남미의 원주민 마을이나 벼룩시장에서 직접 모은 3,000여 점의 유물과 그림, 조각, 가면, 등이 전시되어 있다. 10명 이상 방문 시 예약하면 박물관해설사의 설명도 가능하다. 박물관의 중앙 홀에는 스페인 양식의 돌로 만든 분수대와 120년 된 그랜드 피아노가 놓여 있으며 중남미의 대표적 문화인 마야, 아즈텍, 잉카 유물들의 전시되어 있다. 천장에는 오래 전 중남미 사람들이 가장 많이 믿은 태양신 나무 조각이 눈길을 사로잡는다. 미술관은 중남미 작가들의 그림과 조각을 전시하고 중남미에서 수입한 기념품들을 판매한다. 16개국의 조각 작품이 전시된 야외 조각공원의 입구는 멕시코의 농장 '아시엔다Hacienda'를 연상시킨다. 붉은 대문은 멕시코에서 직접 들여온 페인트로 칠한 것이다. 종교전시관 중앙의 화려한 재단은 바티칸 교황이 사용하는 가구를 제작해온 멕시코 바로크 미술대가의 작품이다. 250개의 상형문자와 아즈텍 달력 등을 기초로 만들어진 마야벽화도 놓치지 말자. 쉬어가는 공간이 많으며 산책로가 아름다워 데이트나 출사지로도 유명하다.

주소 경기도 고양시 덕양구 대양로 285번길 33-15 교통편 **자가운전** 강변북로 → 자유로 → 서울외곽순환도로 → 통일로IC → 호국로 → 대양로 → 중남미문화원 **대중교통** 지하철 3호선 삼송역 6번 출구에서 마을버스 053번 환승 후 고양동 시장 앞 정류장 하차 전화번호 031-962-7171, 9291 홈페이지 www.latina.or.kr 이용료 성인 6,500원, 청소년 5,500원, 12세 이하 4,500원 추천계절 봄, 여름, 가을

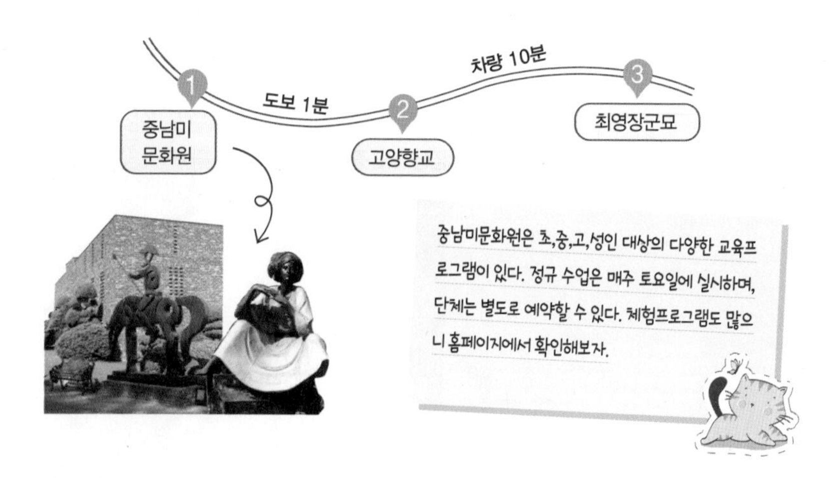

중남미문화원은 초,중,고,성인 대상의 다양한 교육프로그램이 있다. 정규 수업은 매주 토요일에 실시하며, 단체는 별도로 예약할 수 있다. 체험프로그램도 많으니 홈페이지에서 확인해보자.

가 볼 만한 곳

고양향교(경기도 문화재자료 제 69호) 중남미문화원 바로 옆에 위치한 고양향교는 조선 숙종 때 국가에서 지은 지방교육기관으로 지방민의 교육을 담당하던 곳이다. 양민 이상 입학이 가능하며 시나 문장을 짓거나 유교의 경전 및 역사를 주로 공부하였다. 6·25전쟁 때 불에 탄 명륜당, 전사청, 외삼문 등은 1984년에 신축되었다. ☐ 031-964-9175

최영장군묘(경기기념물 제23호) 고양에서 가장 아름다운 산인 대자산 기슭에 있다. 고려 말, 조선 초기의 무덤형식이라 특이하게 사각형이다. 조선을 개국하려는 이성계와 싸우다 73세에 억울하게 처형당하여 그의 유언대로 한동안 무덤에 풀이 나지 않았다고 한다. 황금보기를 돌같이 하라고 가르친 최영 장군 아버지 최원직 선생의 묘도 함께 있다.

주변 맛집

따꼬 TACO 중남미문화원 조각공원에 있다. 대표적인 멕시코 요리 따꼬스(Tacos)와 치즈를 녹여서 만든 께사디아가 인기메뉴이다. 야외 테라스도 있다. 10인 이상은 미리 예약을 해야 한다. 아람브레 11,000원, 께사디아 9.000원. ☐ 031-962-7171

미각 싱싱한 해물로 만든 해물짜장과 해물짬뽕으로 유명한 중국집이다. 푸짐한 해산물과 누룽지가 들어간 짜장소스의 독특한 맛이 인기비결이며 쫄깃쫄깃한 찹쌀탕수육과 여름에만 나오는 냉짬뽕도 맛보자. 짜장면 6,000원, 찹쌀탕수육 19,000원, 해물점보짜장 20,000원. ☐ 031-966-5939

행주산성

주소 경기도 고양시 덕양구 행주로15번길 89 **교통편** **자가운전** 강변북로 → 자유로 → 행주로 → 행주산성 **대중교통** 지하철 3호선 화정역에서 마을버스 011번 환승 후 행주산성 입구 행주내동 정류장 하차 **전화번호** 행주산성관리사업소 031-8075-4642~4 문화관광해설사 031-938-0903 **홈페이지** www.goyang.go.kr/haengju **이용료** 없음, 주차요금 2,000원(카드결재만 가능), 매주 월요일 휴관 **추천계절** 가을, 겨울

행주치마의 유래가 깃든 호국 격전지

행주산성은 덕양산의 능선을 따라 흙을 이용하여 쌓은 토축산성으로 임진왜란 때 거둔 행주대첩의 격전지로 유명하다. 3만여 왜군을 맞아 권율장군의 지휘 하에 관군, 의병, 승병, 여성들까지 모두가 하나가 되어 승리로 이끈 역사적 장소. 당시 부녀자들까지 앞치마에 무기대신 돌을 날라 행주치마의 유래가 된 곳이기도 하다. 행주산성 입구인 대첩문을 들어서면 충장공 권율장군의 동상과 그 뒤로 행주대첩을 생동감 있게 표현한 부조가 그때를 떠오르게 한다. 행주산성은 봄이면 개나리, 진달래, 벚꽃이 흐드러지고, 가을이면 단풍으로 물든 아름다운 산책길이다. 정상까지 오르는 길도 아름답지만 정상에서 바라다보는 한강과 눈앞에 펼쳐진 풍경은 감탄이 절로 나온다. 덕양정과 진강정은 이러한 멋진 경치를 한눈에 내려다보며 잠시 쉬어 갈 수 있는 정자이다. 정상에 오르는 길은 두 가지. 하나는 대첩기념관 쪽으로 가는 길이며 다른 하나는 행주산성 토성길이다. 정상에 오르면 1963년에 재건된 행주대첩비가 우뚝 솟아 있고 고 박정희 전 대통령이 직접 쓴 글씨가 새겨져 있다. 행주대첩 당시 사용된 특별한 무기인 화차(신기전, 총통기)가 전시된 대첩기념관과 충장사, 충훈정, 충의정도 행주산성을 걷다보면 만나게 된다.

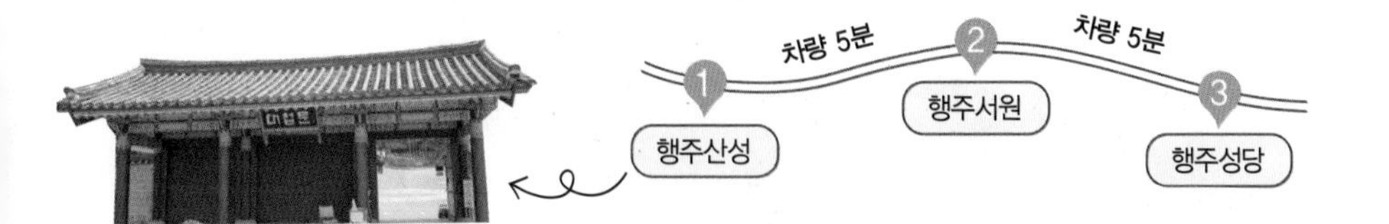

행주산성을 제대로 둘러보고 싶다면 권율장군 동상 앞에서 시작하는 문화관광해설사와 함께 하면 좋다. 미리 예약을 해야 하며 중국어, 영어해설도 가능하다. 토요일마다 야간개장을 하는 7, 8월은 아름다운 야경도 볼 수 있다. 또한 장어와 국수로 유명한 행주산성 주변은 100여 개가 넘는 음식점과 카페로 이루어진 음식문화거리이다.

가 볼 만한 곳

행주서원 경기도 문화재자료 제71호로 행주대첩을 승리로 이끈 권율 장군과 호국 충절을 추모하기 위해 1842년(헌종8년)에 왕명으로 건립된 서원이다. 현존하는 3개의 행주대첩비 중 두 번째로 만들어진 중건비가 이곳에 세워져 있다.

행주성당 근대문화유산 등록문화재 제455호인 행주성당은 역사를 간직한 한옥 성당으로 우리나라 경기 북부지역에 있는 성당 중 세 번째로 오래된 성당이다. 얼핏 보면 보통의 기와집 같지만 신앙의 힘으로 나라의 독립과 민족의 희망을 이룬 역사적인 성지이다. 뼈대를 구성하는 목조가구의 경우 최초 건립 부분과 증축 부분이 잘 남아 있어 전통 건축양식의 성당으로서도 가치가 높다. ☐ 031-974-1728

주변 맛집

원조국수집 평일에도 줄을 서서 먹는 소문난 국수집으로 본관과 별관도 있다. 잔치국수와 비빔국수 모두 인기이며 넉넉한 인심으로 맛, 양, 가격을 모두 충족시킨다. 여름별미 원조콩국수는 국내산 장단콩을 당일에 갈아서 당일에만 판매한다. 잔치국수 6,000원, 비빔국수 6,000원. 월요일 휴무. ☐ 031-974-7228

오페라디바스 식사와 함께 다양한 전시와 연주를 감상하는 이탈리안 레스토랑으로 브런치 메뉴도 인기다. 식사 후 야외라운지에서 한강을 바라다보며 최상급 유기농 커피를 마실 수도 있다. 뉴욕핫브런치 25,000원, 알리오올리오 21,000원. ☐ 031-938-2500

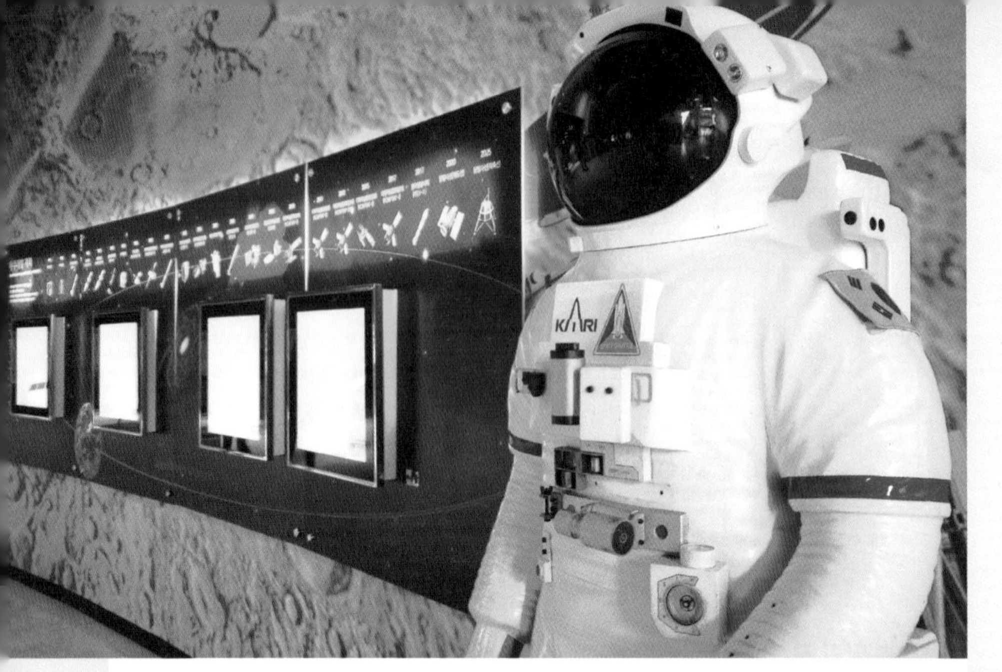

호기심 많은 아이를 위한 과학 여행

국립과천과학관

국립과천과학관은 과거와 미래, 첨단과 자연을 넘나들며 과학을 보고, 듣고, 만지는 체험 공간이다. 첨단기술관, 어린이탐구체험관, 자연사관, 전통과학관 등으로 이루어진 실내 상설전시만 둘러보아도 과학의 원리를 몸으로 배우고 느낄 수 있다. 그 중에서도 아이의 눈높이에 맞춘 어린이탐구체험관은 호기심 많은 아이에게 신나는 놀이터다. 가장 많은 비중을 차지하는 첨단기술관에서는 생명과확, 정보통신부터 항공우주까지 아이의 상상력을 무한대로 펼쳐줄 전시가 이어진다. 공룡에 관심이 많은 아이와 함께라면 2층 자연사관부터 들러 46억 년 전 지구로 여행을 떠나보자. 옥외전시장은 우주항공, 에너지, 교통수송, 역사의 광장, 공룡동산 6가지 테마로 조성돼 있다. 천체투영관, 천체관측소도 옥외전시장에 있어 아이와 우주로 반나절 여행을 다녀올 수도 있다. 천체투영관은 지름 25m 돔스크린에 밤하늘을 재현해 우주를 체험할 수 있고, 천체관측소는 평소 접하기 힘든 천체망원경으로 우주를 관찰하는 놀라운 경험을 안겨준다. 아이는 즐겁고, 엄마는 뿌듯한 1석2조의 시간을 보내고 나면 집으로 돌아오는 발걸음이 가벼울 것이다.

주소 경기도 과천시 상하벌로 110 교통편 **자가운전** 과천대로 → 대공원역 삼거리 유턴 → 대공원대로 → 국립과천과학관 **대중교통** 지하철 4호선 대공원역 5번 출구 도보 3분 전화번호 02-3677-1500 홈페이지 www.sciencecenter.go.kr 이용료 어른 4,000원 , 청소년 및 어린이 2,000원, 1월 1일, 매주 월요일 휴관 추천계절 사계절

가 볼 만한 곳

카메라박물관 김종세 관장이 30여 년간 수집해온 3,000점이 넘는 카메라를 소장·전시하는 박물관이다. 사진술이 최초로 발명된 때부터 현재까지 카메라 발전사에 기여한 귀한 카메라들을 만나 볼 수 있다. 일반인들에게 공개되는 전시물은 소장품의 10% 수준으로 매년 4~6회의 특별전을 통해 순환해서 공개한다. 02-501-4123

과천정보과학도서관 이름에 걸맞게 과학 원리를 터득할 수 있는 과학실과 극장은 물론, 열람실에 소파와 책상을 적절히 배치해 더없이 아늑한 서재 같은 도서관이다. 아이 손을 잡고 책 냄새 가득한 가족열람실로 들어서 보자. 함께 책을 읽는 시간만큼 아이는 책과 부모는 아이와 가까워지는 효과를 기대해도 좋다. 금요일과 개관기념일(5월 16일)은 휴관이다. 02-2150-3008

국립과천과학관 전시장을 둘러본 후엔 아이 손을 잡고 야외 과학놀이터로 가보자. 소리반사경, 전화놀이 등 과학 원리를 이용한 놀이기구를 두루 갖추고 있다. 놀이터에서 바라다보는 풍광도 아름답다. 청명한 날엔 관악산의 산세까지 선명하게 보인다.

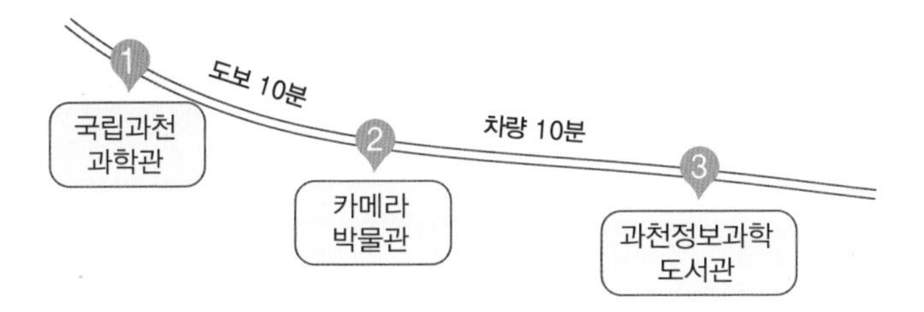

주변 맛집

메콩타이 쌀국수, 월남쌈 등 베트남 요리와 팟타이 등 태국요리를 한 곳에서 맛볼 수 있는 레스토랑이다. 마늘이 들어간 '타이갈릭 쌀국수', 똠얌쿵 국물의 '똠얌쌀국수' 등 이색 쌀국수와 다양한 볶음국수가 인기다. 식사와 곁들이기 좋은 베트남 맥주, 디저트로 좋은 베트남 커피도 다양하게 갖추고 있다. 쌀국수 9,800~13,800원, 팟타이 12,800원. 031-504-5515

봉덕칼국수 홍두깨로 반죽을 밀어서 만든 수타면을 사용하는 칼국수 전문 음식점이다. 샤브버섯칼국수와 바지락칼국수 메뉴가 단 2개 뿐이지만, 전문점답게 칼국수 맛이 좋다. 아이와 함께 방문했다면 시원한 바지락칼국수를 추천한다. 샤브버섯칼국수 11,000원, 바지락칼국수 10,000. 02-502-7952

국립현대
미술관

산책하며 즐기는 자연 속 미술관

주소 경기도 과천시 광명로 313 교통편 **자가운전** 녹사평대로 → 동작대로 → 과천대로 → 대공원 방향 진입 → 대공원역에서 좌회전 → 나들목다리 진입 → 국립현대미술관 **대중교통** 지하철 4호선 대공원역 4번 출구에서 20분 간격으로 미술관 셔틀버스(무료) 운행 전화번호 02-2188-6000 홈페이지 www.mmca.go.kr 이용료 상설전시 무료(기획전시 전시에 따라 다름), 1월 1일, 매주 월요일 휴관 추천계절 봄, 여름, 가을

국립현대미술관은 미술 감상과 더불어 자연 속에서 여유와 휴식을 누릴 수 있는 공간이다. 미술관에 가려면 호수 옆으로 동그랗게 난 길을 따라 걷거나 호수 위 다리를 건너 야 한다. 자연과 건축이 어우러져 연출하는 물가의 여유로운 풍경은 파리의 세느 강변이 부럽지 않다. 미술관 앞 분수 옆 나무그늘에 놓아 테이블들도 시원한 쉼터가 되어준다. 예쁜 산책로를 지나 마주하는 미술관의 자태는 웅장하다. 한국의 성곽과 봉화대의 전통양식을 투영한 디자인의 미술관은 주변 환경과 잘 어우러져 조화롭다. 봉화대형 램프코어를 중심으로 동편 3개, 서편 2개 층이 본관 건물이다. 1층에 들어서면 1,003개의 TV모니터로 구성된 백남준의 작품 〈다다익선〉이 관람객을 가장 먼저 맞이한다. 총 9개의 전시실을 갖추고 있는 과천 본관은 1층 1·2전시실은 기획전, 2층 3·4전시실과 3층 5·6전시실, 제1·2원형 전시실은 상설전으로 소장품을 전시한다. 전시를 보고 난 후엔 조각공원 산책을 즐겨보자. 청계산과 관악산에 둘러싸인 조각공원에는 유명 작가들의 작품 85점이 전시돼 있다. 산책로도 잘 조성돼 있어 쉬엄쉬엄 작품 사이를 거닐기 좋다. 조각공원과 유기적으로 연결되는 미술관 옥상에는 작품 감상과 함께 과천 저수지의 풍경까지 조망할 수 있는 옥상정원도 꾸며 놓았다.

가 볼 만한 곳

서울동물원 영화 〈미술관 옆 동물원〉을 기억하는 사람이라면 국립현대미술관을 둘러본 후 꼭 가봐야 할 필수 여행 코스다. 348종 2,975마리의 동물들이 자연 생태에 가깝게 보호·관리되고 있다. 코끼리열차를 타고 입장해 리프트를 타고 동물원과 테마가든을 둘러보는 재미도 쏠쏠하다. 동물원 입장료 어른 5,000원, 청소년 3,000원, 어린이 2,000원. ☐ 02-500-7338

아이와 함께라면 국립현대미술관의 어린이미술관을 적극 활용해보자. 주말에는 미술관 전시를 감상하고 각 장르별 작품을 모사, 드로잉, 글쓰기 등의 새로운 접근 방법으로 재해석하고 표현해 보는 교육 프로그램도 진행된다. 어린이미술관의 입장료는 무료.

서울랜드 어린 시절로 추억 여행을 떠나게 해주는 서울 근교 대표 놀이동산이다. 세계의 광장, 삼천리 동산, 모험의 나라 등 5개 구역에 블랙홀2000, 샷드롭, 급류타기 후룸라이드 등 심장이 쫄깃해 지는 놀이기구가 가득하다. 봄이면 벚꽃놀이와 놀이기구를 함께 즐기기 그만이다. 사계절 다른 연간축제도 볼거리다. ☐ 02-509-6000

주변 맛집

라운지 디 미술관 안 레스토랑 라운지 디에서 샌드위치, 파스타, 피자 등을 부담 없는 가격에 맛볼 수 있다. 햇살 좋은 날 야외 테라스에서 즐기는 점심은 일상의 스트레스도 살랑살랑 불러오는 바람에 날려 보내 준다. 파스타 9,800~12,800원, 해산물볶음밥 8,800원. ☐ 02-504-3931

플로라 계절이 바뀔 때 마다 색색의 꽃들이 입구 정원에 가득한 이탈리안 레스토랑이다. 도심 속 정원을 바라보며 맛보는 파스타는 부드럽고 풍부하게 느껴진다. 특별한 날 연인과의 데이트 장소로도 제격이다. 파스타 19,000원~22,000원, 런치세트 22,000원. ☐ 02-503-4564

이런 동굴은 처음이야!

광명동굴

1912년 일제가 자원수탈 목적으로 개발한 시흥광산이 지금의 광명동굴이다. 주로 은과 동, 아연을 채굴하다 1972년 대홍수로 문을 닫았는데, 2011년 광명시가 매입해 수도권 유일의 동굴 관광지로 개발했다. 지금은 매년 100만 명 이상 관광객이 찾는 대한민국 최고의 동굴테마파크가 됐다. 광명동굴은 특히 예술가와 협업해 동굴을 문화예술 콘텐츠와 결합시킨 것이 새롭다. 입구는 이곳에서 일한 광부들의 이야기로 시작한다. 많을 때는 500여 명의 광부가 일하던 당시의 사진과 이야기가 전시되어 있다. 징용 또는 생계를 위해 이곳에서 일했을 광부들의 고단한 삶을 느낄 수 있다. 웜홀 광장을 시작으로 멋진 빛의 아트를 보여주는 빛의 공간, 동굴 예술의 전당, 동굴 아쿠아월드, 황금 폭포, 그리고 근대 역사관까지 다 보는 데는 약 1시간 정도가 걸린다. 반지의 제왕, 호빗 등 판타지 영화를 제작한 뉴질랜드 '웨타워크숍'이 제작한 '동굴의 제왕' 코너도 흥미롭다. 아이들과 함께라면 VR 체험관과 보물탐험을 추천한다. 보물탐험은 광명동굴에서 채굴한 광석부터 운석까지 세계 다양한 광물과 보석을 직접 만져보고 느껴볼 수 있는 곳으로 별도의 입장권을 구매해야 한다. 동굴을 나오면 우측 계단 끝까지 멋진 뷰를 감상할 수 있는 스카이워크가 있다.

주소 경기도 광명시 가학로85번길 142 교통편 **자가운전** 서해안고속도로 금천IC → KTX 광명역 → 서독로 → 서독터널 → 가학광산 동굴 **대중교통** 7호선 철산역에서 17번 버스 종점(약 40분 소요) 전화번호 070-4277-8902 홈페이지 www.gm.go.kr/cv 관람료 어른 6,000원, 청소년 3,500원, 어린이 2,000원(매주 월요일 휴관) 추천계절 봄, 여름, 가을

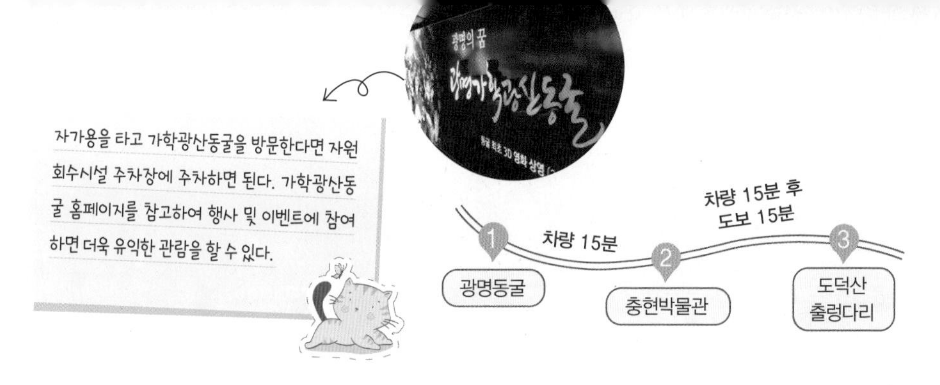

가 볼 만한 곳

충현박물관 조선 중기를 대표하는 문신 중 청백리로 이름난 이원익의 유적과 유물을 보존하는 곳이다. 이원익은 선조, 광해군, 인조 3대에 걸친 공직 생활 60여 년간 40년을 정승으로 지내며 6번이나 영의정에 오른 큰 인물이다. 이곳에는 이원익의 영정과 친필, 교서 등을 볼 수 있는 전시관과 더불어 거문고를 타던 탄금암, 400년 된 측백나무, 풍욕대, 삼상대 등이 있어 조선 시대 선비의 옛 풍류도 엿볼 수 있다. 입장료 10,000원, 관람 시간 10:00~17:00(매주 월요일 휴무). ☐ 02-898-0505

도덕산 출렁다리 도덕산은 광명동에 위치한 181m의 산이다. 이 산에 2022년 Y자형 출렁다리가 설치되어 인기다. 출렁다리는 도덕산 근린공원 내 인공폭포 상부와 등산로 2곳을 연결한다. 높이 20m, 폭 1.5m의 Y자형 출렁다리로, 바로 아래 인공폭포가 있어 볼거리를 더한다. 폭포 아래 데크가 설치되어 있어 시원한 물줄기를 감상하기 좋다. 가을과 겨울에는 인공폭포를 운영하지 않는다. 도덕산 공원 입구에서 출렁다리까지는 거리가 멀지 않고 코스가 무난해 산책 겸 편하게 다녀올 수 있다.

주변 맛집

광명동굴 푸드코트 광명동굴 주차장의 광명업사이클아트센터 2층에 있다. 동굴 주변에 식당이 거의 없어 선택지가 많지 않다. 맛은 무난한 편이며, 뷰도 나쁘지 않다. 메뉴가 조금씩 바뀌지만 보통 6~9가지 정도가 준비되어 있다. 소고기볶음밥 8,000원, 고추장불고기 8,500원, 치즈돈까스 10,000원.

서원안동국시 광명동굴 근처에 있는 작은 음식점이다. 국시는 국수의 경상도 사투리. 이 집 안동국시를 맛있게 먹는 방법은 국시에 부추를 넣고 깻잎으로 싸서 먹는다. 겨울에는 떡만두국을, 여름에는 검은콩국수를 한정 판매한다. 안동국시 10,000원, 소고기국밥 10,000원, 비빔국시 8,000원. ☐ 02-2611-1133

#산책하기 좋은 친환경 쉼터

경안천 습지생태공원

과거 각종 하수에 의해 오염된 경안천이 생태공원 조성사업으로 새롭게 탈바꿈 했다. 새롭게 조성된 습지는 철새들이 지나는 길목에 쉼터 역할을 하고 있다. 공원 내에는 사람들 때문에 철새들이 놀라지 않도록 조류 관찰대가 설치되어있다. 산책로 주변에 조성된 갈대습지는 오염을 정화하는 역할을 하는데 갈대에 의해 느려진 유속 때문에 부유물질이 가라앉으면 미생물에 의해 유기물과 질소, 인 등 유해물질이 분해되어 물이 깨끗해진다. 물이 정화 되면서 납지리, 긴몰개 등 여러 토종 어종들이 생겨났다. 공원 입구에서 가장 먼저 눈에 들어오는 것이 연못을 가로지르는 나무로 된 데크이다. 데크 주변에 조성된 습지는 연꽃 밭이다. 여름이 되면 이곳에는 백련, 수련, 홍련, 노랑어리연꽃 등 색색의 연꽃들로 가득해진다. 데크를 가로질러 연못을 건너면 솟대와 돌탑, 색색의 꽃들로 정성스레 꾸며진 공간이 나온다. 이곳에서 산책로가 나뉜다. 이 산책로를 따라 걸으면 습지 주변 제방길을 따라 약 2km 거리에 걸쳐 공원을 한 바퀴 돌아볼 수 있다. 산책로 곳곳 팻말에 적힌 시도 감상해 보자.

여행정보

주소 경기도 광주시 퇴촌면 정지리 447번지 교통편 **자가운전** 경기광주IC → 경기광주TG 나와서 우회전 → 상번천리 사거리 우회전 → 도마삼거리 오른쪽 → 광동사거리 우회전 → 경안천 습지생태공원 **대중교통** 명동 국민은행앞 직행버스 9301번 버스 탑승 후 덕풍파출소앞 하차, 13-2번 버스 환승 후 퇴촌농협 정류장에서 38-42(일 2회 운행)로 환승해 정지1리 정류장에서 하차. 이후 750m 도보 이동 전화번호 광주시청 공원개발과 031-760-3763 홈페이지 tour.gjcity.go.kr 이용료 없음 추천계절 봄, 여름, 가을

가 볼 만한 곳

얼굴박물관 사람의 얼굴이라는 독특한 주제로 만들어진 작품들을 만나볼 수 있는 곳이다. 연극 연출가 김정옥에 의해 수집되어진 삼국, 고려, 조선시대에 걸친 다양한 돌사람과 여러 나라의 유리로 된 인형, 얼굴을 본 딴 와당 등을 전시한다. 박물관 안쪽에는 80여 년 전 백두산 소나무로 지어진 집을 전라도 강진에서 옮겨와 한옥체험과 숙박도 운영하고 있다. ☐ 031-765-3522

분원백자자료관 북한강과 남한강의 합류지점에 위치해 백자원료를 수송하기 용이하고 광주에서 생산된 백자를 한양으로 운반하기 편해 형성된 조선시대 가마터다. 수장고를 형상화한 건물은 폐교를 리모델링하여 박물관으로 재탄생시킨 것이다. 조선시대에 관요를 130년간 운영하며 버려진 폐도자기들이 퇴적되어 조선 후기 관요백자의 변화 과정을 알 수 있는 유물들을 전시하고 있다. ☐ 031-766-8465

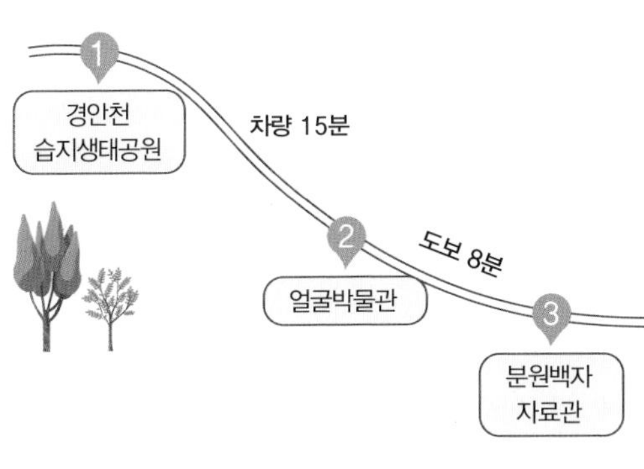

경안천 습지생태공원이 있는 퇴촌은 토마토가 유명하다. 공원 주변으로도 여러 토마토농장이 있어 토마토가 수확되는 시기에는 도로변에 토마토를 파는 농장 분들을 볼 수 있다. 해마다 6월에는 토마토 축제가 열리는데 토마토 수확, 주스 시식회, 토마토 풀장 및 요리 체험 등 다양한 프로그램이 준비된다.

주변 맛집

흙토담골 청담동과 논현동에 분점을 가지고 있는 토담골의 본점. 고급스러워 보이는 한옥에 정갈하게 꾸며진 정원을 바라보며 식사를 할 수 있는 통유리가 인상적. 뚝배기 된장찌개와 전, 나물, 간장게장 등 부족함 없는 한상이 차려나온다. 토담골한정식(1인) 23,000~28,000원, 보리굴비정식(1인) 28,000원. ☐ 031-767-2855

강마을다람쥐 도토리를 재료로 묵밥, 비빔면, 전병 등 여러 가지 도토리 음식을 낸다. 조미료를 사용하지 않아 순수한 도토리묵의 제 맛을 즐길 수 있다. 대기시간이 긴 편이어서 기다리는 동안 강이 바라다 보이는 아기자기한 정원에서 커피 한 잔과 함께 산책을 즐기면 좋다. 도토리묵밥 10,000원, 도토리해물파전 24,000원. ☐ 031-762-5574

 # 정답게 이야기를 나누며 걷는 길, 화담(和談) 

곤지암 화담숲

곤지암리조트에 조성된 화담숲은 계절에 맞게 옷을 갈아입으며 여행객을 맞이한다. 화담(和談)은 한자 풀이 그대로 가족, 친구, 연인 그 누구라도 상관없이 정답게 이야기를 나누는 곳이다. 화담숲에는 걷기 좋은 산책로와 정원이 조성되어 있다. 계곡의 본래 지형을 그대로 사용한 화담숲에는 4,300여 종의 식물을 식재했다. 진달래원, 수국원, 수련원, 이끼원, 반딧불이원 등 서로 다른 테마를 가진 총 17개의 테마원이 있다. 국내 최대 규모의 이끼원은 솔이끼, 들솔이끼 등 30여종의 이끼들이 자연형 계곡과 어우러져 진한 흙냄새를 풍긴다. 꽃이 피는 봄에는 벚꽃, 진달래, 산철쭉, 매화, 산수유가 나들이객을 유혹한다. 여름에는 다슬기를 먹고 자란 반딧불이가 밤하늘을 날아다니며 특별한 추억을 선사한다. 가을은 화담숲의 절정이다. 화담숲은 국내에서 가장 많은 단풍나무 종을 보유하고 있다. 가을이면 숲은 울긋불긋 물든 단풍나무들이 어울려 그림처럼 아름답다. 화담숲의 숲길은 유모차, 노약자도 쉽게 즐길 수 있는 데크길, 완만한 동선을 자랑하는 숲속 산책길, 조금 더 걷고 싶은 여행객을 위한 트레킹 추천길을 나누어 운영하고 있다.

주소 경기도 광주시 도척면 도척윗로 278 **교통편** **자가운전** 서울시청 → 올림픽대로 → 동부간선도로 → 성장간선로 → 곤지암리조트 → 화담숲(중부고속도로 곤지암IC를 이용해도 된다) **전화번호** 031-8026-6666 **홈페이지** www.hwadamsup.com **이용료** 성인 10,000원, 청소년 8,000원, 소인 6,000원 **추천계절** 봄, 가을

화담숲은 온라인 예매를 통해서만 입장권을 구매할 수 있다. 현장 발권은 불가하니 화담숲 사이트에서 사전에 입장권 예매를 해두자! 특히, 가을 성수기는 사전 예약 오픈과 동시에 입장권이 매진된다. 단풍놀이를 위해 화담숲을 방문할 예정이라면 서둘러 사전 예매를 하자!

가 볼 만한 곳

곤지암리조트 화담숲이 자리한 곤지암리조트는 국내에서 손꼽는 리조트다. 북미 스타일의 이국적이고 차별화된 콘도와 경기도 최대 규모의 스키장이 있다. 스키장은 국내 최초로 슬로프 정원제를 실시해 스키어들이 붐비지 않게 하고 있다. 리조트 내 시설도 수준급이다. 국내 최초로 도입된 데스티네이션 스파는 휴식을 취하기 좋다. 또한 동굴 속에 조성한 '라 그로타'는 수백 종의 와인을 보관하는 셀러이자 레스토랑으로 연인에게 인기가 높다.

곤지암도자공원 조선시대 왕실에 백자를 제조, 납품하던 관요가 운영되던 유서 깊은 곳에 조성된 체험형 복합문화공간이다. 곤지암도자공원에는 조각공원, 도자쇼핑몰, 구석기 체험마당 등이 있어 누구나 보고, 체험하고, 즐길 수 있다. 한국 도자기의 탄생에서 현재까지 주요 유물 및 작품들을 전시하는 경기도자기박물관과 공공아트웍을 통해 조성된 모자이크 공원이 아이들의 역사 유물학습에 도움이 된다.

주변 맛집

미라시아 곤지암리조트에서 브런치와 일품 요리를 즐길 수 있는 레스토랑. 브런치 타임(7:30~13:30)은 뷔페로 운영되고, 디너에는 일품 요리만 판매한다. 브런치 뷔페 성인 36,000원(주중), 오므라이스 16,000원, 루꼴라피자 30,000원. ☐ 031-8026-5510

천덕봉 산삼삼계탕 30년째 산삼농원을 운영하는 주인이 직접 재배한 산약초와 산양산삼으로 만든 한방삼계탕과 산삼막걸리를 즐길 수 있는 곳이다. 5년산 산양산삼과 오가피, 상황버섯, 엄나무 등을 우려 만든 진한 육수에 곤지암에서 자란 닭을 넣어 만든다. 곰취나물, 더덕, 버섯 등 농원에서 직접 채취한 나물요리도 별미이다. 산삼삼계탕 1인분 20,000원, 산삼얼큰닭계장 10,000원. ☐ 031-797-3259

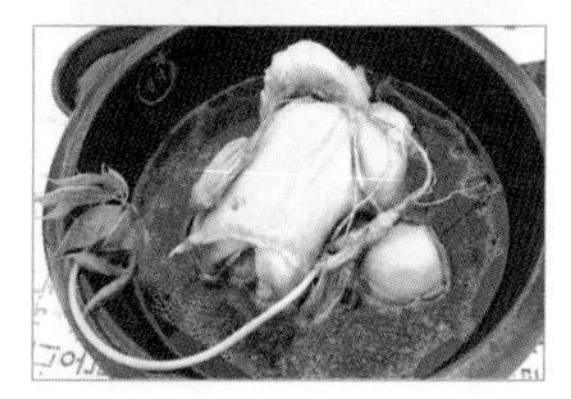

남한산성

울창한 숲을 가로지르는 명품 성곽길

여행 정보

주소 경기도 광주시 중부면 남한산성로 784-16 교통편 **자가운전** 올림픽대로 → 동부간선도로 → 새말로 → 충민로 → 연화로 → 송파대로 → 헌릉로 → 산성역사거리 → 수정로 → 남한산성로 → 남문안로터리 **대중교통** 지하철 8호선 산성역 2번 출구에서 버스 9, 52번 환승 후 남한산성 종점 정류장 하차 전화번호 031-777-7500 홈페이지 www.ggnhss.or.kr 이용료 없음 추천계절 봄, 여름, 가을

해발 500m에 달하는 청량산 정상을 향해 버스가 달린다. 남한산성 종점에 도착하자 등산복을 입은 사람들이 하나둘씩 버스에서 내린다. 이곳을 다시 찾은 사람도, 초행길인 사람도 설레기는 매한가지다. 남한산성이 지금의 늠름한 모습을 갖춘 것은 후금의 위협이 드리우고 이괄의 난을 겪고 난 1624년(인조 2년)이다. 이후 2년간의 축성 공사로 1626년에 완공하였고 그로부터 10년 뒤, 12만 청나라 대군이 침투한 병자호란에서 방패성의 역할을 톡톡히 해냈다. 그러나 고립된 성에서 식량마저 고갈되자 인조는 47일간에 항전 끝에 항복하기로 한다. 이러한 인조의 치욕을 잊었는지 지금의 남한산성은 아름답기만 하다. 아픈 역사를 뒤로 하고 걷기 여행 명소로 많은 사랑을 받고 있다. 남한산성의 길이는 11.7km(본성 9km, 외성 2.7km)이다. 높고 낮은 봉우리가 이어져서 계곡이 많고 청정지역에 사는 가재나 도롱뇽도 만날 수 있다. 또 흔히 보기 어려운 야생화와 나무들이 자생한다. 성의 지휘소, 관측소 역할을 하던 수어장대 일대에는 80~100년생 소나무 숲이 72ha나 펼쳐져 있다. 이런 노송이 군락을 형성하는 곳은 서울, 경기지역에서 이곳이 유일하다. 뛰어난 자연경관 외에도 오랜 역사를 증명하는 200여 개의 문화재가 잘 보존되어 역사 문화의 발자취도 느낄 수 있다.

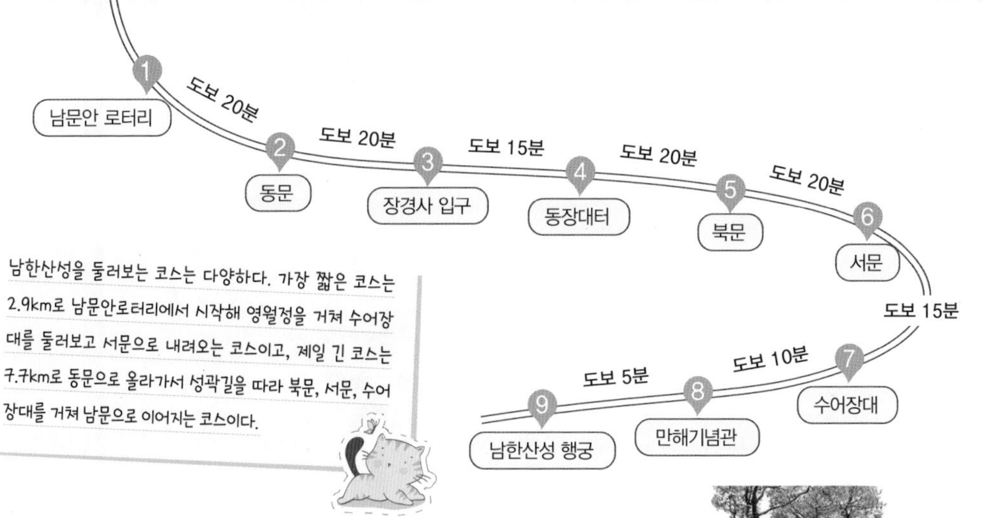

가 볼 만한 곳

광주한옥마을 경기도 광주의 한옥마을은 전국 각지에서 전통 한옥을 그대로 따와 13년간 심혈을 기울여 복원한 곳이다. 한국의 전통문화와 예술을 경험할 수 있으며 한식당, 토기전시장, 민속놀이 체험마당, 예절교육장, 남한산성 산책로 등의 시설을 갖추고 있다. 예약을 통해 전통 한옥민박 숙박이 가능하며 맷돌체험, 물지게로 물 나르기 체험, 제기 만들어 차기 등 당일 또는 1박 2일 코스의 체험학습이 운영된다. ☐ 031-766-9677

남한산성 만해기념관 서울 성북동 심우장에 있던 만해기념관이 호국정신이 깃든 남한산성으로 이전해 재개관하였다. 이곳은 만해 한용운 선생이 사용하던 책과 저술, 〈님의 침묵〉 초간본, 독립운동 자료와 일화를 비롯한 160여 종의 판본과 그 외 800여 편 이상의 연구서들이 체계적으로 수집, 정리되어 있다. 매년 1~3회의 특별기획전을 연다. ☐ 031-744-3100

주변 맛집

아라비카 사랑하는 사람과 남한산성을 찾았다면 사랑의 불꽃을 점화시켜줄 분위기 좋은 카페로 발길을 돌리자. 남한산성 정상에 있는 아라비카는 숲 속 비밀의 정원에 온 듯하다. 야외 테라스에서 핸드드립 커피와 디저트를 즐기면 애인의 사랑이 가득 담긴 눈빛을 느낄 수 있다. 커피 7,000~9,000원, 아이스 음료 8,000~8,500원. ☐ 031-746-5956

낙선재 남문안로터리에서 산성보건진료소 방향으로 약 5km 이동하면 낙선재가 나온다. 마당에는 커다란 장독이 가득 들어차 있다. 일반 방 외에도 별채와 정자에서 식사할 수 있다. 여름에는 시원한 계곡물을 옆에 낀 정자에서 식사하기 위해 사람들이 줄을 서서 기다린다. 토종닭백숙 75,000원, 토종닭볶음탕 75,000원. ☐ 031-746-3800

팔당전망대

여행정보

주소 경기도 광주시 남주면 산수로 1692(팔당전망대) 교통편 **자가운전** 올림픽대로 종합운동장 방면 → 서울외곽순환고속도로 강일IC → 통영대전중부고속도로 하남분기점 → 상번천리사거리에서 팔당 천진암 방향 → 남종입구에서 분원 방면 팔당호 **대중교통** 지하철 2호선 잠실역 하차 1번 출구에서 13-2번 버스 환승 후 번천삼거리 정류장에서 하차, 38-21번 버스 환승 후 팔당수질개선본부 정류장 하차 전화번호 팔당전망대 031-8008-6937 홈페이지 없음 이용료 없음 연중무휴 추천계절 봄, 여름, 가을, 겨울

서울 시내를 벗어나 팔당호 전망대로 향하는 45번국도는 계절마다 빛의 향연이 펼쳐진다. 여름의 경우라면 도로를 따라 이어지는 둥글둥글 낮은 산, 시원하게 뻗은 강줄기, 도로를 따라난 가로수까지 모두 물빛을 머금은 초록빛이다. 드라이브 내내 겹겹이 이어지는 아담한 산과 유유히 흐르던 강은 분원리에 이르러 비로소 손에 잡힐 듯 가까워진다. 특히 봄에는 2,700여 그루의 벚꽃이 분원리에서 귀여리, 검천리, 수청리로 이어지는 342번도로를 수놓는다. 흔히 볼 수 없는 수양벚꽃이 수변을 따라 늘어서 있는 모습이 풍광을 더한다. 팔당호 너머 아스라이 두물머리가 보이고 하늘도 비춰내는 잔잔한 물결 또한 기분을 편안하게 해준다. 애써 나선 나들이 길에 비가 내린다고 해도 팔당호라면 되레 호재라 할 만큼 물안개 낀 모습도 운치가 있다. 도로를 따라 드라이브를 하기에 앞서 풍광을 한 눈에 담고 싶다면 팔당 수질개선본부의 팔당전망대를 찾자. 야외전망대는 아니지만 커피 한 잔을 들고 잔잔한 에메랄드 빛 강물을 바라보며 쉬었다 갈 수 있다. 팔당물환경전시관도 아이들의 흥미를 자극할 수 있도록 체험 위주로 전시물이 잘 갖춰져 있다. 팔당호에서 서식하는 물고기와 수생식물, 옛날 나룻터의 역할을 하며 교역의 중심지로 활약하던 시절에 대한 이야기가 가득하다.

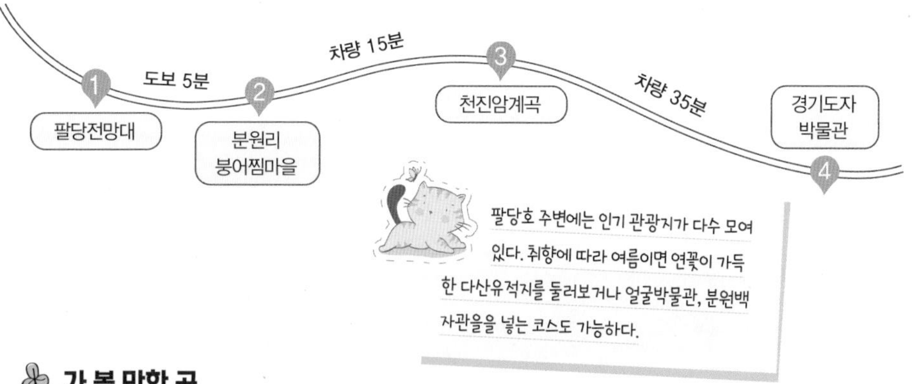

가 볼 만한 곳

천진암계곡 계곡을 옆에 두고 올라가는 길은 한 여름만 아니라면 그리 붐비지 않는다. 하지만 꼭 짬을 내어 둘러보아도 좋을 만큼 깊고 풍요로운 산과 계곡이 어우러지는 경치가 눈에 담아볼만 하다. 구불구불 이어지는 좁은 2차선 도로는 342번도로와는 다른 아기자기한 경치가 매력적인데 봄에는 꽃이 만발한다.

경기도자박물관 건물의 외관부터 독특해 눈길을 사로잡는다. 경기도 광주는 조선왕조 500년에 걸쳐 왕실용 도자기를 굽던 관요가 있던 곳이다. 전시장에는 도자유물과 작품과 기획 전시가 이뤄지고 있으며 도자문화를 체험할 수 있는 체험 프로그램도 갖췄다. 너른 부지 내에는 야외조각공원과 장작 가마, 한국정원과 다례시연장 등이 다채롭게 마련되어 있다. ☐ 031-799-1500

주변 맛집

고향매운탕 팔당호 인근에서 잡히는 붕어가 많아 붕어찜마을이 형성되었다. 통통한 붕어에 부드러운 시레기와 수제비를 얹어 매콤하게 지져내면 어느새 밥 한 그릇 뚝딱이다. 민물고기 특유의 흙냄새를 잘 잡았고 짜지 않다. 붕어찜 2마리 30,000원. ☐ 031-767-9693

수와연 건강을 위한 자연식 메뉴를 주로 하고 분원리에 있다. 식사 때마다 새로 해나오는 마늘, 대추, 호박씨, 해바라기씨 등이 들어있는 마늘 밥과 산야초 반찬이 향긋하다. 건강을 위해 각종 나물과 마늘이 들어간 전과 샐러드가 함께 상에 오른다. 흑마늘밥 24,000원, 토마토밥 19,000원. ☐ 031-768-6446

 # 봄이면 유채꽃, 가을이면 코스모스 

구리 한강시민공원

한강 변에 위치한 구리 한강시민공원은 여타의 한강공원이 그렇듯이 시원한 강바람과 탁 트인 공간이 주는 호젓함을 누리기에 좋다. 하지만 다른 공원에는 없는 보물이 숨어있으니 너른 유채꽃 단지다. 꽃망울이 터지는 5월 중순 무렵에는 매년 구리유채꽃축제가 열려 사람들로 인산인해를 이룬다. 축제 한 주 전이나 후에 방문하는 것이 조금 더 편안하게 유채꽃을 감상하는 비결이다. 비슷한 시기에 자연학습장에서 3만 송이의 튤립이 진한 향기를 내뿜는다. 한편 9월에는 코스모스 꽃밭이 분홍빛을 뽐내며 가을을 알린다. 너른 꽃밭을 한 눈에 담고 싶다면 높이 지어놓은 원두막으로 올라가도 좋다. 탁 트인 잔디밭에 텐트를 치고 누워 강바람을 만끽하면 휴양지가 따로 없다. 깨끗하게 정비된 잔디 광장은 아이들 여럿이 뛰어 놀아도 좋을 만큼 쾌적해 아이와 함께 연날리기나 캐치볼, 축구를 하는 사람도 많다. 잔디광장과 강 사이에는 조깅이나 자전거를 할 수 있는 6.5km의 산책로가 있다. 온 가족이 탈 수 있는 4인용 자전거에는 지붕이 달려있어 그늘이 없는 산책로를 누빌 때 진가를 발휘한다.

주소 경기도 구리시 토평동 829 교통편 **자가운전** 경부고속도로 → 한남IC → 한남대교 → 강변북로 → 아차산대교 → 구리한강시민공원 **대중교통** 지하철 2호선 강변역 4번 출구 강변역 A정류장에서 1115-2번 환승 후 한다리마을 정류장 하차 도보 14분 전화번호 031-550-2473 홈페이지 www.guri.go.kr/culture/culture3/sub2_4.jsp 이용료 없음 추천계절 봄, 가을

가 볼 만한 곳

아차산 산책길 구리 둘레길 코스에 포함된 아차산은 산책로 조성이 잘 되어 있어 쉽게 오를 수 있다. 아차산은 삼국시대 때 고구려, 백제, 신라가 서울을 차지하기 위한 각축전이 한창이던 곳이다. 아차산성, 봉수대지 등 당시의 유물이 남아 있다.

고구려 대장간 마을 아차산 고구려 유적전시관과 고증을 통해 재현한 고구려 시대 마을을 구경할 수 있다. 너와로 지붕을 얹은 집은 흔히 접하던 조선시대 초가집과는 달라 호기심을 자극한다. 〈태왕사신기〉와 〈쾌도 홍길동〉 등 드라마 촬영지로도 유명하다. 입장료 무료. ☐ 031-550-2363

주변 맛집

묘향 손만두 깔끔한 만두와 담백한 국물이 특징인 만둣국이 인기메뉴다. 손만두국은 별다른 건더기 없이 맑은 국물 덕분에 국물 맛이 깔끔하고 속이 꽉 찬 만두 맛을 제대로 느낄 수 있다. 여름에는 시원한 오이소박이 국수와 함께 먹을 든든한 녹두전을 찾는 이가 많다. 묘향뚝배기는 이 집에만 있는 특별한 메뉴로 얼큰한 국물에 김치와 채소, 만두가 한데 들어갔다. 만두국 11,000원, 묘향뚝배기 12,000원. ☐ 031-444-3515

속초참코다리 쫄깃쫄깃 코다리 회가 씹히는 매콤한 비빔냉면과 황태해장국이 인기인 집이다. 코다리가 들어가 쫀득하면서도 부드러운 식감이 좋고, 적당히 맵고 새콤한 양념이 함경도식 가느다란 면발에 잘 배어든 것이 특징이다. 코다리 만두 10,000원, 왕만두 6,000원. ☐ 031-558-1108

아차산에서 숨은 그림 찾기를 해보자. 태왕사신기 촬영 당시 새롭게 발견한 기암괴석은 남자얼굴을 닮아 '큰 바위 얼굴'로 불린다. 고구려 대장간마을 앞의 아차산 산책로로 들어서면 표지판이 있다. 나무 데크 길이라 걷기가 쉽다.

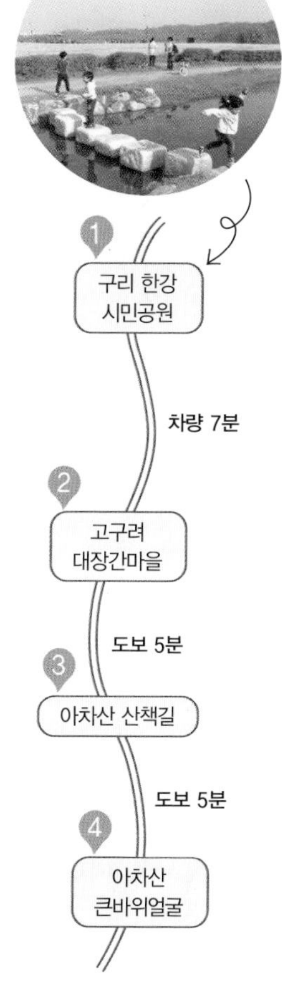

#왕릉 따라 걷는 소나무길

동구릉

동구릉은 '한양 도성의 동쪽 아홉 개의 능'이란 의미를 담고 있다. 조선을 건국한 태조 이성계의 능인 건원릉을 비롯해 모두 아홉 분의 임금님들이 모셔져 있다. 그러나 실제로 가보면 봉분은 모두 9개가 아닌 17개로 되어있다. 황후는 능이라 하지 않기 때문에 9릉 17위라는 표현이 쓰인다. 이처럼 많은 수의 능이 모셔진 이유는 태조가 승하한 뒤 태종의 명을 받은 하륜이 양주 땅을 길지로 찾아낸 까닭이다. 말끔하게 사초된 다른 능들에 비해 태조의 건원릉은 억새가 무성히 자라 관리되지 않은 듯한 모양새를 하고 있다. 태조는 조선을 건국해 왕위에 올랐지만 이후 왕자들은 권력 다툼을 벌이며 살육을 마다하지 않는 등 태조의 마음에 짐이 되었다. 말년의 태조는 고향을 그리워하며 고향땅의 흙과 풀 아래 잠들고 싶다는 유언을 남겼다. 이에 따라 태조의 고향인 함흥에서 억새풀을 가져다 사초로 썼다고 한다. 많은 수의 능이 안장되어 있는 곳인 만큼 드넓은 숲 사이를 찬찬히 산책하며 둘러보기에도 좋다. 울창한 소나무 숲은 걷는 이의 마음까지도 치유해준다.

주소 경기도 구리시 동구릉로 197 교통편 **자가운전** 서울외곽순환고속도로 → 청계톨게이트 → 강일IC → 토평IC → 구리IC → 동구릉로 → 동구릉 **대중교통** 지하철 1호선 청량리역 2번 출구 현대코아 정류장에서 88번 버스 환승 후 동구릉 하차 전화번호 031-563-2909 홈페이지 donggu.cha.go.kr 이용료 어른 1,000원. 주차요금 기본 30분 500원, 매주 월요일 휴무 추천계절 봄, 가을

동구릉의 잔잔한 풍경을 사진에 담고 싶다면 이른 아침의 햇빛을 활용하는 편이 좋다. 일교차가 큰 계절에는 능 전체를 휘감고 있는 냇가에서 피어난 물안개가 신비한 분위기를 연출한다.

가 볼 만한 곳

구리수산시장 재래시장은 언제 가도 눈과 입이 즐거운 곳이다. 게다가 살아서 펄떡이는 싱싱한 해물들이 모여 있는 수산시장은 눈요기하기에 더 없이 좋다. 1층 시장에서 구입한 해산물은 손질해 2층 식당으로 보내준다. 식당에서는 시장에서 구입한 해산물로 요리된 해산물을 즐길 수 있다.

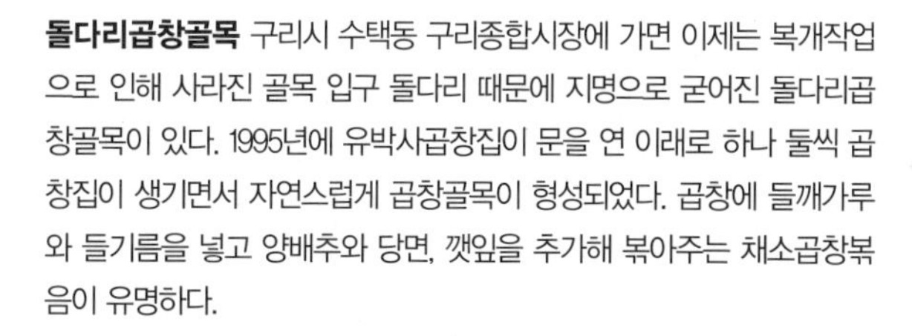

돌다리곱창골목 구리시 수택동 구리종합시장에 가면 이제는 복개작업으로 인해 사라진 골목 입구 돌다리 때문에 지명으로 굳어진 돌다리곱창골목이 있다. 1995년에 유박사곱창집이 문을 연 이래로 하나 둘씩 곱창집이 생기면서 자연스럽게 곱창골목이 형성되었다. 곱창에 들깨가루와 들기름을 넣고 양배추와 당면, 깻잎을 추가해 볶아주는 채소곱창볶음이 유명하다.

주변 맛집

한정식 두메골 개업 이래 한 번도 음식 가격을 올리지 않아 착한가게로 인증된 한정식 집. 직접 담근 된장과 시골에서 짜오는 기름을 사용해 정성 가득한 한상차림을 낸다. 기본 한정식에 요리를 추가하면 더욱 풍성한 밥상이 된다. 식사를 마치고 뒷동산에서 여유롭게 마시는 커피 한 잔도 좋다. 한정식 11,000원, 소불고기전골 30,000원. ☐ 031-573-5558

보배곱창 곱창골목 안의 이름난 곱창집이다. 가게 입구에서 커다란 팬에 볶아지고 있는 곱창을 보노라면 군침이 절로 돈다. 채소곱창과 순대곱창이 이집 추천 메뉴다. 매콤한 입안은 시원한 동치미로 달래 주면 된다. 야채곱창 12,000원, 순대곱창 14,000원. ☐ 031-563-3005

한 폭의 수채화가 저절로 그려지네

장자호수공원

장자호수공원은 구리 9경 중 중 동구릉에 이어 두 번째로 경치가 좋아 2경으로 꼽힌다. 남북으로 길게 놓인 호수는 둘레가 3.6km에 달하고 수변을 따라 철쭉이며 벚나무가 심어져 있다. 봄에는 꽃그늘 아래, 여름에는 나무 그늘 아래로 호숫가를 거니는 운치를 만끽할 수 있다. 산책을 하다 만나는 고즈넉한 분위기의 아치형 다리도 잔잔한 풍경을 완성한다. 봄에는 수령이 20년이 넘은 왕벚꽃나무가 호숫가 산책로를 장식하고 5월 말에서 6월 중순까지는 1050㎡ 규모의 장미정원이 장관을 이룬다. 평소에는 볼 수 없었던 다양한 종류의 색색의 장미가 핀다. 물가 가까이를 거닐 수 있도록 별도의 나무 데크로 이뤄진 산책로가 마련되어 있다. 물 위를 헤엄쳐 다니는 수생 곤충과 커다란 잉어를 가까이서 볼 수 있는 것만으로도 아이들에겐 재미난 경험이 된다. 여름철이면 백로도 여럿 날아든다. 장자호수생태체험관으로 발길을 옮기면 호수의 생태계와 수생동식물과 곤충에 대한 호기심을 해결할 수 있다. 특히 물속에서 수면을 올려다보는 것처럼 꾸며놓은 천장의 전시 공간이 흥미롭다.

주소 경기도 구리시 장자호수길 76-42 **교통편** **자가운전** 경부고속도로 → 서울외곽순환고속도로 → 판교IC → 판교분기점에서 구리 방면 → 성남톨게이트 → 토평IC → 벌말삼거리에서 좌회전 → 장자대로 → 장자호수공원 **대중교통** 지하철 2호선 강변역 4번 출구 강변역A에서 93번 환승 후 장자호수공원 정류장 하차 **전화번호** 031-550-2472 **홈페이지** 없음 **이용료** 없음 **추천계절** 봄, 여름, 가을

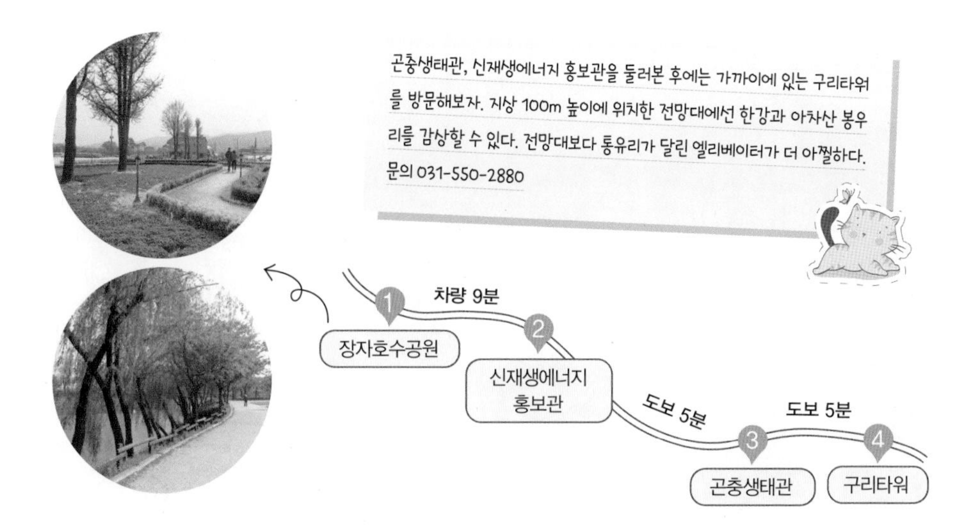

가 볼 만한 곳

신재생에너지홍보관 전시물 구경만 하는 곳이 아니라 직접 전기를 만들어 보며 전지절약을 몸소 체험해 볼 수 있는 곳이다. 그 외에도 직접 레버를 조작해 터빈을 돌리면서 수력발전의 원리를 알아볼 수도 있다. 재생에너지 8가지와 신에너지 3개에 대한 전시물도 흥미롭다. 입장료 무료, 월요 휴무 ☐ 031-553-2282

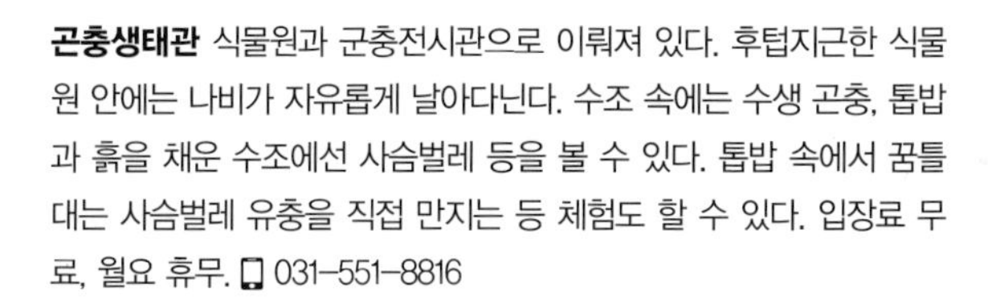

곤충생태관 식물원과 군충전시관으로 이뤄져 있다. 후텁지근한 식물원 안에는 나비가 자유롭게 날아다닌다. 수조 속에는 수생 곤충, 톱밥과 흙을 채운 수조에선 사슴벌레 등을 볼 수 있다. 톱밥 속에서 꿈틀대는 사슴벌레 유충을 직접 만지는 등 체험도 할 수 있다. 입장료 무료, 월요 휴무. ☐ 031-551-8816

주변 맛집

더 브라질 스트로가노프나 검은 콩과 고기를 함께 끓여낸 페이조아다 같은 이색적인 브라질 음식이 마련된 샐러드바가 독특하다. 7가지 다른 부위의 고기가 손님의 취향에 맞춰 하나씩 구워져 서빙 된다. 치킨, 소시지, 안심 등 마음에 드는 부위를 골라 무한 리필도 가능하다. 슈하스코 세트 33,000원. ☐ 031-555-9933

강창구 찹쌀 진순대 담백한 순대국으로 이미 입소문이 자자하다. 밑반찬도 맛깔나기 이를 데 없다. 주요 메뉴는 순대국인데 뽀얀 국물에 각종 머리고기, 내장, 순대 등이 푸짐하게 들어 있다. 새콤달콤 깍두기와 함께 먹으면 속이 시원하게 풀린다. 진순대국 8,000원, 진순대 정식 11,000원. ☐ 031-558-9292

 # 북녘 소식 들릴 듯한 김포의 금강산 

문수산

문수산은 김포의 금강산이라 할 정도로 사계절 내내 경치가 아름다운 산이자 북한을 바라보고 있어 분단의 아픔을 가까이서 느끼게 되는 산이기도 하다. 문수산은 해발 376m로 한 시간 정도면 정상에 오를 수 있다. 등산로가 지루하지 않고 다양해 등산객에게도 인기가 많다. 산에 오르다 보면 발아래로 이어지는 성곽길이 한눈에 내려다 보이며 봄이면 붉게 물든 진달래 군락이 성곽길을 따라 펼쳐진다. 문수산 정상에 오르는 제1코스는 문수산성 삼림욕장에서 시작해 전망대와 홍예문을 지나 정상에서 남문 방향 능선을 따라 주차장으로 다시 오는 코스이다. 총 3.8km로 2시간 10분정도 소요된다. 제2코스는 삼림욕장을 시작하여 정상에서 문수사와 풍담대사부도비를 지나 북문으로 내려온다. 제3코스는 고막리야영장에서, 제4코스는 김포국제조각공원을 지나 청룡회관에서 시작된다. 정상에서는 그야말로 사방이 산이요 물이 흐르는 탁 트인 풍경에 감탄이 절로 나온다. 임진강과 한강이 만나 바다로 흘러가는 염하강과 강화도, 북한 개성의 송악산까지 볼 수 있어 다른 산에서는 느낄 수 없는 깊은 감동이 밀려든다.

주소 경기도 김포시 월곶면 문수산로 102-38 교통편 **자가운전** 강변북로 → 김포한강로 → 김포대로 → 문수산 **대중교통** 지하철 5호선 송정역 하차 1번 출구에서 버스 88번 환승 후 성동검문소 하차 도보 10분 전화번호 031-980-5986, 문수산산림욕장 031-988-2965 홈페이지 www.gimpo.go.kr/culture/index.do 이용료 없음, 주차료(소형차) 2,000원 추천계절 봄, 여름, 가을

문수산 숨은 명소 문수산 구름다리는 폭 2m, 길이 40m 규모의 아치형 교량이다. 김포국제조각공원과 문수산 정상(장대지)으로 가는 등산로를 연결해준다. 날씨가 좋으면 문수산 정상과 강화도도 보인다.

가 볼 만한 곳

문수산성 조선 숙종 때 바다로 들어오는 외적을 막고 강화도 방어를 위해 쌓은 문수산성은 사적 제139호로 둘레는 약 2.4km이다. 현재 남아있는 성의 길이는 4Km이며 현재 성곽 복원이 진행 중이다. 구한말 외세의 침략에 저항한 산 교육장으로 의의가 깊다.

문수산 산림욕장 문수산 입구에 위치한 산림욕장으로 하늘 높이 쭉 뻗은 잣나무와 소나무 등의 침엽수가 우거져 산림욕을 즐기기에 좋다. 산림욕장 안에는 족구장, 약수터, 급수대, 벤치와 평상 등 편의 시설과 각종 체력단련시설이 갖추어져 있다. 등산로로 바로 연결되므로 등산로를 따라 문수산에 오르기도 한다. ☐ 031-988-2965

주변 맛집

문수산 들마루 참숯가마오리바비큐와 오리주물럭, 동의한방호박밥 등 오리코스요리로 가족모임이나 단체모임장소로 좋으며 주말엔 예약필수이다. 사육일수가 45일 미만인 국내산 오리들만 사용하여 고소한 맛과 육질을 자랑한다. 만수무강(4인 기준) 75,000원, 바베큐+호박밥(2인 기준) 40,000원. ☐ 031-997-5279

다하누 김포본점 한우가 맛있는 집으로 유명한 김포 다하누촌 본점으로 매일 아침 영월 다하누촌에서 직송 된 한우를 저렴하게 구매할 수 있다. 매장에서 직접 고기를 골라 바로 옆의 지정된 식당에서 구워 먹으면 된다. 1인 상차림비 5,000원. ☐ 031-984-1170

 # 조각 작품 감상하며 걷는 예술 산책로 

김포국제조각공원

김포국제조각공원은 통일을 주제로 만들어진 테마공원이다. 김포 문수산 자락의 나지막한 산책길을 따라 30여 점의 조각 작품들이 곳곳에 전시되어 있다. 지오바니 안셀모 등 세계적 조각 작가 16명의 작품에는 분단된 현실에 대한 평화와 통일의 염원이 깃들어 있다. 특히 자연 경관과 조화를 이룬 구성과 설치를 통해 관람객들이 산책을 즐기면서 자연스럽게 조각 작품들을 감상하게 된다. 각 작품들의 작가와 작품설명을 읽으면서 걷다보면 마치 자연이라는 거대한 미술관에 온 듯하다. 또한 이 공원은 고라니와 각시붓꽃 등 330여 종의 다양한 동식물들이 살아가는 거대한 자연학습장이기도 하다. 아트홀 2층에 마련된 자연생태전시관에는 이들의 사진이 설명과 함께 전시되어있다. 사계절썰매장은 겨울에는 눈썰매장, 여름에는 물썰매장이 된다. 성인용과 어린이용 슬로프가 각각 설치되어 있다. 조각 공원 내에는 야외수영장 외에 놀이터와 인라인 스케이트를 탈 수 있는 트랙, 인조잔디 축구장 등이 설치돼 아이들과 함께 가족 나들이 장소로 각광받는다.

주소 경기도 김포시 월곶면 용강로 13번길 38 교통편 **자가운전** 강변북로 → 올림픽대로 → 김포제방대로 → 누산삼거리 → 마송 → 군하리 → 김포국제조각공원 **대중교통** 지하철 5호선 송정역 1번 출구에서 8, 88번 버스 환승해 조각공원 정류장 하차 전화번호 031-981-7300 홈페이지 www.gcf.or.kr 이용료 없음, 주차료 소형 1000원. 추천계절 봄, 가을

가 볼 만한 곳

다도박물관 사단법인 예명원에서 개관한 전통 다도 전문 박물관으로 손민영 관장이 20여 년 간 모아온 솥, 화로, 찻잔 등 다도구류가 전시되어 있다. 특히 고려 때 강진에서 만들어진 연잎 찻잔과 최초의 차 관련 서적인 이목 선생님의 책 〈다부〉도 볼 수 있다. 031-998-1000

애기봉 평화생태공원 한국의 서쪽 최북단에 위치한 애기봉 전망대는 강을 사이에 두고 북한 개성의 조강리 일대를 최단 거리에서 볼 수 있는 곳이다. 맑은 날이면 개성의 송악산까지 시야에 들어온다. 출입신청서를 작성할 때 신분증과 함께 제시해야 한다. 전망대까지 오르는 길은 드라이브와 산책길로도 아름답다. 031-989-7492

조각공원내에는 청소년 또는 단체가 저렴한 비용으로 숙박과 수련을 함께 할 수 있는 청소년 수련원이 있으며 챌린지코스와 짚라인도 인기 만점이다. 다도박물관에 간다면 애기봉 근처에 있는 한재당을 들려보자. 한재당은 경기도 기념물 제47호로 조선 전기 문신인 한재 이목 선생의 위패를 모신 사당이다.

주변 맛집

카페드첼시 오픈하자마자 김포의 핫 플레이스로 등극한 영국풍 정원 카페다. 1만평의 야외정원은 런던 첼시 피직가든을 모티브로 꾸며졌다. 베이커리, 브런치 메뉴와 영국풍 티룸이 있어 애프터눈 티도 즐길 수 있다. 프렌치 토스트 브런치 세트 21,000원, 애프터눈 티 세트 34,000원. 0507-1368-7780

꼬꼬오리주물럭 김포에서 유명한 오리요리전문점으로 모든 것이 셀프이다. 직접 주문을 하고 고기와 재료를 받아와 입맛에 맞게 요리를 해먹는다. 고추장양념에 양파가 듬뿍 들어간 오리주물럭과 볶음밥이 일품이다. 오리주물럭 (중) 32,000원, (대) 46,000원. 031-988-6840

대명항

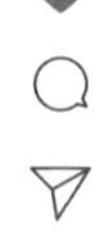

갈매기도 반한 작고 소박한 항구

주소 경기도 김포시 대곶면 대명항1로 109 **교통편** **자가운전** 올림픽대로 공항방면→ 김포한강로 → 대명항로→ 대명항 **대중교통** 지하철 2호선 합정역에서 직행버스 3100번 탑승 후 대명항 정류장 하차 **전화번호** 대명항 어촌계 031-988-6394(물때, 어종, 어판장 관련 문의) 대명항 관리사무소 031-987-2983 **홈페이지** www.gimpo.go.kr/culture/index.do **이용료** 없음 **추천계절** 봄, 가을

대명항은 염하를 사이로 두고 강화도와 마주한 포구이다. 대명나루가 2000년에 2종 어항으로 승격하면서 대명항이라 불리게 되었다. 예전엔 강화도로 이어지는 유일한 뱃길로 오가는 상인들이 북적이던 나루터였으나 지금은 김포와 강화도를 잇는 초지대교가 그 역할을 대신한다. 삼식이, 밴댕이, 주꾸미가 제철인 봄과 꽃게가 나는 가을이면 각지에서 사람들이 모여든다. 대명항의 수산물 직판장에는 배가 있는 사람만 입점 가능, 자기의 배이름이 상호명이다. 연중무휴이나 고기를 많이 못 잡거나 배가 못나간 집은 쉬기도 한다. 가게를 여는 시간도 배가 나가는 시간에 따라 다르다. 또한 여름 금어기인 7, 8월에는 산란기를 보호하기 위한 꽃게포획기간으로 일부 가게들이 쉬기도 한다. 수산물직판장에서 직접 구입한 회를 바닷가의 벤치나 준비해간 돗자리에 앉아 아름다운 서해바다를 바라보며 먹을 수 있다. 수산물직판장 맞은 편에 위치한 '젓갈, 건어물 부설시장'에서는 다양한 젓갈 구매가 가능하다. 김포시 문화관광 홈페이지에서 대명항의 물때 시간표, 문화관광해설, 횟집현황 및 대명항축제 등 다양한 정보를 얻을 수 있다. 대명항은 김포평화누리길의 1코스 출발지로 인근 덕포진까지 이어져 산책하기에도 좋다.

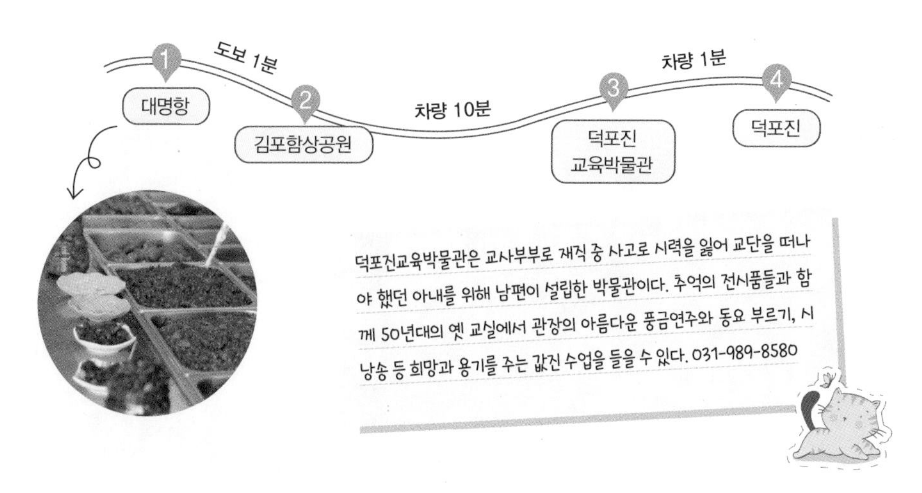

가 볼 만한 곳

김포함상공원 52년 간 바다를 지켜오다 2006년에 퇴역한 상륙함(LST)을 활용하여 조성한 함상공원이다. 실제 함정을 최대한 이용, 본래의 모습이 그대로 살아 있으며 다양한 체험도 할 수 있다. 야외 공원에는 수륙양용차 및 해상초계기 등이 전시되어 있다. ☐ 031-987-4097~8

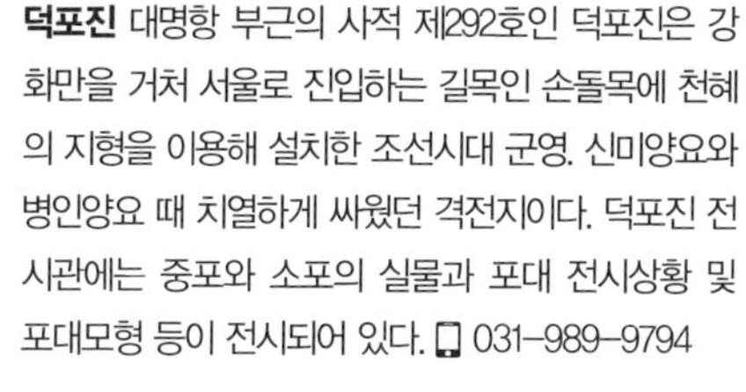

덕포진 대명항 부근의 사적 제292호인 덕포진은 강화만을 거쳐 서울로 진입하는 길목인 손돌목에 천혜의 지형을 이용해 설치한 조선시대 군영. 신미양요와 병인양요 때 치열하게 싸웠던 격전지이다. 덕포진 전시관에는 중포와 소포의 실물과 포대 전시상황 및 포대모형 등이 전시되어 있다. ☐ 031-989-9794

주변 맛집

수철이네 왕새우튀김 대명항 본점 대명항 작은 노점에서 시작해 전국에 체인점을 가진 새우튀김 맛집이다. 머리까지 껍질째 통째로 튀긴 왕새우가 별미다. 새우 내장을 제거해 비린 맛이 없다. 수철새우 10마리 13,000원. ☐ 031-983-9292

원조 서해바지락칼국수 대명항 초입 서해바지락칼국수집은 대대로 가족들이 운영한다. 칼국수 아래 바지락이 한가득 깔린 바지락칼국수와 싱싱한 해물들이 가득한 해물칼국수가 인기. 바지락칼국수 9,000원, 해물칼국수 16,000원. ☐ 031-987-2015

#한강변 폐철로를 따라 달리는 낭만가도

남한강 자전거길

남한강 자전거길은 남양주시 팔당역~충북 충주시 탄금대 구간으로 총 길이는 132Km이다. 이 중 팔당역~양평역 구간(27Km, 왕복 3시간)은 운길산을 관통하는 중앙선 복선전철이 개통되면서 옛 중앙선의 폐철도, 폐교량, 폐터널 등을 재활용한 자전거길이다. 가벼운 마음으로 자전거 페달을 돌리면 가장 먼저 봉안터널을 만나게 된다. 터널에 들어서면 센서가 움직임을 감지, 조명이 하나둘 켜진다. 4대강 자전거길 인증센터로 유명한 능내역은 2008년 철길이 없어지면서 문을 닫았다가 자전거길과 함께 철도전시관으로 다시 살아났다. 능내역에서 운길산역으로 가는 길에는 왕벚나무와 청단풍으로 나무터널을 조성했다. 가장 아름다운 구간으로 손꼽히는 북한강 철교는 강을 가로지르던 철구조물 철교의 바닥을 나무데크로 깔았다. 흐르는 강물을 내려다 볼 수 있도록 중간 중간 바닥에 강화유리를 설치하였다. 철교를 지나 양평역까지는 8개의 터널과 야생화 정원을 끊임없이 만날 수 있다. 오고가는 자전거 길 옆으로 보행로도 따로 준비되어 있어 트레킹하기에도 좋다.

주소 경기도 남양주시 와부읍 팔당리 349 교통편 **자가운전** 올림픽대로 → 강동대로 → 팔당대교 → 팔당역 **대중교통** 지하철 중앙선 팔당역 전화번호 4대강 콜센터 1577-4359 홈페이지 riverguide.go.kr 이용료 관람료 무료 추천계절 봄, 여름, 가을

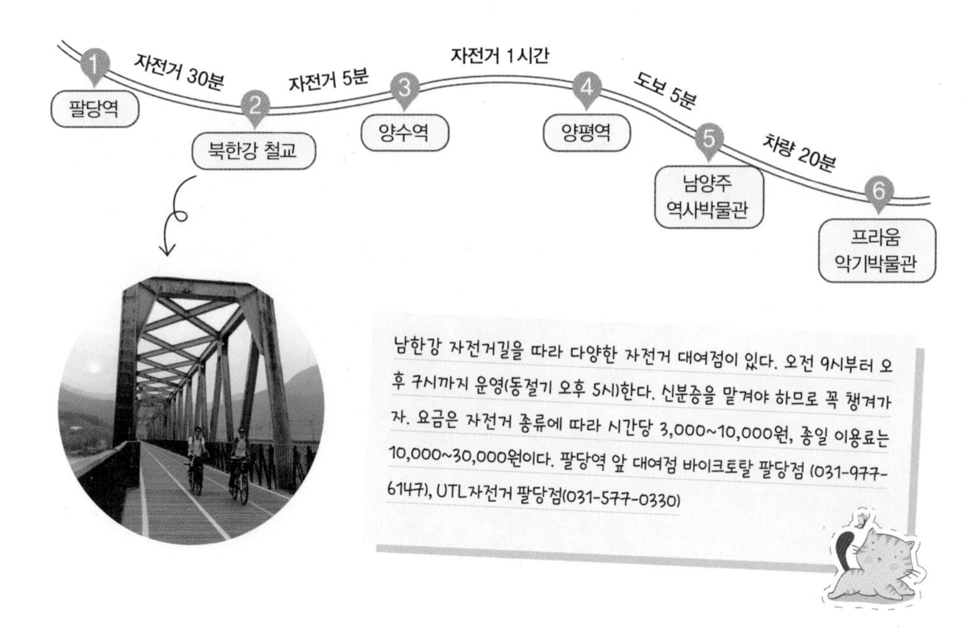

가 볼 만한 곳

남양주시립박물관 남양주는 한강을 따라 이어진 선사 유적부터 산자락 명당에 자리 잡은 조선 왕릉에 이르기까지 풍부한 문화유산이 있는 곳이다. 남양주시립박물관에서는 남양주의 역사와 전통문화, 옛 민속품과 다양한 석조유물을 선보인다. 운영시간은 10:00~18:00, 매주 월요일은 휴관한다. 관람료 무료. ☐ 031-590-8600

프라움악기박물관 국내 최초의 서양악기 박물관이다. 1800년대 만들어진 피아노, 하프 등 다양한 현악, 관악, 타악, 건반악기가 테마별로 전시되어 있다. 개인과 단체를 대상으로 다양한 종류의 교육프로그램을 운영하며 정기음악회와 테마 음악회도 개최한다. 어른 6,000원, 청소년 5,000원, 어린이 4,000원. ☐ 031-521-6043

주변 맛집

봉평메밀가 국산 봉평 메밀가루를 사용해 면을 만드는 과정을 직접 눈으로 볼 수 있다. 미리 면을 만들어 놓지 않고 손님이 주문하면 반죽에 들어간다. 펄펄 끓인 물에 3분 정도 삶아 냉각수에 푹 담그면 메밀의 쫀득함이 유지되어 맛과 식감을 지켜준다. 막국수 10,000원, 감자전 11,000원. ☐ 031-521-0071

도둑게장 예봉산점 남한강 자전거길 초입에 있는 도둑게장은 밥도둑 간장게장과 양념게장을 풍성하게 만나볼 수 있는 곳이다. 별미로 유명한 꽃게튀김은 딱딱해 보이지만 부드럽다. 한상차림 16,000원, 무한리필 2인 코스 59,000원. ☐ 031-521-9400

#다산 정약용을 추억하는 마을

다산유적지

남한강과 북한강 두 물이 만나 한강을 이루는 곳에 다산 정약용 선생의 고향 마재마을이 있다. 그곳에는 생가 여유당, 다산문화관, 다산기념관으로 구성된 다산유적지가 있어 정약용 선생의 삶의 궤적을 돌아보게 한다. 여유당은 임금의 존경을 받아야지 총애를 받는 사람이 되는 것은 중요하지 않다고 여긴 그가 관직을 내려놓고 고향에 돌아와 지은 집이다. 강진으로 18년간 긴 유배를 갔던 다산이 그리워했던 곳이자 유배에서 돌아와 〈목민심서〉를 완성한 곳이기도 하다. 유배 간지 13년 째 되던 해 부인이 강진으로 시집올 때 입고 온 다홍치마에 글을 써 아들과 딸에게 남겼는데 이 모습이 여유당 옆 다산기념관에 재현돼 있다. 거중기로 수원화성을 축조하는 광경, 암행어사로 나서 핍박 받는 백성에 귀 기울이는 모습도 볼 수 있어 그의 삶과 업적이 생생하게 다가온다. 여유당 뒤 나지막한 뒷동산에 오르면 다산과 부인의 합장묘가 있다. 그곳에서 여유당을 내려다 보노라면 두 아들에게 멀리 내다보고 청운의 꿈을 잃지 말라던 다산의 목소리가 들리는 듯하다.

주소 경기도 남양주시 조안면 다산로 747번길 11 교통편 **자가운전** 강변북로 → 덕소 → 팔당댐 → 다산유적지 **대중교통** 지하철 중앙선 운길산역 하차해 버스 56번 환승 전화번호 031-590-2481, 2837 홈페이지 www.nyj.go.kr/dasan/index.jsp 이용료 없음 추천계절 봄, 가을

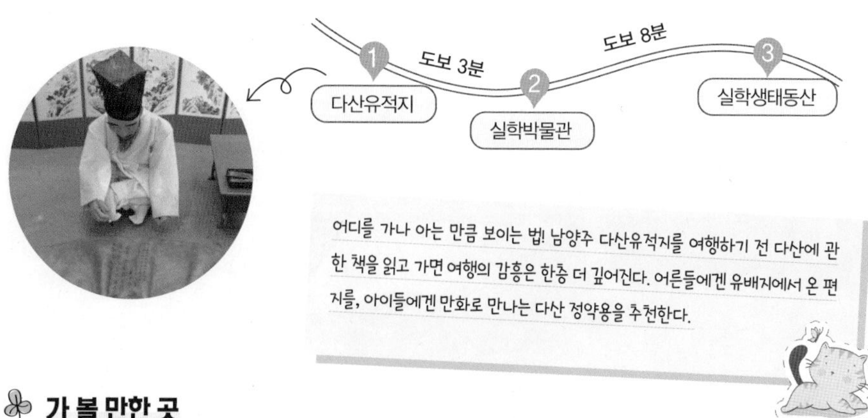

어디를 가나 아는 만큼 보이는 법! 남양주 다산유적지를 여행하기 전 다산에 관한 책을 읽고 가면 여행의 감흥은 한층 더 깊어진다. 어른들에겐 유배지에서 온 편지를, 아이들에겐 만화로 만나는 다산 정약용을 추천한다.

가 볼 만한 곳

실학생태동산 계급을 막론하고 다함께 증진하는 사회를 실현코자 했던 다산의 철학이 담긴 채마원, 팔당호 조망대, 억새길, 소내나루 전망대 등으로 경관을 조성했다. 전망대에 오르면 팔당호와 멀리 용마산까지 시원스럽게 펼쳐지는 풍경에 가슴이 탁 트인다. 살랑살랑 불어오는 강바람 쐬며 산책을 하거나 자전거 타기에도 좋다.

실학박물관 다산유적지 맞은편에 위치한 실학박물관은 조선후기에 꽃을 피운 실학에 대해 상설, 기획 전시를 통해 살펴 볼 수 있는 박물관이다. 아이와 함께라면 실학박물관의 전래놀이 체험, 마재마을 답사 등 프로그램에 참여해 옛 선조의 생활을 느껴보는 것도 유익한 가족 나들이가 될 것이다. 입장료 무료, 월요 휴무. ☐ 031–579–6000~1

주변 맛집

저녁바람이 부드럽게 강가에서 비켜난 한적한 한옥 전원 카페다. 오대산 소나무로 지은 위채는 독채 한옥 스테이로, 아래채 예쁜 돌기와집은 유기농 카페로 운영한다. 햇살 좋은 창가나 야외 테이블에서 직접 끓인 대추차나 차 팥빙수를 즐기며 쉬어가기 좋다. 직접 끓인 대추차 5,000원, 수제 팥빙수 6,000원. ☐ 031–576–0815

감나무집 강가를 바라보며 장어구이를 맛볼 수 있는 전망 좋은 식당으로 유명하다. 장어구이 외에도 매운탕, 닭백숙 등의 메뉴도 구비되어 있다. 날씨 좋은 날엔 펜션에 여행 온 듯한 기분으로 야외 식사를 즐길 수 있다. 장어구이 1인 43,000원, 영양백숙 55,000원. ☐ 031–576–8263

#구름 위에서 마시는 차 한 잔

수종사

수종사로 오르는 길을 가파르다. 하지만 도착한 순간 펼쳐지는 탁 트인 전망은 수고로움을 단번에 잊게 해준다. '수종사는 천년의 향기를 품고 아름다운 종소리를 온 누리에 울리며 역사 속으로 걸어 들어온 셈이다. 수종사는 신라 때 지은 고사인데 절에는 샘이 있어 돌 틈으로 흘러나와 땅에 떨어지면서 종소리를 낸다.(다산 정약용 〈유수종사기〉) 이름에서부터 맑은 기운이 느껴지는 수종사의 역사는 유수종사기에서 잘 드러난다. 금강산 유람을 하고 돌아오다 양수리에 머물게 된 세조가 한 밤에 은은한 종소리를 듣는다. 다음 날 숲속을 살펴보니 운길산 바위틈의 샘물이 땅에 떨어지며 울린 공명이었다. 이에 감동받은 임금이 절을 복원하게 하고 수종사라 이름 지었다. 세조가 심었다고 전해오는 앞마당의 은행나무가 500년의 긴 역사를 짐작하게 한다. 수종사의 풍경을 음미하려면 대웅전 앞 다실 삼정헌에 들러야 한다. 차탁에는 다구들이 정갈하게 놓여있고 다구 옆에 놓인 안내문만 따라 하면 차 우리는 법도 어렵지 않다. 차 값은 무료요, 보시는 자유다. 찻잔에서 전해오는 온기와 입 안 가득 번지는 은은한 녹차 맛을 느끼며 한 폭의 수묵화 같은 창 밖 풍경을 바라보면 무릉도원이 따로 없다.

주소 경기도 남양주시 조안면 송촌리 1060 교통편 **자가운전** 팔당대교 → 팔당터널 → 조안면 → 운길산역 → 조안보건소 옆 → 수종사 **대중교통** 지하철 중앙선 운길산역 하차 도보 50분 전화번호 031-576-8411 홈페이지 www.sujongsa.net 이용료 무료 추천계절 봄, 여름, 가을

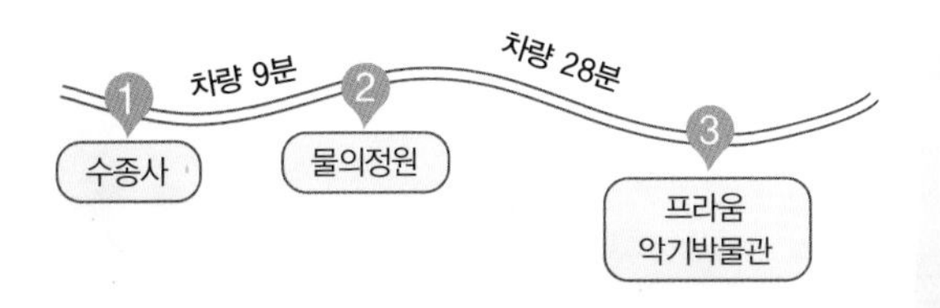

수종사에 가려면 반드시 편안한 신발을 신고 가야 한다. 주차장에서 수종사까지 아찔한 길을 오르기에도, 운길산역에서 수종사까지 한적한 걷기 여행을 즐기기에도 운동화나 등산화가 제격이다.

가 볼 만한 곳

프라움악기박물관 현악, 관악, 타악, 건반악기 등 다양한 고전 악기를 아우르는 서양악기전문 박물관이다. 악기들이 어떻게 만들어지는지 제작과정부터 쉽게 이해할 수 있게 도와준다. 프라움 레스토랑을 이용하면 관람료를 50% 할인해 준다. 입장료는 성인 6,000원, 청소년 5,000원, 어린이 4,000원. ☐ 031-521-6043

물의정원 액자에 담긴 북한강의 자태를 감상하기 좋은 수변 생태공원이다. 조안면 주민들에게는 산책과 자전거를 타며 운동하는 공간이지만, 커플들에게는 메타세콰이어 길을 산책하며 데이트하기 좋은 장소로 인기다. 물의정원 안쪽 강변 산책로를 따라 조성된 초화 단지는 5월에는 양귀비, 9월에는 코스모스가 만개한다.

주변 맛집

팔숲카페 팔당숲을 줄여 지은 '팔숲'이라는 이름처럼, 싱그러운 숲의 기운을 흠뻑 받을 수 있는 호젓한 카페다. 둥근 통유리로 둘러싸인 2층에 앉아 커피 타임을 가지면 숲 뷰에 머리가 맑아진다. 야외 테이블에 앉아 선선한 바람을 맞으면 가슴까지 상쾌해진다. 디저트나 브런치를 즐긴 후에는 숲을 산책할 수 있는 산책로를 느긋하게 걸어보자. 아메리카노 6,500원, 팔숲크림라떼 7,800원. ☐ 031-577-0526

기와집 순두부 80년 된 고풍스러운 기와집에서 담백한 순두부를 즐길 수 있어 늘 손님들로 만원이다. 국산콩으로 순두부, 콩탕 등을 끓여낸다. 여럿이 함께라면 순두부에 모두부나 콩탕을 곁들여 다양하게 맛보기도 좋다. 순두부 백반 10,000원, 재래식 생두부 1,2000원. ☐ 031-576-9009

 #대한제국 황제들의 처음과 마지막 황제릉 

홍유릉

홍유릉은 조선 26대 고종 부부와 27대 순종 부부가 잠들어있는 황제릉이다. 대한제국 선포에 따라 고종이 황제가 됨으로써 능역 조성도 명나라 태조 효릉의 묘제를 따라 기존 왕릉과 다르게 구조물이 대폭 증설 되었다. 기존 왕릉의 정자각 대신 정면 5칸 측면 4칸의 일자형 침전을 세웠고 양, 호랑이 석조물 대신 홍살문에서 침전까지 참도의 좌우에 나란히 말 2쌍, 낙타 1쌍, 해치, 사자, 코끼리, 기린의 순으로 석수를 세웠다. 각 석수를 보며 동물의 종류를 맞춰보는 재미도 쏠쏠하다. 유릉은 조선 왕조의 동릉삼실(同陵三室) 능이다. 순종의 계비였던 순정효황후 윤씨가 1966년 창덕궁 낙선재에서 승하하면서 유릉에 합장되었다. 윤씨는 1910년 이완용이 한일합방의 조인서에 옥새의 날인을 시도하자 옥새를 치마 속에 감추고 버티다가 강제로 빼앗겼다는 일화가 전해지기도 한다. 홍유릉 안에는 대한제국 마지막 황태자 영친왕 이은과 황태자비 이방자의 묘역인 영원과 고종의 막내딸 덕혜옹주의 묘소도 함께 있다.

주소 경기도 남양주시 홍유릉로 352-1 교통편 **자가운전** 서울외곽순환도로 → 남양주IC → 46번국도 춘천 방향 → 홍유릉 **대중교통** 지하철 경춘선 금곡역에서 도보 15분 전화번호 031-591-7043 홈페이지 royaltombs.cha.go.kr 이용료 25~64세 1,000원, 24세 이하 무료, 주차 요금 무료 추천계절 봄, 가을

가 볼 만한 곳

홍유릉역사문화공원 1910년 경술국치 때 독립운동을 위해 남양주시 화도읍 일대의 토지와 전 재산을 팔아 만주에서 신흥무관학교를 세운 이석영 선생의 이야기가 담긴 역사공원이다. 서대문형무소와 중국 뤼순(여순)감옥, 반민족행위 처벌 특별법정을 재현한 공간과 항일 독립운동 자료가 전시되어 있다. 카페가 딸린 안락한 휴식공간도 마련돼 있다. ☐ 031-590-7329

사릉 조선 6대 왕 단종의 비 정순왕후의 능이다. 정순왕후는 영월 청령포에 유폐된 단종을 그리워하며 한 많은 세월을 보냈으며, 사릉은 '단종을 사모한다'를 뜻한다고 한다. 사릉에 있는 정통수목양묘장은 궁과 능, 원 복원 및 조경에 필요한 100여 종의 나무를 생산, 관리하고 있다. 사릉 인근에 있는 광해군묘와 성묘, 안빈묘는 일반 관람이 제한되어 있다. ☐ 031-573-8124

2020년부터 매년 9~10월 유네스코 세계유산 조선 왕릉의 가치를 널리 알리기 위한 조선왕릉문화제가 9개의 조선 왕릉에서 열린다. 홍유릉에서도 날짜별로 공연과 체험, 투어 프로그램이 진행된다. 조선왕릉문화제 사이트 www.jrtf.or.kr에서 행사 일정과 장소, 프로그램 내용 등을 확인할 수 있다.

주변 맛집

감미옥 설렁탕 감미옥 설렁탕에는 밥이 말아져 나온다. 탕이 제공되는 시간 동안 밥에서 나오는 전분과 국물이 잘 어우러져 구수하고 담백한 설렁탕이 완성된다. 또 밥알을 누르지 않고 추켜세워 밥알 사이사이에 육수가 잘 스며들어 고소한 맛을 마지막까지 느낄 수 있다. 설렁탕 9,000원, 소머리국밥 11,000원, 감미옥탕 15,000원. ☐ 031-595-4200

김삿갓밥집 주인장이 직접 조리한 30가지 반찬을 내는 가성비 좋고, 푸짐한 한정식 집이다. 셀프 코너에는 9시간 동안 조리한 식혜가 항상 준비되어 있다. 매주 월요일 정기 휴무를 비롯해 요일마다 운영시간과 브레이크타임이 다르니 꼭 확인하고 가자. 보리밥 정식(30찬과 수육 & 호박죽) 19,000원. ☐ 031-599-9188

소요산

주소 경기도 동두천시 평화로 2910번길 교통편 **자가운전** 서울외곽순환고속도로 → 금신교차로에서 포천, 경기지방경찰청제2청, 성모병원 방면 우회전 → 국도대체우회도로 → 평화로 → 소요산 사거리 **대중교통** 지하철 1호선 소요산역 1번 출구에서 도보 3분 전화번호 031-860-2065 홈페이지 ddc21.net/ddc/cms/contents.asp?conNum=465 이용료 어른 1,000원, 어린이 300원 추천계절 여름, 가을

소요산의 둥글둥글 넉넉한 능선은 북한산의 기암괴석을 품은 모습과는 사뭇 다른 온화함마저 풍긴다. 과연 경기의 작은 금강, 소금강이라 불릴 만큼 아름답다. 소요산은 산행을 즐기면서 매력적인 경치를 감상해도 좋지만 산 곳곳에 남아있는 원효대사의 흔적을 찾아보는 것도 흥미롭다. 소요산은 일주문을 지나 원효폭포까지 도로포장이 잘 돼 아이들과 오르기에도 부담이 없다. 도로를 따라 나무그늘이 짙게 드리워져 그늘이 좋고 무엇보다 물소리를 길동무 삼아 쉬엄쉬엄 가도 된다는 점이 매력적이다. 가을이면 일주문에 불이 붙은 것처럼 풍성한 단풍잎이 산 전체를 붉게 물들이는데 매년 10월에 열리는 단풍 축제도 놓치면 섭섭하다. 본격적인 산행은 원효폭포에서부터 시작된다. 원효폭포의 물줄기는 장마철이 아닌 때에도 수량이 풍부해 장쾌한 물소리를 내며 그 위용을 뽐낸다. 바위에서 떨어진 낙수가 작은 연못을 이루는데 연못 건너에 원효굴이 있다. 폭포를 기점으로 갈림길이 나오는데 자재암으로 가는 길을 택해서 오르는 편이 일반적이다. 바위 옆으로 난 좁은 오솔길을 따라가면 자재암이 나타난다. 절 옆의 바위 안에 있는 굴법당과 그 옆의 원효샘의 모습이 속세를 벗어난 풍경을 자랑한다.

가 볼 만한 곳

자재암 원효대사가 요석공주와 연을 맺은 뒤 수행을 계속 했다는 전설이 전해지는 곳이다. 자재암으로 향하는 계단은 108번뇌를 떨치라는 의미로 108개의 계단으로 이뤄져 있다. 둥그런 아치형태의 해탈문을 지나면서 해탈의 의미로 종을 치면 경쾌한 소리에 정신이 번쩍 들고 비로소 눈앞의 비경에 감탄을 금치 못한다. 바로 아래 전망대 겸 포토 존이 있다.

자유수호평화박물관 6·25 전쟁에서 용맹하게 싸운 국군과 유엔군을 기리고 우리가 누리고 있는 자유와 평화에 대해 다시금 생각해 볼 수 있는 박물관이다. 입구에는 한국전쟁부터 최근까지 사용되던 정찰기, 전차, 함포 등이 전시되어 있다. 입장료 어른 1,000원, 어린이 400원. ☐ 031-860-3330

주변 맛집

56하우스 어렸을 적 동네마다 하나씩 있던 경양식 집이 그리워질 때면 찾아보자. 40년간 동두천에서 수제 햄버거, 돈가스, 스테이크 등을 만들어 왔다. 화려한 맛이라기 보단 기본에 충실해 물리지 않는 소박함이 있다. 수제 햄버거는 가게에서 제일 가는 인기 메뉴. 에그치즈 햄버거 3,800원, 56하우스 정식 16,000원. ☐ 031-865-5656

송월관 소요산 아래에 있어 산행을 마친 등산객들로 늘 붐빈다. 이집의 주요 메뉴는 떡갈비로 쫀득하면서 탄력이 느껴지는 것이 인기비결이다. 참숯향이 배어 있어 잡냄새를 잡았고 뺄 것 하나 없이 맛있는 밑반찬도 정갈하다. 떡갈비 1대(280g) 25,000원, 갈비탕 12,000원. ☐ 031-865-2428

소요산 산행은 보통 하백운대~중백운대~상백운대~상백운대~칼바위능선까지 갔다가 선녀탕을 지나 온 길로 하산한다. 칼바위 능선에서 나한대와 의상대, 공주봉까지 가는 긴 코스를 택하면 4시간 정도 걸린다. 뾰족하게 모난 돌로 이뤄진 등산구간이 있어 등산화를 신어야 한다.

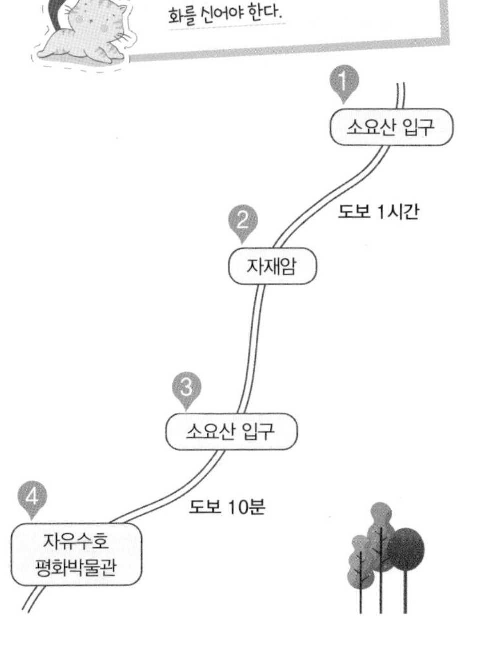

분당 중앙공원

365일 시민들의 편안한 휴식처

주소 경기도 성남시 분당구 성남대로 550
교통편 **자가운전** 판교IC 분당, 판교 방면 진출 → 고가도로 진입 후 분당구청 쪽 우회전 → 분당내곡간고속도로 분당구청 방면 → 분당중앙공원 **대중교통** 지하철 분당선 서현역 3번 출구 도보 10분, 분당선 수내역 1번 출구 도보 10분 전화번호 031-729-4907
이용료 없음 추천계절 봄, 여름, 가을

분당중앙공원으로 향하는 길은 자전거를 타고 달려야 할 것 같다. 길게 뻗은 분당 탄천 산책로를 따라 위치한 공원은 주변 아파트 단지와 조화가 돋보이는 전형적인 도심 공원이다. 숲과 호수가 어우러져 삭막해 보일 수 있는 고층빌딩들 사이에 활기를 불어 넣고 있다. 중앙광장에는 인라인 스케이트를 즐기는 동호회 사람들, 친구들과 경주를 하듯 신나게 페달을 밟는 아이들로 가득하다. 공원이 조성되기 전 한산 이씨의 씨족마을이었던 이유로 광장 한 쪽에는 한산 이씨의 종가이자 문화재로 지정된 수내동 가옥과 묘역이 있다. 가옥 주위에는 마을 입구를 지키던 느티나무가 그대로 보존되어 있다. 중앙공원이 특히 아름답게 느껴지는 이유는 분당천을 끌어 들여 만든 호수인 분당호 때문이다. 경주 안압지를 모티브로 하여 만든 덕분에 한국 전통의 미가 느껴진다. 뿐만 아니라 한국 목조건축의 우수성을 인정받아 국보로 지정된 경회루를 원형으로 만든 돌마각과 창덕궁의 애련정을 모방한 수내정은 분당호를 돌아보며 놓치지 말아야 할 코스이다. 돌계단을 건너 호수를 따라 걷다 보면 한적한 고궁에 들어간 기분이 든다. 굴곡 없이 완만하게 잘 정비된 산책길은 휠체어나 유모차를 끌고도 무리가 없어 성남 시민의 사랑을 듬뿍 받고 있다.

가 볼 만한 곳

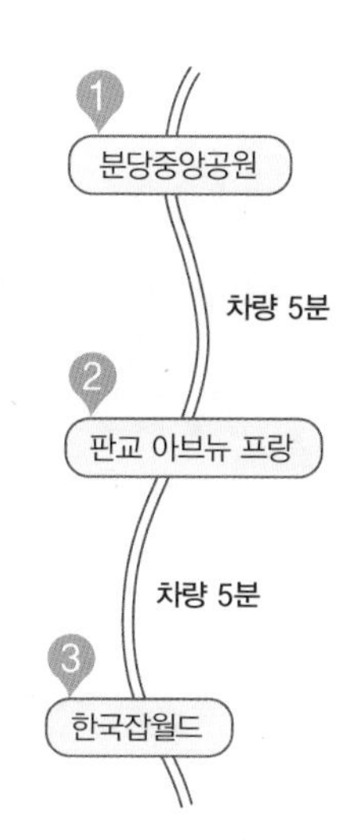

판교 아브뉴 프랑 가로수길, 삼청동길, 가로수 카페 거리와 비교해도 손색이 없는 수도권 최고의 유럽형 테마 거리이다. 아비뉴 프랑은 '프랑스'와 '길'이라는 두 가지 테마를 담고 있다. 프랑스가 가진 문화와 감성을 표현하기 위해 건물 배치 및 공간 구성에 많은 노력을 기울였다. 또한 길을 따라 걸으며 거리의 맛과 멋을 즐길 수 있도록 곧게 뻗은 스트리트 몰을 조성하고 좌우로 독특한 조형물 및 휴게공간을 배치하였다. 연인, 가족, 친구들끼리 이야기 하며 걷기만 해도 행복해진다. ☐ 1566-9463

한국잡월드 다양한 직업에 대한 체험 및 탐색을 할 수 있는 한국잡월드는 청소년들에게 직업에 대한 체계적인 가치관을 형성시키는데 큰 도움을 주는 곳이다. 지하 1층부터 4층까지 알차게 구성된 직업 체험장에서는 직접 체험을 해보며 자신의 꿈에 대해 고민하는 진지한 모습의 어린이들을 볼 수 있다. ☐ 1644-1333

분당중앙공원은 야외공연장에서 열리는 콘서트, 음악회 등 멋진 공연을 공짜로 관람할 수도 있으니 출발 전 공연소식을 꼭 확인하자. 호수를 따라 걷다 운이 좋으면 물가 주변으로 올라온 아기오리를 만져볼 수도 있다. 공원사무실에서는 유모차 대여와 모유수유실까지 있으니 필요한 경우 부담 없이 문을 두드려보자.

주변 맛집

솔향기 숯불에 구운 쫄깃한 주꾸미와 쌀밥, 보리밥 중에서 골라 먹는 재미가 있는 산채보리밥은 주꾸미를 넣어 비벼 먹어도 좋다. 정식을 시키면 정성스럽게 준비한 음식이 한 상 가득 차려진다. 정식 14,000원, 주꾸미볶음 10,000원. ☐ 031-703-1134

야마다야 매끄럽고 쫄깃쫄깃한 면발로 유명한 수타우동집. 주방장이 우동으로 유명한 일본에서 직접 기술 전수를 받아 깊은 맛을 선보인다. 탕탕탕 면발을 자르는 소리가 들려오는 오픈된 주방을 구경하는 재미도 쏠쏠하다. 점심시간에는 번호표를 받고 30분 이상 기다려야 하니 각오하자. 가께우동 7,000원, 니꾸우동 9,000원. ☐ 031-713-5242

#갈대밭 너머 일몰이 멋진 피크닉 명소

율동공원

도심에서 스릴 넘치는 번지 점프를 즐기고 싶다면 분당 율동공원으로 가자. 공원 입구에서 산책로를 따라 걸어오면 호수를 향해 뛰어 내리게 되어 있는 번지 점프대가 눈에 띈다. 보는 이들 마저도 오금을 저리게 한다. 호수와 야산, 잔디밭 등 자연의 모습을 그대로 살려 아름다운 경치를 자랑한다. 넓게 펼쳐진 잔디밭과 갈대밭을 지나 호수를 따라 한 바퀴 걷다 보면 몸은 물론 마음까지 행복해진다. 뛰어 놀기 좋은 놀이터로 소풍 나온 아이들, 운동이나 산책을 하는 사람들의 모습은 저마다 즐거워 보인다. 호수 중앙의 분수대에서 최고 100m까지 솟아오르는 물줄기도 장관이다. 호수 주변을 걷다가 잠시 쉬고 싶다면 책 테마파크에 들러보자. 책을 주제로 한 다양한 조형물과 산책로, 명상공간으로 이루어진 이곳은 책과 함께 놀기 좋은 공간이다. 율동공원에 간다면 일몰을 놓치지 말자. 호수의 물은 지는 해에 비쳐 반짝이고 갈대밭 사이사이에는 오리와 청둥오리들이 유유히 떠다닌다. 도시락과 돗자리 만 있다면 여유로운 오후 한때를 즐기기 충분하다.

주소 경기도 성남시 분당구 문정로 145 교통편 **자가운전** 경부고속도로 판교IC → 서현동 → 율동공원 **대중교통** 지하철 분당선 서현역 2번 출구에서 버스 3, 3-1번 환승 전화번호 031-702-8713 이용료 없음 추천계절 봄, 여름, 가을

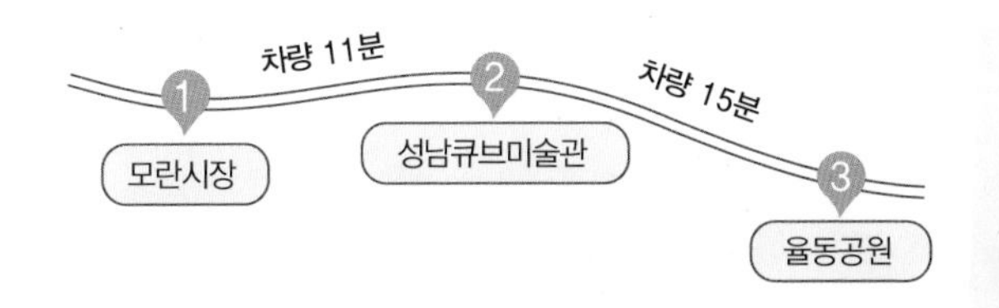

자전거는 공원 초입의 광장 외에는 출입 금지이니 참고하자. 율동공원 주변에는 맛집이 많지만 호수가 바라다 보이는 넓은 잔디밭에 앉아 도시락을 먹는 재미도 쏠쏠하다.

가 볼 만한 곳

모란시장 대형마트들 틈에서 아직까지 명맥을 이어오고 있는 전통 민속 5일장이다. 시장에서 가장 인기가 있는 곳은 뜻밖에도 뻥튀기를 파는 곳이다. 봉지마다 쌀이며 곡식을 담아와 뻥튀기 기계 앞에 가지런히 놓는 모습이 향수를 자극한다. 시장 중간에서 열리는 장터에서는 팥칼국수를 꼭 먹어보자. ☐ 031-721-9905

성남큐브미술관 성남아트센터에 있다. 시민과 함께하는 미술문화 창출을 내세운 미술관이다. 성남의 지역성을 이슈로 한 '성남의 얼굴전', 지역 신진작가를 발굴, 소개하는 '성남의 발견전', 국내 이슈를 전시로 풀어내는 '동시대 미감전/이슈전' 등을 선보였다. 어린이와 가족단위 관람객을 위한 전시체험과 놀이를 접목한 '어린이교육체험전'도 정기적으로 개최한다. ☐ 031-738-8294

주변 맛집

강남면옥 누린내 없이 진하고 시원하게 우려낸 국물 맛이 일품인 갈비탕전문 강남면옥. 육즙이 느껴지는 연한 갈비를 뜯고 국물에 밥 한 공기 말아 먹으면 원기회복이 되는 기분이 든다. 갈비탕뿐 아니라 만두나 갈비찜도 인기가 좋으며 특히 갈비찜국물에 볶아 먹는 밥은 남녀노소 모두에게 인기가 좋다. 물냉면 11,000원, 갈비탕 14,000원. ☐ 031-781-3790

좋구먼반상 상다리 휘어지게 상차림을 내는 집이다. 고등어 구이, 제육볶음, 청국장 등 맛깔스런 반찬과 음식이 따끈따끈한 돌솥밥과 함께 나온다. 토속적인 음식과 달리 인테리어는 고급스럽다. 좋구먼반상 반상차림 17,000원, 코다리구이 12,000원. ☐ 031-708-4545

첨단 과학과 예술이 만들어낸 성곽

수원화성

유네스코 세계문화유산으로 등재된 수원화성은 정조가 아버지 사도세자에 대한 효심으로 수도를 화성으로 옮기기 위해 축조한 성곽이다. 화성의 가장 큰 특징은 실학자 정약용에 의해 과학적이고 실용적으로 쌓아졌다는 것. 성곽에 올라 수원 시내를 내려다보자. 화성과 빽빽하게 들어선 현대식 건물들이 잘 어우러져 과거와 현재가 공존하는 아름다운 전경을 볼 수 있다. 화성을 돌아보는 방법은 5.7km의 성벽을 따라 직접 걷는 것과 연무대, 팔달문에서 출발하는 화성열차를 타고 편안히 감상하는 방법이다. 화성은 사대문(팔달문, 창룡문, 장안문, 화서문)이 큰 타원을 그리며 도시 중심부를 감싸고 있는 모습이다. 성 밖에 놓인 용연과 아름다운 조화를 이루는 방화수류정, 화성을 가로질러 흐르는 수원천의 북쪽 수문인 화홍문은 단연 돋보인다. 특히 화홍문에 설치된 7개의 수문 아래로 쏟아지는 물보라는 화홍관창이라 불리며 수원 팔경 중 하나로 꼽힌다. 밤에는 조명과 어우러져 더욱 황홀하여 야경을 보기 위해 찾아오는 이들이 많다. 아름다운 성곽 길을 산책하는 연인들, 가벼운 차림으로 운동을 하는 사람들의 발길이 온종일 이어진다.

주소 경기 수원시 장안구 영화동 320-2 교통편 **자가운전** 영동고속도로 동수원IC 수원 방면 우측방향 → 창룡대로 → 장안문로터리 좌회전 → 정조로 → 수원화성 **대중교통** 1호선 수원역 6번 출구 맞은편 역전시장역 13번, 66번 환승 후 화성행궁, 수원성지 정류장 하차 전화번호 031-290-3600 홈페이지 www.swcf.or.kr 이용료 무료(화성행궁 어른 1,500원, 청소년 1,000원, 어린이 700원) 추천계절 사계절

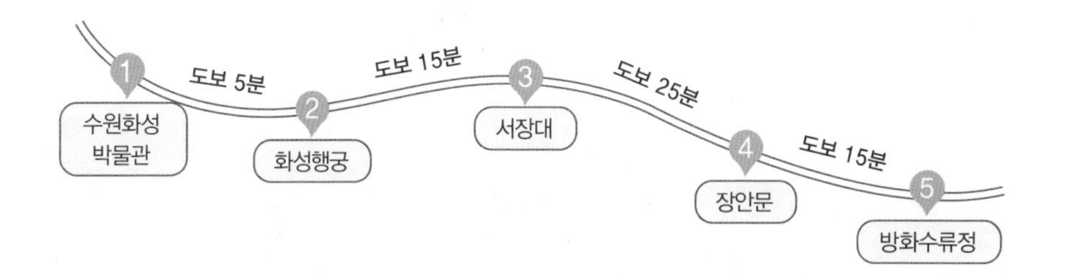

화성열차는 팔달산과 연무대 앞에서 매표 후 승차할 수 있다. 눈, 비가 오는 날은 운행하지 않는다. 동장대 앞에서는 국궁 활쏘기에 대한 간단한 설명과 함께 체험도 해볼 수 있다. 가족, 친구와 함께 특별한 추억을 만들어 보자. 화성행궁 앞 신풍루에서 펼쳐지는 무예 24기 공연은 오전 11시와 오후 2시에 진행되며, 오후 2시 공연은 토, 일에만 진행된다.

가 볼 만한 곳

경기아트센터 1991년 개관. 콘서트, 오페라, 발레 등의 다양한 공연과 알찬 전시회가 꾸준히 열린다. 어린이, 청소년, 일반인을 위한 악기, 그림, 춤 등의 예술전문교육강좌는 삶의 질을 높여준다. 연인, 가족과 함께 공연도 보고 멋진 음악이 흐르는 카페에서 차 한 잔을 마시며 문화의 향기를 느껴 보자. ☐ 031-230-3200

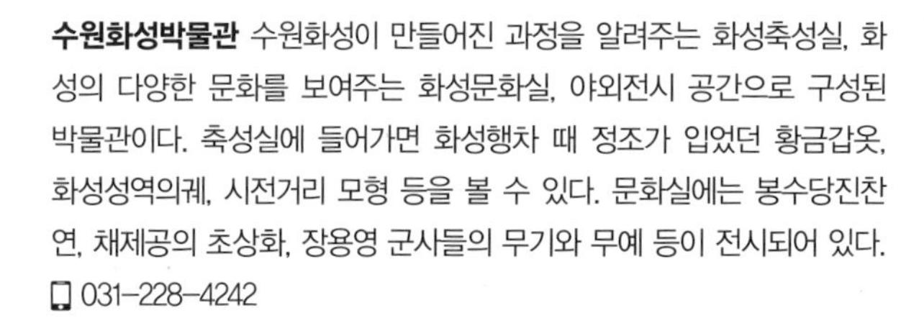

수원화성박물관 수원화성이 만들어진 과정을 알려주는 화성축성실, 화성의 다양한 문화를 보여주는 화성문화실, 야외전시 공간으로 구성된 박물관이다. 축성실에 들어가면 화성행차 때 정조가 입었던 황금갑옷, 화성성역의궤, 시전거리 모형 등을 볼 수 있다. 문화실에는 봉수당진찬연, 채제공의 초상화, 장용영 군사들의 무기와 무예 등이 전시되어 있다. ☐ 031-228-4242

주변 맛집

가보정 가보정은 수원의 수많은 갈비 집 중 규모 면에서 단연 최고이다. 다양하고 맛깔스러운 밑반찬을 제공하고 한우뿐 아니라 미국산, 호주산 갈비도 맛볼 수 있다. 가격이 부담스럽다면 점심 특선을 추천한다. 한우 생갈비 97,000원, 한우 양념갈비 점심 특선 36,000원. ☐ 1600-3883

용성통닭 수원 남문의 통닭골목에서 정평이 나 있는 통닭집. 프랜차이즈 치킨집과는 달리 푸짐한 양과 느끼하지 않은 깔끔한 맛이 손님들의 발길을 잡는다. 치킨을 시키면 서비스로 제공되는 닭발과 모래집 튀김이 별미이다. 왕갈비통닭 21,000원, 양념치킨 19,000원. ☐ 031-242-8226

 # 염전과 갯벌식물을 관찰해 보는 생태 학습장 

시흥갯골생태공원

뱀이 지난 것처럼 바닷물이 들고나는 구불구불한 물길을 '갯골'이라고 한다. 내륙으로 깊게 들어온 갯골 주변에 시흥갯골생태공원이 들어섰다. 대지가 넓어 아이들이 뛰어놀 수 있는 공간이 많고 캠핑하기에도 좋다. 한때 시흥시 일대는 염전이었다. 20년 전까지도 소금을 생산했다. 그 때 쓰이던 소금창고 2개가 이곳에 남아 있다. 창고 주변으로 현장학습용 염전이 펼쳐져있다. 옛 시흥의 정취를 느끼는 동시에 소금이 만들어 지는 과정을 배울 수 있다. 하얀 소금 결정체가 물속에서 빛나니 구경하고 싶은 호기심이 생긴다. 염전 뒤로는 갯벌생태학습장이 자리 잡았다. 내만 갯벌과 야생 동식물을 가까이에서 관찰 가능하다. 칠면초, 퉁퉁마디 등의 염생식물과 붉은발 농게, 방게의 서식지 위로 세워진 나무 데크를 따라가면 된다. 여름과 겨울에는 흑두루미, 개개미 등의 철새가 찾아오는 철새 도래지이기도 하다. 생태 탐방로를 따라 걸으면 수생식물원과 마주한다. 여러 개의 섬 위에 심어진 창포, 붓꽃, 금불초를 볼 수 있다. 해마다 9월이면 시흥갯골축제로 갯벌이 들썩인다. 열기구체험, 수차 돌리기, 연잎모자 만들기 등 평소에 경험하지 못하던 다양한 체험 행사가 벌어진다. 갯골 음악제와 배로 떠나는 갯골 여행 등 관심 있는 프로그램에 참여해보자.

여행 정보

주소 경기도 시흥시 동서로 287 교통편 **자가운전** 제3경인고속도로 → 연성IC → 하중 교차로 → 시흥갯골생태공원 **대중교통** 지하철 시흥능곡역 4번 또는 시흥시청역 1번 출구에서 5번 버스 탑승 전화번호 031-488-6900(공원레저부) 홈페이지 www.siheung.go.kr 이용료 없음 추천계절 사계절

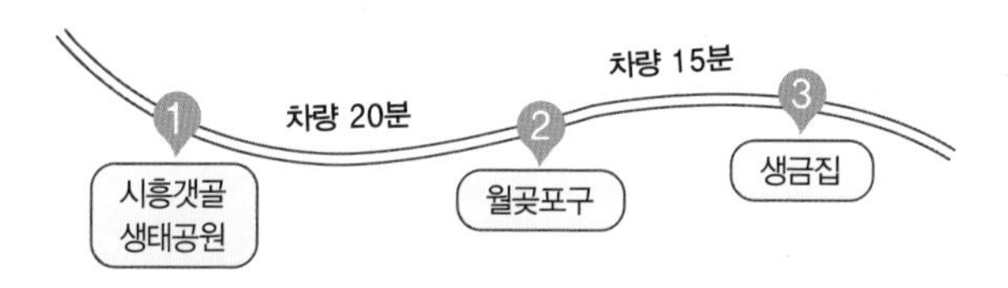

자전거 여행과 도보 여행을 할 수 있는 '시흥 늠내길'이 생겼다. 총 4개 코스로 2코스인 '갯골길'이 시흥갯골생태공원을 지난다. 높게 솟은 새 모양의 솟대는 길을 안내하는 역할을 한다. 새부리가 가리키는 방향으로 걸으면 길 잃을 염려가 없다.

가 볼 만한 곳

월곶포구 바다를 향해 뾰족하게 내민 땅의 모습이 반달 같다고 해 월곶이라는 이름이 붙었다. 동네 주민에게는 달월이라 불린다. 오붓하고 한적한 포구에 배가 들어오면 활기찬 분위기로 변한다. 이 때 즉석 경매가 이루어지고 싱싱한 횟감을 맛볼 수 있다. 해질녘 일몰과 송도 신도시의 야경이 잘 어우러져 멋진 경관이 연출된다. ☐ 031-318-4409

생금집 서양에서 전해지는 이야기 '황금알을 낳는 거위'처럼 '황금 닭의 전설'이 내려오는 전통 한옥이다. 깃털이 황금으로 변한다는 소문이 돌아 생금집이라는 택호가 붙었다. 현재는 전통문화를 체험할 수 있는 공간으로 변신했다. 짚풀 공예 전문가와 함께 지푸라기를 이용한 공예품 만들기부터 팽이치기, 맷돌 돌리기 등의 전통 놀이도 즐길 수 있다. ☐ 031-319-1999

주변 맛집

소래버섯나라 본점 버섯 샤브샤브 전문점으로 인기 높은 소래버섯나라 본점이다. 자연 그대로의 맛을 위해 최상의 재료를 사용한다. 다양한 버섯이 풍미를 더해준다. 샤브샤브를 다 먹은 뒤 볶음밥까지 해먹으면 금상첨화다. 소고기샤브샤브(중) 48,000원, 샤브샤브(소) 37,000원. ☐ 031-431-3613

흥부네쌈밥 여러 종류의 쌈야채를 먹으며 삼겹살, 항정살, 차돌박이 등을 함께 구워 먹을 수 있는 곳. 메뉴의 특성상 동네 주민들이 부담 없이 즐겨 찾는 맛집 중 하나로 꼽힌다. 왕갈비탕, 부대찌개 등 간단한 식사류도 판매한다. 제육쌈밥 12,000원, 차돌박이 15,000원. ☐ 031-317-3509

연꽃 향기에 취하다

연꽃테마파크

우리나라 최초의 연 재배지 시흥. 조선시대 농학자 강희맹 선생이 중국에서 연꽃 씨를 들여온 이후 전국적으로 확산되었다. 처음으로 연꽃을 피운 관곡지 덕에 그 주변으로 연꽃 군락지인 연꽃테마파크가 들어섰다. 관곡지는 후손들이 관리하는 사유지이나 누구나 볼 수 있도록 문을 열어놓는다. 연꽃테마파크에는 화련, 수련을 비롯해 80여 종의 연꽃이 핀다. 초여름을 시작으로 8월 말까지 절정이다. 어른 허리까지 자란 초록 연잎이 들판을 가득 메운다. 그 사이로 연꽃이 장관이다. 연꽃은 오전에 꽃이 피기 시작해 오후 2시 이후로 봉우리를 오므린다. 꽃잎이 열리기 시작하는 오전 6~7시 사이에 맑고 은은한 연꽃 향을 낸다. 향기를 맡으며 꽃을 즐기려면 아침부터 서둘러야 한다. 사진을 찍기 위해 사람이 몰리기 시작하는 시간은 더 이르다. 테마파크 입구에는 생명농업기술센터가 있다. 1층에 있는 북카페, 갤러리, 연으로 만든 특산품 전시판매장을 돌아보며 잠시 쉬어도 좋다. 매년 8월에는 '연음식 페스티벌'이 열린다. 눈으로 담은 꽃을 입으로 즐길 수 있는 절호의 기회다.

주소 경기도 시흥시 관곡지로 139 **교통편** **자가운전** 서부간선도로 → 물왕 톨게이트 → 제3경인고속화도로 → 시흥대로 → 관곡지로 → 연꽃테마파크 **대중교통** 지하철 1호선 소사역 1번 출구 소사역 버스 정류장에서 63번 버스로 환승 후 동아, 성원아파트 정류장 하차 후 도보 10분 **전화번호** 시흥시 생명농업기술센터 031-310-6227 **홈페이지** lotus.siheung.go.kr **이용료** 없음 **추천계절** 여름, 가을

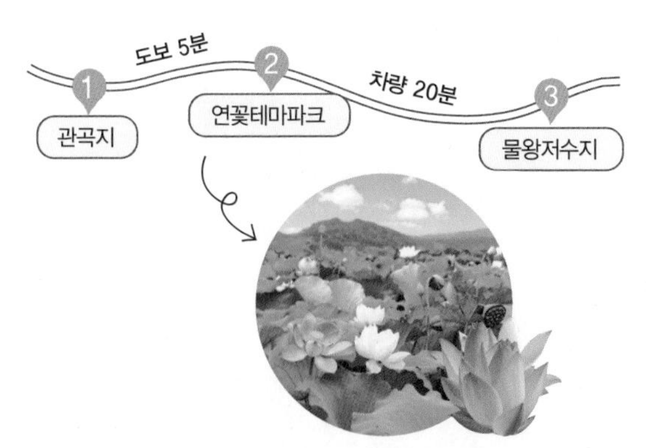

연꽃이 유명한 동네답게 연 쌈밥, 연 갈비, 연 칼국수, 연 탕수육 등 관련 음식점이 많다. 관곡지와 연꽃테마파크를 차례로 둘러본 후 연 음식으로 마무리해보자. '연꽃 테마 여행'으로 제격이다.

가 볼 만한 곳

창조자연사박물관 공룡모형, 동식물화석, 종유석 동굴 등 아이들의 호기심을 충족시켜줄 수 있는 박물관이다. 전시는 실내 전시관과 야외 전시관으로 나뉜다. 야외 공간에는 공룡 발굴 체험학습장, 몽골텐트, 토끼장, 나무 화석 공원 등이 있다. 이 중에서도 나무에서 돌이 되어버린 나무 화석을 볼 수 있는 공원이 눈길을 끈다. ☐ 031-435-1009

물왕저수지 1950년대 이승만 대통령의 전용 낚시터로 이름이 알려졌다. 지금도 낚시꾼들의 방문이 수시로 이어진다. 최근에는 캠핑을 하는 사람들도 찾아온다. 산을 끼고 있는 호수라 사시사철 다채로운 경관을 뽐낸다. 특히 주변 풍경과 어우러진 야경이 특출 나다. 분위기가 좋아 데이트 코스로 인기다. 호수를 바라보는 산책로가 있어 걷기에도 그만이다. ☐ 031-403-8217

주변 맛집

토방 물왕저수지와 연꽃 연못이 한 눈에 내려다보여 전망이 좋다. 입구에 들어서면 보이는 풍금과 잔잔하게 들려오는 7080 음악이 추억에 잠기게 한다. 청국장, 영양돌솥밥, 수제비 등을 먹을 수 있다. 청국장 평일 10,000원, 주말 및 공휴일 11,000원, 영양돌솥밥 갈치 정식 15,000원. ☐ 031-405-7232

국민정육점식당 허름한 식당이지만 동네 주민들에게 맛으로 소문난 곳이다. 농장에서 직접 키운 육우를 부위별로 판매한다. 소고기뿐만 아니라 항정살, 삼겹살 등도 있다. 육회비빔밥 등 식사 메뉴도 가능하다. 등심 38,000원, 돼지 항정살 34,000원. ☐ 031-480-4423

 # 추억을 불러오는 섬 

오이도

서울 지하철 4호선 종착역으로 익숙한 오이도. 원래는 섬이었다가 일제 강점기 때 염전을 만들기 위해 제방을 쌓아 육지가 되었다. 한마디로 오이도는 이름만 섬일 뿐 지하철을 타고도 갈 수 있다. 오이도 여행의 시작점은 오이도 해양단지 입구다. 둑길 왼쪽에 갯벌 탐방을 할 수 있는 황새바위길이 나온다. 물 위에 떠 있는 부잔교 위를 지나면 배를 탄 듯 출렁이는 바다를 온몸으로 느낄 수 있다. 오이도 맞은편에 보이는 송도 신도시와 황새 바위 풍경이 아름답다. 오이도의 상징, 빨간 등대도 놓칠 수 없는 볼거리다. 바람길이라 불리는 둑길을 거닐며 느긋하게 경치를 즐겨본다. 오이도 등대 주변은 어린 시절을 떠오르게 하는 추억의 먹거리와 즐길거리가 많다. 등대 전망대에 올라 바다 경치를 감상하고, 어시장으로 이동해 해산물을 구경하는 코스를 추천한다. 선착장 바로 앞에 줄지어 들어선 가판 시장이 흥미롭다. 새벽호, 시흥호 등 각자 자신의 배로 직접 잡은 물고기와 해산물을 판매한다. 둑길 끝에는 함상 전망대가 있다. 배를 조종하는 조타실과 갑판 위에 있는 함포가 시선을 끈다. 바다 풍경을 감상하며 잠시 쉬어 가기에 좋다.

주소 경기도 시흥시 오이도로 170 교통편 **자가운전** 서해안고속도로 → 제3경인고속화도로 → 정왕 IC → 옥구고가교 → 오이도 입구 **대중교통** 지하철 4호선 오이도역 2번 출구에서 버스 30-2번 환승 후 오이도 해양단지 입구 하차 전화번호 시흥시청 문화관리과 031-310-6743 홈페이지 www.siheung.go.kr/tour 이용료 없음 추천계절 봄, 여름, 가을

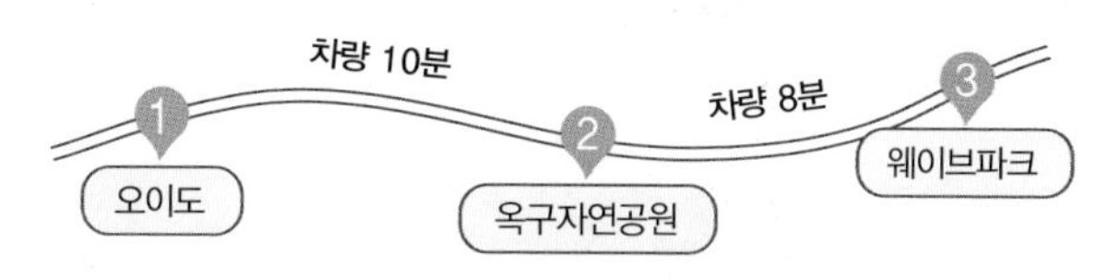

오이도에 대한 오해를 풀자. 더 이상 볼 것 없는 그저 그런 서해 바다가 아니다. 다채로운 볼거리와 주변 경관, 특색 있는 먹을거리까지 어느 것 하나 빠지지 않는 여행지로 변신했다. 가벼운 마음으로 바람 쐬러 떠나기에 그만이다.

가 볼 만한 곳

옥구자연공원 동네 쉼터 역할을 톡톡히 하고 있는 공원. 잘 가꿔진 드넓은 공원 내에는 축구장, 족구장, 국궁장 등 체육 시설부터 벚나무 정원, 숲속 교실, 해양생태공원, 습지식물원 같은 다양한 시설이 들어차있다. 계절마다 다양한 종류의 꽃과 야생화를 즐기며 산책하기 좋다. 서울을 등지고 있어 역적산이라 불리는 산 정상에서 바라보는 경치를 놓치지 말자. ☐ 031-310-3962

웨이브파크 경기도 시흥 거북섬 둘레길에 있는 웨이브파크는 국내 최대 규모 워터파크다. 물놀이와 스쿠버다이빙을 즐길 수 있는 미오코스타존과 서핑 레슨이 열리는 서프존으로 구성된다. 미오코스타는 스페인어로 '나의 바다'를 뜻하며 키즈풀, 터틀풀, 미오풀, 아일랜드 스파, 레크레이션풀, 다이빙 풀 등 다양한 물놀이장을 갖췄다. ☐ 1833-7001

주변 맛집

왕손조개구이칼국수 해변 옆에 늘어선 비슷비슷한 식당 중에서 단골손님이 많은 편이다. 푸짐한 해물칼국수와 파전, 조개구이 등을 선보인다. 칼국수를 주문하면 보리밥이 먼저 나오는데 입맛을 돋우기에 제격. 후식으로 아이스커피가 제공된다. 해물칼국수 11,000원, 해물파전 14,000원. ☐ 031-432-5712

동키 커피 횟집과 조개구이집 일색인 거리에 들어선 카페이다. 그리스 마을이 연상되는 흰색과 파란색의 외관이 눈에 띈다. 독특하고 아기자기한 그림과 소품으로 꾸며진 내부가 이국적이다. 아메리카노 4,000원, 허니버터브레드 6,500원. ☐ 031-503-3820

 # 도전, 한국의 무라노에서 유리공예 체험 

대부도 유리섬

베네치아 글라스로 유명한 명소는 이탈리아의 무라노섬이다. 대부도 유리섬은 바다와 빛, 그리고 유리작품이 잘 어우러져 한국의 무라노로 불린다. 유리섬은 드넓은 공간에 유리박물관, 미술관, 시연장, 체험장, 조각공원이 있어 문화예술 체험장의 충분한 요건을 갖췄다. 유리섬 입구에는 대형 유리공예품으로 만들어진 심볼 캐릭터가 한손을 들고 관람객을 반갑게 맞이한다. 야외 유리조각공원에는 영화 속 한 장면을 재연한 흥미로운 조각상이 많다. 다양한 포즈로 조각상과 사진 찍는 풍경이 재밌다. 유리섬 내부에는 화려하고 환상적인 유리공예품의 전시, 시연과 아울러 체험행사가 진행된다. 유리박물관과 맥아트미술관은 국내외 유명작가들의 예술작품이 전시되고 있다. 보석보다 화려한 유리작품들이 아름답다. 테마전시관은 유리로 만든 우주의 자연물에 오색찬란한 조명을 더해 꿈과 환상적인 동화 속 세계로 이끈다. 미국 코닝유리박물관에 버금가는 최대 규모와 수준을 갖춘 유리공예시연장은 극장식 공연장까지 갖춰 볼거리가 충분하다.

주소 경기도 안산시 단원구 부흥로 254 교통편 **자가운전** 외곽순환고속도로 → 안현분기점 → 신천분기점 → 시화방향 →시화방조제 → 대부도 진입 → 영흥도 방향 → 말부흥 방향 → 유리섬 **대중교통** 지하철 4호선 안산역에서 시내버스 123번 탑승, 대부동주민센터 하차 후 4km 거리, 또는 지하철 4호선 오이도역에서 광역버스 790번 탑승, 대부동주민센터 하차 후 4km 거리(대부동주민센터 콜택시 032-886-8883, 032-882-8884) 전화번호 032-885-6262 홈페이지 www.glassisland.co.kr 이용료 성인 10,000원, 청소년 9,000원, 어린이 8,000원 추천계절 사계절

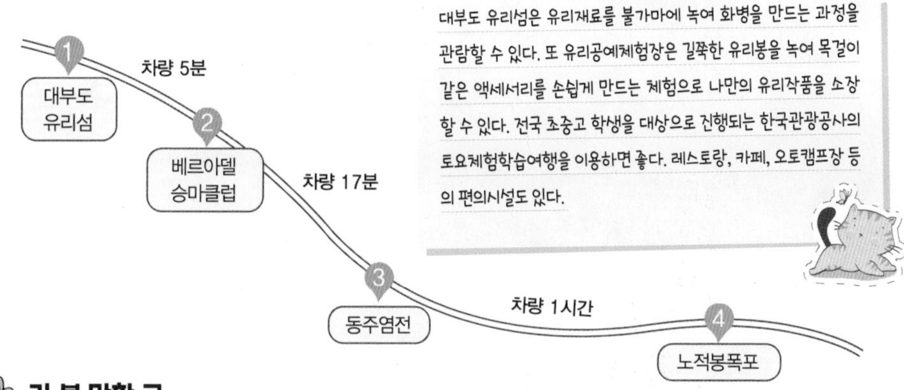

가 볼 만한 곳

베르아델승마클럽 드라마 〈야왕〉, 〈꽃보다 남자〉, 〈아가씨를 부탁해〉 등 촬영지로 유명한 이곳은 자외선 차단 초대형 원형 돔으로 사계절 승마를 즐길 수 있다. 베르아델의 말 모양 빨간 우체통이 이색적이다. 그 밖에 국내외 말 관련 유물을 전시한 마박물관, 게스트하우스, 수영장 등 부대시설을 고루 갖추고 있다. ☐ 032-882-2255

동주염전 프랑스 게랑드보다 미네랄 함량이 높아 세계 최고로 인정받은 세계최고 명품 소금은 국산 천일염이다. 국내 천일염 생산지인 대부도 동주염전은 본래 깨진 옹기를 갯벌에 깔아 바닷물을 증발시켜 만드는 방식이었으나 현재 옹기타일을 사용한다. 신진대사를 활성화시키는 미네랄 성분 함량이 높고 나트륨이 낮아 청와대에 진상이 들어간바 있다. 동주염전에서는 염전 견학, 색소금기둥만들기 등 소금수확 체험 프로그램을 4월에서 10월까지 운영한다.

주변 맛집

솔밭칼국수 대부도에는 바지락칼국수 맛집이 많다. 물론 회나 조개구이와 세트로 나오는 칼국수도 있지만 솔밭칼국수집은 전문칼국수집이다. 바지락칼국수는 조갯살만 넣어 끓여 바지락을 손대지 않고 먹을 수 있다. 매콤한 양념장을 섞어 먹으면 국물맛이 매콤시원해 속풀이로도 좋다. 바지락칼국수 10,000원, 바지락파전 15,000원. ☐ 032-882-7361

풍경 테이블마다 닭해물탕이 끓는 집. 산해진미를 맛볼 수 있는 닭해물탕은 닭 한 마리에 산낙지 한 마리와 전복, 새우 2~3마리가 들어가 진한 국물맛이 얼큰하고 시원하다. 배불러도 놓칠 수 없는 해물파전은 두툼하고 바삭바삭해 인기가 많다. 살얼음 동동 뜬 묵사발도 별미다. 닭해물탕 60,000원, 해물파전 20,000원. ☐ 0507-1431-6250.

#파도소리 가슴에 담고 섬을 일주하다

대부해솔길

대부해솔길은 총 7개 코스로 수려한 해안길을 따라 소나무숲길, 석양길, 염전길, 갯벌길, 바닷길, 갈대길, 포도밭길 등 다양한 풍경이 펼쳐진다. 석양등자색(주황)과 갯벌은색 리본(화살표)을 따라가면 74km의 해솔길을 모두 걸을 수 있다. 대부해솔길 구봉도 코스는 낙조전망대, 선돌, 개미허리아치교 등이 아름다움을 더하고 또 서해안의 바다를 제대로 전망할 수 있다. 구봉도 코스로는 바다소리 해안둘레길(6.5km)과 진달래 향기둘레길(5.2km)이 있다. 해안둘레길은 낙조전망대 방향인데 종현어촌체험마을에서 천영 물약수터 가는 길을 이용하면 조금 수월하다. 개미허리아치교는 구봉도 낙조전망대와 이어주는 다리이다. 썰물 때는 육지로 이어지지만 밀물 때는 바닷물이 들어오면서 섬이 되는데 이때 모양새가 개미허리를 닮았다. 구봉도 낙조전망대에는 서해의 일몰과 노을빛을 형상화한 조형물이 인기. 또 구봉도와 인접한 선재도, 영흥도, 무의도, 팔미도까지 오목조목 섬들을 한눈에 전망할 수 있다. 낙조전망대를 되돌아 나와 해안선을 따라 1km를 걷다 보면 두 개의 큰 바위가 우뚝 서있다. 일명 선돌이라 부르는데 할매와 할아배의 애달픈 전설이 서려있는 바위이다.

주소 경기도 안산시 단원구 구봉타운길 43(공영주차장) 교통편 **자가운전** 영동고속도로 정왕IC → 시화방조제 → 대부도 진입 → 경기도 청소년수련원, 영어마을 방면 → 탄도항 **대중교통** 지하철 4호선 안산역 123번 버스 탑승 후 구봉도 입구 하차 전화번호 안산시청 관광과 031-481-3059 홈페이지 tour.iansan.net 이용료 없음 추천계절 여름

가 볼 만한 곳

시화호조력발전소(T-LIGHT공원) 국내최초, 세계 최대 규모의 시화호조력발전소는 시화호로 들어오는 조수간만의 차를 이용해 53백만 kwh의 전력을 생산한다. 시화호조력발전소의 또 다른 이름은 T-LIGHT공원이다. 바닷물을 이용해 빛을 만들어내는 의미의 T-LIGHT 공원은 빛의 오벨리스크, 달빛광장, 바다계단, 이야기산책로 등이 있어 잠시 쉬어가면 좋다. 바다전망대에 오르면 인천송도국제도시, 방아머리 선착장, 구봉도, 변도가 한눈에 들어온다. ☐ 032-890-6520

대부바다향기테마파크 대부도 방아머리해수욕장 인근에 있는 대부바다향기테마파크는 테마순환로(4.3km), 순환산책로(3.3.km), 산책로(5km)로 꽤 넓게 조성되어 있다. 휴게정자, 곤충호텔, 원드콘(갈대언덕), 흔들그네, 바람개비(바람언덕), 관찰데크(습지테마원), 화훼단지, 풍차전망대 등이 있어 넓은 테마파크를 산책하다 잠시 쉬어갈 수 있다. 튤립축제가 열리는 봄과 갈대꽃이 피는 가을여행에 제격이다. 또 메타세쿼이아 가로수길(4km)이 조성되어 있다.

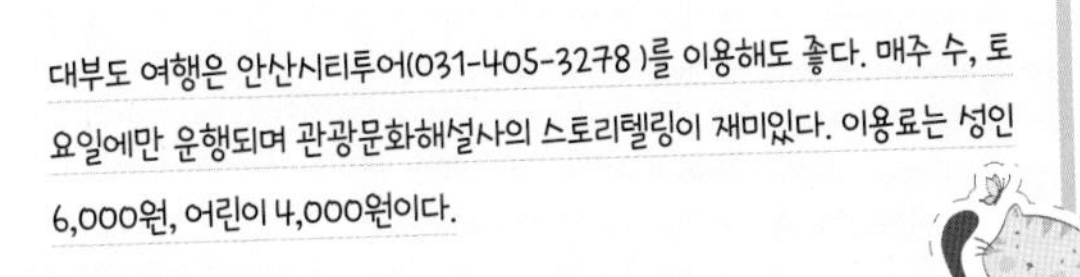
대부도 여행은 안산시티투어(031-405-3278)를 이용해도 좋다. 매주 수, 토요일에만 운행되며 관광문화해설사의 스토리텔링이 재미있다. 이용료는 성인 6,000원, 어린이 4,000원이다.

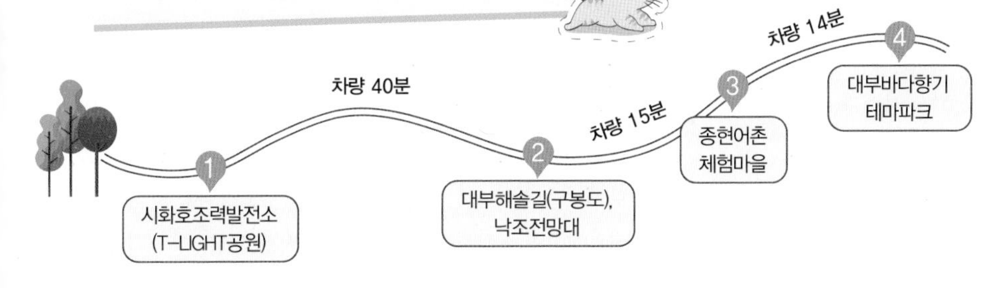

주변 맛집

윤숙이네 대부도 바지락칼국수로 유명한 윤순이네는 대부도 불도 앞바다에서 잡아 올린 꽃게로 요리한 꽃게탕과 쫄깃한 바지락칼국수가 일품이다. 우리밀바지락칼국수 10,000원, 꽃게양념게장+맛보기칼국수 28,000원. ☐ 032-882-1947

배터지는 집 뜨거운 돌솥 뚜껑을 여니 달콤하고 고소한 밥 냄새가 식욕을 돋운다. 인삼 한 뿌리와 대추, 밤, 해바라기씨까지 영양만점 돌솥밥은 맛깔스럽다. 곁들여 나온 바짝 구운 꽁치구이와 조개탕은 시원하고 맛있다. 마지막으로 돌솥 누룽지를 먹으면 구수함까지 더해 개운하다. 바지락칼국수 8,000원, 영양밥 9,000원. ☐ 032-884-4787

유럽 시골의 정원을 찾은 느낌

유니스의 정원

안산시와 군포시 경계에 있는 유니스의 정원은 레스토랑과 카페, 정원이 어우러진 공간이다. 한 곳에서 산책과 식사, 전시회를 동시에 즐길 수 있어 찾는 사람이 많다. 유니스의 정원에 있는 이풀실내정원은 이로운 식물의 조합어로 사계절 내내 공기 정화에 도움을 주는 식물들이 음이온을 뿜어댄다. 지그재그로 올라가는 관람로와 소정원이 있는 '걷는 정원'은 한눈에 정원을 만끽할 수 있다. 이밖에도 '즐기는 정원'과 피톤치드 체험방, '읽는 정원'을 볼 수 있다. 2층에는 갤러리와 카페가 있다. '쉬어가는 정원'에서는 다양한 전시회를 개최하고 있어 사진 작품을 감상하는 재미가 쏠쏠하다. 저녁에는 미디어 영상물이 실내정원을 수놓아 이색적이다. 특히, 유니스의 정원을 대표하는 소나무 숲 속 곳곳에 있는 작은 새장들이 인기 있다. 편의시설도 있다. 허브차, 수제와플 등 간단한 디저트를 즐길 수 있는 카페와 갓 구워낸 빵만을 제공하는 베이커리, 자연소재로 만든 수공예품, 허브용품 등을 파는 가든 센터가 있어 산책 후에 둘러보면 좋다. 또 맛집으로 소문난 바비큐 레스토랑도 있다.

주소 경기도 안산시 상록구 반월천북길 139 교통편 **자가운전** 47번 국도 안산 방향 영동고속도로 군포IC 입구 직전 반월저수지(4호선 대야미역) 방향 우회전 → 반월저수지 이정표 따라 저수지 끝까지 돌아내려가 하천길(유진 레미콘 정문앞길)로 우회전 → 800m 지나 두번째 하천다리 건너면 유니스의 정원 **대중교통** 지하철: 서울역(4호선) → 반월역 정류장→삼천리마을 정류장 하차 전화번호 이풀실내정원 031-437-2045 홈페이지 www.eunicesgarden.com 이용료 없음 추천계절 사계절

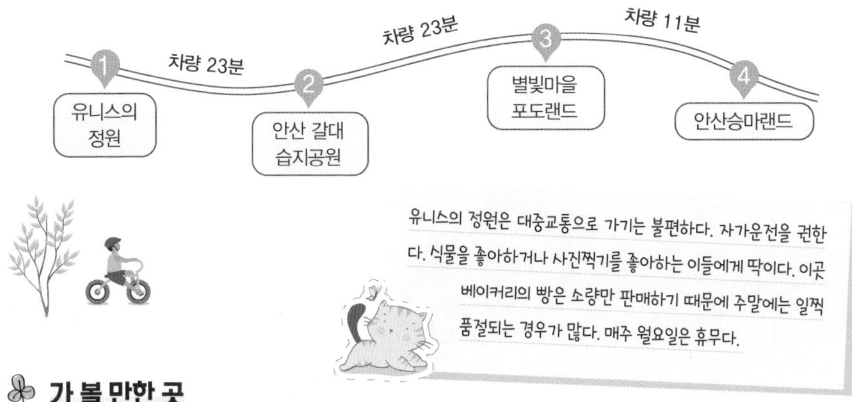

가 볼 만한 곳

안산갈대습지공원 국내 최초의 대규모 인공습지다. 시화호로 유입되는 하천의 수질 개선을 위해 갈대 등 수중생물을 심어 자연정화처리를 할 수 있게 했다. 관찰로를 따라 가며 습지 생물 관찰 및 체험을 할 수 있다. 야생화와 조류 등도 볼 수 있다. 탐방객을 위한 생태 해설프로그램을 운영하고 있다. 매주 월요일은 휴장이다. wetland.iansan.net

안산승마랜드 국가대표 승마선수 출신이 지도하는 승마체험장이다. 안산에 있는 4곳의 승마장 가운데서 최대 규모를 자랑한다. SBS 드라마 〈야왕〉의 촬영지이기도 하다. 실내와 실외에서 승마 체험을 할 수 있다. 이 밖에 서바이벌, 활쏘기, 캠핑도 즐길 수 있다. ☐ 031-403-3730

주변 맛집

조순금닭도리탕 2014년 전국테마음식 경연대회에서 동상을 수상한 맛집이다. 30년 손맛을 자랑하는 이집은 닭을 마늘로 숙성시켜 고기 누릿내는 잡고 마늘 특유의 향을 첨가했다. 매콤하면서 쫄깃쫄깃한 닭볶음탕이 일품이다. 마무리는 볶음밥으로 한다. 닭도리탕조순금닭도리탕(2~3인) 33,000원, 1인 추가 3,000원. ☐ 031-501-1007

김제한우 전북 김제에서 총체보리를 먹고 자란 한우를 저렴하게 공급하는 착한 고기집. 정육직판장을 겸하고 있으며 고품질 한우만을 고집한다. 육회비빔밥 11,000원, 한우한마리(400g) 78,000원. ☐ 031-503-3820

탄도항

서해바다의 대표 낙조와 바다 갈라짐

주소 경기도 안산시 단원구 대부황금로 17-156 **교통편** **자가운전** 영동고속도로 정왕IC → 시화방조제 → 대부도 진입 → 경기도 청소년수련원, 영어마을 방면 → 탄도항 **대중교통** 지하철 4호선 안산역에서 123번 버스 탑승 후 탄도항(종점) 하차 **전화번호** 032-886-0126 **홈페이지** www.tando.or.kr **이용료** 없음 **추천계절** 봄, 여름, 가을

탄도 어촌마을은 모세의 기적이 일어나는 곳으로 하루에 두 번, 4시간씩 신비의 바닷길이 열린다. 탄도 바닷길은 누에섬까지 1.2km 길을 따라 걸어갈 수 있다. 곳곳에 움푹 팬 흔적들은 바닷길을 걷고 있음을 더욱더 실감나게 한다. 시원한 바닷바람을 맞으며 바닷길을 걷노라면 머리 속까지 맑아지는 기분이다. 탄도 바닷길은 3가지 볼거리와 재미가 있다. 첫 번째는 넓은 갯벌의 작은 움직임들이다. 바닷길 주변에는 수많은 구멍과 돌이 많다. 발길을 멈추고 살짝 작은 돌을 들춰본다. 작은 게 한 마리가 반갑게 집게 인사를 한다. 여기서 갯벌을 파헤치면 바지락 한 사발 정도는 거뜬히 캐낼 것 같다. 두 번째는 우두커니 서있는 갈매기가 이색적이다. 바닷길이 열리면 갈매기는 우두커니 서서 여행객을 기다리고 있다. 새우깡을 얻어먹기 위해서다. 세 번째는 국내최초 기어리스형 발전기의 위풍당당함이다. 탄도항에서 바라본 풍력발전기는 가까이 갈수록 그 규모가 어마어마하다. 놀라운 사실은 3개의 풍력발전기가 대부도 지역의 일반가구 50%에 전기를 공급하고 있다는 것. 탄도 바닷길의 재밌는 체험이 끝났다고 발길을 돌리면 환상적인 낙조를 볼 수 없게 된다. 이곳의 낙조는 특히 아름다워 사진가들이 자주 찾는 곳이기도 하다.

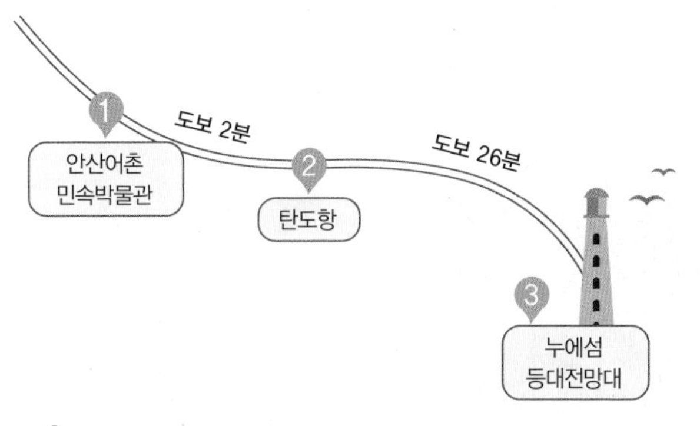

물때시간을 미리 확인하지 않으면 낭패를 보기 십상. 물때시간은 어촌민속박물관(032-886-0126)에서도 확인가능하다. 탄도항 일대는 수산물직판장과 갯벌 체험 프로그램이 여행객을 기다리고 있다. 탄도 갯벌체험은 매년 5월부터 10월까지 운영된다. 축제·행사로는 포도 수확철인 9월에 대부도포도축제가 열린다.

가 볼 만한 곳

안산어촌민속박물관 해양생태도시인 대부도의 어촌역사와 어업문화를 한눈에 담을 수 있는 안산어촌민속박물관은 염전과 갯벌의 역사, 서해 갯벌 생산어종과 어구의 변천사, 어민의 삶과 풍속 등을 전시하고 있다. 제1전시실의 공룡 발자국과 공룡알 화석이 신비롭다. 입체영상실, 영상체험실, 대형수족관 등의 부대시설도 마련되어 있어 다양한 볼거리를 제공한다. 관람료 어른 2,000원, 청소년 1,500원, 어린이 1,000원, 월요 휴무. ☐ 031-440-8310

누에섬등대전망대 누에섬은 누에고치를 닮았다 해서 이름 붙여졌다. 누에섬에는 4층 건물의 등대전망대가 있어 대부도, 선감도, 탄도, 불도 등 주변의 아름다운 섬들을 감상할 수 있다. 탄도항과 바닷길로 연결되어 있어 하루에 두 번 입장이 가능하며 관람료는 무료이다. 월요 휴무. ☐ 032-886-2912

주변 맛집

12호 횟집 갓 구운 쫄깃한 조개를 새콤달콤한 양념에 찍어 먹는 조개구이는 바닷가에서 먹어야 제맛. 여기에 새우 소금구이를 빼놓으면 서운하다. 조개구이와 새우구이 그리고 바지락칼국수까지 한 번에 즐길 수 있다. 해물칼국수 15,000원, 회+키조개+매운탕 60,000원. ☐ 032-886-9366

미락식당 안산 중앙역 로데오거리에 있는 두루치기 맛집이다. 뒷골목에 위치한 가게는 허름하지만, 팽이버섯을 넣고 얼큰하게 졸인 돼지고기에 콩나물 얹어 먹는 맛이 일품이다. 돌판 냄비에 김 가루를 뿌려가며 볶은 밥은 실망시키지 않는다. 돼지두루치기 13,000원, 갈치조림 12,000원. ☐ 031-487-5678

 # 신명 난 풍물놀이 펼쳐지는 복합 문화 공간 

안성맞춤랜드

안성맞춤랜드는 남사당패 공연이 펼쳐지는 곳으로 유명하다. 공연장과 함께 사계절썰매장, 천문관학관, 캠핑장, 수변공원, 박두진문학관 등이 어우러져 가족이 오롯이 하루를 보내도 좋을 만큼 볼거리가 가득하다. 안성맞춤랜드는 드넓게 펼쳐진 잔디공원을 중심으로 공연장과 체험장이 있다. 잔디공원 오른쪽에는 남사당패 풍물놀이가 펼쳐지는 남사당공연장과 사계절 썰매장이 있다. 잔디공원 정면 끝에는 상모 돌리는 모양을 형상화한 수변공원 복평지가 있다. 복평지는 한여름이면 연꽃이 가득 피어난다. 잔디공원 왼쪽 언덕에는 밤하늘의 별과 달을 관측 할 수 있는 천문과학관이 우뚝 솟아 있다. 이 밖에 관람객이 저마다 소원을 비는 소원대박터널, 은공예, 한지공예를 체험할 수 있는 공예문화센터, 야생화가 만발한 야생화 단지, 박두진 시인의 생생한 숨결을 느낄 수 있는 박두진문학관이 있다.

주소 경기도 안성시 보개면 남사당로 198 교통편 **자가운전** 서울시청 → 경부고속도로 → 영동고속도로 → 죽양대로 → 안성맞춤랜드 **대중교통** 명동입구 1150번 버스 이용 판교역 하차, 8201번 버스 이용 시민회관 하차, 봉산로터리에서 15-1번 승차 후 안성맞춤랜드 하차 전화번호 031-678-2672 홈페이지 www.anseong.go.kr/tour 이용료 없음(남사당공연 성인 10,000원, 청소년 5,000원, 어린이 2,000원) 추천계절 사계절

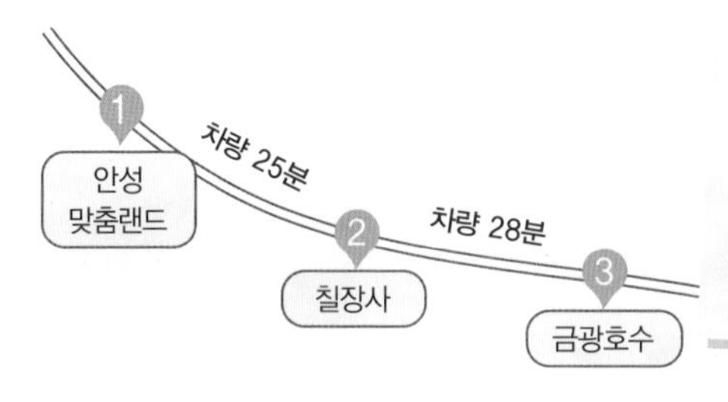

안성맞춤랜드 남사당패 풍물공연은 주말에만 열린다. 공연을 관람하려면 사전에 예약하는 게 좋다. 캠핑장을 예약하면 하룻밤 머물면서 제대로 즐길 수 있다. 금광호수에서 식사한 후에는 박두진산책길 걷는 것도 빼놓지 말자.

가 볼 만한 곳

칠장사 1,400년 역사의 안성 대표 사찰. 수려한 경관을 자랑하는 칠현산 자락에 자리했다. 칠장사는 규모가 크지는 않지만, 역사 깊은 유적이 많다. 칠장사삼층석탑, 칠장사삼불회괘불탱, 혜소국사비 등 보물이 있어 관람하는 재미가 쏠쏠하다. 대웅전에서 정성껏 불경 드리는 스님과 조용히 경내를 거닐며 보물을 감상하는 여행객의 모습에서 경건함이 느껴진다. ☐ 031-673-0776

금광호수 초록이 우거진 드라이브 길이 매력적인 호수다. 호반의 도시 안성에서도 관광객이 가장 많이 찾는다. 안성 8경의 하나인 금광호수는 V자 모양을 하고 있어 위에서 바라본 모습이 장관이다. 아름다운 호수 풍경과 어우러진 둘레길 박두진문학길도 사색하며 걷기 좋다. 호수 주변에 이색적인 카페와 맛집도 많아 식도락여행도 즐길 수 있다. 겨울에는 빙어 낚시터로 유명하다. ☐ 031-677-1330

주변 맛집

강건너빼리 이름처럼 식당으로 가려면 작은 배를 타고 호수를 건너야 한다. 자동차로 산길을 돌아갈 수도 있지만, 작은 배를 타고 건너는 재미가 있다. 이 집의 인기 메뉴는 메기매운탕과 장작삼겹살. 소박해 보이는 몇 가지 반찬은 모두 텃밭에서 직접 기른 채소로 만든다. 식사 후 식당 앞으로 이어지는 박두진둘레길을 산책할 수 있다. 장작삼겹살 17,000원, 매운탕 40,000원. ☐ 031-671-0007

통돼지와 도토리 '묵'이라는 큰 간판을 따라 들어서면 앞에는 저수지, 뒤에는 산이 있는 통돼지와 도토리집이 나온다. 통삼겹을 12시간 숙성시키고 다시 6시간 훈연시킨 정통 바비큐와 직접 정성껏 쑨 도토리묵을 채소무침과 함께 먹는 특별한 요리이다. 겨울에는 따뜻하게 여름에는 차갑게 먹는 묵밥과 갈색으로 예쁘게 빚은 도토리만두도 이 집의 인기메뉴. 통돼지와 도토리 2인 전용 세트(식사 포함) 52,000원. ☐ 031-676-2292

트랙터 타고 목장으로 놀러가자!

안성팜랜드

안성시 공도읍에 있는 목장에는 아이들의 웃음소리가 끊이지 않는다. 2012년 4월 안성팜랜드가 문을 열었다. 지난 1969년 한독낙농시범목장으로 설립된 안성팜랜드는 2007년부터 총사업비 352억 원을 들여 레저, 체험, 휴식, 교육 등 다양한 기능을 갖춘 '체험형 놀이목장'으로 탈바꿈하였다. 그 후로 인기가 날로 높아져 주말이면 넓은 주차장을 가득 메우고 매표소에는 긴 줄이 늘어선다. 무무밀 놀이목장에서는 양은 물론 말과 소, 염소 등에 가축들을 가까이서 만지고 먹이를 주는 체험을 할 수 있다. 더불어 전통놀이를 할 수 있는 풍년 마을과 전통 농기구 체험박물관, 엄청나게 큰 젖소와 칡소를 만날 수 있는 무무우리 등이 있다. 39만 평의 광활한 미루힐 초원은 덜컹거리는 트랙터 마차를 타고 여유 있게 둘러보자. 도이치빌에서는 그림책관을 관람 후 기념품도 살 수 있으며 호스빌에서는 승마교실이 열린다. 안성팜랜드는 계절마다 다양한 축제가 펼쳐진다. 봄에 개최하는 '호밀밭, 초원 축제'를 시작으로 신나는여름축제, 가을목동축제, 눈썰매와 연날리기를 하는 겨울놀이축제까지 그야말로 풍성하다.

주소 경기도 안성시 공도읍 대신두길 28 **교통편** **자가운전** 경부고속도로 → 안성IC → 서동대로 → 신두만곡로 → 대신두길 → 안성팜랜드 **대중교통** 동서울종합터미널 시외8153번 버스 탑승 후 대림동산 하차, 대림동산 정류장 일반1-4 버스 탑승 농협연수원 하차 도보 7분 **전화번호** 031-8053-7979 **홈페이지** www.nhasfarmland.com **이용료** 어른 15,000원, 어린이 13,000원, 승마체험은 어른 20,000원, 어린이 18,000원(입장료 포함) **추천계절** 봄, 여름, 가을

가 볼 만한 곳

안성맞춤박물관 '안성맞춤'이라는 말이 생길 정도로 안성의 유기는 명성이 높다. 박물관 1층에는 안성 유기의 전반적인 정보와 전시품을 볼 수 있다. 2층에 있는 향토사료실과 농업역사실에서는 안성 지역민의 생활을 엿볼 수 있는 생활도구 및 근현대문서 등의 유물을 전시한다. 포토존, 탁본, 유기 퍼즐 맞추기 등의 상설체험행사도 진행한다. 입장료 무료, 월요 휴무. ☐ 031-676-4352

미리내성지 성지의 이름인 미리내는 은하수의 순우리말이다. 박해를 피해 이곳에 숨어든 천주교 신자들이 밤이면 호롱불을 밝혔는데 그 모습이 마치 은하수처럼 반짝인다 하여 '미리내성지'라고 붙여졌다. 이곳은 한국 최초의 사제인 김대건 신부의 묘가 자리한 것만으로도 큰 의미가 있다. 더불어 성요셉성당, 16위무명순교자묘지, 103위시성기념성당 등이 위치하여 명실상부 국내 최대의 성지다.

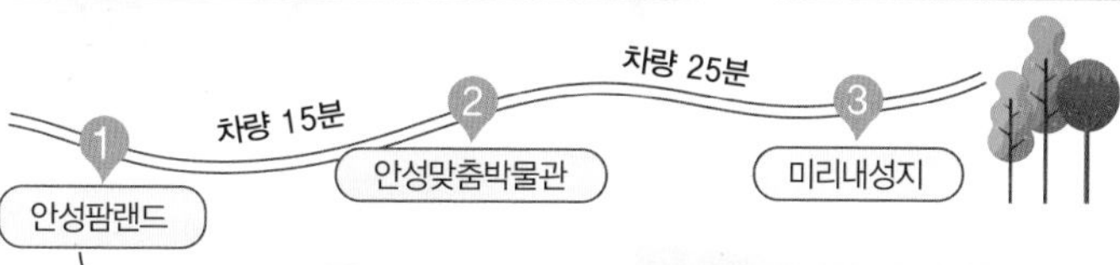

안성팜랜드로 가는 버스가 거의 없다. 대림동산 정류장에서 택시를 이용하는 편이 낫다. 택시비는 약 4,500원 정도. 대림동산 정류장에서 서울, 인천, 원주 등으로 가는 버스를 바로 탈 수 있어 편리하다. 자가용 이용 시 넓은 주차시설이 마련되어 있어서 주차 걱정은 없다.

주변 맛집

백년손님서서갈비 공도점 고기류를 저렴한 가격으로 먹을 수 있는 농축산식품부 인정 안심식당이다. 돼지 양념구이 2인 차림 런치 스페셜을 추천한다. 후식으로 냉면이나 된장찌개를 선택할 수 있다. 공휴일에는 후식 요금을 따로 받는다. 야채류는 셀프바를 이용한다. 돼지양념갈비구이 10,900원, 소 양념갈비구이 13,900원. ☐ 031-654-4492

모박사부대찌개 본점 안성에 가면 부대찌개로 초대박을 터뜨린 모박사부대찌개의 본점이 있다. 모박사 대표 주동만, 모영희 부부는 수년간 연구의 연구를 거듭하여 2006년 김치 없는 부대찌개로 발명특허를 받았다. 얼큰한 맛은 덜하지만 깔끔하고 시원한 맛으로 대중적인 인기를 끌고 있다. 소문난 프랜차이즈의 본점에서 오리지널의 맛을 느껴보자. 별미부대찌개전골 17,000원, 부대찌개 라면 사리 포함 9,000원. ☐ 031-676-1508

안양 예술공원

예술작품으로 부활한 유원지

주소 경기도 안양시 만안구 석수동 산 21 **교통편** **자가운전** 서울시청 → 원효대교 → 여의대방로 → 경수대로 → 안양예술공원 사거리 우측으로 직진 → 안양예술공원 **대중교통** 지하철 1호선 안양역에서 마을버스 6-2번 안양예술공원 사거리에서 도보 5분 **전화번호** 031-389-5552 **홈페이지** 없음 **이용료** 없음 **추천계절** 봄, 여름, 가을

푹푹 찌는 여름날 가족들과 함께 계곡으로 물놀이를 가고 싶다면? 영화관 데이트가 지겨운 연인과 함께 예술작품 가득한 곳으로 산책을 가고 싶다면? 일상에서 벗어나 재미있는 사진을 찍고 싶다면? 이 모든 것을 한 번에 해결하려면 안양예술공원으로 가자. 한때 자연훼손이 심각했던 안양 유원지가 안양공공예술프로젝트를 통해 새롭게 태어났다. 국내외 52명 유명 작가들의 설치예술 작품이 계곡과 산 곳곳에 자리 잡았고, 상류에 만들어진 소형 댐을 통해 흐르는 맑은 물이 계곡에 청량함을 더한다. 인공폭포가 시원하게 쏟아져 내리고 야외무대에서는 오후의 열기를 더하는 음악이 흘러나온다. 신기하게 생긴 조형물들 사이로 산책을 하다보면 예술작품을 놀이터삼아 까르르 부서지는 아이들의 웃음소리가 싱그럽다. 여름이면 물놀이에 즐거운 가족들과 햇살 속에 아름답게 걸어가는 연인들의 모습이 행복함을 더한다. 산책길이 잘 되어 있으므로 하이힐을 신고도 충분히 방문가능하다. 이곳에서 현대예술품만 볼 수 있는 것은 아니다. 산책길을 따라 올라가다 보면 중초사지 3층석탑, 중초사지 당간지주, 석수동 마애종과 안양사 귀부같은 보물·유형문화재도 만날 수 있다.

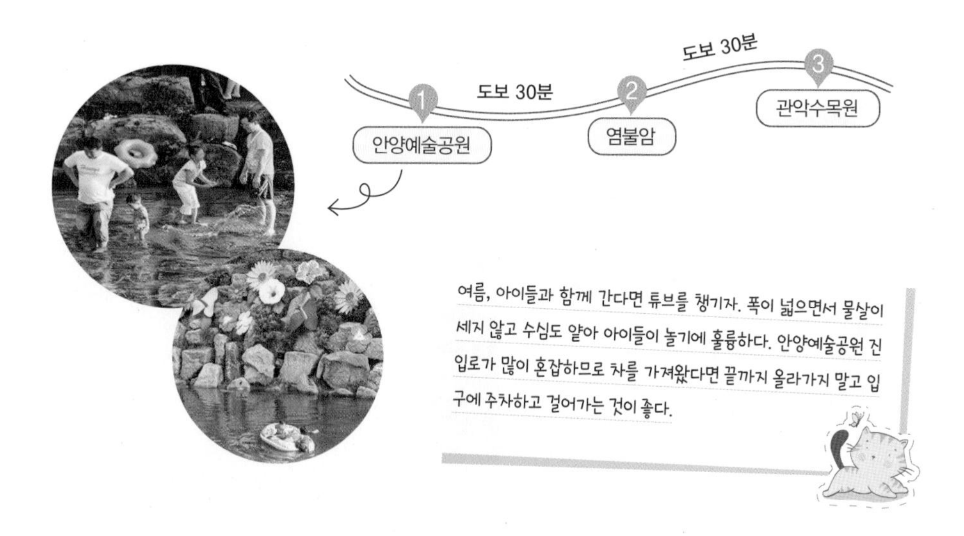

가 볼 만한 곳

염불암 태조 왕건이 삼성산을 지나다가 도승 능정이 좌선삼매에 든 모습을 보고 감탄하여 세운 안흥사가 염불암의 시초라 전해진다. 안양예술공원 내 수목원 앞 주차장에서 좌측으로 1Km 정도를 오르면 산비탈에 자리 잡은 암자의 모습이 나타난다.

관악수목원 서울대학교 농업생명과학대학원 수목원으로 평일 예약입장만 가능하다. 여러 가지 종이 잘 보존되어 있고 숲 해설가로부터 유익한 이야기를 들을 수 있다. 사람들의 손길이 많이 닿지 않아 자연 그대로의 정취를 느낄 수 있다. ☐ 031-473-0071

주변 맛집

음식문화거리 삼성천을 따라 약 1Km 구간에 조성된 음식문화거리는 자연과 예술의 조화로움 속에 맛과 멋을 동시에 느낄 수 있다. 한식, 양식, 중식 등 다양한 음식이 준비되어 있다. ☐ 031-8045-5552

수목원 가는길 안양예술공원의 산책에 또는 관악산의 등산에 지친 몸을 갤러리 카페의 아늑함 속에 쉬어갈 수 있다. 팥빙수와 함께 먹는 따뜻한 수제 단팥죽이 오묘한 조화를 이룬다. 밀크 팥빙수 7,500원, 수제 단팥죽 7,500원. ☐ 031-473-9626

가나 아트파크

문화체험공간이 아이들의 예술 놀이터로

주소 경기도 양주시 장흥면 권율로 117 **교통편** **자가운전** 통일로 → 일영로 → 장흥교차로 의정부 방면 → 권율로 → 장흥아트파크 **대중교통** 지하철 3호선 구파발역에서 350번 버스 탑승 **전화번호** 031-877-0500 **홈페이지** 없음 **이용료** 성인 9,000원, 소인 8,000원 **추천계절** 봄, 가을

2006년 1월 예술가의 창작촌, 미술관, 아이들을 위한 체험관 등을 통합한 복합아트파크로 조성된 가나아트파크는 그 자체로서 거대한 예술작품이다. 파리 국제예술공동체 시떼 데 자르와 중국 베이징 예술특구 다산쯔798을 벤치마킹한 이곳은 작가에게는 작업공간, 시민들에게는 문화체험공간으로 재탄생했다. 입구를 들어서면 모든 이들에게 사랑받는 포토존 LOVE 조각상 뒤로 3천여 평의 부지위에 조성된 조각공원이 가슴을 활짝 열어준다. 부르델, 아르망, 조지시걸 등 고전과 현대를 대표하는 작가들과 강대철, 문신, 전국광, 한진섭 등 국내 작가의 작품이 단순히 놀이공원이 아님을 입증하고 있다. 검정색 모노톤의 단아한 미술관에서는 '작가, 관객, 미술관' 사이의 열린 구조를 지향하는 기획전시와 유명작가의 작품을 감상할 수 있는 상설전시가 연중 열리고 있다. 아트파크를 대표하는 건물이 되어버린 블루, 레드, 옐로우 스페이스에서의 공간을 활용한 전시도 시선을 끈다. 하지만 아이들이 가장 좋아하는 곳은 단연 어린이 체험관이다. 에어바운스와 점핑볼을 이용한 코끼리 놀이터와 미로 놀이터 등의 체험관이 아이들에겐 천국. 주말 및 공휴일에는 만들기 체험에도 참여할 수 있다. 한바탕 놀이가 끝나면 넓은 조각공원의 잔디밭에 앉아 공연장의 문화행사를 관람하자.

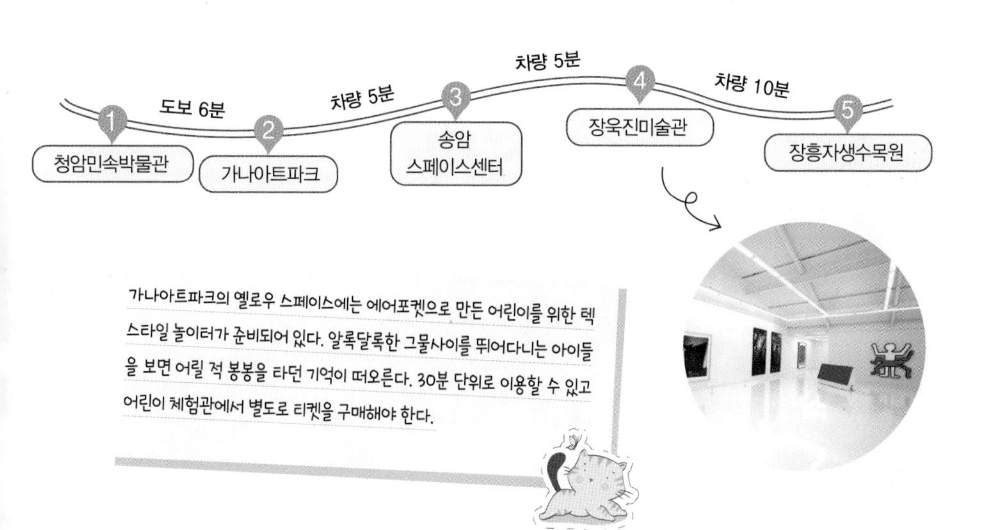

가 볼 만한 곳

송암스페이스센터 신비로운 우주여행을 가볍게 떠날 수 있는 곳이다. 천체망원경으로 들여다보는 우주 속으로 아이들은 호기심 여행을, 연인들은 낭만여행을 떠날 수 있다. 챌린지 러닝센터에서는 우주대원이 되기 위한 훈련과정을 거쳐 실험과 임무를 수행할 수 있는 프로그램도 준비되어 있다. 떠나기 전 반드시 날씨를 체크하자. 별빛패키지(천문대, 케이블카, 플라네타리움, 스페셜 프로그램) 대인 32,000원, 소인 26,000원. ☐ 031-894-6000

청암민속박물관 그 옛날 우리네 아버지, 어머니의 손때 묻은 옛 조상이 쓰던 물건들이 추억여행으로 인도해 주는 곳이다. 120그루의 예쁜 분재형 소나무 숲과 들꽃사이로 약 일만 2,000여 점의 민속유물이 전시된 이곳은 그리 화려하진 않더라도 먼지 낀 레코드점에서 들려오는 LP소리처럼 아련함을 선사해 줄 것이다.

주변 맛집

헤세의 정원(카페 휘바) 작은 북유럽에 온듯한 기분을 느끼게 해주는 비스트로 카페로 북한산 자락의 시원한 풍경과 감각적인 건축물 덕분에 커피가 더욱 향긋하게 느껴진다. 수제청라즈베리레몬티 7,500원, 티라미수 8,000원. ☐ 031-877-5111

활백합칼국수 싱싱한 백합을 듬뿍 넣어주는 칼국수가 유명하다. 본래 백합은 비싸기로 유명한 조개다. 하지만 이 집은 백합을 많이 넣어주면서 가격도 착한 편이다. 백합을 넣어 국물이 시원하고 깔끔하다. '삼시세끼'에 나왔던 보말을 넣은 진한 국물의 보말 칼국수도 별미다. 활백합 칼국수 12,000원, 제주 보말 칼국수 13,000원. ☐ 031-855-4255

삶의 예술을 가까이에서 느낄 수 있는 곳

구하우스미술관

예술과 디자인이 주는 즐거움을 일상 속에서 느낄 수 있도록 '집'을 컨셉으로 한 미술관이다. 한국 그래픽 디자이너 구정순 대표가 수집한 400여 점의 아트 컬렉션이 전시되어 있다. 우리에게 익숙한 앤디 워홀, 데미안 허스트 같은 작가의 작품도 있다. 구정순 대표는 "디자인은 소유하는 것이 아니라 공유하는 것이며, 구하우스를 방문하는 사람들이 집에 놀러 온 것처럼 친근한 공간에서 디자인을 이해하고 삶의 예술이 우리 가까이에 있다는 것을 느낄 수 있었으면 좋겠다"는 말을 전했다. 전시실은 거실, 서재, 라운지 등 생활공간으로 명명한 10개의 방으로 나누어져 있다. 구역마다 QR코드가 있어 큐레이터 없이도 작품에 대한 설명을 들을 수 있다. 외부로 연결되는 루프탑이 개방되어 있다면 들러서 의자에 앉아 하늘을 보자. 가슴이 뚫리는 기분을 느낄 수 있다. 구하우스의 정원은 2021년 양평군 내 아름다운 민간 정원으로 선정되었는데, 계절에 따라 피고 지는 야생화와 들풀, 수목으로 조성되어 자연과 예술, 일상이 하나가 되는 경험을 할 수 있다. 구 하우스 미술관 별관 전시장에서는 '빛의 마술사'라 불리는 설치예술가 제임스 터렐의 작품이 전시되어 있다. 미술관 관람과 산책까지 곁들여 예술과 함께 여유 있고 평화로운 시간을 보낼 수 있다.

주소 경기 양평군 서종면 무내미길 49-12 교통편 **자가운전** 서울시청 → 남산1호터널 → 올림픽대로 종합운동장 방면 → 강일IC → 남양주 톨케이트 → 서종IC(양평 서종 방면) → 정배리 → 구하우스미술관 **대중교통** KTX 양평역에서 하차 3-22 마을버스 타고 40분 가량 가 문호삼거리 하차 전화번호 031-774-7460 홈페이지 koohouse.org 월, 화 휴관(운영시간은 계절에 따라 변동) 입장료 성인 15,000원

가 볼 만한 곳

문호리 리버마켓 마치 유럽의 작은 마을을 연상시키는 곳. 빨간 벽돌로 만들어진 건물들의 테라로사 서종과 화장품, 와인, 캔들&리빙 편집숍, 음식점이 함께 타운을 이루고 있다. 특히, 카페와 베이커리로 건물이 나누어져 있는 테라로사는 카페 안에 기념품점이 있어 볼거리와 즐길 거리가 가득하다.

내추럴가든 529 드라마 촬영지로도 유명한 정원 카페이다. 입장료를 내고 받은 음료 교환권으로 카페에서 음료를 먹을 수 있다. 카페는 생각보다 굉장히 넓다. 정원에는 작은 동물들을 볼 수 있는 곳도 있다. 계곡 쪽에는 앉아서 풍경을 감상하며 음료를 마실 수 있는 테이블과 식사를 할 수 있는 레스토랑이 있다. 꽃피는 봄이나 초여름에 가면 아름다운 정원을 더 즐길 수 있다.

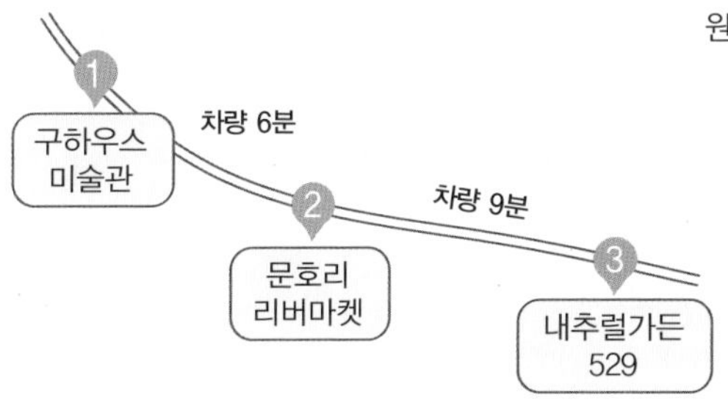

구하우스 미술관의 아름다운 정원을 거닐며 곳곳에 숨은 미술 작품과 함께 예쁜 사진을 남겨보자. 오가는길에 양수리 두물머리나 다산유적지 등 한강에 자리한 명소를 돌아볼 수 있다.

주변 맛집

박승광해물손칼국수 서종직영점 오징어, 낙지, 새우, 전복, 조개 등 싱싱한 해물이 가득 들어간 칼국수이다. 육수가 끓으면 해산물을 차례로 넣은 후 먼저 해산물부터 먹는다. 그런 다음 육수를 좀 더 넣고 수제 면발을 끓여 칼국수로 마무리하면 된다. 취향에 따라 청양고추와 다대기를 넣어 매콤하게 먹을 수도 있다. 해물손칼국수 15,000원, 해물파전 17,000원. ☐ 031-775-5816

온고재 멋스러운 한옥에서 피자와 파스타를 맛볼 수 있는 곳이다. 한옥의 정취를 즐기며 가지 토마토 피자, 풍기 크레마 파스타 등 풍미 가득한 맛있는 음식을 맛볼 수 있다. 브레이크 타임이 있으니 영업시간을 꼭 확인하고 갈 것! 가지 토마토 피자 25,000원, 풍기 크레마 파스타 26,000원. ☐ 031-5777-8702

#서울 근교 데이트 핫플레이스

두물머리

두물머리는 남한강과 북한강 두 물줄기가 합쳐지는 곳에 있다. 1973년 팔당댐 건설로 육로가 생기기 전까지 양평 두물머리 마을과 광주 귀실 마을을 잇는 나루터였다. 1980년대까지 나루터로 쓰였지만 지금은 나루터의 기능을 상실하고, 관광지로 거듭났다. 두물머리 입구부터 시작해 나루터까지 산책로를 따라 천천히 걸으면 10분~15분 정도가 걸린다. 산책로가 평지로 잘 정비되어 있어 어린이나 노약자도 무리 없이 걷기 좋은 길이다. 400년이 넘는 수령을 자랑하는 느티나무가 두물머리의 명물이다. 느티나무를 중심으로 사계절 내내 경치가 아름다워 영화, 드라마 촬영지로도 인기가 많다. 곳곳에 마련된 포토존에서 기념사진을 남겨 봐도 좋다. 조금 특별한 풍경을 담아 보고 싶다면 해 뜨는 시간에 맞춰 가는 것도 방법이다. 강 너머에서 말갛게 떠오르는 해를 볼 수 있기 때문. 특히 일교차가 큰 날에는 강물 위로 물안개가 자욱하게 피어나 몽환적인 풍경을 연출한다. 두물머리 핫도그도 놓칠 수 없는 명물 간식이다. 반죽에 연잎을 넣어 만든 것이 특징인데 바삭하고 담백한 맛이 일품이다.

주소 경기도 양평군 양서면 양수리 교통편 **자가운전** 서울시청 → 서울외곽순환고속도로 강일 IC → 중부고속도로 하남 IC → 팔당대교 → 창우로 → 팔당대교 IC → 경강로 → 양수교차로 → 세미원 **대중교통** 중앙선 양수역 하차 후 도보 전화번호 없음 이용료 없음 추천계절 사계절

가 볼 만한 곳

세미원 경기도 지방 정원 제1호. 물과 꽃을 주제로 한 정원이다. 세미원이라는 명칭은 '관수세심 관화미심(觀水洗心 觀花美心)하라'는 옛 성현의 말에서 유래했다. '물을 보며 마음을 씻고, 꽃을 보며 마음을 아름답게 하라'는 뜻이다. 전통 정원, 문화 정원, 식물 정원 등으로 구성되며 7~8월에는 연못마다 활짝 핀 연꽃이 단아한 자태를 뽐낸다. ☐ 031-775-1835

화도 푸른물센터(피아노폭포) 하수처리장이 휴식과 학습공간으로 새롭게 단장했다. 높이 91.7m의 피아노폭포는 하수처리수를 재이용한 인공폭포이다. 폭포 앞쪽에는 그랜드피아노 모양으로 지어진 피아노화장실이 있는데 계단을 오를 때마다 건반 소리가 나는 것이 특징이다. 곤충학습관, 숲과나무 학습관, 야생화화단 등 자연생태공원이 잘 꾸며져 있어 가족 나들이 코스로도 좋다.

두물머리는 입장료가 없다. 두물머리에서 배다리를 건너 세미원까지 갈 수 있다. 세미원은 입장료를 받는다.

1 두물머리

도보 5분

2 세미원

도보 20분

3 화도 푸른물센터 (피아노폭포)

주변 맛집

기와집순두부 조안본점 양수리에서 유명한 60년 전통의 순두부 맛집이다. 주말이면 줄을 서서 기다릴 정도로 인기가 많다. 모든 메뉴는 국산 콩으로 만들어지며 맛과 영양을 두루 갖추었다. 두부요리의 진수를 맛볼 수 있다. 재래식 생두부 12,000원, 순두부 백반 10,000원. ☐ 031-576-9009

고당 커피 향이 향기롭게 머무는 한옥 카페. 안채, 별채, 행랑채, 정자 등으로 구성된 88칸 전통 사대부 집에서 즐기는 커피 한 잔은 더없이 구수하다. 20여 종의 산지별 커피가 준비되어 있으며 커피를 리필을 해주는 것이 특징이다. 핸드드립 커피 7,000원~9,000원. ☐ 031-576-8090

#영화 촬영지로 유명한 미니 식물원

더그림

2017년 경기 아름다운 정원 문화대상을 수상한 더그림은 유럽식 건물과 잔디 정원이 어울려 한폭의 그림같은 곳이다. 자연과 어우러진 정원이 아름다워 '메이퀸', '복면달호', 'SM3' 등 60여편의 드라마와 영화, CF 촬영 장소로 각광받고 있다. 최근에는 프로포즈 이벤트나 야외웨딩 촬영 장소로도 인기다. 더그림은 미니식물원이라 정원이 크지 않지만 지루할 틈이 없다. 입구에서 정면으로 보이는 이국적인 건물은 관리사무소다. 입구 오른쪽에는 수채화 건물이 있다. 음료 한 잔이 포함된 입장료를 내야 입장 할 수 있지만, 아름다운 정원을 누리는 비용으로 충분하다. 유럽풍 스케치나 산수화 건물은 클래식한 가구와 다양한 소품이 있어 재미있는 사진을 연출할 수 있다. 미니 식물원은 앵무새와 대화하는 재미가 있다. 연인과 가족이 좋아할 만한 사랑스러운 포토존이 곳곳에 있다. 야외에는 휴게공간이 많다. 수로에는 졸졸 흐르는 물소리가 시원하다. 더운 여름 날에는 발을 담그고 휴식할 수 있는 공간으로 인기다. 싱그러움이 가득한 정원에는 튤립 벤치와 풍차 등 유럽풍 조형물과 함께 형형색색 예쁜 꽃들이 가득 피어 있다. 수십 종의 꽃이 계절이 바뀔 때마다 피고 진다. 천천히 여유 있게 계절을 만끽하고 싶다면 더그림의 아름다운 정원을 거닐어보자.

주소 경기도 양평군 옥천면 사나사길 175 교통편= **자가운전** 팔당대교IC에서 팔당역, 양평 방면으로 오른쪽 방향 → 옥천교차로에서 옥천창말길 방면 → 설악 방면으로 좌회전 → 장알재길 방면으로 좌회전 → 더그림 **대중교통** 경의중앙선 → 용문역 하차 → 양평군민회관. 보건소 승차 6-2 → 용천2리 사나사 입구 하차 전화번호= 070-4257-2210 홈페이지 www.thegreem.com 이용료= 일반 8,000원, 어린이(30개월~초등학생) 6,000원 (※ 음료 1잔 서비스) 추천계절 사계절

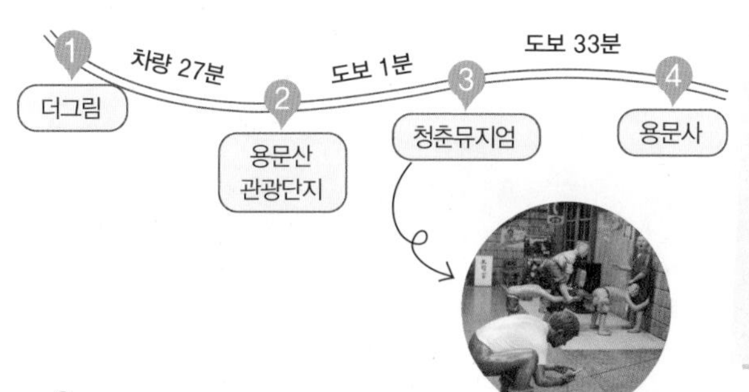

양평군 3대 재래시장은 용문 오일장, 양평 장터, 양수리 전통시장이다. 용문 오일장은 매월 5일과 10일 용문역 앞에서 열린다. 시골 오일장 풍경은 도시의 인위적인 전통 시장과 많이 다르다. 서울에서 경의중앙선을 이용해 용문 재래시장과 양평 여행을 해보자.

가 볼 만한 곳

청춘뮤지엄 1970~80년대를 재현한 복고 체험 뮤지엄으로 용문산관광단지 내에 있다. 노래하는 선도부장의 익살스런 조형물을 비롯해 골목에서 하던 말뚝박기놀이, 문방구 앞에서 오락하는 모습 등 그 시절을 추억하게 하는 전시물이 가득하다. 뮤지엄 입구에서 교복을 대여해 준다. 교복을 입고 옛 추억을 되살려 사진찍기 놀이를 할 수 있다. ☐ 031-775-8907

용문사 천 년 된 은행나무가 있는 절로 유명하다. 용문사 은행나무(천연기념물 제30호)의 나이는 1,100년으로 추정된다. 신라의 고승 의상대사가 꽂은 지팡이가 자랐다는 전설이 전해진다. 가을이면 노랗게 물든 은행나무의 멋진 장관을 볼 수 있다. 용문사 템플스테이는 내외국인에게 인기가 높다. ☐ 031-773-0088

주변 맛집

마당 용문사로 가는 은행나무 가로수길에 있다. 반찬 종류가 매일 바뀌며, 오늘의 반찬 21가지를 낸다. 여기에 대나무향이 은은한 대나무통밥이 곁들여져 미각과 후각을 만족시킨다. 곤드레나물에 양념장을 넣어 쓱쓱 비벼먹는 곤드레돌솥밥도 단백하다. 곤드레돌솥밥정식 18,000원, 대나무통밥 정식 18,000원. ☐ 031-775-0311

용문산농장쌈밥마을 직접 재배한 신선한 유기농 쌈만 내는 집이다. 적상추, 로메인배추, 당귀, 케일, 적겨자, 알배추 등 한 접시 가득 나온 쌈과 6가지 반찬은 무한 리필이다. 매콤달콤한 제육볶음이 쌈 채소와 환상의 짝궁이다. 쌈밥의 핵심은 역시 강된장. 감칠맛 나는 강된장과 젓갈을 넣고 큼지막하게 쌈 싸 먹으면 밥 한 공기 뚝딱이다. 제육쌈밥 14,000원, 더덕쌈밥 16,000원. ☐ 031-771-8389

떠드렁섬과 비밀 데이트에 빠져 볼까

들꽃수목원

남한강과 들꽃들이 잘 어울리는 들꽃수목원은 즐길거리가 다채롭다. 들꽃수목원의 강변길은 산책과 자전거를 즐기기에 좋다. 자전거 대여도 가능하다. 팔당-양수리-양평-여주를 잇는 자전거도로가 수목원 옆 강변 산책로로 연결되어 있다. 강바람을 맞으며 남한강의 풍경을 만끽하자. 수목원과 연결된 떠드렁섬은 오래전 남한강 상류인 충주에서 홍수 때 떠내려 왔다고 해서 이름 붙여졌다. 큰 나무와 굽은 길이 예쁘고 봄에 유채꽃이 만발해 아름다움이 더하다. 사계절 잔디썰매와 수상레포츠도 즐길 수 있다. 사계절 잔디썰매는 초록의 잔디위에서 레일썰매를 탈 수 있어 인기 있다. 아이들은 수목원에 들리면 제일 먼저 이곳부터 찾는다. 수상레포츠는 수목원 내 선착장이 있어 탑승 후 수목원 재관람이 가능하다. 보팅, 수상스키, 바나나보트 등 수상스포츠를 즐기려면 유선으로 예약해야 한다. 수목원 산책길은 손바닥정원을 시작으로 자연생태박물관-장미정원-공작새-허브 및 열대 온실-떠드렁섬-허브 및 야생화 정원-손바닥정원을 관람하는 코스다. 각종 야생화와 허브향을 맡으며 건강한 관람을 즐겨보자.

주소 경기도 양평군 양평읍 수목원길 16 교통편 **자가운전** 팔당대교 → 양수리 → 옥천 → 들꽃수목원 **대중교통** 지하철 중앙성 오빈역에서 도보 10분 전화번호 031-772-1800 홈페이지 www.nemunimo.co.kr 이용료 입장료 어른 9,000원, 청소년 7,000원, 어린이 6,000원 추천계절 봄, 가을

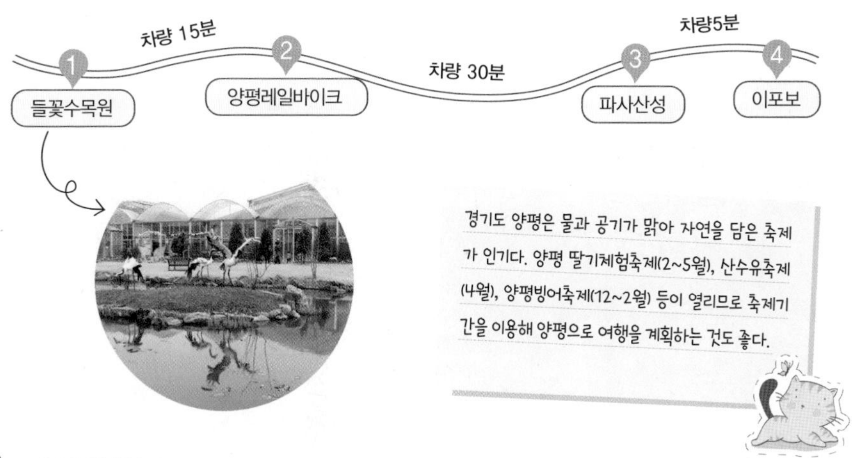

가 볼 만한 곳

양평레일바이크 양평 용문에서 원덕까지 철길 위를 레일바이크로 시원하게 달리다 보면 시간가는 줄 모른다. 봄에는 연녹색의 싱그러움과 가을에는 벼가 누렇게 익어 황금들판의 풍요로움을 전해준다. 양평레일바이크 구간은 왕복 6.4km로 약 1시간 20정도 소요되며 연중무휴로 운행된다. ☐ 031-775-9911

갤러리와 양평에는 갤러리와(사진전문)를 비롯해 갤러리가 많다. 이들 중에 남한강이 펼쳐진 전경을 바라보며 '와'하는 감탄사가 절로 나오는 곳이 갤러리와이다. 한옥 기와 외관이 돋보이는 고풍스러운 사진갤러리로 5개의 전시실이 있고 관람료는 무료다. ☐ 031-771-5454

주변 맛집

정우원 양평에서 맛집으로 이름난 고바우식당 아들이 운영한다. 현대식으로 깔끔하게 정돈된 식당에서 고바우식당의 맛을 그대로 계승한 음식을 맛볼 수 있다. 구수한 국물의 설렁탕과 고소한 수육이 인기다. 설렁탕 10,000원, 도가니수육 30,000원. ☐ 031-771-3989

홍원막국수 홍원막국수집은 3대째 전통을 이어오고 있어 찾는 고객이 많다. 메뉴는 막국수와 편육이 전부. 양은주전자에 나오는 진한 육수가 입맛을 살린다. 쫄깃한 편육은 백김치나 달콤한 무김치에 싸먹으면 맛있다. 막국수 9,000원, 편육 17,000원. ☐ 031-882-8259

양과 함께 뛰노는 아이들의 천국

양평 양떼목장

양을 보러 대관령 양떼목장까지 가지 않아도 된다. 서울과 가까운 양평에도 양과 교감할 수 있는 양떼목장이 있다. 양평 양떼목장은 건초 주기 체험, 아기 동물과 교감하기, 목장길 따라 산책하기, 재미난 놀이터에서 놀기 등 아이들과 일몰 때까지 마음껏 놀 수 있다. 양떼목장 입구에 들어서면 엄마와 아이들이 정겹게 양을 부르는 소리가 들린다. 목장에 입장할 때 건초 한 봉지를 주는데, 건초 먹이기 체험장에서 건초를 바구니에 담아주면 양들이 몰려와 먹이를 먹는다. 아기동물 교감장은 누구나 우리 안에 들어갈 수 있다. 동물과 교감할 수 있어 아이들이 가장 좋아하는 체험장이다. 양, 염소, 돼지, 토기 등 귀여운 아기 동물들이 스스럼 없이 건초를 주는 아이들을 졸졸 따라 다닌다. 아기동물 교감장을 나오면 타조와 거위도 볼 수 있다. 양평 양떼목장은 방목장까지 산책로로 연결되어 있다. 커다란 풍차가 이색적인 방목장에서는 건초를 들고 있는 사람을 향해 양이 달려오는 모습을 볼 수 있다. '위험천만 놀이터'는 이름과 달리 위험한 놀이터는 아니다. 아이들이 놀다가 다치기고 하면서 튼튼하게 자라기를 바라는 마음에서 붙인 이름이다. 어린이들은 타이어 그네, 외나무다리, 밧줄다리, 미끄럼틀을 타며 신나게 놀 수 있다.

주소 경기 양평군 용문면 온고갯길 112 교통편 **자가운전** 서울양양고속도로→팔당대교→팔당역→오빈교차로에서 홍천, 횡성, 양평아프리카문화예술박물관 방면→양평양떼목장, **대중교통** 경의중앙선→용문역 하차→용문축협 승차 2-1→광탄삼거리 하차→도보 1.3km (22분) 전화번호 0507-1363-4512 홈페이지 https://ypsheepfarm.modoo.at 이용료 일반 6,000원(건초 1봉지 포함) 추천계절 봄, 가을, 겨울

가 볼 만한 곳

용문산자연휴양림 산림휴양관, 숲속의 집, 야영장, 산책로, 등산로가 있어 숲속에서 하루를 지내기 좋다. 휴양림에서 내려다보면 양평 시가지가 한눈에 든다. 휴양림에서 '한국의 마테호른'이라 불리는 백운봉(용문산) 등산로와 연결되어 있어 등산하기에도 좋다. ☐ 031-775-4005

구둔역 중앙선 철도 노선이 변경되면서 2012년 폐역이 된 간이역이다. 영화 '건축학개론'에서 남녀 주인공의 첫 데이트 장소로 촬영되면서 알려졌다. BTS, IU, 2PM 등도 구둔역에서 화보 촬영을 했다. 기차가 다니지 않는 낡은 철길을 천천히 거닐며 오래 된 간이역에서 추억의 사진을 담아보자. 가을에는 한들한들 거리는 코스모스 철길 풍경이 매우 아름답다. ☐ 031-771-2101

서울 인근에서 가볼만한 간이역은 남양주 능내역과 양평 구둔역을 꼽는다. 두 역 모두 중앙선 철길이 지나는 역이었지만, 중앙선이 복선 전철화 되면서 폐역이 되었다. 그러나 폐역이 된 후 간이역의 옛스런 풍경이 알려지면서 오히려 큰 인기를 끌고 있다. 근대문화유산으로 등록된 구둔역은 양평 10경에도 선정되었으며, 밤하늘의 별 구경하기에도 좋다.

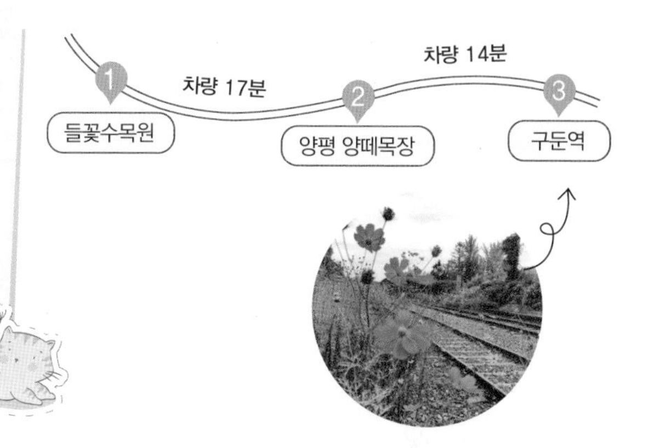

주변 맛집

고바우설렁탕 고기는 부드럽고, 국물이 진한 양평 맛집이다. 토렴 방식의 뚝배기 설렁탕이 인기다. 직접 담은 배추김치와 석박지는 적당히 숙성되어 설렁탕의 맛을 더해준다. 진한 설렁탕에 송송 썰어놓은 대파와 천일염을 약간만 넣고 먹는다. 취향에 따라 얼큰한 깍두기 국물을 넣어 먹기도 한다. 설렁탕 12,000원. ☐ 031-771-0702

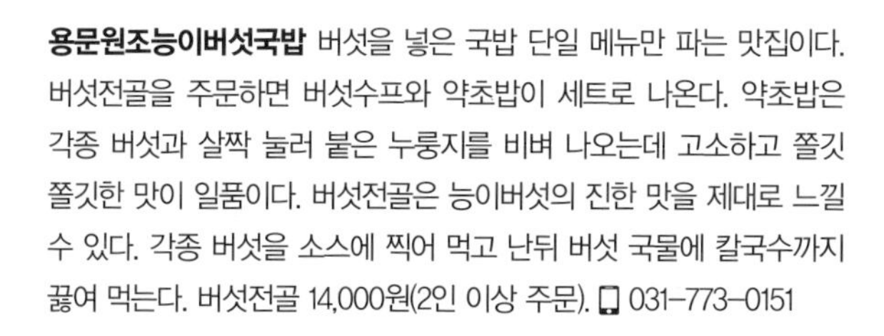

용문원조능이버섯국밥 버섯을 넣은 국밥 단일 메뉴만 파는 맛집이다. 버섯전골을 주문하면 버섯수프와 약초밥이 세트로 나온다. 약초밥은 각종 버섯과 살짝 눌러 붙은 누룽지를 비벼 나오는데 고소하고 쫄깃쫄깃한 맛이 일품이다. 버섯전골은 능이버섯의 진한 맛을 제대로 느낄 수 있다. 각종 버섯을 소스에 찍어 먹고 난뒤 버섯 국물에 칼국수까지 끓여 먹는다. 버섯전골 14,000원(2인 이상 주문). ☐ 031-773-0151

#긴 숲길 끝에 만나는 천 년의 은행나무

용문사

용문사는 전국에 3개가 있다. 경기도 양평의 용문사, 경남 남해의 용문사, 경북 예천의 용문사. 경기도 양평의 용문사는 절집이 들어선 자리가 용의 머리에 해당된다고 한다. 신라 신덕왕 2년(913년)에 대경대사가 창건한 유서 깊은 사찰이다. 용문사 은행나무는 수령 1,100년으로 동양 최대의 은행나무이다. 허리부분에 큰 옹이가 있어 가슴시린 세월의 흔적을 짐작케 한다. 이 은행나무는 신라의 마지막 왕인 경순왕의 세자 마의태자가 나라를 잃고 금강산으로 향하던 중에 심었다는 전설과 신라의 고승의상대사의 지팡이가 뿌리를 내려 자랐다는 전설이 동시에 전해진다. 용문사는 절로 들어서는 일주문은 있지만 사찰을 지키고 악귀를 내쫓는 사천왕문이 없다. 오랜 세월 전란 속에서 사천왕문이 유실되었다. 은행나무만 그 화를 면해 천왕목으로 불리며 사천왕문 역할을 한다. 용문사 템플스테이는 체험형(주말)은 예불 드리기, 108배, 차 예절 등 체험 프로그램이 있다. 휴식형(주중)은 1박 2일 일정으로 예불, 공양시간 이외에 모두 자유시간이다.

주소 경기도 양평군 용문면 용문산로 782 교통편 **자가운전** 중부고속도로 → 하남나들목 → 왼쪽 도로로 들어서서 하남시내 우회도로 → 애니메이션학교 → 지하차도 통과 → 팔당대교 → 양평 방향 우회전 → 6번국도 → 양평 → 용문 → 용문사나들목 좌회전 → 용문사 **대중교통** 청량리역에서 용문역행(매시간 한대씩 운행) 기차를 타고 하자해 용문사행 버스 탑승 종점 하차 전화번호 용문사관광지안내사무실 031-773-0088 홈페이지 www.yongmunsa.biz 이용료 어른 2,500원, 청소년 1,700원, 어린이 1,000원(현금결제만 가능), 주차료 3,000원(1일) 추천계절 가을

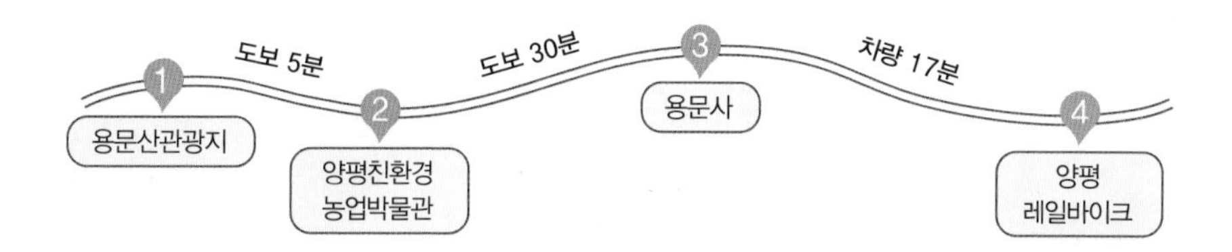

용문사 템플스테이를 신청하면 용문산관광단지 주차장과 용문사 입장료가 무료이다. 용문사는 가을에 가장 아름답다. 양평 용문사 이정표를 따라 가다보면 은행나무 가로수길과 천년의 향기를 지켜온 용문사 은행나무가 아름답게 자리하고 있다.

가 볼 만한 곳

용문산자연휴양림 산림휴양관, 숲속의집, 야영장, 산책로, 등산로가 있어 숲속에서 하루를 지내기에 좋다. 휴양림에서 내려다보면 양평 시내가 한눈에 보인다. 또 등산객들에게 이미 각광받고 있는 '한국의 마터호른'이라 불리는 백운봉(용문산) 등산로와 연결되어 있어 등산하기에 좋다. ☐ 031-775-4005

양평친환경농업박물관 '천 년의 은행나무 이야기'라는 프로그램으로 2012년 경기도 최우수 박물관 프로그램에 선정됐다. 농업박물관은 전국에 많지만 '친환경농업박물관'은 이곳이 유일무이하다. 건강한 삶을 위한 친환경 농산물의 이모저모를 확인해 보자. 양평용문산단광지에 있고 관람료는 없다. ☐ 070-7715-3796

주변 맛집

마당 용문사 가는 은행나무 가로수길에 있다. 은은한 대나무향과 잡곡의 구수한 맛이 어우러진 대나무통밥은 미각과 후각을 만족시킨다. 곤드레나물에 양념장을 넣어 비벼 먹는 곤드레돌솥밥도 단백하다. 곤드레솥밥정식 16,000원, 대나무통밥 16,000원. ☐ 031-775-0311

용문산농장쌈밥마을 용문사 천 년의 향기를 맘껏 즐기고 유기농 쌈에 제육볶음을 싸먹는 맛이란 어떨까. 용문산농장싸밥마을은 직접 재배한 신선한 유기농 쌈만을 취급한다. 찐 된장이 특히 맛있다. 제육쌈밥 13,000원. ☐ 031-771-8389

소설 속 주인공이 되는 이색 테마파크

황순원문학촌 소나기마을

개울물은 날로 여물어 갔다. 소년은 갈림길에서 아래쪽으로 가 보았다. 갈밭머리에서 바라보는 서당골 마을은 쪽빛하늘 아래 한결 가까워보였다. 어른들의 말이, 내일 소녀네가 양평읍으로 이사 간다는 것이었다. (〈소나기〉 중에서) 황순원 단편소설 소나기의 작품 내용을 보면 양평이 배경이다. 황순원문학촌 소나기마을은 여행자가 소설 속 주인공이 될 수 있는 이색 테마파크로 인기가 높다. 소년이 소녀를 등에 업고 건너던 징검다리, 소년과 소년이 송아지를 타고 놀던 곳, 소년과 소녀가 소나기를 피했던 수숫단 등의 장소는 이제 소설 속에서만 존재하는 곳이 아니다. 소나기마을은 황순원의 대표작 소나기의 징검다리, 들꽃마을 등을 재현한 체험장을 비롯해 두 시간마다 소나기가 내리는 소나기광장도 있다. 남폿불 영상실에서는 소나기 소설이 끝나는 장면부터 다시 시작되는 소나기 이후의 이야기를 애니메이션으로 상영한다. 2013년 중학교 국어교과서에는 황순원문학촌 소나기마을이 실렸다. 순수문학의 작가 황순원은 일생 동안 시 104편, 단편소설 104편, 중편소설 1편, 장편소설 7편을 남겼다.

주소 경기도 양평군 서종면 소나기마을길 24 교통편 **자가운전** 팔당대교 → 용담대교 → 양수리 → 서종문화체육공원 → 문호리 → 황순원문학촌 소나기마을 **대중교통** 지하철 중앙선 양수역 1번 출구 양수리역 정류장에서 8-6번 승차 후, 수능1리 다리앞 정류장에서 하차, 황순원문학촌 소나기마을 주차장까지 약 60m 이동 전화번호 소나기마을 상담 및 대표전화 031-773-2299 홈페이지 www.sonagi.go.kr 이용료 어른 2,000원, 청소년 1,500원, 어린이 1,000원 추천계절 여름

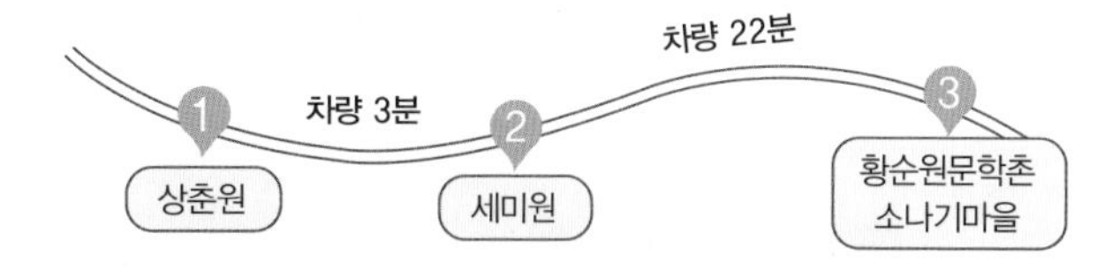

황순원문학촌 소나기마을을 가는 길은 양수리 방향과 중미산 방향이 있다. 이 길의 가로수는 모두 벚나무로 봄에 찾으면 벚꽃이 한창이다. 황순원문학제가 9월에 열린다. 세부행사로는 그림그리기, 백일장, 수상작 전시 등이 있어 어린이와 청소년들이 건전한 정서를 함양하기에 좋다.

가 볼 만한 곳

상춘원 남한강과 북한강이 만나는 두물머리는 드라마 촬영지, 출사지, 데이트장소로 이미 유명하다. 두물머리가 자리한 곳에 상춘원이 있다. 상춘원은 옛 선비들이 문방오우(붓, 벼루, 먹, 종이, 석창포)로 불렸던 석창포를 키우고 있다. 특히 상춘원은 금강산을 축소해 놓은 정원이 명물이다.

북한강로 드라이브길(서종·청평 방면) 벚꽃이 흐드러지게고 피어 있고, 바람이 불면 벚꽃 잎이 흩날리고 유유히 흐르는 강변과 지는 붉은 태양을 감상할 수 있는 아름다운 드라이브길이 양평에 있다. 북한강로는 드라이브하기에 좋은 길로 소문나 벚꽃이 만발하면 여심을 흔든다. 양평 양수리에서 서종·청평 방면 이정표를 따라가면 맛집과 예쁜 카페들이 많다.

주변 맛집

온누리 장작구이 팔당본점 장작으로 훈제한 오리를 참숯에 한 번 더 구워 향과 맛이 좋다. 뒤뜰에는 모닥불을 피워놓아 후식을 즐기기에 그만이다. 예약을 하지 않으면 대기시간이 길다. 평일식사의 경우에 하루 전 예약이 가능하다. 모듬장작구이A(2인 기준) 45,000원, 오리장작구이(한 마리 기준) 53,000원. ☐ 031-576-9293

엔 로제(EN ROSE) 북한강로 주변에 서종 문호리 카페촌이 있다. 프랑스어로 장미속으로 라는 뜻을 가진 엔 로제는 영화 〈바람피기 좋은 날〉 촬영지로 유명하다. 식사는 볶음밥과 파스타가 있다. 플람스 19,000원, 엔로제 레몬더치 12,000원. ☐ 031-774-6398

명성황후 생가

나라를 위해 몸을 바친 시대의 여걸, 명성황후

주소 경기도 여주시 명성로 71 **교통편 자가운전** 영동고속도로 여주IC 진출 → 여주 방면 우회전 → 명성황후 생가 방면 우회전 → 명성황후 생가 **대중교통** 서울고속버스터미널 , 동서울종합터미널 여주행 고속버스 탑승 , 여주터미널에서 914-1번 등점봉리 , 능현리 안성 , 장호원행 버스 탑승 후 점봉초등학교 앞 하차 도보 5분 **전화번호** 031-881-9730 **홈페이지** www.yjcf.or.kr/main/empressmyungseong **이용료** 무료 **추천계절** 봄, 여름, 가을

명성황후가 태어나 8세까지 살던 집이다. 조선 숙종의 장인이며 인현황후의 아버지인 민유중의 직계 후손인 명성황후의 아버지께서 조상의 묘를 지키기 위해 묘막으로 건립한 곳이다. 지금도 생가 위쪽 산책로로 오르면 민유중의 묘를 볼 수 있다. 명성황후가 태어난 안채로 발걸음을 옮기면 강직한 인상이 돋보이는 명성황후의 진영이 보인다. 한 나라의 국모로써 비극적인 죽음을 맞이한 역사를 떠올려 보면 가슴이 먹먹해진다. 명성황후 생가와 나란히 서 있는 감고당은 숙종이 인현황후의 친정을 위하여 지은 집이다. 감고당이라는 이름은 영조가 효성이 지극한 인현황후를 기려 지어준 이름이다. 인현황후가 폐위 된 5년 동안 거처한 곳이기도 하고, 명성황후가 생가를 떠나 왕비로 간택되기 전까지 살았던 곳이다. 감고당은 본래 안국동에 있던 것을 명성황후의 고향으로 이전 복원하였다. 감고당에서 가장 눈에 띄는 사랑채는 목조와 유리가 잘 조화되어 멋스러울 뿐 아니라 햇볕이 내리 쬘 때면 따뜻함이 한껏 느껴진다. 고종과 명성황후의 영정은 물론 시해와 관련된 자료들이 전시된 명성황후기념관은 왜곡된 역사를 바로잡고 올바른 역사관을 정립하기 위해 건립했다.

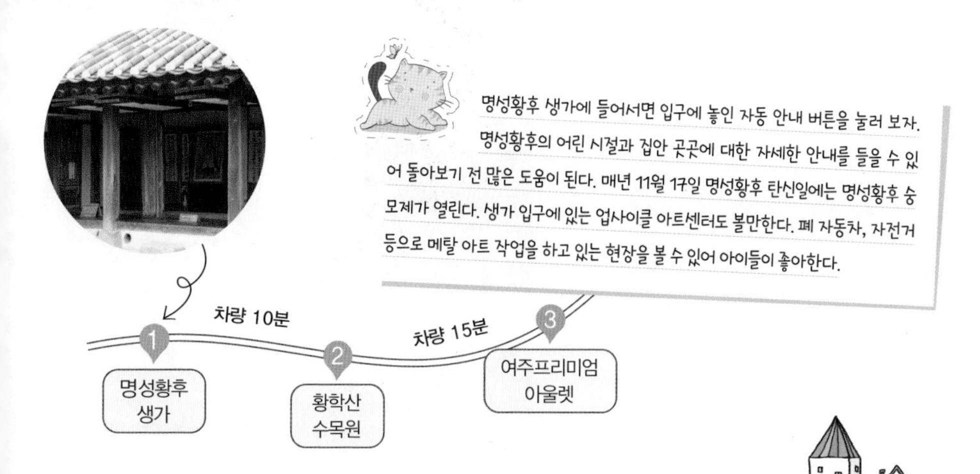

가 볼 만한 곳

황학산수목원 황학산수목원은 여주군에서 운영하는 공립수목원이다. 작년 산림박물관까지 개관을 하면서 어린이들의 소풍 및 가족과 연인들의 주말 나들이 장소로 인기가 높다. 향기 나는 식물이 있는 풀향기정원, 우리 식물이 식재되어 있는 강돌정원, 연인과 가족이 즐기기 좋은 미로원을 돌아보면 몸이 건강해 지는 기분이다. 명성황후 생가와 차량으로 10분 거리 정도에 위치해 있다. ☐ 031-887-2741

여주 프리미엄 아울렛 국내외 유명 브랜드들이 모여 있는 여주 프리미엄 아울렛에서는 평소 갖고 싶었던 명품을 욕심 내 볼만하다. 고가의 브랜드 뿐 아니라 스포츠 의류와 주방용품 등 원하는 모든 제품을 시중가격 보다 저렴한 가격에 구입 할 수 있다. 이국적인 벽돌 건물과 분수, 분위기 있는 레스토랑까지 갖추고 있어 나들이 장소로도 손색이 없다. ☎ 1644-4001

주변 맛집

여주시골쌈밥 여주IC에서 가까운 여주시골쌈밥집은 관광객 뿐 아니라 여주 사람들도 많이 찾는 집이다. 20여 가지가 넘는 싱싱한 쌈 채소에 감칠맛 나는 쌈장을 얹고 삼겹살, 오리, 한우차돌박이 중 어떤 것을 곁들여 먹어도 후회 없다. 시골쌈밥 13,000원, 한우차돌쌈밥 25,000원. ☐ 031-883-2975

황후의 뜰 명성황후 생가 뜰에 있는 한식집이다. 잔치국수나 전을 주문하여 여럿이 둘러앉아 먹어도 부담이 없다. 마당에 차일을 쳐놔 주막 분위기가 난다. 육식파를 위해 뼈 해장국도 있고, 아이들을 위해 돈까스도 있다. 식사 후 황학산으로 이어지는 산책로 걷기도 좋다. 잔치국수 6,000원, 오징어 파전 12,000원. ☐ 070-8831-0871

세종대왕릉

소나무길 따라 걷는 왕릉 산책의 묘미

주소 경기도 여주시 능서면 영릉로 269-50 **교통편** **자가운전** 영동고속도로 여주분기점에서 중부내륙고속도로 진입 → 서여주 IC 진출 → 세종대왕릉 · 효종대왕릉 **대중교통** 신분당선 판교역에서 경강선 환승, 세종대왕릉 또는 여주역 하차, 시내버스 이용. 강남터미널과 동서울터미널에서 30분 간격으로 버스 운행 **전화번호** 031-880-4700 **홈페이지** sejong.cha.go.kr **이용료** 어른 500원, 청소년 · 어린이 없음 **추천계절** 봄, 여름, 가을

봄이면 노란 물감을 뿌려놓은 것같이 활짝 핀 개나리가 여행자를 반기는 여주 세종대왕릉. 6년간 대대적인 정비작업을 통해 재실 복원, 수목 식재, 둘레길 조성 등 확연히 달라진 모습으로 2020년 재개장했다. 여주 세종대왕릉에는 세종대왕과 소헌왕후, 효종대왕과 인선왕후 능이 있다. 이 능들은 처음부터 한 곳에 있었던 것은 아니다. 1469년과 1673년에 각각 이곳으로 이장하여 지금의 능역이 조성되었다고 한다. 세종대왕릉으로 들어서면 넓은 잔디밭에 전시된 세종대왕의 여러 가지 발명품들을 볼 수 있다. 우리나라 과학기술 분야에서는 15세기를 '세종대왕의 세기'라고 부른다. 세종 시절에 사용한 악기, 무기, 책자들이 전시된 세종관을 지나 훈민문을 들어서면 성역의 경계 역할을 하는 금천교가 있다. 홍살문 너머로는 정자각과 높은 구릉 위에 능이 보인다. 소나무가 울창한 계단을 오르면 조선 왕릉 최초의 합장릉 세종대왕과 인선왕후의 능이 있다. 하나의 봉분 아래 왕과 왕비가 함께 계신 걸 보고 있으면 살아생전 두 분의 애틋한 마음이 느껴지는 것 같다. 효종의 능은 세종대왕릉과 솔바람이 상쾌하게 느껴지는 산책로로 연결되어 있다. 효종릉은 봉분이 나란히 있는 일반적인 형태와 달리 봉분이 위에서 아래로 놓인 특이한 구조다.

가 볼 만한 곳

여주도자세상 도자기에 관한 모든 것을 보여주는 도자쇼핑문화관광지이다. 도자와 어울리는 대형 한옥 도예랑과 생활도자미술관인 반달미술관, 쇼핑을 할 수 있는 리빙샵과 아트샵, 휴식공간으로 구성되어 있다. 도자 작품 감상은 물론 직접 만들어보기도 하고 마음에 드는 도자기는 저렴한 가격에 구입할 수도 있다. ☐ 031-887-8232

여주강변유원지 여주를 휘감아 돈다고 하여 여주 사람들에게 여강이라 불린다. 남한강변에 자리 잡고 있으며 해질녘 강 건너로 보이는 신륵사의 모습이 아름답다. 남한강의 경치를 가까이 느끼고 싶다면 누런 포를 돛에 단 황포돛배를 타보는 것도 좋다. 은모래 캠핑장과 금은모래강변공원이 있다.

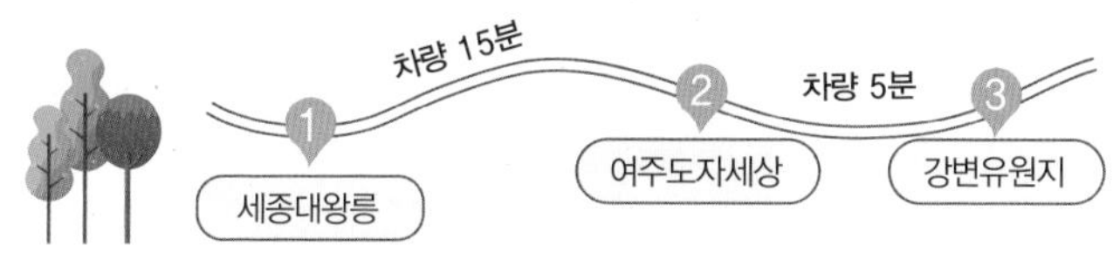

세종대왕릉과 효종릉을 모두 둘러볼 계획이라면 소나무가 우거진 산책로를 이용해보자. 단, 겨울과 봄에는 개방하지 않으니 도착해서 확인해보는 것이 좋다. 세종대왕릉의 소나무 숲에는 진달래 군락지가 있다. 진달래가 만개하는 4월에만 특별 개방하니 핑크빛 진달래꽃의 향연을 보고 싶다면 날짜에 맞춰서 가보는 것도 좋다. 한글날에는 전통공연이 열리기도 한다.

주변 맛집

구능촌 세종대왕릉 근처 마을에 있는 오리구이 전문점이다. 오리고기를 로스구이로 해 먹을 수 있게 하얗게 양념한 것이 특색이다. 게장을 구워 깻잎에 싸서 먹는 맛이 일품, 된장찌개도 좋다. 한 마리 분량이면 3명이 넉넉히 먹을 수 있다. 반 마리 추가도 된다. 오리구이 한 마리(1kg) 60,000원. ☐ 031-882-4893

제주보말칼국수 세종대왕릉에서 가까운 서여주IC 근처에 있다. 제주 명물 몸국과 매생이 보말 칼국수가 대표 메뉴다. 서귀포가 외갓집인 주인이 직접 뽑는 면의 면발이 쫄깃하다. 건강식 느낌이 확 온다. 2인 이상 현금 결제하면 매생이보말전을 서비스로 준다. 몸국 10,000원, 보말칼국수 9,000원. ☐ 031-886-1942

신륵사

목탁 소리와 어울린 남한강의 물안개

여행정보

주소 경기도 여주시 여주읍 신륵사길 73 교통편 **자가운전** 경부고속도로 한남IC → 영동고속도로 신갈분기점 여주IC → 37번국도 → 터미널사거리 → 여주대교 → 신륵사 **대중교통** 신분당선 판교역에서 경강선 환승, 여주역 하차, 시내버스 환승 이용. 강남고속버스터미널, 동서울시외버스터미널에서 30분 간격으로 버스 운행 전화번호 031-885-2505 홈페이지 www.silleuksa.org 이용료 성인 2,200원, 청소년 1,700원, 어린이 1,000원 추천계절 봄, 여름, 가을

신륵사는 우리나라에서 보기 드물게 강가에 자리한 사찰이다. 여주 사람들이 여강이라 부르는, 아침이면 물안개가 피어오르고, 저녁이면 노을이 물드는 남한강가에 자리했다. 신륵사는 신라 진평왕 때 원효대사가 창건했다고 전해진다. '청산은 나를 보고'라는 시로 유명한 고려 나옹화상이 입적한 사찰이기도 하다. 조선 시대에는 영릉의 원찰로 삼아 번성했다. 신륵사는 국가 지정 보물 8점, 경기도 지정 보물 5점 등 13점의 문화재를 보유하고 있다. 보물 찾기 하는 마음으로 신륵사 역사 기행을 떠나보자. 일주문을 지나 산책로를 따라 들어가면 사찰이 나온다. 강당 역할을 하는 구룡루에 올라서면 남한강 풍경이 펼쳐진다. 구룡루 뒤쪽에는 신륵사의 주불당인 극락보전이 있다. 극락보전 앞마당에는 보물 225호로 지정된 다층석탑이 있다. 보물 180호인 조사당은 신륵사에서 가장 오래된 건물이다. 신륵사에서 강변을 따라 걷다 보면 정자 강월헌이 나온다. 정자를 지나면서 벽돌로 쌓아 만든 다층 전탑과 대장각기비를 차례로 만날 수 있다. 신륵사 강월헌 앞 여강에는 황포돛배가 오간다. 조선 시대 한강 4대 나루 중 한 곳이었던 조포나루의 황포돛배를 재현한 것으로 전국 황포돛배의 원조격이다.

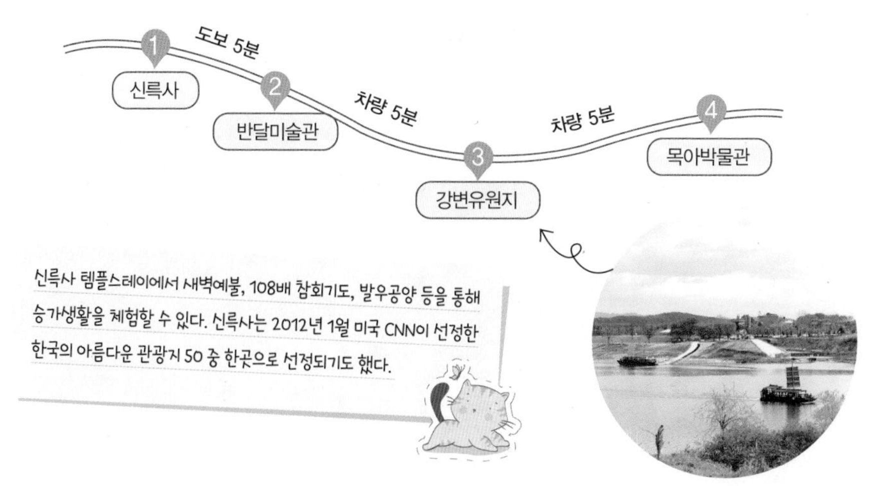

가 볼 만한 곳

반달미술관 신륵사 입구 여주도자세상 안에 있는 미술관. 반달 모양으로 지어진 외관이 눈길을 끈다. 초승달, 상현달, 하현달, 보름달 4개의 전시관에서 예술작품과 생활도자를 보여주는 다양한 기획전시가 열린다. 입장료는 무료이지만 값을 매길 수 없는 귀중한 작품들을 만날 수 있다.

목아박물관 1989년 중요무형문화재 제108호인 목아 박찬수 선생이 설립한 곳이다. 한국의 전통 목공예와 불교미술의 계승을 위해 세워졌다. 지하 1층부터 지상 3층으로 전시관이 이어지며 야외조각공원도 흥미롭다. 불상, 불화, 불교 목공예품이 전시되어 있다. ☐ 031-885-9952

주변 맛집

산너머 남촌 신륵사 경내에 있는 한식집이다. 곤드레밥을 기본으로 7가지 메뉴가 나오는 건강밥상이다. 1인 밥상에도 18가지 반찬이 나온다. 관광지 경내에 있는 음식점답지 않게 제대로 음식을 낸다. 가마솥곤드레정식 13,000원, 가마솥쌀밥정식 17,000원, 갈비탕 10,000원. ☐ 031-886-1425

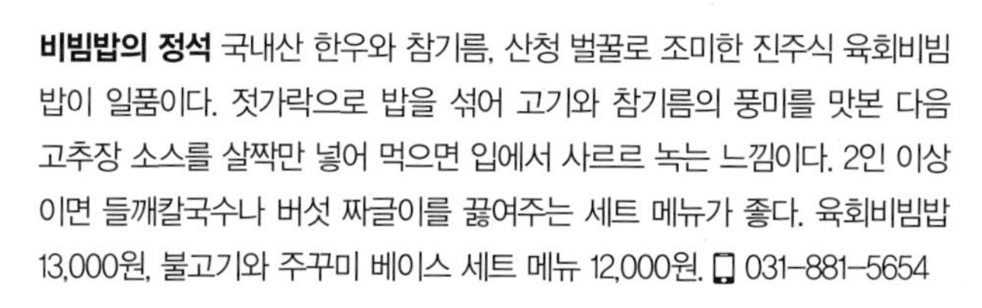

비빔밥의 정석 국내산 한우와 참기름, 산청 벌꿀로 조미한 진주식 육회비빔밥이 일품이다. 젓가락으로 밥을 섞어 고기와 참기름의 풍미를 맛본 다음 고추장 소스를 살짝만 넣어 먹으면 입에서 사르르 녹는 느낌이다. 2인 이상이면 들깨칼국수나 버섯 짜글이를 끓여주는 세트 메뉴가 좋다. 육회비빔밥 13,000원, 불고기와 주꾸미 베이스 세트 메뉴 12,000원. ☐ 031-881-5654

삼국시대부터 각축한 남한강 수로의 요충지 석성

파사산성

파사산성은 여주 이포보에서 동쪽으로 보이는 산 정상에 있는 삼국시대 성이다. 산성 높이는 235m에 불과하지만, 조망은 탁월하다. 정상에 오르면 여주, 양평, 이천이 한눈에 들어오는 장쾌한 풍광에 절로 감탄사가 나온다. 옛 선현들은 여름날 파사산성을 지나는 소나기의 시원한 모습을 여주8경의 하나로 꼽았다. 특히, 해 질 녘에 맞춰 오르면 유장하게 흘러가는 남한강이 낙조로 물드는 황홀한 풍경에 넋을 빼앗긴다. 예로부터 강을 장악하는 세력이 영토를 늘려갈 수 있었다. 파사산성은 신라와 백제가 남한강 물길을 지키기 위해 각축을 벌이던 요충지였다. 산성 발굴 결과 백제의 유물이 다수 수습되어 백제가 성을 쌓았을 가능성이 있다. 약 963m 둘레의 석성에서 포루 3, 우물터, 배수구 터, 건물 터 등 다양한 유적이 발굴되었다. 한편으로 신라가 이 산성을 한강 유역으로 진출하는 교두보로 삼았을 수도 있다. 파사산성은 최근 인기를 끌고 있는 '300리 여강길' 걷기의 제8코스에 포함되어 강변길을 사랑하는 이들이 자주 찾는다. 보름날 또는 그믐밤을 바꿔가며 연 6회 정기적으로 열리는 '달빛강길' 행사에 동참해 음악까지 함께 즐기는 것을 추천한다. 개별적으로 산성에 올라 강마을에 등불이 하나둘 켜지는 모습을 바라보는 것도 매력적이다.

주소 경기도 여주시 대신면 천서리 650(파사성지 주차장) 교통편 (**자가운전**) 중부고속도로 → 광주~원주고속도로 흥천·이포IC → 이포대교 → 파사산성(1시간 30분 소요) **대중교통** 여주종합터미널에서 양평행 하루 25회 운행(천서리 하차), 양평종합터미널서도 가능 전화번호 031-887-3932(대신면사무소) 이용료 없음 추천계절 봄, 가을

가 볼 만한 곳

이포보 4대강에 조성한 보 가운데서 조형미가 가장 뛰어난 보로 꼽힌다. 여주의 상징 새인 백로의 날개 위에 알을 올려놓은 형상이다. 이포의 저녁 풍경은 여강8경 중 하나다. 이포보 홍보관에서 '문명의 강'을 이용해야 하는 현대인으로서의 지식 보충을 해보는 것도 좋다. 보의 기능에 대한 찬반에도 불구하고 많은 관광객이 찾는다. 보도 현수교는 파사산성으로 바로 이어진다.

당남리섬 여주시 대신면 천서리에 있는 축구장 20배 크기의 섬이다. 크게 자연 친화 지역과 캠핑 구역으로 나뉜다. 계절마다 메밀꽃, 유채꽃, 코스모스, 핑크뮬리, 꽃양귀비 등이 피어난다. 여주 금사참외축제에 맞춰 가는 것도 좋다. 오토캠핑장은 한겨울에도 자리가 없을 정도로 인기다. 파사산성 오르기, 이포보 건너기의 출발점으로 생각하면 된다.

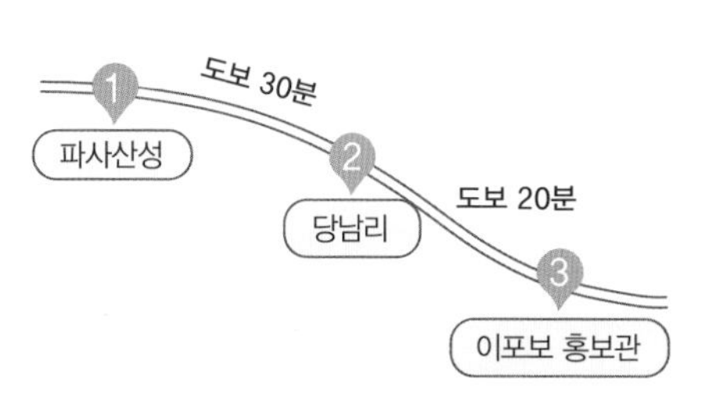

이포보 홍보관과 당남리섬 산책으로 몸을 풀고 파사산성을 오르자. 파사산성은 특히 석양에 오르면 남한강이 북쪽으로 S자 모양 이루며 유장하게 흘러가 감탄을 자아낸다. 우리나라 5대 걷기 코스에 들어가는 '여강길' 단체에서 연 6회 진행하는 달빛걷기는 누구나 무료로 참가할 수 있다. 이 행사는 정상에서 문화공연도 벌여 여행의 흥취를 더해준다.

주변 맛집

강계봉진막국수 천서리 막국수촌의 원조 막국수 집이다. 평안북도 강계 출신 1대 창업주의 고향과 아들 이름 봉진을 합해 작명했다. 물막국수보다 비빔막국수를 찾는 젊은 손님들로 붐빈다. 맵다고 미리 알려준다. 그래도 단골들은 '원조 매운맛'이라고 먼 길을 찾아와 주문한다. 깍둑썰기처럼 나오는 돼지 편육은 씹히는 맛이 다르다. 물막국수와 비빔막국수 9,000원, 편육 18,000원. ☐ 031-882-8300

어부네참다슬기 이포대교 근처 천서리 막국수촌에 있는 다슬기요리 전문점이다. 주인이 홍천강 패류 채취업 면허 1호임을 내세운다. 모든 메뉴의 기본이 다슬기다. 아주 자잘한 강 다슬기의 쌉싸름한 맛이 혀끝에 와 닿는다. 청양고추를 살짝 넣어서 먹으면 매콤한 맛이 입에 돌아 추억의 맛을 느낄 수 있다. 다슬기 해장국 보통 10,000원, 다슬기 감자전 15,000원, 다슬기 야채전 13,000원 ☐ 031-884-1909

 # 구석기 시대로 거슬러 올라가는 시간 여행 

전곡리선사유적지

전곡리선사유적지는 한 주한 미군 병사에 의해 발견된 뒤 1979년 대대적으로 발굴을 시작해 국가 사적 제268호로 지정되었다. 30여 년에 걸친 발굴 끝에 대략 8,500여 점의 구석기시대 유물이 발굴되었다. 구석기인의 재미있는 모습을 형상화한 정문을 지나면 넓은 대지위에 잘 꾸며진 유적지가 모습을 드러낸다. 중앙 잔디광장은 쾌적하게 조성되어 있으며 곳곳에 있는 구석기 생활상을 형상화한 조각상은 훌륭한 포토존이 되어 준다. 토층전시관 주위로 선사체험마을이 조성되어 있는데 석기나 집을 제작하거나 활을 쏘아볼 수 있다. 구석기시대를 산책하다보면 동문을 통해 전곡선사박물관으로 들어갈 수 있다. 2011년 문을 연 이곳은 고인류의 아프리카부터 전곡리까지 이어진 긴 여정을 함께할 수 있는데 최첨단 유적 박물관답게 구석기의 느낌과는 또 다른 미래지향적인 외관을 자랑한다. 상설전시와 함께 매년 기획되는 특별전시는 구석기 시대 인간의 생활상에 대해 새로운 시각으로 만나볼 수 있으니 바닥에 있는 동물발자국을 따라 구석기시대를 여행을 시작해보자.

주소 경기도 연천군 전곡읍 양연로 1510 교통편 **자가운전** 동부간선도로 → 의정부 → 동두천 → 한탄대교 → 전곡리선사유적지 주차장 **대중교통** 지하철 1호선 동두천역에서 39, 39-1, 39-5번 버스 이용 전곡역 하차, 도보 20분 전화번호 031-832-2570 홈페이지 없음 이용료 없음 추천계절 봄, 여름, 가을

가 볼 만한 곳

한탄강관광지 전곡리선사유적지를 중심으로 한탄강변에 조성된 관광지는 오토캠핑 리조트, 어린이 교통랜드, 축구장, 가족자전거 등의 휴양시설로 꾸며졌다. 안전한 교통문화, 승마 등을 체험하거나 오리배를 타고 한탄강의 아름다움에 빠져볼 수도 있다. 특별한 경험을 선사할 캐라반은 인기가 좋으므로 인터넷으로 미리 예약하자. ☐ 031-834-2211

연천 호로고루 고구려 유적지다. 현무암 지형의 수직 단애 위에 세워진 성이다. 성벽 위를 오르면 주변 지세를 한눈에 담을 수 있다. 삼국시대 중요한 군사적 요충지였지만, 지금은 9월경에 열리는 해바라기 축제로 유명해졌다. ☐ 031-839-2565

매년 어린이날 전후로 개최되는 구석기축제는 세계 최대 규모의 구석기 문화축제로 다채로운 볼거리와 체험 프로그램이 운영된다. 1박 예정으로 오토캠핑장을 예약한다면 한층 여유롭게 구석기 체험을 즐길 수 있다.

주변 맛집

보정가든 전곡리선사유적지에서 가까운 곳으로 고소한 손두부를 직접 구워먹는 재미를 느끼는 동안 군침이 절로 돈다. 보리밥과 반찬들도 깔끔하다. 윤기 흐르는 보리밥에 콩나물, 무생채, 고사리 같은 나물들을 잔뜩 넣고 구수한 된장찌개와 함께 비벼먹으면 한 끼 식사가 든든하다. 두부구이+보리밥 8,000원. ☐ 031-832-0063

망향비빔국수 55년의 역사를 가진 국숫집. 전국에 많은 분점이 있으며, 연천이 본점이다. 비빔국수와 만두의 단출한 메뉴지만, 맛집으로 유명한 데는 다 이유가 있다. 식당이 아주 넓지만, 주문시스템이 잘 갖춰져 있다. 비빔국수 7,000원, 아기국수 3,000원. ☐ 031-835-3575

허브빌리지

바람도 머물다 가는 향기 정원

주소 경기도 연천군 왕징면 북삼로 20번길 55 **교통편 자가운전** 강변북로 → 율곡로 → 어삼로 → 청정로 → 북삼로 → 허브빌리지 **대중교통** 지하철 1호선 동두천역에서 경원선 중단 임시 운행 버스(완행) 또는 39, 39-1, 39-5번 버스로 전곡역 하차 후 55번 시내버스 **전화번호** 031-833-5100 **홈페이지** 없음 **이용료** 성인 7,000원, 어린이 4,000원. 동절기는 각 4,000원, 3,000원 **추천계절** 봄

따스한 봄볕 아래 유유히 흐르는 임진강변에 위치한 허브빌리지는 식사, 산책, 휴식을 한꺼번에 취할 수 있도록 꾸며졌다. 세련된 입구를 들어서면 탁 트인 산등성이에 펼쳐진 라벤더가든이 한눈에 들어온다. 바람에 날려 오는 라벤더의 향기에 쌓여있던 피로가 한방에 가시는 느낌이다. 입구에 위치한 허브샵과 커피팩토리를 잠시 뒤로하고 중세 성문처럼 생긴 시인의 길을 통과하면 허브&버드가든이 아름다운 자태를 드러낸다. 온실 속에 꾸며진 허브&버드가든의 벤치에서 온실유리로 투영되는 햇볕을 느낄 수 있다. 바로 옆에 연결된 허브박물관에서는 다양한 허브의 종류와 역사에 대해 자세하게 알 수 있다. 다시 시인의 길을 지나 들꽃동산으로 향하다 보면 발걸음이 가벼워지는 음악소리를 들을 수 있다. 야외 공연장인 문가든에서는 축제기간 동안 다양한 음악공연을 즐길 수 있으니 가기 전에 체크해보자. 문가든을 지나면 허브찜질방이 나타난다. 시간이 많은 이용자라면 허브빌리지를 다 돌아본 뒤에 찜질방에서 쉬어가는 것도 좋다. 찜질방을 지나면 광활한 라벤더가든을 산책할 수 있다. 라벤더가든을 휘돌러 흐르는 개울의 물소리와 라벤더 향기가 멋진 휴식을 가져다 줄 것이다.

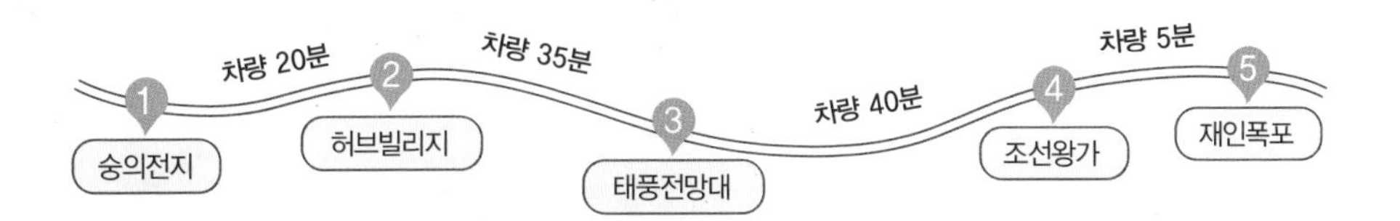

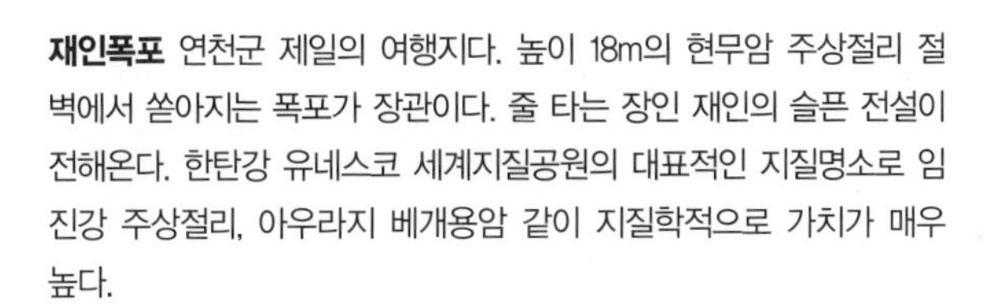

가 볼 만한 곳

태풍전망대 가장 휴전선과 가까운 곳에 위치한 태풍전망대는 휴전선까지 800m, 북한군의 초소까지는 겨우 1,600m의 거리를 유지하고 있다. 일반인의 자유로운 출입이 통제된 이곳은 아직도 전쟁의 아픔이 남아있어 긴장감과 숙연함이 느껴진다. 전망대까지는 승용차나 관광버스를 이용해야 하고 당일 초소에서 신분증을 확인한 뒤 출입이 가능하다.

재인폭포 연천군 제일의 여행지다. 높이 18m의 현무암 주상절리 절벽에서 쏟아지는 폭포가 장관이다. 줄 타는 장인 재인의 슬픈 전설이 전해온다. 한탄강 유네스코 세계지질공원의 대표적인 지질명소로 임진강 주상절리, 아우라지 베개용암 같이 지질학적으로 가치가 매우 높다.

주변 맛집

청산짜장 오래된 집이지만, 최근 리모델링을 거쳐 쾌적하고 깨끗하다. 너무 짜거나 달지 않은 옛 맛 그대로의 짜장면을 맛볼 수 있다. 바삭하게 튀긴 고소한 탕수육이 일품이다. 짜장면 6,000원, 쟁반짜장 15,000원. ☐ 031-835-3366

커피팩토리 커피 스페셜리스트가 직접 로스팅한 신선한 원두를 재료로 다양한 커피를 즐길 수 있는 로스터리 카페로 운이 좋다면 직접 커피 로스팅을 볼 수 있다. 서재 같은 1층에서는 허브아이스크림을 맛볼 수 있고 비밀의 문을 통과하여 내부로 내려가면 벽난로가 있는 아름다운 공간이 나타난다. 아메리카노 4,500원, 허브티 5,000원. ☐ 031-833-9008

독산성 산림욕장

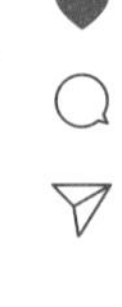

청설모가 뛰어노는 잣나무 숲 울창

주소 경기도 오산시 중앙대로 443 **교통편 자가운전** 경부고속도로 → 봉담동탄고속도로 → 문시로 → 독산성로 269번길 → 보적사 입구 주차장 **대중교통** 지하철 1호선 세마역 1번 출구 세마역 정류장에서 일반 31번 버스 탑승, 솔매마을 정류장 하차 후 도보 20분 **전화번호** 031-370-3413 **이용료** 없음 **추천계절** 봄, 여름, 가을

단단히 조여 맨 등산화 끈을 다시 푼다. 답답한 양말도 벗고 발가락 사이를 스치는 시원한 공기를 느낀다. 태양이 강렬히 내리쬐는 정오의 울창한 잣나무 숲은 더 짙은 그늘을 만든다. 약 오른 태양은 숲을 더 뜨겁게 달구고 이내 나무는 활발하게 광합성을 한다. 나무베드에 누워 눈을 감고 숨을 깊게 들이킨다. 호흡은 더 깊어지고 숲의 향기는 더 진해진다. 바람 소리, 새소리, 풀벌레 소리에 귀를 기울인다. 산림욕장 내 사람들은 살아있는 자연 앞에 하나같이 목소리를 낮춘다. 자연을 온몸으로 가득 느낄 수 있는 이곳은 경기도 오산시에 있는 독산성산림욕장이다. 오산시가 편의시설 및 체육시설, 극기훈련장 등을 마련하고 산책로와 잣나무 숲을 가꾸었다. 이곳은 도시화에 찌든 사람들에게 휴식공간을 제공하고 어린이들에게는 자연 체험장으로 활용되고 있다. 숲으로 들어서면 제일 먼저 인근 유치원에서 소풍 온 아이들이 왁자지껄 떠드는 휴게공간숲속교실이 나타난다. 더 내려가면 극기훈련장으로 다양한 체험시설이 곳곳에 배치되어 있다. 잣나무 숲으로 가는 작은 다리 밑에는 옹달샘이 있다. 바가지로 옹달샘 물을 한 모금 마시고 피톤치드를 들이키러 나무베드로 가자.

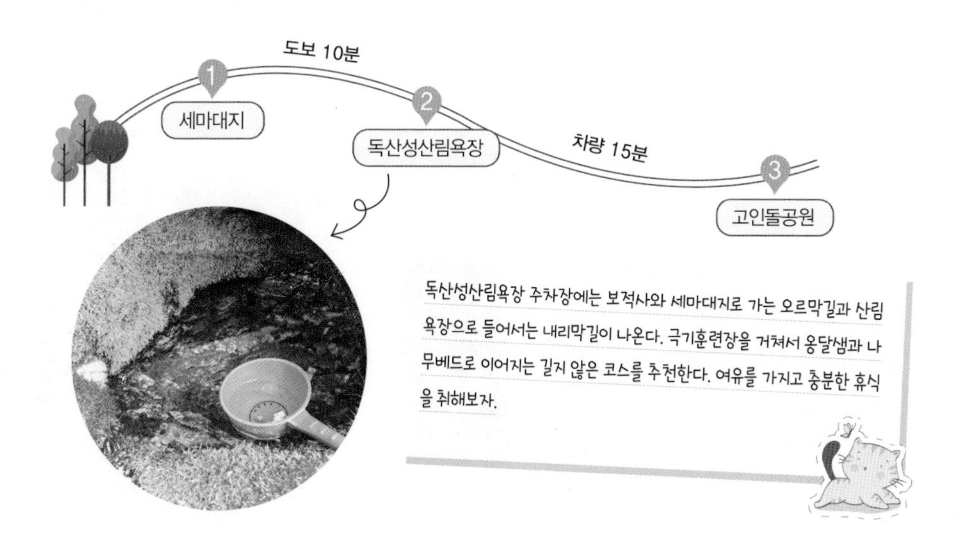

독산성산림욕장 주차장에는 보적사와 세마대지로 가는 오르막길과 산림욕장으로 들어서는 내리막길이 나온다. 극기훈련장을 거쳐서 옹달샘과 나무베드로 이어지는 길지 않은 코스를 추천한다. 여유를 가지고 충분한 휴식을 취해보자.

가 볼 만한 곳

세마대지 독산성 보적사 뒤편에는 세마대지가 있다. 세마대지는 선조 25년 임진왜란 중에 있었던 권율 장군의 일화로 유명한 곳이다. 권율 장군이 병사 2만 명을 이끌고 이곳에 주둔하고 있을 때, 왜병이 독산성에 물이 부족함을 알고 물 한 지게를 올려보내 조롱하였다. 이에 권율 장군은 세마대지에서 백마에 흰 쌀을 끼얹어 물로 씻는 시늉을 하고 이 모습을 본 왜군은 성내에 물이 풍부한 것으로 속아 퇴각하였다. ☐ 031–370–3114

고인돌공원 큰 바위가 많은 마을인 오산 금암리에는 고인돌공원이 있다. 잘 가꿔진 잔디와 나무, 그늘막이 되어주는 정자, 청동기시대의 무덤인 고인돌이 있는 아기자기한 공원이다. 고인돌을 설명하는 시설물이 잘 비치되어 아이들과 공원에서 휴식을 취하면서 자연스럽게 고인돌에 대해 알아갈 수 있다.

주변 맛집

운암명가 부대찌개 운암명가는 송탄식 부대찌개를 전문으로 하며 칼칼하고 진한 맛과 푸짐한 양을 자랑한다. 냄비 뚜껑이 닫히지 않을 만큼 파와 햄이 가득 들어간다. 마늘도 한 국자 듬뿍 투하한다. 부대찌개 10,000원. ☐ 031–373–0307

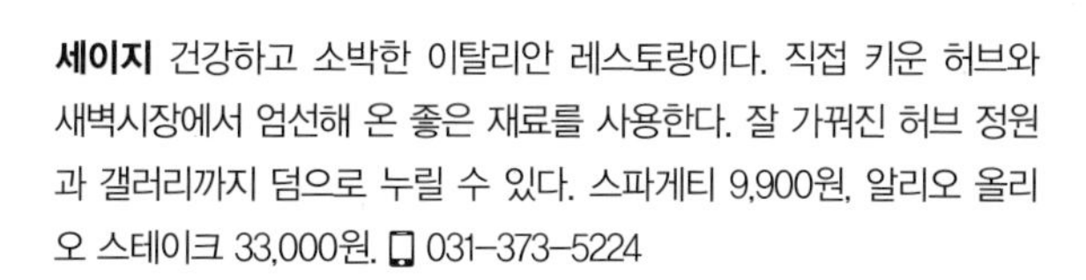

세이지 건강하고 소박한 이탈리안 레스토랑이다. 직접 키운 허브와 새벽시장에서 엄선해 온 좋은 재료를 사용한다. 잘 가꿔진 허브 정원과 갤러리까지 덤으로 누릴 수 있다. 스파게티 9,900원, 알리오 올리오 스테이크 33,000원. ☐ 031–373–5224

물향기수목원

풀내음 싱그러운 산책로와 숲 체험 공간

주소 경기도 오산시 청학로 211 교통편 **자가운전** 경부고속도로 → 오산IC → 오산대역사거리 → 물향기수목원 **대중교통** 지하철 1호선 오산대역 전화번호 031-378-1261 홈페이지 farm.gg.go.kr/sigt 이용료 어른 1,500원, 청소년 1,000원, 어린이 700원 추천계절 봄, 여름, 가을

물향기수목원은 정성껏 준비한 도시락 하나면 숲과 자연의 기운을 한껏 느낄 수 있는 곳이다. 주차장에서 매표소 입구까지 이어진 신비로운 만경원 덩굴길을 지나 가다듬는다는 라틴어에서 유래한 토피어리원에 들어서면 공룡 모양 나무들이 환영 인사를 건넨다. 수목원 관람은 주 관람로를 뜻하는 빨간색 화살표를 따라 시계 반대 방향으로 진행한다. 3시간 정도면 느긋하게 수목원을 한 바퀴 돌아볼 수 있다. 예술가의 향취가 가득한 향토예술의 나무원에서는 김소월의 시와 홍난파의 정겨운 노래를 벗 삼아 마치 메타세콰이어길에 온 듯한 기분으로 산책할 수 있다. 여름에도 가을의 정취를 느낄 수 있는 단풍나무원을 지나면 물방울 모양으로 반짝이는 온실이 나타난다. 온실로 들어서면 비로소 자연이 완성되었다는 느낌을 주는 시원한 폭포 소리가 가슴을 울리고 아기자기하게 꾸며진 열대 식물을 감상할 수 있다. 온실을 나와 허브향 가득한 기능성 식물원을 지나면 미로같이 펼쳐진 나무 데크 주위로 새소리가 청아한 원시의 습지생태원이 기다리고 있다. 어릴 적 곤충 채집하던 기억을 더듬을 수 있는 곤충생태원과 아이들이 좋아할 만한 전시로 꾸며진 삼림전시관도 빼놓을 수 없는 수목원의 매력 포인트다.

수목원에서 다양한 체험 프로그램을 운영한다. 숲 해설가의 안내에 따라 수목원 동식물의 생태를 알아보는 해설 프로그램, 아이들과 함께 체험하기 좋은 천연염색이나 목공예체험 프로그램도 있으니 미리 확인해보자.

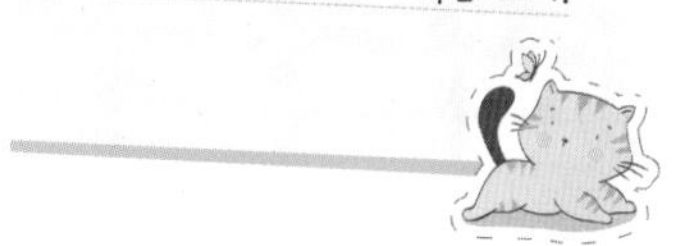

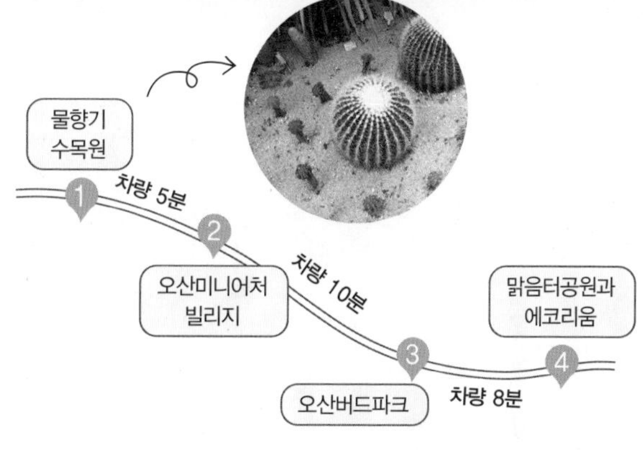

가 볼 만한 곳

오산미니어처빌리지 미니어처를 통해 세계 각국의 역사와 문화를 체험하고 상상할 수 있는 곳. 실제 크기의 1/87로 축소한 미니어처를 전시했다. 대한민국의 과거와 현재를 시대 순서로 탐험하는 시간 여행과 유라시아 횡단 열차를 타고 세계 여러 나라를 탐방하는 세계여행으로 구성되어 있다. 장소별 숨은 미니어처를 찾아 빙고를 완성해보자. 대인 10,000원, 소인 8,000원. 사전 예약 필수. 매주 월요일 휴관. ☐ 031-8036-7979

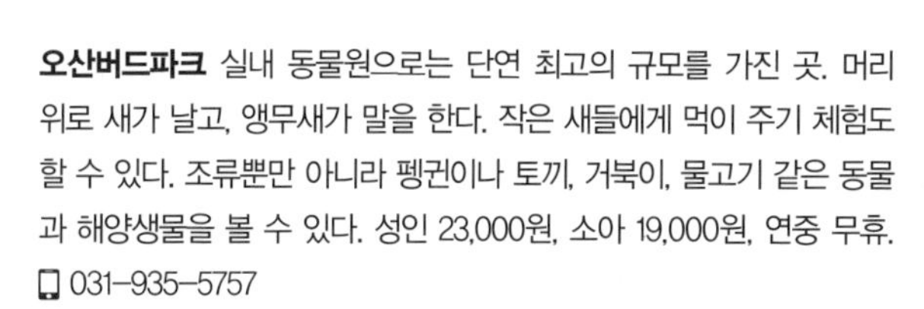

오산버드파크 실내 동물원으로는 단연 최고의 규모를 가진 곳. 머리 위로 새가 날고, 앵무새가 말을 한다. 작은 새들에게 먹이 주기 체험도 할 수 있다. 조류뿐만 아니라 펭귄이나 토끼, 거북이, 물고기 같은 동물과 해양생물을 볼 수 있다. 성인 23,000원, 소아 19,000원, 연중 무휴. ☐ 031-935-5757

주변 맛집

콩마당 언제 먹어도 속이 든든하고 따뜻한 콩요리 맛집이다. 두부와 만두를 푸짐하게 넣어주는 전골이나 담백한 비지찌개가 맛있다. 아이들을 위한 놀이방이 있어 여유롭게 식사를 할 수 있다. 두부만두전골 28,000원, 콩비지찌개 8,000원. ☐ 031-372-3334

보배반점 운암뜰 한식 거리에 있다. 매장 인테리어가 홍콩에 온 것처럼 트랜디하다. 하지만 맛은 정통을 그대로 지켰다. 대표 메뉴 보배짬뽕은 노련한 웍질에서 오는 맵지 않고 칼칼할 불 향이 가득해 감칠맛이 돈다. 보배짬뽕 8,500원, 해물쟁반짜장 19,000원. ☐ 031-377-9017

#천재 예술가의 혼이 살아 숨 쉬는 곳

백남준아트센터

경기도어린이박물관에서 백남준아트센터까지 이어지는 돌담길과 넓게 펼쳐진 푸른 잔디밭은 바쁜 일상에서 잠시 휴식을 취하기에 부담 없는 공간이다. 높은 천장의 웅장함과 통유리 사이로 들어오는 따뜻함은 백남준아트센터를 들어섰을 때의 첫 느낌이다. 이 미술관은 비디오아트의 미켈란젤로로 불리는 세계적인 예술가 백남준의 예술혼을 기리기 위해 건립되었다. 당시 백남준이 건설 계획에 직접 참여하여 지은 이름인 '백남준이 오래 사는 집'처럼 미술관 곳곳에서 아직도 백남준의 숨결이 느껴지는 듯하다. 누가 보아도 미술관임을 알 수 있는 감각적인 외관을 가진 아트센터는 전시관과 예술가를 위한 서가, 아트스토어, 라이브러리 그리고 탁 트인 창이 있는 아늑한 카페로 구성됐다. 지하 1층 교육장에서는 청소년과 성인을 위한 예술 강좌나 문화교실이 진행된다. 흥미로운 상설전시 외에도 국악, 오케스트라공연 등 다채로운 문화행사가 수시로 진행된다. 연인, 가족, 친구들과 의미 있는 나들이를 원한다면 문화생활은 물론 자연 속의 산책까지 할 수 있는 백남준아트센터로 향해보자.

주소 경기도 용인시 기흥구 백남준로 10 교통편 **자가운전** 경부고속도로 수원IC → 신갈오거리에서 민속촌 방면 → 백남준 아트센터 **대중교통** 지하철 분당선 기흥역 5번 출구에서 신갈고등학교 방면으로 탄천따라 도보 15분 전화번호 031-201-8500 홈페이지 www.njp.ggcf.kr 이용료 무료(특별기획전 별도) 추천계절 사계절

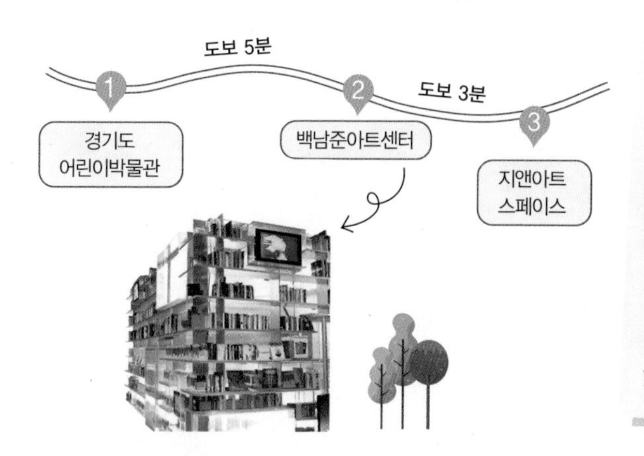

백남준아트센터에서는 경기도민에게 입장료를 50% 할인해준다. 백남준의 예술세계를 어렵다고 느끼는 사람이라면 매일 평일 2회, 주말 4회 전시 설명 관람이 있으니 들어보는 것도 좋다. 꼭 전시 관람이 아니더라도 라이브러리에 놓인 편안한 소파에 앉아 책을 보거나 카페에서 창밖을 바라보며 커피 한잔을 즐기는 것도 좋다.

가 볼 만한 곳

경기도어린이박물관 백남준아트센터에서 오솔길을 따라 5분 정도 거리에 위치한 경기도어린이박물관은 어린이의 꿈과 상상력을 키워 주기에 더할 나위 없이 좋은 곳이다. 유아들을 위한 자연놀이터, 초등학생들에게 인기가 좋은 에코 아뜰리에 등 흥미로운 공간들이 가득하다. 박물관 외부에는 여러 작가들의 예술작품들이 숨어 있다. ☐ 031-270-8600

지앤아트스페이스 생활미술관을 표방하는 지앤아트스페이스의 전시는 주로 일반인이 쉽게 접할 수 있는 소재로 진행된다. 전시관 내부에는 도자작품, 생활자기가 가득하다. 특히 지앤아카데미에서는 성인과 어린이를 위한 도예와 미술교육을 받을 수 있고 화분을 만들어 보는 일일체험도 가능하니 관심이 있다면 도전해보자. ☐ 031-286-8500

주변 맛집

하이드 파크 갤러리 같은 카페 하이드 파크는 주변의 백남준아트센터나 지앤스페이스에서 전시를 관람 한 후 차 한 잔 하거나 식사를 하기 좋은 공간이다. 햇살이 따뜻한 날이면 야외 테라스에서 앉아 보자. 감미로운 음악과 세련된 인테리어는 식사의 맛을 더해준다. 아메리카노 6,000원, 자몽레몬티 7,000원. ☐ 031-286-8584

가오리와 방패연 싱싱한 채소와 고기, 해물이 어우러져 자극적이지 않고 밑반찬들이 깔끔하다. 가족모임이나 상견례를 위한 룸이 2층에 마련되어 있으며 식사 후에는 3층에 아기자기한 소품으로 꾸며놓은 티룸에서 커피 한 잔도 놓치지 말자. 한정식 22,000~53,000원. ☐ 031-216-1100

#유년 시절에 모두 가 봤을 오감만족 테마파크

에버랜드

남녀노소 사계절 즐길 거리가 풍부한 테마파크. 글로벌 페어, 아메리칸 어드벤처, 매직랜드, 유러피언 어드벤처, 주토피아 5개의 공간으로 구성되어 있다. 글로벌 페어는 전 세계의 문화, 음식, 상점, 건축 양식을 체험해 볼 수 있고, 아메리칸 어드벤처는 음의 거리로 콜럼버스가 신대륙을 발견한 때부터 록큰롤 시대까지 미국의 역사를 테마로 한 지역이다. 매직랜드는 동화 속 나라를 구현해 놓은 지역으로 이솝 이야기를 테마로 한 놀이기구들과 볼거리가 있다. 유럽피안 어드벤처는 유럽의 마을을 만들어 놓은 곳이다. 이곳의 포시즌스가든에서는 일 년 내내 튤립, 장미, 국화 축제 등이 열린다. 주토피아는 16,000평의 부지에 백사자, 산양, 일런드, 코끼리 등 20종 150여 마리의 동물들이 서식하는 야생의 세계를 개방형 수륙양용차를 타고 돌면서 체험할 수 있다. 여름이면 사람들은 캐리비안베이로 몰려든다. 워터파크로 거대한 인공 파도를 즐길 수 있는 풀부터 워터봅슬레이, 튜브라이드 등 스릴 만점 워터기구들도 탈 수 있고 스파도 마련되어있다. 에버랜드에서의 하루는 짧기만 하다.

여행정보

주소 경기도 용인시 처인구 포곡읍 에버랜드로 199 교통편 **자가운전** 한남IC → 신갈분기점 → 영동고속도로 마성IC → 에버랜드 **대중교통** 서울시청에서 1005-1, 5002번 버스 탑승 전화번호 031-320-5000 홈페이지 www.everland.com 이용료 대인과 청소년 46,000원~64,000원, 소인과 경로 36,000원~51,000원 추천계절 사계절

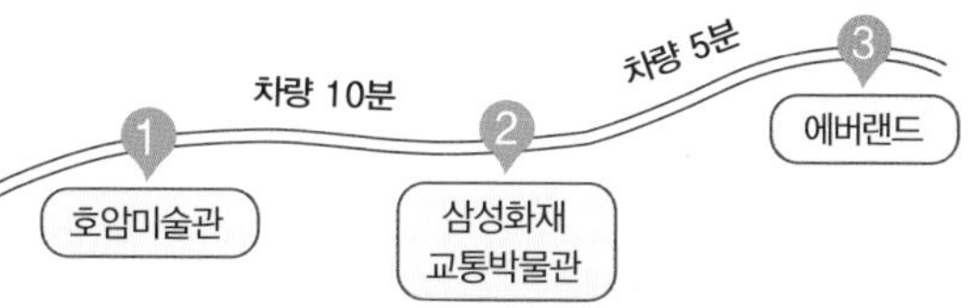

요정부터 동화 속 주인공까지 다양한 분장을 한 사람들이 공연을 보여주는 퍼레이드는 매일 약 30분씩 두 세 차례 열린다. 특히 이솝 빌리지에서는 실제 이솝 동화를 오감으로 즐길 수 있도록 꾸며 놓아 아이들이 좋아한다.

가 볼 만한 곳

호암미술관 호암 이병철 삼성 전 회장이 한국 전통예술을 보존하고 또 이를 통해 역사를 배우며 새로운 통찰력 키우고자 설립한 미술관이다. 금속공예, 목가구, 고서화 등 한국의 멋과 전통문화의 향기를 느낄 수 있는 다양한 전시물들을 관람할 수 있다. 봄에는 벚꽃이, 가을에는 단풍이 아름다워 나들이 장소로도 유명하다. 미술관에서 운영하는 전통정원 '희원'도 휴식을 취하기 좋은 장소로 알려져 있다. ☐ 031-320-1801

삼성화재교통박물관 에버랜드 뒤편에 자리 잡은 삼성화재교통박물관에서는 세계 역사 속의 명차들과 스포츠카부터 특수 차량, 한국의 클래식 차량까지 다양한 자동차가 전시되고 있다. 1, 2층에는 영화 속에 나오던 차부터 레이싱카 등 수많은 자동차가 자동차 마니아들을 감동하게 한다. 그 외에도 엔진 등 차량구조를 세세하게 살필 수 있는 체험공간도 있다. 어린이들은 자동차 나라에서 자동차의 원리와 의미를 배울 수도 있다. ☐ 031-320-9900

주변 맛집

쿠치나 마리오 에버랜드 유러피안 어드벤처 내에 위치한 이탈리안 레스토랑으로 창가의 통유리를 통해 보이는 분수대 경관을 감상하며 식사를 즐길 수 있다. 놀이동산 내 대부분의 음식점들에 비해 가격이 합리적인 편이다. 파스타 13,300~15,300원, 하프앤하프피자 18,800원.

와우정사

한류와 함께 하는 호국 사찰

주소 경기도 용인시 처인구 해곡로 25-15 **교통편** **자가운전** 영동고속도로 용인IC → 용인공용버스터미널 → 용인송담대학교 → 와우정사 **대중교통** 서울고속버스터미널에서 용인행 고속버스 이용, 용인공용버스터미널에서 10-4 백암행 시내버스 탑승 **전화번호** 대한불교 열반종 총무원 031-339-0101~3 **홈페이지** www.wawoo-temple.org **이용료** 없음 **추천계절** 봄, 가을

돌탑 위에 얹혀진 거대한 부처님의 이마가 아침햇살을 받아 황금색으로 빛난다. 용인의 산골에 이른 시간, 관광버스에서 내리는 사람들은 뜻밖에도 태국에서 온 관광객들이다. 불교국가의 관광객답게 그들은 경건하면서도 유쾌함을 잃지 않는다. 와우정사는 신라시대로 거슬러 올라가는 열반종의 법통을 이어받아 1970년 해곡스님이 창건한 호국사찰이자 대한불교열반종의 총본사이다. 와우정사의 상징은 인도에서 온 12m 길이의 향나무 와불과 10m 높이의 황금색 불두이다. 게다가 3,000개가 넘는 작은 불상들이 빼곡한 만불전까지 기존 사찰의 형식을 깬 파격미를 보여준다. 원래 86 아시안게임 때 찾아온 일본인관광객이 와불전에서 기도 중에 부처님의 방광(放光)을 목격했다고 소문나면서 일본인들의 참배가 늘기 시작했다고 한다. 함경북도 나진에 고향을 둔 실향민 해곡스님의 남북통일에 대한 신념은 남다르다. 6·25전쟁 참전 16개국의 전사한 군인들이 극락왕생하기를 기원하는 천도제를 지내면서 자연스레 세계불교도총연맹, 한중일 불교협의회 등 활발한 국제교류로 이어졌다. 최근 한류의 영향에 힘입어 우리나라를 찾는 태국관광객의 80%가 와우정사를 찾는다.

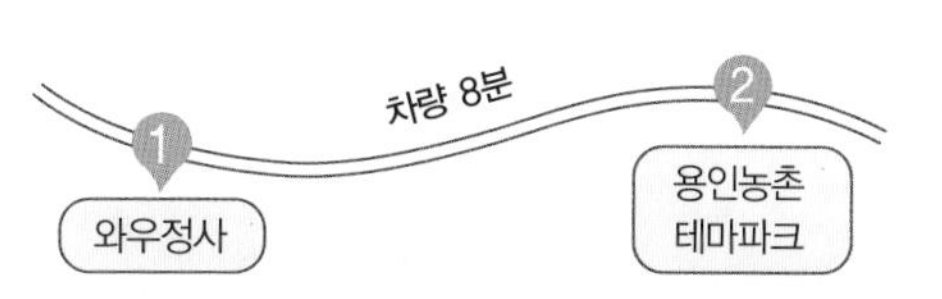

와우정사 마당에서 쓰레기를 줍거나 외국 참배객들의 버스를 향해 손을 흔드는 키가 자그만 스님이 바로 종정이신 해곡스님이다. 궁금한 걸 물어보면 아주 친절하게 설명도 해 주신다. 귀로에 백암면에 들러 순대를 맛보는 것도 좋다.

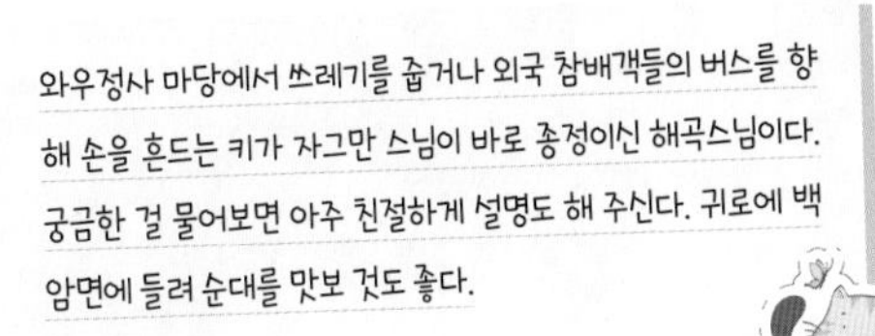

가 볼 만한 곳

용인농촌테마파크 도시민들에게 농촌 체험을 하고 쾌적한 휴식공간을 제공한다. 농촌종합체험관에서는 아이들에게 농사의 중요성과 수고로움을 알게 해준다. 행복을 전하며 돌아가는 바람개비와 들꽃광장에 핀 온갖 색깔의 꽃들이 반긴다. 입장료 어른 3,000원, 청소년 2,000원, 어린이 1,000원, 매주 월요일 휴관. ☐ 031-324-4053

용담저수지 양지리조트가 있는 독조봉 남쪽으로 흐르는 물이 모여 만든 저수지다. 사암저수지라고도 하며, 청미천의 발원지다. 둘레가 4km인 아담한 호수로 조용한 산책에 더없이 좋다. 반려동물 동행도 가능하다. 주차도 무료다. 대형 베이커리 카페도 있다. 용인농촌테마파크에서 1km 거리로 가깝다.

주변 맛집

백암제일식당 수요미식회, 한국인의 밥상 등 TV 프로그램에 소개된 순대 맛집이다. 돼지머리를 장시간 우려낸 뽀얀 육수에 채소를 듬뿍 넣어 담백한 맛을 자랑한다. 비린내도 전혀 없고 깔끔한 맛이 일품이다. 남녀노소 모두 좋아하는 원조 순댓집이다. 모듬순대 18,000원, 백암순대 16,000원, 순대국밥 9,000원. ☐ 031-332-4608

금성식당 양지파인리조트 입구에 있는 토속음식점이다. 손님들이 주로 찾는 청국장과 두부찌개는 옛날 먹던 바로 그 맛이라는 소리가 절로 나온다. 주말에는 골프장 손님까지 몰려 북적인다. 매월 2, 4주 월요일 휴무. 청국장찌개, 두부찌개 각 10,000원. ☐ 050-7724-7488

#살아 있는 전통문화 체험의 장

한국민속촌

우리 조상들의 풍습과 생활을 그대로 옮겨 놓아 드라마 〈대장금〉, 〈해품달〉, 〈옥탑방왕세자〉 등 촬영장소가 바로 한국민속촌이다. 나룻배가 유유히 흐르는 민속촌을 따라 전통가옥, 의례, 민속신앙, 전통공예, 민속놀이, 세시풍속이 생생하게 재현된 모습은 살아있는 국사책을 보는 기분을 들게 한다. 한국민속촌은 관람객에게 다양한 전통공연들을 아낌없이 베푼다. 특히 농악, 줄타기, 마상무예, 국악 비보이 등 쉴 틈 없이 펼쳐지는 공연들을 보고나면 반나절이 훌쩍 지나가 버린다. 3월에서 11월 사이에는 운이 좋다면 전통혼례를 치르는 모습도 볼 수 있다. 볼거리가 가득한 민속촌을 관람하다가 허기가 진다면 민속장터로 가보자. 옛 장터 느낌을 살려 평상 위에 천막을 두른 장터는 뜨끈한 장국밥부터 감자전과 빈대떡, 해물파전, 비빔밥, 인절미 등 먹거리가 가득하다. 민속촌은 전체가 살아있는 교육장이지만 전통민속관과 세계민속관에서는 야외 민속촌에서 다루기 어려운 보다 섬세한 분야를 전시하고 있어 가볼만 하다. 아이들을 위한 놀이공원, 도깨비집, 눈썰매장 등 다양한 놀이시설을 갖추고 있어 사계절 남녀노소 모두에게 즐거운 나들이길이다.

주소 경기도 용인시 기흥구 민속촌로 90 교통편 **자가운전** 경부고속도로 수원 IC 우측 진출 → 상갈교사거리 한국민속촌 방향 좌회전 → 민속촌 입구 삼거리 좌회전 → 한국민속촌 **대중교통** 지하철 분당선 상갈역 2번 출구에서 버스 37, 10-5번 환승 후 민속촌 정류장 하차 전화번호 031-288-0000 홈페이지 www.koreanfolk.co.kr 이용료 어른/청소년 32,000원, 어린이 26,000원 추천계절 사계절

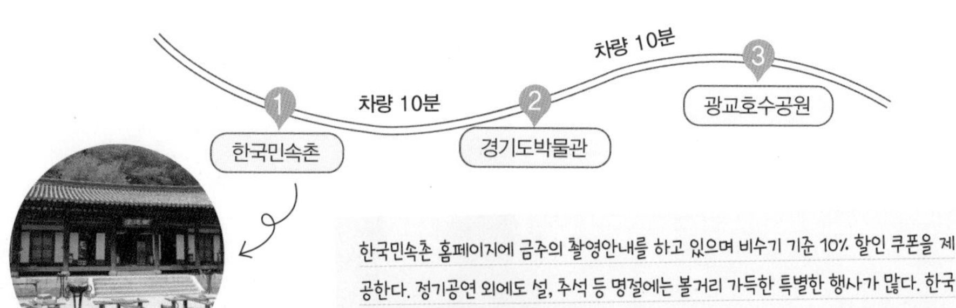

한국민속촌 홈페이지에 금주의 촬영안내를 하고 있으며 비수기 기준 10% 할인 쿠폰을 제공한다. 정기공연 외에도 설, 추석 등 명절에는 볼거리 가득한 특별한 행사가 많다. 한국민속촌 홈페이지에는 다양한 할인 프로모션을 안내하고 있으니 방문 전 꼭 확인하여 알뜰한 여행을 즐기자.

가 볼 만한 곳

경기도박물관 한국민속촌과 10분 정도 거리에 위치하고 있는 경기도박물관은 경기도민에게 '문화공간의 장'으로 불리는 열려있는 공간이다. 어린이, 청소년, 가족을 위해서는 놀이와 체험을, 성인을 위해서는 전문적인 강좌를 통하여 시민들의 지식과 교양의 폭을 넓혀 줄 수 있는 다양한 교육 프로그램을 운영하고 있다. ☐ 031-288-5300

광교호수공원 기존 원천유원지가 광교호수공원으로 탈바꿈되었다. 일산호수공원 규모의 약 2배에 달하는 이곳은 인공호수가 아닌 기존에 저수지였던 곳이다. 저수지의 자연환경을 그대로 살리면서 시민들의 휴식 및 여가공간을 극대화한 것이 인상적이다. 호수 쪽으로 놓인 흔들의자에 앉아 바라보는 일몰이 감동스럽다. ☐ 031-228-4197

주변 맛집

두부마당 두부를 옛날 방식 그대로 가마솥에 직접 만들어서 판매하는 집이다. 보쌈부터 전골까지 두부를 이용한 다양한 메뉴가 준비되어 있다. 여름철 한정메뉴 콩국수는 진한 국물이 별미다. 두부보쌈 30,000원, 두부전골 27,000원. ☐ 031-285-4893

화덕위에고등어 고등어, 임연수, 삼치, 갈치 등 생선구이 4종과 고추장 불고기를 전문으로 하는 집이다. 화덕에서 갓 구운 생선을 가마솥에 지은 밥과 함께 먹는 맛이 꿀맛이다. 식사 후 셀프로 제공되는 스타벅스 커피와 아이스크림은 덤이다. 고등어구이 14,000원, 삼치구이 15,000원. ☐ 031-282-2967

한택식물원

향긋한 꽃내음에 취하다

주소 경기도 용인시 처인구 백암면 한택로 2 교통편 **자가운전** 영동고속도로 양지IC → 17번국도 백암, 진천 방향 → 근곡사거리 백암면 방향 우회전 → 325번국도 장평리 방향 우회전 → 한택식물원 **대중교통** 남부터미널 고속버스 이용, 백암터미널에서 버스 10-4번 환승 후 한택 식물원 정류장 하차 전화번호 031-333-3558 홈페이지 www.hantaek.co.kr 이용료 어른 9,000원, 청소년 및 어린이 6,000원 추천계절 봄, 여름, 가을

식물원 입구부터 향긋한 꽃내음과 청량한 공기가 가득하다. 한국의 정원이라는 뜻의 한택식물원은 어디서든 볼 수 있는 들꽃부터 멸종위기의 희귀식물까지 9,000여 종의 식물과 35개의 주제원을 갖춘 식물들의 천국이다. 한 걸음 내딛을 때마다 내 몸이 건강해지는 기분이 든다. 정상까지 이어진 계곡 길을 따라 쉬엄쉬엄 걸으며 아이리스, 원추리 등 꽃들의 향연을 즐기면서 자연생태원으로 향하자. 자연생태원은 한택식물원의 심장이라 불리는 곳으로 15,000평의 넓은 부지에 1,000여 종의 자생식물이 생태 환경에 맞춰 식재되어 있는 곳이다. 자생식물에서 수수하다는 편견을 깨고 화려하게 피어 있는 깽깽이풀의 우아한 자태를 즐기는 것은 4월에만 누릴 수 있는 행운이다. 계절마다 옷을 바꿔 입는 식물원의 전경은 식물원에서 가장 높은 곳에 위치한 전망대에 즐길 수 있다. 내려오는 길에 놓인 돌과 식물, 물이 함께 어우러진 암석원을 지나 찾는 재미가 있는 시크릿가든 그리고 매화, 목련의 어우러짐을 즐기며 호주온실로 가보자. 동화 어린왕자에 나오는 바오밥 나무가 있어 연인, 아이들에게 언제나 인기가 좋다. 식물원 곳곳에서 자유분방하게 자라나는 식물들을 보면 식물원은 사람이 아닌 식물이 주인이라는 설립자의 마음이 엿보인다.

식물원 입구의 가든센터 외에 식사를 할 수 있는 곳이 없으니 도시락과 간식을 충분히 준비하여 여유롭게 돌아보자. 한택식물원 홈페이지에는 지금 피는 꽃에 대한 사진과 설명이 잘 되어 있다. 2월~11월에는 가족이 함께 즐길 수 있는 가족생태체험여행 프로그램이 알차게 준비되어 있다. 홈페이지를 통해 예약을 하고 찾아간다.

차량 15분

1 죽주산성

2 한택식물원

가 볼 만한 곳

죽주산성 고려시대에 지어진 성곽으로 현재는 성 둘레 1.6Km, 높이 2.5m의 석축만이 남아있지만 축조 이래 한 번도 적의 침입을 허용하지 않았을 만큼 위용이 넘쳤던 산성이다. 비봉산 줄기에 있으며 죽산 시내가 한눈에 내려다보여 시원한 조망을 자랑한다. 성곽을 따라 조용히 산책하기 좋다. 031-678-2502

주변 맛집

제일식당 순대 속에 호박, 부추, 숙주, 두부, 콩나물 등 갖은 채소가 들어가 잘 쩌진 순대를 새우젓에 찍어 먹으면 입 안 가득 행복하다. 백암순대를 넣어 우유빛깔처럼 하얗게 끓인 순대국 국물도 일품이다. 백암순대 18,000원, 순대국밥 9,000원. 031-332-4608

솔솔우동 따끈한 닭 튀김 우동과 밥도둑 간장게장으로 유명한 한택식물원 맛집이다. '사랑 가득한 부부가 만든 행복 가득한 음식점'이라는 슬로건 답게 실내 곳곳에 아이들이 좋아할 만한 아기자기한 소품이 많다. 1층 휴게실에서 셀프로 제공되는 추억의 뻥튀기와 슬러시는 옛 추억을 떠올리게 하는 환상의 조합. 닭튀김우동 11,000원, 간장게장 19,000원. 031-322-6233

긴 역사만큼 놀라운 비경

망월사

도봉산 등산코스를 따라 걷다 보면 거대한 바위 사이를 지나 망월사가 나온다. 신라 선덕여왕 때 터를 잡고 이후 여러 차례 중건한 망월사는 오랜 역사에 한 번 놀라고, 아름다운 경치에 또 한 번 감탄한다. 지하철 1호선 망월사역에 내려 망월사까지 향하는 길은 도봉 탐방지원센터에서 본격적으로 시작된다. 등산로 아래로 보이는 바위 계곡은 우이동계곡이나 정릉의 그것과는 다른 매력이 있다. 특히 이 구간에는 모래로 덮인 바위길이 없어서 미끄럽지 않다. 깊은 산 속에 터를 잡은 탓에 지형에 맞춰 암자와 탑이 여기 저기 흩어져 있다. 거대한 바위 아래 들어선 암자, 탁 트인 전망이 산 정상과 견주어도 빠지지 않는 영산전, 산봉우리의 그림 같은 전경이 한 눈에 들어오는 범종각까지 자리를 옮길 때마다 새로운 장관에 눈이 즐겁다. 망월사 구경을 마친 후에는 절에서 이어지는 등산로를 따라 포대능선 정상으로 향해도 좋다. 가파른 등산로를 20여 분 걸어 좁은 바위 꼭대기에서 시내 전경을 눈에 담는 것으로 산행을 마무리한다.

주소 경기도 의정부시 평화로 221(호원동) 교통편 **자가운전** 자하문로 → 내부순환로 → 북부간선도로 → 동부간선도로 **대중교통** 지하철 1호선 망월사역에서 도보 15분, 도봉탐방지원 센터 도착 전화번호 031-873-3742 홈페이지 없음 이용료 없음 추천계절 봄, 여름, 가을

걷기에 자신이 있다거나 마음에 쏙 드는 동행과 함께라면 포대능선의 정상을 지나 사패산으로 향해보자. 사패산 정상까지 가면 독특한 기암괴석도 볼 수 있다. 아쉬운 점은 몇몇 멋진 바위 절벽을 제외하곤 정상 이후부터 풍경이 단조로워 쉽게 지친다.

가 볼 만한 곳

행복로 태조 이성계 동상에서 시작되는 행복로는 도심 속 조각 공원이자 휴식공간이다. 0.6km 길이로 조성된 차 없는 거리 중 의정부 역 앞쪽 구간은 금강송과 현대 미술작품 같은 분수와 벤치가 조성되어 있다. 초여름부터 분수대는 아이들의 놀이터로 변신하고, 행복로 중앙의 야외 테라스에는 커피 한 잔의 여유를 찾는 이들로 가득하다.

의정부 부대찌개거리 한국전쟁 직후, 인근 미군부대에서 나온 일명 '부대 고기'에 채소, 소시지, 양념장 등을 넣어 바글바글 끓인 부대찌개가 등장했다. 의정부의 명물 '부대찌개거리'에 가면 TV프로그램 1박 2일에 나와 유명해진 오뎅식당을 비롯해 20~30년의 역사를 자랑하는 부대찌개 집들이 즐비하다.

주변 맛집

경원식당 의정부 부대찌개거리에 즐비한 집들은 대개 맛이 대동소이하다. 각종 햄, 간 고기와 채소가 들어간 찌개에 신김치가 들어가 느끼한 맛을 잡았다. 당면이 기본으로 들어가는 것이 특징이다. 부대찌개 1인분 10,000원. ☐ 031-846-5464

서락원 만두전골이 맛있는 식당이다. 만두전골은 얼큰하고 칼칼한 국물이 특히 맛있다. 애주가들이 사랑하는 도가니 무침, 도가니 수육 같은 메뉴도 있다. 식당도 넓고 깔끔하다. 만두전골 26,000원, 감자전과 메밀전병 각 7,000원. ☐ 031-821-3332

숲속에 움직이는 공룡의 포효

덕평공룡수목원

영동고속도로 덕평IC에서 가까운 곳에 자리한 공룡을 테마로 한 수목원이다. 이곳에는 참나무, 잣나무 등 3,000여 종의 식물이 식재되어 있다. 온실에는 다육 선인장 1,000여 종과 커피나무, 파파야 같은 열대식물도 있다. 특히, 이 수목원은 공룡을 테마로 하고 있어 초등학교 미취학 아동들이 좋아한다. 경사진 언덕의 숲 곳곳에 배치되어 있는 공룡은 사람이 다가가면 움직이거나 눈알을 부라리면서 특유의 공포스러운 소리로 포효한다. 가장 높은 산자락에는 범바위굴이 있는데, 호랑이 모형이 있어 기념촬영하기 좋다. 공룡의 형태도 다양하다. 알을 깨고 나오는 공룡, 공룡을 잡아먹는 공룡 등 다양한 모습의 공룡을 만날 수 있다. 3D영화관에서는 실감 나는 공룡의 세계를 보면서 잠시 시간여행을 떠날 수 있다. 식물원이지만 다양한 체험거리도 있다. 토끼나 양, 말에게 먹이를 주는 체험도 할 수 있다. 곤충관에는 확대한 곤충 모형을 전시해 아이들에게 상상의 세계를 만들어준다. 앞으로 모노레일과 물놀이장, 펜션도 갖춰 하루를 온전히 즐길 수 있는 놀이공원으로 만들 계획이다.

주소 경기도 이천시 마장면 작촌로 282 교통편 **자가운전** 경부고속도로 신갈JC→영동고속도로 덕평IC→덕평공룡수목원 **대중교통** 용인공용버스터미널→103번 버스→마장면사무소→작촌리 전화번호 031-633-5029 홈페이지 www.dinovill.com 이용료 어른 주말 9,000원, 어린이/경로 6,000원(공휴일 +1,000원) 추천계절 봄, 여름, 가을

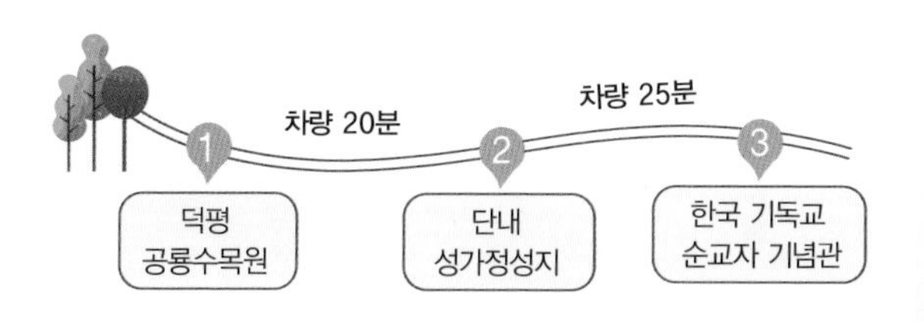

단순한 숲 체험이 아닌 공룡을 테마로 하고 있어 아이들이 좋아한다. 어른들은 다육식물에 대한 관심이 높다. 덕평 주변에는 놀이시설이 딱히 없다. 하지만 단내 성가정성지와 한국 기독교 순교자 기념관이 있어 찾을 만하다. 두 곳 모두 조용히 묵상하면서 하루를 보낼 수 있는 영적 힐링 코스다.

가 볼 만한 곳

단내 성가정성지 1886년 병인박해 때 순교한 정은 바오로의 시신이 안장된 곳으로 1800년대 순교한 5위의 성인을 모시고 있는 천주교 성지다. 김대건 신부의 사목 활동로였던 5.2km의 숲길은 산새와 풀벌레 소리가 가득하다. 일상에서 벗어나 피정하기 좋은 곳이다. 오전 11시에는 미사가 열린다. ☐ 031-633-9531

한국 기독교 순교자 기념관 한국 기독교 전래 100주년을 맞아 건립한 전시관이다. 익명의 성도가 기증한 11만 평 부지에 20개 교단과 22개 기관이 뜻을 모아 1989년 개관했다. 이곳에는 주기철 목사를 포함해 2,600명의 순교자 가운데 600여 명의 명단이 헌정되어 있다. 순교자공원 입구부터 도열한 비석에 새겨진 글귀 하나하나가 숙연하다. "순교는 죽음이 아니고 새로운 시작입니다"라는 글이 가슴에 와 닿는다. 2020년 리모델링해서 새롭게 개관했다. ☐ 031-336-2825

주변 맛집

공룡 레스토랑 덕평공룡수목원 안에 있는 식당이다. 어린이 손님이 많아 돈까스가 가장 인기다. 어른들은 청정채소로 만드는 비빔밥과 제육덮밥을 선호한다. 김치나 반찬을 직접 담가서 내놓는다. 왕돈까스 12,000원, 비빔밥 11,000원, 제육덮밥 11,000원. ☐ 031-633-5029

덕평마산아구이천쌀밥 이천 덕평 IC 근처에 있는 한식집이다. 돌솥밥과 간장게장, 전복장, 생선구이 등 푸짐한 한 상이다. 가족 단위 칸막이도 있다. 반찬 리필도 되고 주인장도 친절하다. 점심시간에는 좀 복잡하다. 이천쌀밥 한정식 18,000원, 무한리필 간장게장 29,000원, 나머지 단품 요리는 별도요금 추가한다. ☐ 0507-1318-6924

자연과 예술의 만남

설봉공원

설봉공원은 2001년 세계 도자기엑스포를 시작으로 매년 도자기 축제, 쌀 문화 축제가 열린다. 설봉공원길로 들어서면 제일 먼저 설봉호를 만나게 되는데 잔잔하고 투명한 호수를 자랑한다. 3만 평의 면적에 달하는 호수 안에서는 80m 높이로 치솟는 분수가 뿜어져 나온다. 호수 뒤편의 국제조각공원에서는 자연과 어우러진 조각상을 감상할 수 있다. 국제조각공원을 지나면 나오는 산책로 중간쯤에 이천시립박물관이 있다. 창경궁의 외관을 본떠 지어졌으며 설봉산성에서 발굴된 유물들을 비롯하여 향토유물실, 농업역사실 등을 관람할 수 있다. 가장 높은 곳에는 도자조형테마파크인 세라피아가 있다. 화장실, 벤치, 호수 외경, 놀이터, 조형물 등 모든 것이 도자로 만들어졌다. 세라믹스 창조센터에는 도자예술에 대해 배울 수 있는 미술관이 있고 창조공방에서는 도예체험을 해볼 수 있다. 설설다리로 건널 수 있고 끝에는 아담한 정자도 있어서 구미호를 바라보며 주변 정취를 감상 할 수 있다. 아이들이 놀 수 있는 도자로 만들어진 미끄럼틀도 있다. 설봉공원과 세라피아에는 다양한 포토존이 마련되어있어 사진을 찍기도 좋다.

주소 경기도 이천시 경충대로 2697번길 교통편 **자가운전** 한남대교 남단 → 올림픽대로 → 서울외곽순환고속도로 강일IC → 통영대전중부고속도로 → 서이천 → 사음동삼거리 → 경충대로 → 설봉공원 **대중교통** 동서울종합터미널 도예촌 방면 직행버스 탑승 전화번호 이천문화관광부 031-644-2114 홈페이지 tour.icheon.go.kr 이용료 없음 추천계절 사계절

세라피아 뒤편의 전통장작가마에서는 도자를 직접 굽는 것을 볼 수 있다. 세라피아 중심부를 관람하고 내려오다 보면 2007년 경기세계도자비엔날레를 기념하여 제작된 소리나무를 볼 수 있다. 5m 이상 높이 나무 모양에 나뭇잎 형태로 달린 조형물들이 바람에 흔들리면 마치 악기처럼 소리를 낸다.

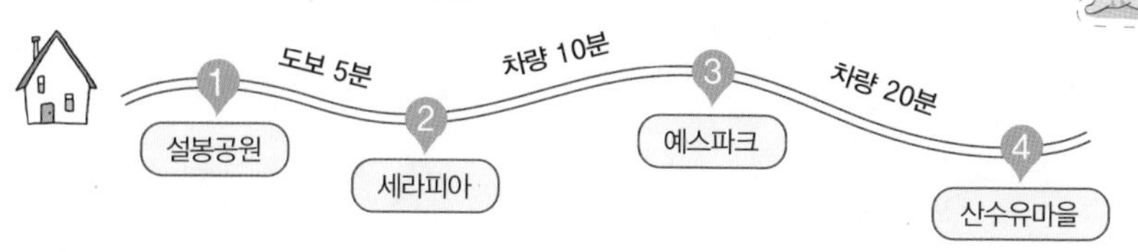

가 볼 만한 곳

예스파크 이천시가 2018년 조성한 도자예술 마을이다. 예스파크는 영어와 한자의 조합어인 '예(藝)'s Park'다. 예스파크에는 도자기뿐 아니라 가구, 유리공예 등 공예 공방 200여 곳이 모여 있다. 반듯하게 정돈된 '도자예술로'를 따라 현대적인 건물이 어깨를 맞대고 늘어선 모습이 파주출판도시를 닮았다. 회랑마을, 가마마을, 별마을, 사부작마을 등 4개의 주제에 따른 마을과 카페거리, 야외 대공연장 등이 구성돼 있으며 규모가 방대하다

산수유마을 이천 9경 중 하나인 산수유마을은 100년에서 500년 된 산수유나무 수천 그루가 있는 마을이다. 매년 3, 4월 노란 산수유 꽃이 5만여 평의 마을 전체를 뒤덮는 장관을 이룰 무렵 산수유축제가 열린다. 봄을 만끽하기 위해 찾은 모든 사람의 마음을 설레게 할 만큼 아름답다. 10월이 되면 노란꽃과는 대조적으로 빨간 산수유 열매가 맺힌다.

주변 맛집

원이쌀밥 이천에 가면 꼭 맛보아야 할 것이 조선시대 임금님께 진상했다는 이천 쌀밥이다. 원이쌀밥은 갓 찧은 이천 쌀과 천연 재료로 숙성한 불고기, 매일 공수하는 신선한 재료로 밥상을 차린다. 전과 잡채 등 밑반찬도 푸짐하다. 국내산 암게로 만든 간장게장정식도 인기다. 원이정식 28,000원, 간장게장정식 38,000원. ☐ 0507-1343-0893

이진상회 온실 같은 공간을 동서양 조각품으로 가득 채운 이색 베이커리 카페다. 자연 속에서 커피를 마시고, 산책하기도 좋은 분위기다. 제주도 인기 빵집 메종드뿌띠푸르가 입점해 순쌀치즈바게트, 순쌀마롱식빵, 이천호박 찰브레드 등 20여 종의 빵이 쇼케이스를 가득 채우고 있다. 이천 명물 순쌀치즈바게트 4,500원 에그타르트 2,500원. ☐ 0507-1497-8882

#숲길을 걸으며 마음의 힐링을 얻는 곳

벽초지수목원

일상에 지쳐 휴식이 필요할 때 파주 벽초지문화수목원을 추천한다. 벽초지문화수목원은 36,000평의 녹지에 소나무와 지리산 주목, 각종 야생화 등 1,400여 종의 식물이 어우러졌다. 풍경이 아름다워 각종 드라마와 CF촬영장소로도 자주 등장했다. 수목원 입구에는 높은 담장이 쳐졌다. 그래서인지 마치 비밀의 정원에 들어가는 느낌이 든다. 입구에 들어서면 평탄한 산책길이 이어진다. 길 이름도 곱기도 하다. 다온길, 나래길, 고운길, 버들길, 수련길 등 입구에서 받은 수목원 지도를 펼쳐들고 차례대로 발걸음을 옮겨본다. 보통 정문을 기준으로 왼쪽으로 이어진 다온길과 고운길부터 산책을 시작한다. 수목원 중앙에는 연못이 있다. 연못 한켠에는 오래된 배 한척이 있고, '파련정'이라는 아담한 정자가 서있다. 잔잔한 벽초지를 바라보면 어느새 마음이 편안해진다. 연못 옆에는 BCJ 플레이스라는 네모난 건물이 있는데, 이곳은 갤러리, 카페, 쉼터, 체험활동 공간으로 꾸며졌다. 수목원 오른편에는 이국적 정취를 자아내는 서양식 정원이 있다. 그리스 신화에 등장하는 조각상과 스탠더드 장미가 이어져 마치 유럽여행을 온 것 같은 느낌이 든다. 벽초지 수목원은 계절에 따라 튤립축제, 빛축제 등 다양한 축제가 열린다.

주소 경기도 파주시 광탄면 부흥로 242 교통편 **자가운전** 강변북로 → 자유로 → 서울외곽순환고속도로 → 혜음로 **대중교통** 경의선 금촌역 하차 후 마을버스 67번 이용, 도마산초등학교 하차 전화번호 031-957-2004 홈페이지 www.bcj.co.kr 이용료 성인 9,000원, 중고생 7,000원, 어린이 6,000원 추천계절 봄, 가을

가 볼 만한 곳

파주힐링캠프 파주의 랜드마크였던 유일레저타운이 새롭게 재탄생한 곳이다. 박달산 자락에 펜션, 산림체험장, 캠핑장 등을 갖췄다. 취사도 가능한 야외 수영장은 아이가 있는 가족에게 인기가 많다. 단, 여름에만 한시적으로만 운영된다. ☐ 031-942-7719

용미리 마애불 입상 파주시 광탄면 용미리에는 우리나라에서 몇 안 되는 석불 입상이 있다. 석불 입상을 보려면 소나무길을 지나 용암사 법당 왼편으로 난 계단을 올라가야 한다. 왼쪽 석불은 둥근 모자를 썼고, 오른쪽 석불은 네모난 모자를 썼다. 고려시대 때 만들어진 조각으로 보물 제93호로 지정되었다.

겨울에도 벽초지문화수목원에는 볼거리가 풍성하다. 매년 겨울 빛축제가 열리는데, 대형 트리와 끝없이 이어지는 조명이 로멘틱한 분위기를 연출한다. 썰매장을 비롯해 전통놀이와 양초 만들기, 도자기 페인팅 등의 체험 활동도 즐길 수 있다.

주변 맛집

소령원 장단콩 두부마을 파주장단콩 전문식당으로 이름을 날리는 집이다. 식당 한가운데 커다란 장작난로가 있어 겨울에는 온기를 더한다. 식전 반찬으로 볶은 콩과 순두부가 나오며, 기본 반찬도 깔끔하고 맛있다. 장단콩으로 만든 두부전골, 두부보쌈 등 두부요리가 주요메뉴이다. 두부버섯전골(소) 25,000원, 청국장 정식 11,000원. ☐ 031-957-6202

원두막 애룡저수지가 보이는 외진 길에 있다. 넓은 마당에는 장독대와 조각이 있어 음식점이라기 보다는 시골집 같은 느낌이 든다. 저수지를 바라보며 식사를 할 수 있는 공간은 운치를 더한다. 닭도리탕, 한방닭백숙, 메기매운탕(대) 각 55,000원. ☐ 031-958-5697

심학산

가볍게 걷기 좋은 둘레길

주소 경기도 파주시 교하로 493-2 교통편 **자가운전** 자유로->문발 IC->파주출판단지 삼거리->심학초교->심학산 **대중교통** 경의선 야당역에서 083번 버스 환승 후 심학초등학교(약천사 입구)에서 하차 전화번호 031-940-4612(파주시 공원녹지과) 홈페이지 tour.paju.go.kr 이용료 없음 추천계절 봄, 가을

파주 출판단지 뒤에 솟은 심학산(194m)은 도심에 접한 트레킹 명소다. 조선 숙종 때 왕이 애지중지하던 학 두 마리가 궁궐 밖으로 도망쳤다. 이 학을 찾은 곳이 바로 심학산이다. 심학산(尋鶴山)은 '학을 찾은 산'이라는 뜻이다. 심학산 둘레길은 총 6.8km. 2시간이면 돌아볼 수 있다. 일부 가파른 구간에 설치한 데크길을 제외하고 완만한 흙길이라 걷기 좋다. 둘레길 전체가 깊은 숲이라 햇볕이 강한 날도 걷기 좋다. 둘레길 서쪽에 있는 낙조전망대는 심학산에서 가장 인기 있는 곳이다. 시야가 탁 트여 날이 좋으면 북한 개풍군까지 볼 수 있다. 특히, 해질녘 한강으로 떨어지는 낙조가 아름답다. 심학산 등산로는 정상 전망대까지 총 4코스가 있으며 진입로가 모두 다르다. 어디에서 시작하더라도 다시 제자리로 돌아온다. 심학산이 처음이라면 수투바위 주차장에서 약천사로 올라가면 만나는 3코스를 추천한다. 약천사에는 높이 13m나 되는 청동 약사여래대불이 있다. 주말에는 배수지 진입로에서 시작하는 1코스도 많이 찾는다. 심학산 입구에 맛집이 많아 둘레길을 걷고 들리면 좋다.

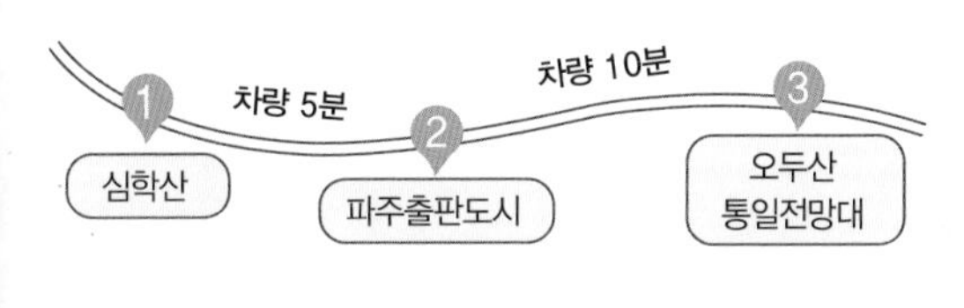

파주출판도시에 왔다면 열화당책박물관에 꼭 들려보자. 규모는 작지만 일반 도서관에서 보기 힘든 2만여권의 동서양 희귀 고서들을 만날 수 있다. 다양한 기획전시와 특별강연도 개최되며, 20명이상의 단체관람객은 학예사의 해설도 들을 수 있다. 031-955-7020

가 볼 만한 곳

파주출판도시 축구장 210개를 합친 크기의 파주출판도시는 아름다운 심학산을 배경으로 출판사, 제본사 등 책에 관련된 기업들뿐만 아니라 갤러리, 공연장, 극장, 아울렛 등이 집합, 다양한 문화를 접할 수 있다. 유명 건축가들이 설계한 독특한 건물들은 광고 촬영지로도 인기가 많다. 매년 이곳에선 '어린이 책잔치'와 '파주북소리' 축제가 열린다. 031-955-0050

오두산 통일전망대 1992년 국민의 통일염원을 담아 건립된 곳이다. 1층부터 4층까지 전시실, 체험실, 극장 등으로 나뉘며 통일을 소재로 한 다양한 전시, 체험이 가능하다. 오두산 정상에 위치해 있어 탁 트인 전망을 느끼기에 좋다. 실외에 있는 전망대 망원경은 무료로 이용할 수 있으니 놓치지 말 것. 이 밖에도 실향민들의 한을 달래는 장소인 망배단, 북녘땅이 한눈에 보이는 야외 쉼터, 통일기원북 등을 차례로 둘러보자. 031-956-9600

주변 맛집

더티트렁크 공장을 리모델링한 미국식 카페테리아로 어마한 규모를 자랑하는 핫플레이스다. SNS에서 이미 유명한 곳으로 인증샷은 필수다. 커피와 베이커리가 유명하지만 브런치, 버거, 파스타 등 식사와 가볍게 맥주도 즐길 수 있다. 비프조 버거 15,500원, 클래식 브런치 15,000원, 로제 치킨 파스타 16,500원. 031-946-9283

심학산도토리국수 아는 사람만 간다는 숨은 맛집 중 하나다. 메뉴가 다양하지만 필수로 먹어야 할 음식은 새콤한 도토리 쟁반국수와 씹는 맛이 좋은 도토리전. 한잔씩 파는 모주까지 음식 궁합이 좋다. 도토리 쟁반국수 27,000원, 도토리전 22,000원. 031-941-3628

 # 자유로 끝에 들어선 안보 관광 1번지 

임진각국민관광지

임진각, 평화누리공원, 각종 기념비 등으로 이루어진 통일안보관광지다. 1972년에 지어진 임진각 건물에는 식당, 카페, 북한의 토산품을 판매하는 기념품점 등이 입점해 있다. 임진각의 꼭대기, 하늘마루 전망대에 올라서면 민간인통제구역 마을인 해마루촌이 가깝게 보인다. 임진각 주변으로 전시관과 세미나실이 있는 경기평화센터, 실향민을 위한 제단인 망배단, 전쟁포로 교환을 위해 가설된 자유의 다리, 한국전쟁 시 폭격을 맞아 멈춰버린 경의선 증기기관차, 2000년 뉴 밀레니엄을 맞아 민족통일을 염원해 건립된 평화의 종이 우리의 분단 현실을 대변해준다. 임진각 바로 옆 평화누리는 2005년 세계평화축전을 계기로 조성되었다. 3만 평 규모의 잔디 마당에 복합문화 공간이 들어섰다. 야트막한 언덕 위에는 한반도 모양으로 세워진 3천여 개의 바람개비가 장관을 이룬다. 대나무로 만들어진 거인 조형물 '통일 부르기'도 우뚝 서 있다. 이밖에 야외공연장, 카페안녕, 예술조형물 등이 있어 여유롭게 산책을 즐기기에도 좋다. 임진각평화누리에서는 각종 DMZ투어프로그램을 운영하고 있다. 민족 분단의 역사를 되새기고, 통일을 염원하며 일대를 둘러본다.

주소 경기도 파주시 문산읍 임진각로 153 교통편 **자가운전** 자유로 하행선 마정분기점 → 판문점 방면 → 도로 차단점에서 유턴 → 임진각국민관광지 **대중교통** 지하철 경의선 문산역 하차 후 문산 ~도라산 관광열차를 이용하여 임진강역 하차 전화번호 임진각 관광안내소 031-953-4744 홈페이지 peace.ggtour.or.kr 이용료 없음 추천계절 봄, 여름, 가을

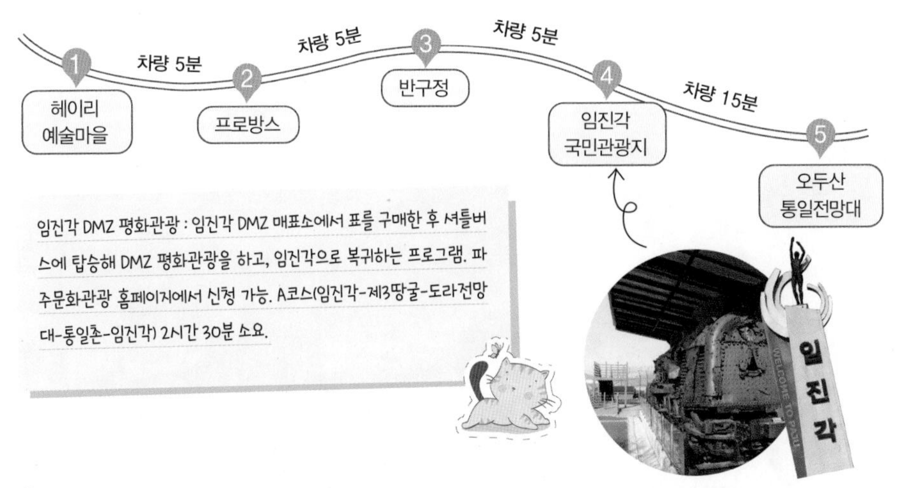

가 볼 만한 곳

파주 임진각 평화곤돌라 국내 최초 민통선 구간을 연결하는 케이블카. 길이는 850m. 임진강을 건너 민통선 구간을 오간다. 북쪽 승강장은 DMZ 남방한계선에서 불과 2㎞ 떨어진 지점이다. 옛 미군부대였던 캠프 그리브스(현재 갤러리)와 평화정, 전망대 등을 둘러볼 수 있다. 신분증 소지 필수. 3월, 6월, 9월, 12월 첫 번째 월요일 휴무. ☐ 031-952-6388

반구정 조선 세종 때 황희정승이 영의정을 사임하고 관직에서 물러난 후 여생을 보낸 곳이다. 원래 반구정은 6·25전쟁 때 소실되었고 지금의 정자는 새로 지어졌다. 반구정 옆에 있는 영당은 황희의 영정을 모시고 제사를 지내는 곳이다. 반구정에 올라 바라보는 임진강의 풍경은 한가롭고 평화롭다. 맑은 날에는 개성의 송악산이 보인다.

주변 맛집

반구정 나루터집 반구정 옆에 있는 장어구이집이다. 규모가 큰 식당이지만 주말에는 번호표를 받고 기다릴 정도로 인기가 많다. 특제 양념을 바른 장어는 숯불에 구워져 나온다. 입안에서 살살 녹는 장어구이의 맛이 환상적이다. 장어간장구이, 장어소금구이 각 50,000원. ☐ 031-952-3472

카페 안녕 임진각국민관광지 평화누리 어울못 위에 떠있는 수상카페이다. 카페 1층은 통유리창으로 되어있어 풍경을 감상하기에 좋고 2층은 감각적인 인테리어가 인상적이다. 감미로운 음악과 함께 차 한 잔의 여유를 즐길 수 있다. 음료 4,500원~5,500원, 머핀 3,000원. ☐ 031-953-4855

건물 하나하나가 예술, 박물관과 카페도 많아

헤이리

헤이리는 380여 명의 예술인이 모여 사는 자연친화적 문화예술마을이다. '헤이리'란 파주지역에 전해 내려오는 전통농요 '헤이리 소리'에서 유래된 순수한 우리말로 '헤이'는 즐겁다 또는 신난다는 의미이다. 박물관, 미술관, 공연장, 공방, 스튜디오 등으로 이루어져 있다. 산과 구릉, 늪, 개천, 구부러진 길처럼 자연 그대로의 모습을 유지하며 우리의 꽃과 나무로 마을을 꾸미고 인공적인 페인트칠 대신 재료 그대로의 자연스러운 느낌을 살려 각기 다른 건축물들이 지어졌다. 한국 최초로 '죽기 전에 꼭 보아야 할 세계 건축 1001'에 선정된 갤러리 MOA를 비롯해 각종 상을 받은 건축물들이 가득한 헤이리는 하나의 거대한 건축박물관이기도 하다. 뿐만 아니라 다리들도 모두 디자인을 공모하여 만들어져 예술적 가치가 높다. 3층 이하의 건물들이 자연과 어울려 만들어낸 스카이라인도 도심에선 볼 수 없는 풍경이다. 특히 한국 근·현대사 박물관과 못난이 유원지는 어른들에게 추억을 떠올리게 하며 딸기가 좋아와 한립토이뮤지엄은 아이들이라면 지나치기 힘들다. 매년 9월에 열리는 '파주 헤이리 판 페스티벌'은 인기 있는 문화예술축제로 다양한 장르의 수준 높은 공연과 전시 등을 경험할 수 있다.

주소 경기도 파주시 탄현면 헤이리 마을길 교통편 **자가운전** 강변북로 → 자유로→ 성동IC → 헤이리 **대중교통** 합정역 2번 출구에서 버스 2200번 탑승 후 헤이리 1번게이트 정류장 하차 전화번호 헤이리사무국 031-946-8551 홈페이지 www.heyri.net 이용료 없음(갤러리나 박물관 입장료, 체험 프로그램 참여 시 이용료 별도) 추천계절 사계절

가 볼 만한 곳

프로방스 헤이리 맞은편에 위치한 프로방스는 소박하면서도 파스텔조의 건물들로 이루어진 아기자기한 마을이다. 이곳엔 마늘빵과 블루베리빵으로 유명한 빵집이 있으며 향기로운 허브들과 프로방스풍의 그릇들, 아기자기한 소품들을 파는 가게들이 옹기종기 모여 있다. 매년 '파주 프로방스 빛 축제'가 열린다. ☐ 031-945-0230

파주 프리미엄 아울렛 270여 개의 국내외 유명 패션 브랜드를 합리적인 가격에 구매할 수 있는 신세계(첼시) 프리미엄아울렛이다. 유럽풍 외관과 이국적인 분위기로 가족 나들이와 데이트 코스로도 인기가 많다. 아웃백을 비롯해 다양한 음식점이 입점해 있으며, 영유아를 위한 회전목마와 미니트레인도 운영된다. 신세계아울렛 앱을 이용하면 편리하다. ☐ 1644-4001

헤이리는 방문 전 홈페이지를 통해 다양한 체험 및 행사, 이벤트를 확인하고 미리 예약하면 좋다. 월요일이나 평일에 휴관인 곳이 많으므로 꼭 확인하자. 1번 게이트 근처 종합안내소와 8번 게이트 근처 헤이리사무국에서 지도와 가이드북을 판다. 한국 최초의 시계·검 박물관인 타임앤블레이드 박물관도 있으며 새로운 개념의 생태문화공간인 논밭예술학교에서는 숙박도 가능하다. 독특한 카페와 레스토랑도 볼거리 중 하나.

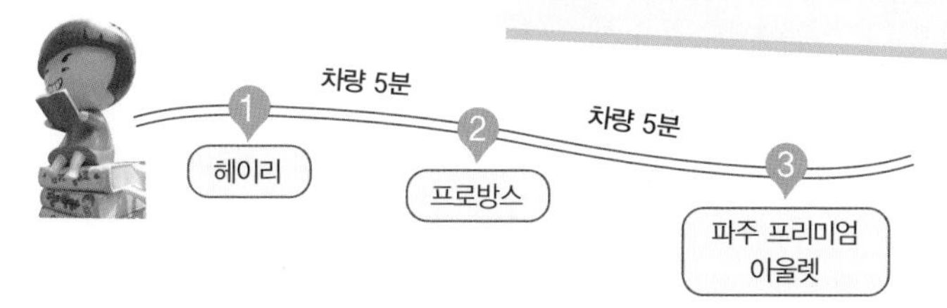

주변 맛집

황인용뮤직스페이스 카메라타 방송인 황인용씨가 직접 운영하며 세계적 건축가 조병수씨가 설계한 건물로도 유명하다. 벽면을 가득 채운 1930년대의 거대한 스피커로 최고의 클래식음악을 감상할 수 있다. 음악을 신청해서 들을 수 있으며 주말이면 연주회가 열리기도 한다. (홈페이지 확인, 예매필수) 입장료만 내면 음료 한 잔과 머핀이 계속 제공된다. 입장료 성인 12,000원, 초중고생 10,000원. ☐ 031-957-3369

고구려최강달인의집 한 TV 프로그램에서 비빔국수와 닭갈비 달인으로 각각 뽑혀 상호명도 바꿨다. 전체적으로 자극적이지 않은 음식 맛이다. 숯불에 구워 먹는 더덕 닭갈비와 육수에 곁들여 먹는 더덕비빔국수가 젓가락질을 부추긴다. 더덕비빔국수 9,000원, 숯불더덕간장닭갈비 15,000원. ☐ 031-957-9252

#바다와 호수가 만나 낭만이 넘실대는 곳

평택호관광단지

평택호관광단지는 바다와 호수를 한곳에서 즐길 수 있다. 호반을 따라 길이 약 900m의 목조수변 데크가 설치되어 자연을 벗하며 여유로운 시간을 보낼 수 있는 최적의 장소다. 수중분수는 105m 높이의 메인 분수와 22개의 보조 분수가 서로 하모니를 이루어 보는 이의 가슴까지 시원해지도록 물주기를 내뿜는다. 이 수중분수는 야간에는 다양한 색상의 조명을 이용한 분수쇼를 선보인다. 평택호에 위치한 경기요트학교에서는 요트, 윈드서핑, 바나나보트 등 해상레저를 즐길 수 있는 체험 프로그램이 운영되고 있다. 평택호는 낚시꾼들에게도 인기이다. 호수에서는 떡붕어와 잉어 등 민물고기가, 서해안 지평선이 보이는 방조제에는 바닷장어와 우럭 등 바닷고기가 사시사철 잡힌다. 평택호의 모래톱을 이용해 조성한 모래톱공원에는 실크로드를 통해 인도를 여행한 뒤 세계 3대 기행문의 하나인 〈왕오천축국전〉을 쓴 신라의 고승 혜초스님을 기념하기 위해 제작된 혜초기념비가 있다. 피라미드 모양의 평택호 예술관에서는 지역 예술인들의 공예, 회화작품을 연중 전시한다.

주소 경기도 평택시 현덕면 평택호길 159 교통편 **자가운전** 서해안고속도로 → 서평택IC → 평택항로 → 평택호길 → 평택호관광단지 **대중교통** 서울고속버스터미널에서 평택행 고속버스 이용, 평택 시외버스터미널에서 권관2리행 버스 8340번 탑승 전화번호 평택호 관광안내소 031-659-4138 홈페이지 없음 이용료 없음 추천계절 사계절

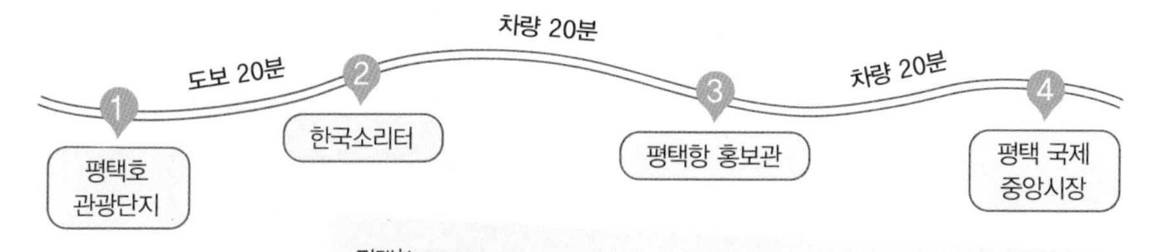

평택항의 전경을 한 눈에 보고 싶다면 평택항 홍보관의 포승전망대를 이용하면 좋다. 비치된 망원경으로 평택항의 컨테이너 부두, 자동차부두 등 평택항 구석구석을 살펴보는 재미가 있다. 또 동절기에는 서해안의 낙조가 아름답게 펼쳐지는 곳 중에 한 곳이다.

가 볼 만한 곳

한국소리터 국악의 메카 한국소리터는 도레미 문화예술프로그램을 운영 중이다. 도는 도자기 예술체험으로 악기, 풍경, 그릇 만들기를 뜻하며 레는 레지던스를 통한 음악, 미술 창작들에 의해 양상 되는 다양한 창작물 체험과 워크샵을 이야기한다. 마지막으로 미는 미술과 소리예술을 아우르는 다양한 장르의 문화예술프로그램이다. ☐ 031-683-3890

평택 국제중앙시장 평택 국제중앙시장은 매주 토요일 저녁에 야시장인 '헬로 나이트 마켓'이 열린다. 야시장이 열리는 저녁에는 거리에 핑크빛 포장마차가 몰려든다. 포장마차에는 필리핀, 프랑스, 터키, 한국 등 각 나라의 현지인들이 만드는 맛있는 음식 냄새가 사람들을 유혹한다. '헬로 나이트 마켓'이 궁금하다면 평택 국제중앙시장 블로그를 확인하자.

주변 맛집

미스 리 햄버거 송탄햄버거의 원조. 주인장 곽미란 씨는 미군들이 생활비가 떨어질 무렵 가볍게 먹을 음식이 있었으면 좋겠다는 이야기를 우연히 듣고 한국 스타일 수제 햄버거를 만들며 미군들에게 폭발적인 인기를 누리게 되었다. 근데 왜 미스 리 햄버거일까? 미군들이 '곽'을 발음하기 어려워하여 어머니의 성인 '이'를 사용했다고 한다. 불고기 버거 5,000원, 칠리 버거 5,000원, 스테이크 버거 5,000원. ☐ 031-667-7171

평택호 횟집촌 평택호 관광단지 주변 해안도로에는 길게 늘어선 횟집들이 들어서 있다. 지역 특산물로 유명한 꽃게찜, 꽃게매운탕과 저마다의 방식으로 만든 양념에 맛을 낸 바다장어구이는 보기만 해도 침이 꿀꺽 넘어간다. 가장 유명한 해산물은 조개. 바로 앞 갯벌에서 방금 잡아 올린 싱싱한 조개를 숯불에 구워 한 점 먹으면 서해바다를 갖은 기분이다.

국립수목원

600년 역사의 우리나라 최대 산림 보고

주소 경기도 포천시 소흘읍 광릉수목원로 415 **교통편** **자가운전** 북부간선로 → 동부간선도로 → 의정부 → 43번국도 포천 방향 → 축석고개 → 국립수목원 **대중교통** 동서울터미널 11번 버스 탑승, 광릉교앞 하차 후 광릉내 21번 버스로 환승 **전화번호** 031-540-2000 **홈페이지** www.kna.go.kr **이용료** 어른 1,000원, 청소년 700원, 어린이 500원, 일요일, 월요일, 1월 1일, 설·추석연휴 휴원, 홈페이지를 통해 반드시 사전에 예약해야만 입장 가 능 **추천계절** 봄, 여름, 가을

국립수목원이 있는 광릉 숲의 역사는 540년이나 된다. 1468년 세조 승하 이후 이곳에 왕릉이 조성되었고 그 주변 숲을 왕릉의 부속림으로 지정하면서 출입이 통제되어 오랫동안 숲이 보전되었다. 지금은 우리나라 삼림생물 종에 대한 조사, 수집 및 보전, 관리 개발, 교육에 이르기까지 다양한 기능을 하는 곳이 되었고 일반인에게는 자연체험학습장이 되었다. 뿐만 아니라 2010년에는 광릉 숲이 유네스코 생물권보전지역으로 선정되기도 했다. 국립수목원은 15개 전문 식물원과 산림박물관, 산림 동물원으로 구성되어 있다. 습지식물원, 덩굴식물원, 침엽수원 등 10개의 식물원을 관람할 수 있다. 그 외 산림박물관은 한국전통건축양식으로 지어졌는데 내부는 잣나무, 낙엽송 등 국산재를 사용하여 축조되었다. 이곳에는 산림에 관한 다양한 자료들이 수집되어있고 영상관도 준비되어있어 식물분류 및 식별방법, 수목원 조성, 설계, 전시, 관리에 대한 교육도 받을 수 있다. 산림동물원에서는 우리나라에 서식하는 산림동물 중 멸종위기에 처한 동물의 보존과 보호를 위해 개원되었는데 백두산 호랑이 3마리, 천연기념물인 반달가슴 곰, 독수리, 수리부엉이등 총 15종의 동물이 있다. 국립수목원은 가족과 연인과 함께 보고 느끼고 배우기에 제격인 곳이다.

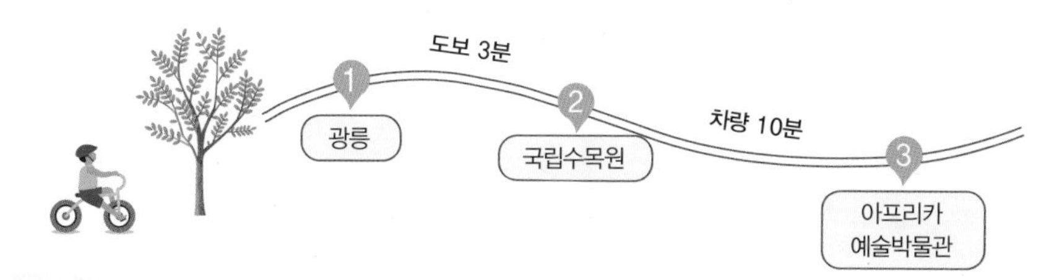

수목원을 제대로 즐기려면 수목원 해설을 들어보자. 오전 9시부터 오후 6시까지 매시 정각에 방문자센터에서 출발하며 개인적으로 둘러보고 싶다면 수목원 자동 해설기를 대여하면 된다. 고산지역에서 자라는 희귀식물들이 있는 고산식물원, 질병을 치료하는데 사용되는 식물들이 있는 약용식물원 등 5곳은 보존을 위해 비 관람구역으로 지정되어있다.

가 볼 만한 곳

광릉 우리에게 친숙한 세종대왕의 아들 조선 7대 세조대왕과 부인 정희왕후의 능이다. 세조는 어렸을 적부터 영특하고 학문이 높으며 무예 또한 뛰어났다고 한다. 능은 세조의 유언에 따라 자연의 형세를 거스르지 않고 간소하게 마련되었다. 숲길 사이의 길을 따라 정자각까지 오르면 왼쪽에 세조릉 오른쪽에 정희왕후릉을 볼 수 있고 주변에 울창한 숲이 조성되어있어 자연경관 또한 뛰어나다.

아프리카 예술박물관 인류의 문명이 시작된 아프리카 문화를 소개하는 문화공간. 아프리카 약 30개국에서 수집한 3,700여 점의 예술작품, 유물을 볼 수 있는 박물관과 공연장, 체험학습장, 산책로와 연못 등이 있다. 박물관 안의 영상관에서는 아프리카의 제례의식을 감상할 수 있고 박제관에서는 사냥 관련 용품, 악기, 생활용품, 가면, 목 조각품 등을 관람할 수 있다. 공연장에서는 실제로 아프리카에서 온 원주민들로 구성된 공연단이 아프리카 부족의 춤 공연을 선보인다. ☐ 031-543-3600

주변 맛집

고모리뜰안에밥상 한상차림 정신으로 음식을 내는 집이다. 제육정식, 소불정식, 양념게장, 황태구이 등 메인 메뉴만 고르면 12종의 밑반찬과 잡채, 도토리전, 된장찌개, 콩비지찌개, 후식으로 누룽지까지 푸짐하게 먹을 수 있다. 주중에는 11:00~16:00까지 다소 짧은 시간만 운영(주말은 11:00~20:00)한다. 한상차림 제육정식 16,000원, 한상차림 소불정식 20,000원. ☐ 031-542-0868

동이 손만두 뽀얗고 맑은 육수에 만두와 새송이버섯이 가득 올려져나오는 만두전골과 피자만큼 두툼한 파전이 인기 메뉴다. 만두전골(소) 34,000원. ☐ 031-541-6870

#명성산 아래 구름도 쉬어 가는 인공 호수

산정호수

산속의 우물이라는 뜻의 산정호수는 사방이 푸른 산으로 둘러싸인 맑고 아름다운 호수이다. 호수의 면적은 약 73,800평으로 한눈에 보아도 크기가 상당하고 망봉산, 명성산이 병풍처럼 호수를 두르고 있다. 호수 전체를 두르는 산책로는 잔잔하고 고요한 호수와 푸른 나무를 벗 삼아 걸으며 자연을 감상하고 담소를 즐기는 여행객들에게 좋은 산책로가 된다. 호수 둘레길의 시작점에는 향토음식점들이 많아 다양한 음식을 먹을 수 있고, 산책로를 따라가며 사격, 양궁 등을 해볼 수 있는 노점상들을 만나게 된다. 나무다리 근처의 허브식물원에서 허브 식물을 구경하고 카페에서는 차 한 잔의 여유를 누려본다. 또 조각공원은 호수와 어우러져 마치 자연 갤러리를 방문하는 것 같다. 조각공원 옆에는 놀이동산이 있어 어린아이가 있는 가족단위 여행객들을 지루하지 않게 해준다. 그뿐만 아니라 모터보트나 오리배를 타고 호수를 돌아볼 수도 있다. 하동주차장 근처에 있는 낙천지폭포는 산정호수와 명성산과 함께 3대 볼거리로 산수화를 보는 것처럼 수려한 광경을 자랑한다. 호수를 두른 명성산은 억새축제로 유명한데 가을이 되면 6만 평의 억새꽃밭이 장관을 이뤄 관광객들의 발길을 끈다.

주소 경기도 포천시 영북면 산정호수로 교통편 **자가운전** 북부간선로 → 동부간선도로 → 의정부 → 43번국도 포천방향 → 산정호수 **대중교통** 동서울터미널에서 산정호수행 버스 71번, 10번, 138-6번, 9번 탑승 전화번호 031-532-6135 홈페이지 www.sjlae.co.kr 이용료 없음, 주차 소형 2,000원, 중형 3,000원 추천계절 사계절

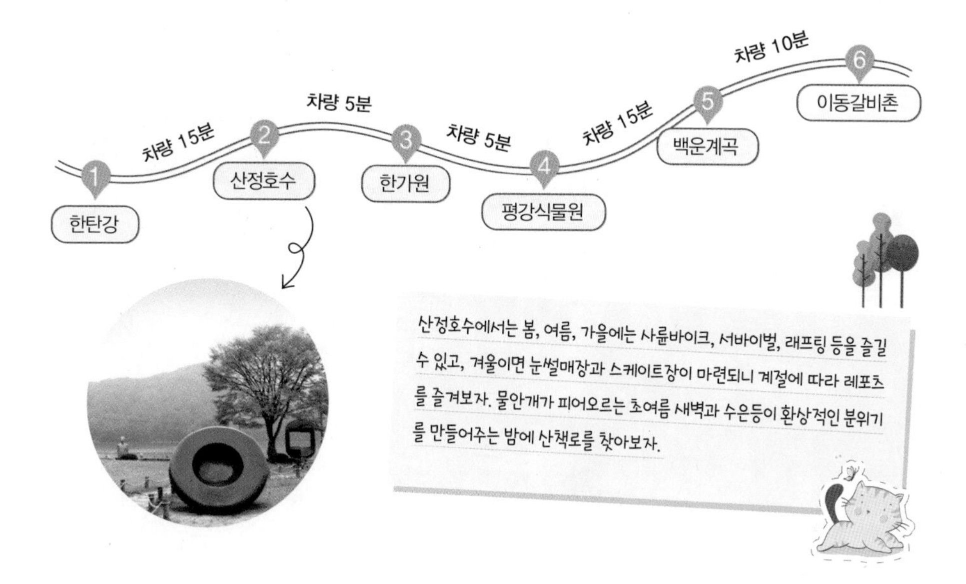

산정호수에서는 봄, 여름, 가을에는 사륜바이크, 서바이벌, 래프팅 등을 즐길 수 있고, 겨울이면 눈썰매장과 스케이트장이 마련되니 계절에 따라 레포츠를 즐겨보자. 물안개가 피어오르는 초여름 새벽과 수은등이 환상적인 분위기를 만들어주는 밤에 산책로를 찾아보자.

가 볼 만한 곳

한가원 국가지정 한과 명인 김규흔씨가 전통과자인 한과를 알리기 위해 정부의 지원을 받아 한과박물관을 건립하였다. 한가원에서는 한과의 역사와 유래, 여러 종류의 한과에 대한 지식도 얻을 수 있다. 그 밖에도 한과 만드는 방법과 기구 등에 대한 전시물도 볼 수 있다. 한과문화 교육관에서는 직접 한과를 만드는 체험을 해볼 수 있으며 다도 및 전통공예 체험을 통해 전통예절을 배울 수 있다.

백운계곡 백운산 정상에서 흘러내리는 물이 모여 이뤄진 계곡으로 길이가 무려 10km가 된다. 깨끗하고 맑은 물이 바위 사이를 흘러내리며 소나무와 함께 아름다운 광경을 만들어준다. 특히 여름이면 시원한 계곡물에 발을 담그고 나무그늘에서 피서를 즐기는 사람들이 끊이질 않는다. 가족들과 함께 나들이하기에 좋다.

주변 맛집

이동폭포갈비 포천 이동갈비는 좋은 자연환경에서 자란 질 좋은 소를 사용하여 고기의 맛이 좋기로 유명하다. 특히 이동폭포갈비는 식당 바로 앞에 50m 높이의 폭포로 더욱 유명하다. 양념갈비 1인분 28,000원. ☐ 080-2080-9292

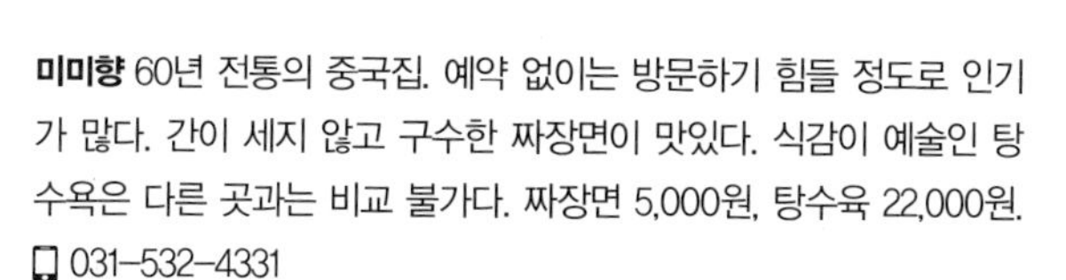

미미향 60년 전통의 중국집. 예약 없이는 방문하기 힘들 정도로 인기가 많다. 간이 세지 않고 구수한 짜장면이 맛있다. 식감이 예술인 탕수육은 다른 곳과는 비교 불가다. 짜장면 5,000원, 탕수육 22,000원. ☐ 031-532-4331

 # 자연 속에서 과학을 키우는 곳 

어메이징 파크

체험학습도 겸하면서 아이들과 재미있게 놀 수 있는 곳을 찾는다면 어메이징 파크가 제격이다. 2014년 오픈한 어메이징 파크는 국내 유일의 자연과 휴식이 접목된 과학공학기구관이자 복합문화공간이다. 아이들이 재미있게 과학을 접하고 배울 수 있게 만들었다. 어메이징 파크에는 130m 길이의 아치형 서스펜션 브리지, 어메이징 파크 과학관, 짚 라인, 에어링 로드, 히든 브리지, 대형 분수 등 다양한 놀이시설과 체험관이 있다. 570 계단으로 만들어진 에어링 로드는 잣나무 숲 산책 코스다. 나무 위의 하늘을 걸어볼 수 있는 히든 브리지는 국내 최초다. 히든 브리지는 나무와 나무를 300m 길이의 구름다리로 연결해 하늘을 걷는 기분이다. 어메이징 과학관도 아이들이 좋아한다. 3층으로 된 과학관에는 200여 가지 공학기구물이 있다. 아이들은 전시된 기구들을 하나하나 체험하며 과학의 원리를 이해할 수 있다. 짚 라인은 세계 처음으로 속도 조절이 가능하게 만든 전동식 왕복 이송 장치다. 이밖에 45도 기울어지는 사랑의 의자, 다람쥐 쳇바퀴 체험 등 다양한 체험시설이 있다.

주소 경기 포천시 신북면 탑신로 860 **교통편** **자가운전** 강변북로→세종포천고속도로(구리-포천)→탑신로 **대중교통** 1호선 소요산역에서 57번 금동 하차 후 도보 2.6km **전화번호** 031-532-1881 **홈페이지** www.amazingpark.co.kr **이용료** 어메이징 패키지 10,000원(동절기 12월~3월은 5,500원). 월·화 휴무 **추천계절** 봄, 여름, 가을

가 볼 만한 곳

하늘 아래 치유의 숲 어메이징 파크와 이웃한 숲이다. 포천시가 운영하는 이곳은 1970년대 조성한 잣나무 숲에서 산책과 체험을 통해 힐링의 시간을 갖게 한다. 4월부터 11월까지는 산림 치유 지도사와 함께 하는 치유 프로그램도 운영한다. 숲에 대한 설명도 듣고, 여러 가지 체험도 한다. 입장료는 어른 2,000원, 청소년 1,000원, 어린이 600원. 월요일 휴관. ☐ 031-538-3340

나남수목원 나남출판사 대표가 조성한 숲이다. 20만 평 규모의 숲에는 잣나무, 산벚나무, 상수리나무, 자작나무 등의 수목과 계절마다 꽃을 피우고 열매를 맺는 과실수가 있다. 수목원 한복판에는 책 박물관도 있다. 수목원 초입에 있는 펜션도 인기가 높다. 입장료는 어른 6,000원, 경로 및 어린이 3,000원. ☐ 031-533-7777

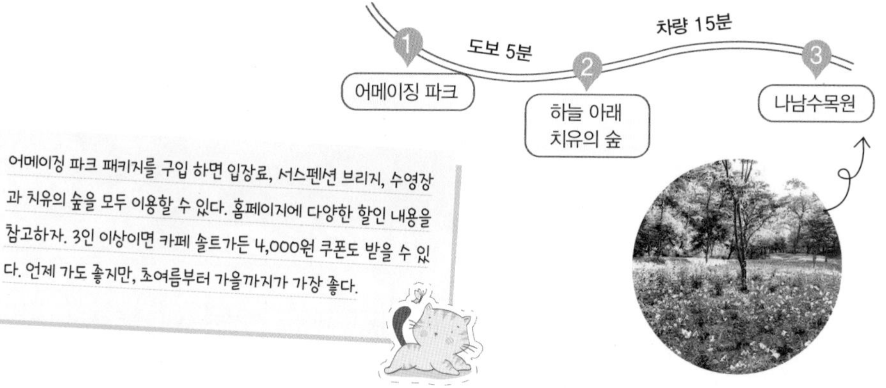

주변 맛집

소양강 숯불닭갈비 어메이징 파크 가는 길에 있다. 숯불에 제대로 구워 치즈에 찍어 먹는 닭갈비가 별미다. 메밀막국수와 메밀전병, 수수부꾸미도 맛있다. 메밀막국수는 여름에는 물국수, 겨울에는 비빔국수로 즐기면 별미다. 숯불닭갈비 14,000원, 메밀막국수 9,000원, 메밀전병 8,000원. ☐ 031-536-7111

솔트가든 어메이징 파크 내 새롭게 단장한 카페다. 1층과 2층으로 된 카페에서는 천일염을 넣어 만든 맛있는 빵과 음료를 판다. 2층은 확 트인 야외 테라스와 넓은 공간이다. 크로플 7,500원, 딸기 라떼 7,000원, 백향과 에이드 6,500원. ☐ 070-4944-9024

허브아일랜드

허브 터널에서 향기욕, 힐링 센터에서 건강 체험

주소 경기도 포천시 신북면 포천로 2305 **교통편** **자가운전** 북부간선로 → 동부간선도로 → 의정부 → 43번국도 포천 방향 → 368지방도로 → 허브아일랜드 **대중교통** 지하철 1호선 동두천역 앞 버스정류장에서 57, 57-1 승차 허브아일랜드 하차 또는 동서울터미널에서 포천행 시외버스 3001번 승차 시 대진대 정류장 하차, 건너편 버스 정류장에서 허브 아일랜드행 57, 61번 버스 환승 **전화번호** 031-535-6494 **홈페이지** www.herbisland.co.kr **이용료** 일반 6,000원, 우대 4,000원(37개월~중학생 · 국가유공자 · 장애우 · 노인 65세 이상) **추천계절** 봄, 여름, 가을

1998년 개장한 허브아일랜드는 13만 평의 부지 위에 허브를 테마로 조성된 공원으로 지금도 계속해서 개발되고 있다. 허브는 초록색 풀을 의미하는 라틴어인 허바에서 유래되었는데 오래전부터 지중해 나라를 중심으로 진통, 진정 등의 치료제로 쓰이기도 하고 입욕제로도 사용되었다. 허브 아일랜드에서는 다양한 방법으로 이러한 허브를 즐길 수가 있다. 세계 최초로 설립된 허브자료박물관에서는 허브아일랜드가 만들어지기까지의 변천 과정과 허브 관련 역사를 공부할 수 있다. 허브식물박물관은 2,000평 규모에 약 340여 종의 허브를 직접 보고 만질 수 있게 조성해 놓았다. 식물원 안은 양쪽으로 둘러싼 허브들이 터널길을 만들어 놓았다. 허브가 가지고 있는 독특한 향기를 맡으며 길을 걷다 보면 몸과 마음이 안정되고 치유되는 것을 느낄 수 있다. 식물원 뒤쪽에 있는 산타마을은 370m의 불빛 터널에 테마별로 다양한 포토존이 설치되어있고 한가운데에는 대형 트리와 산타의 집이 지어져 있다. 야간개장 때는 온통 불빛으로 언제나 크리스마스 축제분위기를 만끽할 수 있다. 허브아일랜드의 명물 허브베이커리에서는 건강식 허브 빵과 쿠키, 잼, 케이크 등을 살 수 있고 향기 가게에서는 허브의 효능을 이용한 입욕제, 오일, 옷, 베개나 찜질팩 같은 제품을 살 수 있다.

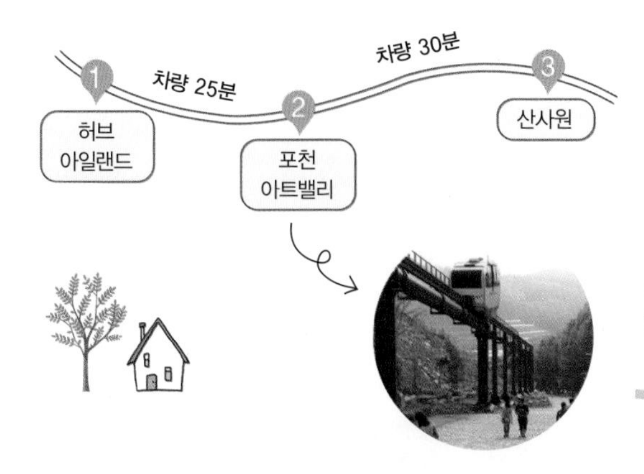

유럽풍 허브아일랜드에 추억의 거리가 생겼다. 70~80년대 우리나라의 모습을 간직한 거리에서는 초등학교 시절 문방구에서 사 먹던 간식거리들, 뽑기체험도 해보거나 70년대 다방에 들러 커피 한잔을 해도 좋다. 허브를 직접 씻고, 바르고, 만지고, 즐길 수 있도록 10가지 건강 체험 프로그램이 있는 힐링센터도 들러볼 만하다.

가 볼 만한 곳

포천아트밸리 버려진 채석장을 친환경 문화예술 공간으로 재탄생시킨 곳. 계곡까지 약 500m로 모노레일을 타고 주변을 구경하며 오를 수 있다. 폐채석장은 천주호라는 호수와 함께 고요하며 제법 웅장한 협곡으로 변신하여 보는 이들을 감탄하게 한다. 공연장은 따로 음향시설이 없어도 소리가 잘 울린다고 한다. 조각공원에서는 잠시 여유를 갖고 작품을 감상하기에 좋다. ☐ 031-538-3484

산사원 전통술에 담긴 가치들을 하나의 문화로 만들어 알리는 곳이다. 가양주문화관에서는 술을 만드는 도구, 술이 빚어지는 과정, 술의 역사 등 전통술문화에 대해 배울 수 있고, 판매장터에서는 2,000원으로 다양한 전통술을 시음해 보고 마음에 드는 술을 살 수도 있다. 산사정원에서는 술을 익히는 커다란 항아리들을 구경할 수 있다. 뒤편에도 정원이 있다. ☐ 031-531-9300

주변 맛집

정마루 호박꽃 단호박죽, 단호박전, 단호박수제비, 등 단호박으로 만든 요리들을 맛볼 수 있다. 특히 메인으로 단호박 위에 소갈비, 돼지갈비 찜이 푸짐하게 올려져나오는데 달콤한 단호박과 갈비찜이 어우러져 더욱 맛있다. 단호박 소갈비찜 (2인 기준) 65,000원. ☐ 031-536-8892

청산별미 버섯 농가를 운영해 품질 좋은 버섯으로 화학조미료를 사용하지 않은 샤부샤부를 먹을 수 있다. 식당 한편에 버섯양식 체험장도 있어 실제로 버섯이 어떻게 자라는지 체험해볼 수 있다. 특선 버섯샤브(2인분) 40,000원. ☐ 031-536-5362

미사리 경정공원

푸른 잔디밭에 누워 게으름 만끽

주소 경기도 하남시 미사대로 505 교통편 **자가운전** 서울외곽순환고속도로 → 조정대로 → 조정카누경기장 사거리에서 올림픽대로 방면으로 좌회전 미사동로 → 미사리 경정공원 **대중교통** 지하철 2호선 잠실 역 7번 출구 정류장에서 2000-2번 버스 승차 후 조정경기장, 경정장정문입구 하차 전화번호 031-790-8114 홈페이지 www.krace.or.kr/contents/culture02/parkIntro.do 이용료 없음 추천계절 봄, 여름, 가을

알 만한 사람은 이미 다 아는 소풍 명소 미사리 경정공원에선 잔디밭 위를 마음껏 누빌 수 있다. 1988년 서울올림픽 당시, 조정과 카누 경기를 위해 사용되다가 현재는 매주 수요일과 목요일에 조정경기장으로 이용된다. 배팅을 하지 않더라도 시원하게 물살을 가르고 달리는 모터보트를 보며 잔디밭에서 여유를 부려볼 수 있다. 경기가 없는 날에는 잔잔한 조정호수와 드넓게 펼쳐진 잔디밭에서 한적한 소풍을 즐기기에 그만이다. 2.2km 길이의 조정호 주변으로 조성된 잔디밭은 공간이 넓고 뛰놀기 좋아 아이들의 천국이다. 봄과 가을에는 로맨틱한 분위기가 무르익어 많은 연인들이 데이트 명소로 찾는다. 경정공원 일대의 개나리, 진달래, 벚꽃이 봄날을 수놓고 가을에는 가로수가 온통 붉게 물든다. 특히 가을에는 주홍빛 단풍을 배경삼아 분위기 있는 사진을 남기기에 좋다. 인근 한강변에서는 억새 사이로 난 산책로를 걸어볼 수도 있다. 소풍보다 역동적으로 경정공원을 즐기고 싶다면 조정, 카누 체험교실을 미리 예약(www.ksponco.or.kr)해 보자. 매주 주말 노보트와 카누, 레저 경정 등을 전문 강사에게 배울 수 있다. 이외에도 커플 자전거나 아이들을 위한 배터리 자동차 경기장을 이용할 수 있다.

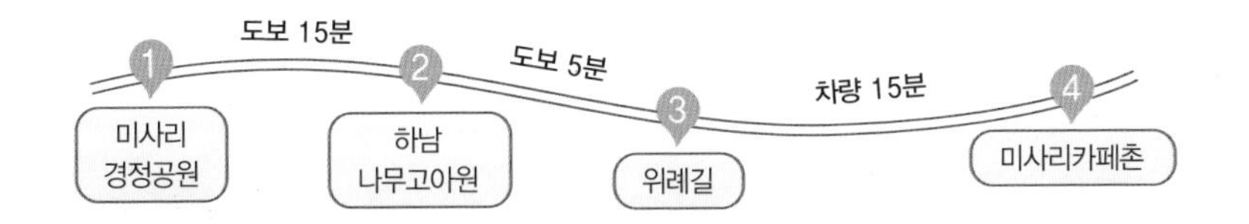

가 볼 만한 곳

하남나무고아원 하남시에서 수종 교체로 버려질 뻔한 나무들을 모아 만든 곳으로 이후 사연 있는 나무들이 모여 들면서 작은 숲을 이뤘다. 일반 수목원처럼 나무 하나하나에 이름표를 달거나 화려한 조경을 하지 않았다. 사람이 적은 덕분에 잔잔한 풍경을 차분하게 감상할 수 있다. 정원 가운데쯤에 낡은 배 한척이 소박한 멋을 더한다.

위례길 백제 초기 위례성이 있었던 곳에 조성한 총 길이 64km의 걷기길이다. 코스는 4가지로 도미설화가 깃든 장소를 포함한 사랑길(5km), 미사리 경정공원과 하남나무고아원 등을 연결하며 아름다운 한강 풍경을 걷는 강변길(13.5km), 하남시의 삼국시대와 백제 유적지를 거니는 역사길(5.8km), 남한산성을 포함하는 둘레길(39.7km)이 있다.

조정경기장에서 시간을 보내는 방법은 다양하다. 너른 잔디밭에 그늘 망을 치고 한적한 시간을 보내도 좋고, 지붕이 달린 네발 자전거를 타고 경정호 주변을 달려도 좋다. 근처에 미사리 카페촌이나 운길산역으로 향하면 주변에 분위기 좋은 카페가 많다.

주변 맛집

소나무집 엄나무와 각종 한약재로 끓여낸 누룽지 백숙이 맛있는 100년 된 집이다. 닭백숙 위에 쫀득하고 고소한 누룽지가 한겹 씌워져 나온다. 누룽지를 살짝 들어 올리면 부드러운 엄나무 백숙을 만날 수 있다. 친환경 농법으로 직접 농사지은 재료로 내놓은 반찬도 감칠맛을 더한다. 엄나무 누룽지 토종닭 백숙 59,000원. ☐ 031-795-6677

망향비빔국수 국내산 김치와 채소를 발효시킨 국물에 각종 신선한 채소로 고명을 얹는다. 쫄깃한 면발과 어울려 시원하고 아삭한 맛이 매운 맛을 중화시켜준다. 잔치국수와 비빔국수, 만두로 단출하지만 찾는 이의 발걸음이 끊이지 않는다. 비빔국수 보통 7,000원 손만두 4,000원. ☐ 031-794-2299

#바다낚시도 즐기고 낙조도 감상

궁평항

궁평항은 낙조가 아름다운 곳이다. 조수간만의 차가 심하고 완만한 경사의 갯벌이 넓게 펼쳐져 있어 바지락, 맛, 굴, 낙지, 칠게 등 해산물들이 풍부하다. 아담한 궁평리유원지는 배구장, 족구장, ATV 체험장 등 간이체육시설과 놀이시설이 잘 갖추어져 있다. 길이 2km, 폭 50m의 백사장과 100년 이상 수령의 해송이 5천 여 그루가 있는 울창한 숲속에는 벤치와 캠핑장이 있다. 만조 시에는 하루 2시간 이상 해수욕을 즐길 수 있으며, 2km 이상의 갯벌이 드러나면 조개 등을 잡는 갯벌체험을 할 수 있다. 궁평항은 어선 200여 척이 드나드는 선착장과 1.5km에 이르는 방파제를 갖춰 경기도 내에서 가장 큰 어항으로 자리 잡았다. 궁평항 방파제는 두 팔로 항구를 안는 것처럼 양쪽으로 길게 뻗어 있다. 오른쪽 방파제에는 정자각도 세워져 있어 낙조를 감상하려는 사람들의 발길이 이어진다. 다양한 어촌체험이 가능하고 바다낚시선 또는 유람선을 이용한 바다체험을 즐길 수 있다. 궁평항은 길이 10km의 화성호방조제와 연결돼 드라이브 코스로도 각광받는다.

주소 경기도 화성시 서신면 궁평항로 1069-17 교통편 **자가운전** 서해안고속도로 → 영동고속도로→ 평택시흥고속도로 → 송산마도IC → 제부로 → 궁평항로 **대중교통** 사당역 시외버스정류소에서 조암행 버스 R8155번 탑승, 조암터미널 하차 후 궁평항행 버스 18번 탑승 전화번호 궁평리 정보화마을 031-356-7339 홈페이지 bada.invil.org 이용료 없음 추천계절 봄, 여름, 겨울

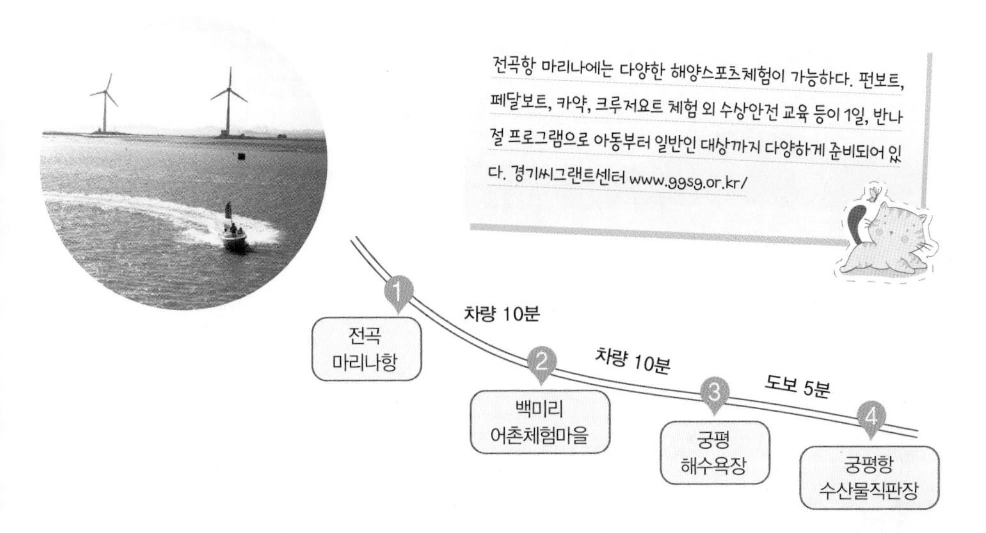

가 볼 만한 곳

전곡 마리나항 요트와 보트가 접안 가능한 마리나 시설이 있다. 방파제가 항구 바로 옆에 건설되어 밀물과 썰물에 관계 없이 24시간 배가 드나들 수 있다. 매년 세계 최정상급 프로요트선수들이 펼치는 코리아매치컵 세계요트대회와 해양페스티벌이 열린다. ☐ 031-366-7623

백미리어촌체험마을 초보자도 해산물을 바구니 한 가득 채울 수 있는 풍부한 갯벌로 조개캐기체험, 낙지잡이체험을 할 수 있다. 또한 스킨스쿠버체험과 무인도 체험도 가능하다. ☐ 031-357-3379

주변 맛집

궁평리 어촌계 부녀회식당 궁평리 부녀회에서 직접 운영하는 바지락칼국수 전문 식당이다. 제철에 나는 수산물로만 요리하고 냉동은 절대 사용하지 않은 것이 철칙이라고 한다. 엄마의 손맛이 느껴지는 콩나물무침과 김치가 칼국수의 맛을 더욱 잘 살려준다. 바지락칼국수 7,000원. 낙지 연포탕(중) 45,000원. ☐ 031-357-9285

궁평항 수산물 직판장 광어, 우럭, 농어 등을 제철 생선을 골라 회나 매운탕으로 즐길 수 있다. 새우, 조개구이, 바지락칼국수도 인기가 높다. 큼지막한 바구니에 다양한 종류의 조개를 올려 모둠으로 구입할 수 있고 원한다면 직판장 앞 포장마차에서 구이로 즐길 수 있다. 저렴한 가격에 해산물을 구입할 수 있어 인기가 높다.

 #KTX가 한가운데로 질주하는 맑은 호수 

어천저수지

수원 칠보산 아래 자리한 어천저수지는 오래 전부터 농업용수를 공급하던 역사가 있는 저수지다. 지금은 화성과 수원에서 쉽게 접근할 수 있는 유료 낚시터로 인기가 많다. 주말에는 좌대와 방갈로가 매진될 만큼 붐빈다. 어천저수지가 널리 알려진 것은 저수지 한가운데를 KTX가 초고속으로 질주하면서부터다. 광명역을 출발한 KTX가 2~3분 뒤면 이곳에 도착해 순식간에 저수지 위를 지나간다. 어천저수지는 낚시꾼들만 찾는 게 아니다. 저수지를 따라 보행용 데크가 있어 일반 여행자들도 가볍게 산책을 할 수 있다. 저수지를 산책하며 낚싯대를 여러 대씩 펼쳐놓고 세월을 낚는 '도시어부'들을 어깨너머로 살펴보는 재미도 있다. 저수지를 내려다보고 있는 산언덕에는 '함백산 메모리얼 파크 사업'이 한창이다. 이곳은 화성, 부천, 안양 등 6개 시가 공동출자해 만들고 있는 추모시설이다. 기피시설이라는 굴레를 극복하고 민관이 합심해 공원을 방불할 정도로 정갈하게 꾸민다는 계획이다. 저수지 주변은 또 숲이 우거져 사방에서 초록빛을 선사해 눈이 시원하다.

주소 경기 화성시 매송면 어천리 **교통편** **자가운전** 서해안고속도로 비봉IC→매송→어천저수지 **대중교통** 수원역 버스환승센터에서 궁평항 버스 이용 어천 하차 **전화번호** 없음 **홈페이지** 없음 **이용료** 없음 **추천계절** 봄, 여름, 가을

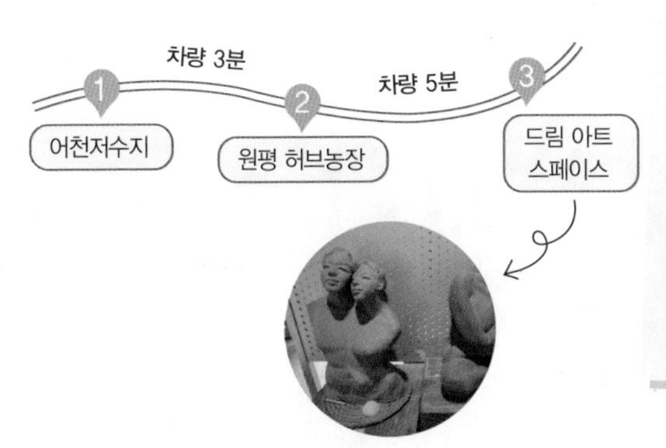

어천저수지는 수원과 화성 등 수도권 남부에서 접근하기 좋다. 저수지 한가운데를 수시로 지나다니는 KTX의 질주를 보는 것이 색다른 재미가 있다. 주변에 원평 허브농원과 드림 아트 스페이스 같은 명소가 있어 반나절 여행으로 안성맞춤하다. 특히, 망아지와 함께 사진도 찍고, 허브 체험도 할 수 있어 어린이를 동반한 가족이 좋아할 만하다.

가 볼 만한 곳

원평 허브농원 허브를 중심으로 오감 만족 체험을 할 수 농원으로 1987년 설립되었다. 8개의 허브 관련 특허를 가지고 있으며, 세계농업박람회 회원사로 베트남 수출도 하고 있다. 허브를 이용한 비누 만들기 등 다양한 체험을 할 수 있어 초등학생이나 유치원생들로 항상 붐빈다. 허브차나 샌드위치도 판매하지만 간단한 식사는 지참할 수 있다. 설·추석 당일만 휴무. ☐ 031-294-0088

드림 아트 스페이스 화가 부부가 11년째 일궈온 갤러리 겸 카페다. 하얀 목책을 설치한 마당은 네 마리의 애완 마 셔틀랜드 포니의 전용공간이다. 셔틀랜드 포니는 영국 여왕이 사랑하는 말로 알려져 있다. 말에게 직접 먹이를 주고 사진도 찍을 수 있다. 울창한 수목과 카페 앞뒤로 펼쳐진 호밀밭이 인상적이다. 특히, 아카시아 꽃이 필 때는 사위가 꽃향기로 가득하다. ☐ 031-293-5679,5667

주변 맛집

만인의정원 매운탕집 치고는 작명이 독특하다. 역사는 짧지만 어천저수지의 매운탕 맛집으로 등극했다. 참게를 넣어 끓인 칼칼한 매운탕 국물과 볶음밥은 후기에 자주 등장한다. 가장 인기 있는 메뉴는 빠가사리 매운탕과 새우탕이다. 가격은 잡고기, 빠가사리, 새우탕(중) 모두 45,000원. ☐ 031-293-8982

마당깊은집 어천저수지 인근 지역 주민이 추천하는 음식점이다. 대표 메뉴는 황태요리와 낙지덮밥이다. 콩나물을 곁들인 매콤한 낙지 덮밥을 미역국으로 속을 달래가며 먹는 맛이 별미다. 3~4인 가족이라면 황태전골도 추천할 만하다. 낙지덮밥 10,000원, 황태구이 정식 12,000원, 황태전골(중) 45,000원. ☐ 031-293-1393

 # 정조의 효심이 깃든 조선의 왕릉 

융건릉

죽어서라도 아버지를 옆에서 모시고 싶다는 정조의 유언에 따라 융릉 옆에 건릉이 조영되었다. 융건릉 입구에서 오른쪽은 융릉, 왼쪽은 건릉으로 가는 길이다. 융릉은 여러 가지 특별한 점을 갖고 있다. 우선, 금천교를 지나면 왼쪽으로 곤신지라는 둥근 모양의 작은 연못이 하나 있다. 융릉의 터가 반룡농주(누운 용이 여의주를 희롱함)인 형국을 보안하기 위해 여의주 모양을 본떠 둥글게 만들었다. 또 홍살문을 지나 정자각에 이르는 참도가 다른 왕릉에 비해 굉장히 넓고 정자각에서 능침이 오른편으로 치우쳐져 있다. 이는 뒤주에 갇혀 돌아가신 아버지 사도세자가 답답함을 느끼지 않도록 넓은 참도와 살짝 비껴진 능침을 놓아 탁 트인 풍경을 보이게 했다는 설이 있다. 정조는 융릉의 주변 조경과 식수에도 세심한 배려를 아끼지 않았다고 한다. 그 결과 융릉과 건릉 사이 산책길은 지금도 소나무 숲길이 정연하게 펼쳐져 있다. 울창한 소나무 숲길을 걷노라면 마음이 절로 상쾌해진다. 길 위에서 죽어서라도 아버지에게 효도하기 위해 아버지 곁에 누운 정조의 효심을 느껴보자.

주소 경기도 화성시 효행로 481번길 21 교통편 **자가운전** 신갈IC → 수원시내 진입 → 동수원사거리 좌회전 → 병점육교 → 용주사 → 융건릉 **대중교통** 지하철 1호선 병점역 2번 출구에서 시내버스 34번, 34-1번, 35번, 35-1번, 44번, 47번, 46번, 50번, 50-1번 탑승 전화번호 031-222-0142 홈페이지 hwaseong.cha.go.kr 이용료 어른 1,000원, 청소년 이하 무료 추천계절 봄, 가을, 겨울

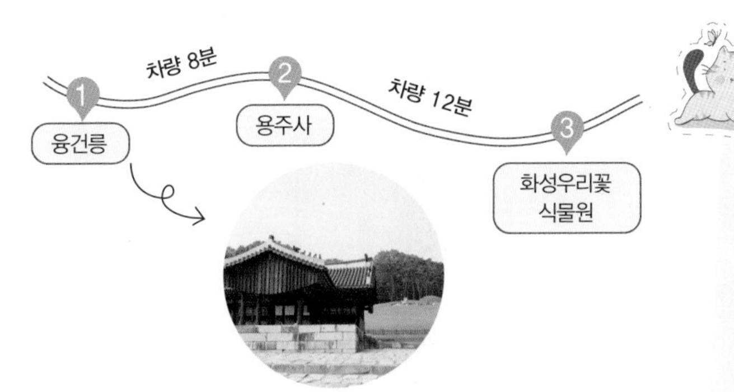

융건릉은 주차장이 매우 협소한 편이니 대중교통을 이용하면 편하다. 능침에 오르면 양옆으로 금관을 쓰고 있는 무인석, 문인석과 무덤을 둘러싼 모란, 연화문 장식의 병풍석은 정조가 아버지에 대한 효심을 나타내기 위해 당시의 모든 역량을 쏟아 문양이 놀랍도록 정교하게 새겨져있다.

가 볼 만한 곳

용주사 정조가 아버지 사도세자의 능을 화산으로 옮기며 원찰삼아 다시 지은 절이다. 용주사 입구에는 궁궐, 왕릉 등에서만 볼 수 있는 홍살문이 있는데 이는 정조가 사도세자의 명복을 빌기 위해 용주사 안에 호성전을 건립, 사도세자의 위패를 모셨기 때문. 부모은중경판은 단원 김홍도의 작품으로 부모님 은혜의 높고 깊음을 설법하고 있는 부모은중경이라는 불교경전을 그린 그림이다. 정조의 사도세자에 대한 효심을 나타내고 있다.

화성시 우리꽃 식물원 자연이 살아 숨 쉬는 화성시 우리꽃 식물원에는 백두산, 한라산, 태백산, 설악산, 지리산을 조성하고 그곳에 자생하는 1,000여 종의 식물을 식재하였다. 소원이 이뤄진다는 280년 된 해송 소망나무, 소원탑, 영원한 사랑을 상징하는 천년의 박달나무뿌리, 석림원 등 볼거리와 들국화 피는 은행나무 오솔길, 체험학습장, 솔숲 쉼터가 어우러진 휴식공간을 제공한다. 월요일 휴관, 입장료 어른 3,000원, 청소년 2,000원, 어린이 1,500원.

주변 맛집

한국인의 밥상 정갈한 상차림과 알뜰한 가격의 한정식집이다. 밥상정식에 된장찌개와 보쌈, 오이지, 버섯과 나물 무침 등 13~15가지 반찬이 나온다. 돼지, 소 장작구이는 추가 주문이 가능하다. 소고기버섯솥밭 17,000원, 떡갈비구이정식 22,000원, 매콤낙지볶음정식 21,000원. ☎ 031-222-3700

들깨방앗간 들기름과 껍질을 벗겨내고 갈아낸 들깨 가루로 조리한 칼국수의 구수한 맛이 토속적이다. 수타면 느낌나는 굵은 면발에 무생채를 비벼 먹는 보리밥과 수육 몇 점을 곁들여 낸다. 가족 단위 손님이 많아 '효자 밥상'이라 할 만하다. 들깨칼국수 10,000원, 들깨막국수 10,000원, 고기만두 6,000원. ☎ 031-221-8817

03

인천

#아름다운 휴식처로 다시 태어나다

광성보

고려시대 강화해협을 지키는 중요한 요새였던 광성보는 현재 편안하고 아름다운 휴식터로 자리 잡았다. 입구에 들어서면 근엄한 모습으로 서 있는 사적 제227호 광성보가 보인다. 1976년에 복원된 것으로 주변에는 잘 꾸며진 공원과 돈대, 쌍충비각으로 연결된다. 광성보 내부에 있는 작은 공원에 들어서니 봄 향기가 물씬 난다. 철쭉, 진달래 그리고 주변을 가득 채운 하얀 배꽃이 한데 어우러진 풍경은 이곳이 과거 전쟁의 상처를 가진 곳임을 잠시 잊게 된다. 광성보 우측으로 난 길은 쌍충비각을 따라 손돌목돈대로 이어지는데 나무뿌리가 훤히 드러나는 소나무들이 빽빽하다. 솔향기 은은하게 퍼지는 길이 끝날 무렵 쌍충비각과 신미순의총이 보이고 얼마 가지 않아 진달래와 철쭉으로 가득한 손돌목돈대로 이어진다. 방문객들은 그 풍경을 놓칠세라 사진으로 담는다. 용머리처럼 돌출하였다 하여 용두돈대라 불리는 곳까지 걸어가면 시원한 바닷바람 너머 멀리 김포가 눈에 들어온다. 용두돈대에서 잠시 바람을 쐰 후 산길을 따라 걸으면 길은 덕진진까지 이어지는데 그 길도 매력 있다. 새소리, 꽃내음이 가득한 길은 강화 둘레길과 만나게 된다.

주소 인천시 강화군 불은면 해안동로 466번길 27 교통편 **자가운전** 강변북로 → 올림픽대로 → 강화초지대교 → 초지삼거리 → 해안동로 이동 후 좌회전 → 광성보 **대중교통** 홍대입구역 또는 합정역 2번 출구에서 3000번 버스 탑승, 현대아파트 정류장에서 53번 또는 53A 환승 후 광성보 정류장 하차 전화번호 강화군시설관리공단 032-930-7000 홈페이지 tour.ganghwa.incheon.kr 이용료 1,100원, 청소년·어린이 700원 추천계절 봄, 여름, 가을

가 볼 만한 곳

갑곶돈대 갑곶돈대는 멀리서 보면 팔각의 이층 정자 이섭정이 인상적이다. 특히 봄에는 녹음과 꽃들로 둘러 싸여 연못에 비친 풍경이 그림같이 아름답다. 입구에 있는 비석군을 지나면 좌측으로 (구)역사관이 있고 그 바로 옆에 약 400년으로 추정되는 탱자나무가 있다. 이섭정에서 내려다보면 한쪽으로는 성벽과 바다가 다른 한쪽으로는 너른 들판이 시원하게 펼쳐진다. ☐ 032-930-7076

덕진진 사적 제226호인 덕진진은 해협의 관문을 지키던 제1의 포대로 병자호란 때 만들어졌다. 병자호란 때 프랑스군을 격파하였고 신미양요때는 미국 함대와 치열한 포격전을 벌였던 곳이다. 덕진진 우측으로 난 길을 따라 남장포대를 지나면 덕진돈대가 나오는데 이곳에서서 바라보는 풍경이 좋다. ☐ 032-930-7074

전등사 봄이면 매화와 벚꽃이 천지에 흩날리는 전등사는 단군 신화를 연원으로 1,600여 년을 이어온 한국의 대표적인 고찰이다. 현존하는 최고의 고찰답게 이곳에는 조선 중기의 아름다운 건축물인 대웅보전을 비롯하여 보물 제179호인 약사전, 보물 제393호인 범종 등 많은 문화재와 유적을 간직하고 있다. ☐ 032-937-0125

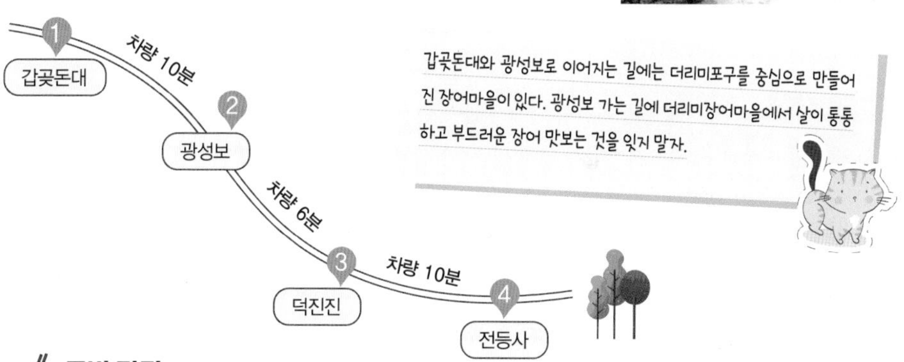

주변 맛집

더리미집숯불장어 더리미장어마을의 초입, 바다가 바라다 보이는 도로변에 위치한 장어마을의 원조식당 중 하나. 바다가 보이는 넓은 창과 깔끔한 내부, 친절한 사장님과 맛있는 장어 맛으로 늘 많은 손님들이 찾는다. 장어정식 29,000원, 장어덮밥 19,000원, 갯벌장어 1kg(2인 기준) 120,000원. ☐ 032-932-0787

죽림다원 전등사 절 내에 있는 찻집이다. 마당에는 앵두나무, 매화, 벚꽃 등의 꽃나무와 금낭화가 예쁘게 핀다. 조용한 클래식이 흐르고 때로는 잔잔한 발라드 음악이 흐른다. 내부에는 직접 만든 찻잔 등이 판매되는데 모두 이천에서 직접 유명작가들이 만든 작품이다. 쌍화차 7,000원, 모과차 6,000원, 연꿀빵(8개) 10,000원. ☐ 032-937-7791

#강화도 서북단에 위치한 빈티지 섬 여행지

교동도 대룡시장

강화도에서 최근 연륙교가 놓이면서 섬에서 뭍이 된 교동도. 교통편이 편리해지면서 찾는 이들이 부쩍 늘었다. 화려하거나 볼거리가 많지 않은 이 섬에 끊임없이 방문객 발걸음이 이어지는 것은 이곳에서 추억을 만날 수 있기 때문이다. 교동도 중앙에 있는 대룡시장은 시간이 정지된 듯한 골목 풍경이 남아 있다. 이 레트로한 풍경을 보려고 관광객들이 몰려든다. 교동도는 고려 시대 국제 무역항이던 예성강 벽란도로 가는 배들이 쉬어 가던 곳이다. 6.25 전쟁 때는 바다 건너 황해도 연백군에 살던 사람들이 피난 왔다가 그대로 눌러앉은 실향민의 아픈 사연을 간직한 섬이다. 본래 몇 개의 섬이었지만, 간척사업으로 하나의 섬이 되었다. 대룡시장은 영화 세트처럼 과거의 풍경이 고스란히 남아 있다. 오래된 시계방, 약국도 아닌 약방, 계란 노른자가 동동 뜬 쌍화차를 내오는 옛날식 다방이 있는 뒷골목은 정겹다. 골목은 '제비 거리' '둥지 거리' '와글와글 거리'로 나누어져 있으나, 이내 지나갈 수 있는 한 통로이니 천천히 둘러봐도 1시간이면 충분하다. 예전에는 창후리 선착장에서 도선으로 건넜으나, 2014년 교동대교가 개통되며 편히 갈 수 있게 되었다.

주소 인천시 강화군 교동면 교동남로 35 교통편 **자가운전** 서울올림픽도로→김포시→강화읍→교동도(1시간 30분 소요) **대중교통** 합정역 2번 출구 3000번 버스 탑승, 강화터미널에서 18번 버스 환승 후 대룡시장 하차 전화번호 교동면사무소 032-930-4500 홈페이지 www.ganghwa.incheon.kr 이용료 무료 추천계절 봄, 가을

가 볼 만한 곳

연산군 유배지 조선 시대 대표적인 폭군 연산군이 폐위된 후 교동도로 유배되어 생을 마친 터다. 교동도는 조선 왕실의 유배지로 광해군도 이곳에 유배되어 생을 마쳤다. 너무 반듯하게 지은 초가지붕 처소가 조금 아쉽다. 유배문화관에서 유배의 모든 것을 알 수 있다. 경내에 화개산 정상까지 모노레일이 운행된다. 화개산 정상 전망대에서 북녘땅까지 볼 수 있다. 진행 중인 '화개정원' 2단계 공사가 끝나면 교동도 최고의 명소가 될 것으로 보인다.

강화평화전망대 강화군 양사면 철산리 민통선 안 해안에 설치된 전망대다. 강 건너는 예성강 하구로 해무만 끼지 않으면 북녘땅이 손에 잡힐 듯 가깝다. 김포 애기봉 전망대와 함께 북녘땅을 조망하는 명소다. 해병 장병이 절도 있게 제적봉의 유래와 남북한 대치 현실 등은 소개한다. 특산물 판매 코너도 있다. 입장료 성인 2,500원, 군인 1,700원, 어린이 1,000원. ☐ 032-930-7062

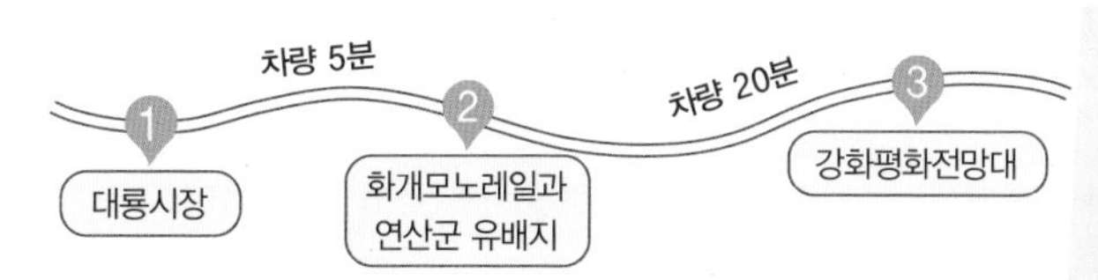

교동대교가 놓이면서 차를 타고 교동도로 갈 수 있지만 민통선 안이라 임시 출입증이 필요하다. 검문소에서 인적사항을 기재하면 발급해준다. 단, 밤12시부터 새벽4시까지는 출입이 통제된다. 연산군 유배지는 화개정원 조성지역 안에 있어 모노레일을 타고 정상 전망대를 오르고 난 뒤에 보는 게 좋다.

주변 맛집

대풍식당 1960년대 후반 문을 열었다는 대풍식당은 최근 방송 및 신문에 소개되면서 더 바빠졌다. 이 집은 직접 빚은 만두와 국밥이 주 메뉴다. 오래된 집의 특이한 구조가 낯설지만, 가격이 착하고 음식이 맛있다. 특히, 만두는 직접 빚어 투박하지만 정이 듬뿍 묻어난다. 국밥류 8,000원, 황해도식 냉면 8,000원. ☐ 032-932-4030

와글와글 대룡시장 입구에 있는 백반집이다. 오래된 노포는 아니지만, 주인 손맛이 보통 아니어서 교동 주민들이 주로 찾는다. 갈치 조림이 가장 인기가 많다. 갈치 조림(2인분) 22,000원, 된장, 김치로 만드는 일반 찌개류 8,000원. 혼밥 여행자도 문제없다.

낙조 감상과 해변 캠핑에 딱이네

동막해수욕장

강화에서 빼놓을 수 없는 것이 바로 갯벌이다. 특히 강화에는 생태계가 잘 보존된 갯벌이 많은데 그 중 대표적인 것이 동막해수욕장이다. 세계 5대 갯벌 중 하나로 손꼽히는 동막해수욕장은 강화에서 가장 큰 모래톱을 자랑한다. 아이들의 갯벌 체험장으로 좋다. 해변은 폭 10m, 길이 200m로 펼쳐지며 해수욕장 뒤로는 노송이 소나무 숲을 이룬다. 물이 빠지면 직선 4km까지 갯벌로 변하는 천혜의 자연을 가진 해수욕장이다. 갯벌에는 칠게와 가무락, 쌀무늬고둥, 갯지렁이 등 다양한 종류의 생물들이 존재한다. 노송이 빽빽한 해수욕장의 소나무 숲은 캠핑장이다. 정식 캠핑장이 아니므로 전기 등의 시설이 없다. 그럼에도 낙조가 아름답고 바다를 바라보며 캠핑을 할 수 있어 가족단위 캠핑족들에게 인기다. 앞으로는 바다를, 뒤로는 식당들이 늘어서있다. 숙박 시설도 많아 엠티나 가족여행, 연인들에게 인기다. 여름에는 해수욕 인파로 북적인다. 갯벌 때문에 물이 깨끗하지 못하다. 맑은 바다를 기대한다면 실망할 수도 있지만 아이들에겐 더없이 즐거운 놀이터가 된다.

주소 인천시 강화군 화도면 해안남로 1481 교통편 **자가운전** 강북강변로 → 올림픽대로 → 김포한강로 → 강화초지대교 → 동막해변 · 정수사 방면 → 동막해변 방면 → 해남로 → 동막해수욕장 **대중교통** 홍대입구역 또는 합정역 2번 출구에서 3000번 버스 탑승 후, 강화터미널에서 3번 환승 후 동막해수욕장 하차 전화번호 관광개발사업소 032-937-4445 홈페이지 www.ganghwa.incheon.kr 이용료 없음 추천계절 여름

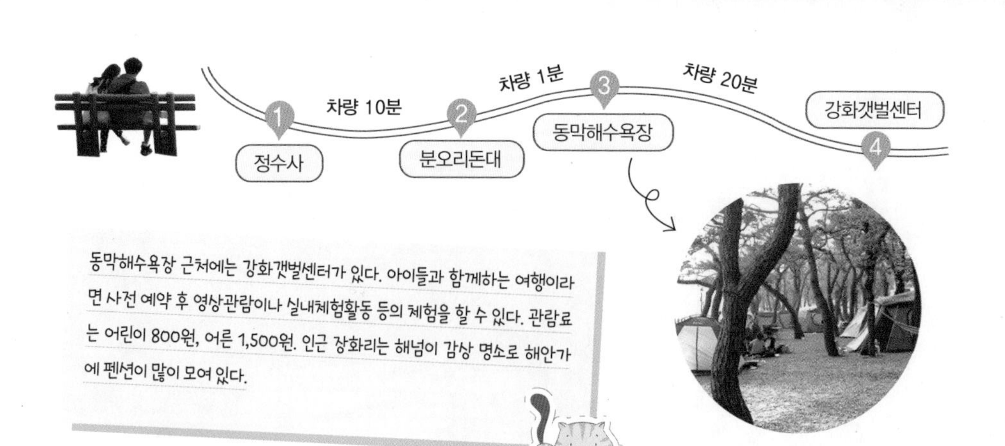

가 볼 만한 곳

정수사 전등사, 보문사와 더불어 강화 3대 고찰 중 하나인 정수사는 신라시대 창건한 절로 마니산 중턱에 자리했다. 조선 초기에 준공된 대웅보전은 보물 제161호로 지금까지도 당시의 건축양식을 잘 보존하고 있다. 8월 중순이나 말경 정수사에서는 상사화를 볼 수 있는데 열흘 정도 꽃을 피웠다가 진다. 이곳의 상사화는 특이하게 노란색이다.

분오리돈대 조선시대에 축조한 54돈대 중의 하나다. 외적의 침입을 방어하기 위해 돌로 쌓은 것으로 동막해수욕장의 동쪽 끝에 있다. 형태가 돌출되어 있는 모양이라 사방으로 넓게 펼쳐진 바다를 볼 수 있고 동막해수욕장을 한눈에 내려 볼 수 있다. 돈대에는 현재 포문만 남아있다. 저녁이면 이곳에서 바라보는 일몰이 아름답다.

주변 맛집

마니산산채 약초 효소로 만든 건강식 식단이다. TV 프로그램에 소개되면서 더 유명해진 음식점으로 오래된 기와지붕에 장독이 인상적이다. 주인부부가 직접 말리고 만든 재료들로 만든 음식은 손님들에게 반응이 좋다. 예약을 하는게 편리하다. 산채비빔밥 12,000원, 도토리묵 11,000원, 감자전 10,000원. ☐ 032-937-4293

황토옛집 정수사에서 멀지 않고 초가지붕에 전통 양식의 실내인테리어가 특징이다. 비싸지 않은 가격에 편하게 식사를 할 수 있는 곳으로 한정식과 꽁보리밥이 이 식당의 대표 메뉴다. 막걸리에 함께하는 도토리묵이나 감자전도 추천 메뉴다. 옛집쌀밥정식 13,000원, 영양돌솥밥 15,000원, 도토리묵 10,000원. ☐ 032-937-9647

석양이 아름다운 우리나라 3대 해상 사찰

석모도 보문사

연락선을 타고 갈매기에게 새우깡을 주며 가던 섬 석모도. 지금은 강화도와 다리로 연결되어 쉽게 갈 수 있게 됐다. 석모도의 자랑은 보문사다. 보문사는 양양의 낙산사, 금산의 보리암과 함께 우리나라 3대 해상사찰로 유명하다. 언덕길을 올라 일주문을 지나면 먼저 좌측으로 와불전과 오백나한이 눈에 띈다. 다양한 모양의 불상이 가득한 이곳에서는 불심이 없는 방문객도 걸음을 멈추게 된다. 그 옆으로 우측 방면에는 보문사 석실이 있다. 흔치 않은 석굴사원으로 우리나라에는 몇 되지 않는 곳이다. 누구나 원하는 시간에 기도가 가능하다. 심전각인 극락보전을 돌아 400여 개가 넘는 계단을 올라가면 용왕단이 나온다. 조금을 더 오르면 마애석불좌상이다. 성지로 더 알려진 이곳은, 이곳에서 기도를 하면 아이를 가질 수 있다하여 여인들이 발길이 그치지 않는 곳이다. 이 마애석불좌상은 높이가 920m, 너비는 330m에 달한다. 매일 많은 사람들이 이곳을 찾아 각자의 소원을 빈다. 부처님은 모두의 소원을 다 이루어 줄 것 같은 미소를 짓고 있다.

주소 인천시 강화군 삼산면 삼산남로 828번지 44 교통편 **자가운전** 올림픽대로 → 김포한강로 → 김포대로 → 석모대교 → 보문사 **대중교통** 홍대입구역 또는 합정역 2번 출구에서 3000번 버스 탑승 후, 강화터미널에서 31A번 환승 후 보문사 하차 전화번호 보문사 032-933-8271 홈페이지 www.bomunsa.net 이용료 어른 2,000원, 중·고생 1,500원, 초등학생 1,000원 추천계절 봄, 가을

가 볼 만한 곳

민머루해수욕장 석포리 선착장에서 보문사 가는 길에 있다. 염전터를 따라 끝까지 가면 해수욕장이 나오는데 이곳 역시 갯벌 체험을 할 수 있다. 바다 생물을 관찰하기 적합함은 물론 넓은 갯벌과 모래가 원적외선 방출량이 많고 미네랄 성분이 다량 함유되어 피부 미용에도 좋다고 한다. 영화 〈시월애〉의 촬영장소로 유명해진 곳이기도 하다.

장구너머포구 민머루해수욕장의 언덕 너머에 있다. 멀리서 보면 장구처럼 생겼다하여 이름 붙여진 이곳은 평범하고 작은 포구다. 물이 빠지면 갯벌이 되고 포구에는 낚시꾼이나 생선을 말리는 풍경이 소박하다. 포구 주변에는 횟집이 많아 강화의 명물 밴댕이회나 꽃게탕을 찾는 이들이 많다. 저녁 해가 질 무렵의 일몰이 아름다운 곳, 장구너머포구이다.

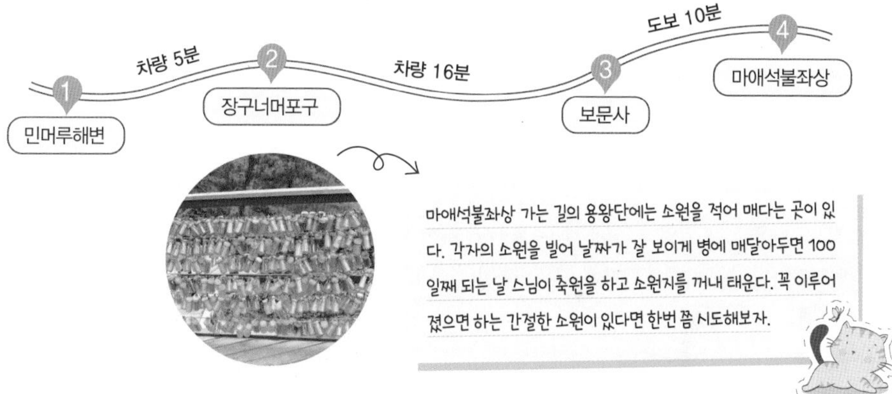

주변 맛집

낙가산식당 보문사 입구에 있는 식당이다. 2층에서는 멀리 바다를 볼 수 있다. 식당이 깔끔하고 주인과 종업원이 친절하다. 밴댕이가 제철인 5, 6월에는 밴댕이무침이 인기다. 새콤 달콤한 밴댕이무침에 강화 인삼막걸리 한 잔. 곁들여 나오는 강화 쑥튀김까지 등산객들에게 인기 최고다. 꽃게탕(중) 60,000원, 밴댕이 무침(중) 20,000원, 우렁된장찌개 8,000원. ☐ 032-932-6363

물레방아식당 보문사 입구 우측에 있다. 시원스레 물을 따라 돌아가는 물레방아와 갖가지 꽃들이 가득한 정원이 인상적이다. 야외 좌석은 늘 손님으로 가득하다. 음악, 꽃과 함께 식사를 즐길 수 있어 가장 눈에 띄는 식당이기도 하다. 게장 정식(2인 이상) 25,000원, 밴댕이정식(2인 이상) 17,000원, 산채비빔밥 10,000원. ☐ 032-933-6677

온고지신, 공장이 카페가 되다

조양방직

1933년 처음 문을 열었던 조양방직이 2017년 다시 문을 열었다. 방직공장에서 대형 카페로 변신해 세상에 다시 나왔다. 대형 카페라는 개념이 흔하지 않던 시기라 입소문을 타기 시작했고, 어느새 전국에서 가장 핫한 카페 중 하나가 되었다. 카페 조양방직은 예전 조양방직의 이름만 그대로 가져온 것이 아니다. 흉물스럽게 버려진 회색빛 공장 건물을 현대적 감각으로 살려냈다. 공장에서 쓰던 기다란 작업대는 어디에서도 볼 수 없는 이곳만의 커피 테이블로 재탄생했다. 테이블 사이사이에는 초록빛 식물을 배치해 공장의 삭막함을 줄였다. 맑은 날 천장 통유리로 환한 햇빛이 들어오면 삭막함은커녕 아늑함마저 느껴진다. 조양방직은 본관 건물 이외에도 별관 등 외부 건물과 야외 정원이 있어 구경할 것이 많다. 70년대 교과서와 책가방부터 LP판, 오래된 라디오와 TV, 전기밥솥 등 추억이 깃든 물건부터 이국적인 가구와 골동품들이 곳곳에 놓여있다. 버려진 물건들이 멋지게 변신해 인테리어 역할을 톡톡히 해낸다. 모든 것들이 원래부터 그 자리에 있던 것처럼 조양방직과 잘 어우러진다. 덕분에 300평에 달하는 카페를 구경하는 재미도 쏠쏠하다. 곳곳이 포토존이라 사진을 찍는 이들도 많다. 카페 어디서든 구경하다 멈춰 편한 자리에 앉을 수 있으니 부담도 없다.

주소 인천광역시 강화군 강화읍 향나무길5번길 12 교통편 **자가운전** 강북강변로 → 올림픽대로 → 김포한강로 → 김포대로 →조양방직 **대중교통** 홍대입구역 또는 합정역 2번 출구에서 3000번 버스 탑승, 강화터미널에서 96번 버스 환승 강화여고 입구 하차 후 도보 2분 전화번호 0507-1307-2192 추천계절 사계절

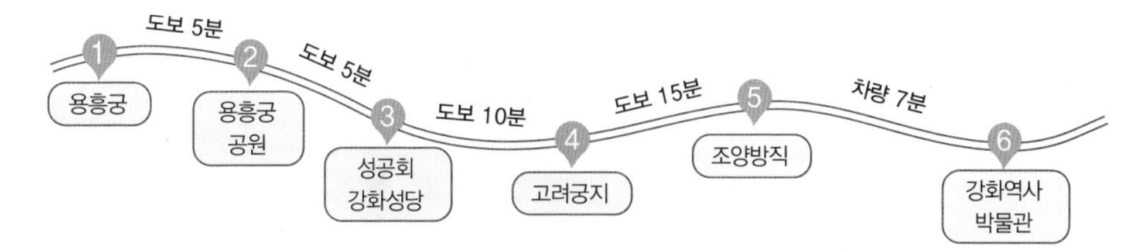

가 볼 만한 곳

고려궁지 몽골의 침입으로 수도를 강화로 옮긴 고려가 이곳에 궁을 짓고 39년간 왕이 머물렀다. 고려가 개경으로 다시 돌아갈 때 궁은 모두 허물어졌다. 조선은 이곳에 외규장각과 강화유수부 등을 설치해 지방을 다스렸다. 병인양요 때 건물은 모두 소실되었고, 현재 남아 있는 것은 관아 건물 이방청과 명위헌, 복원된 외규장각이다.

아이와 함께라면 자랑스러운 부모님 되기에 도전해보자. 학교에서 배웠던 국사책이 그대로 강화에 있다. 아이와 함께 역사책 다시 보는 재미로 차근차근 둘러보자. 배움도 여행이 되고 여행도 배움이 된다.

강화역사박물관 세계문화유산 강화 고인돌. 강화에는 약 150여 개의 고인돌이 분포되어 있다. 넓은 잔디 운동장 주변으로 다양한 형태의 고인돌 모형이 전시되어 있다. 고인돌전시관 맞은편의 강화역사박물관은 강화의 역사와 문화를 한 눈에 볼 수 있는 곳이다. 다양한 전시물이 시대별로 잘 정리되어 있고 강화의 역사를 보기에도 좋다. 영상으로 보는 강화의 역사는 아이들에게 인기가 좋다. 가족과 함께 온다면 아이와 함께 공부와 재미를 함께 만날 수 있는 곳이다. ☐ 032-934-7887

주변 맛집

왕자정묵밥 길게 친 묵에 양념을 넣고 밥을 비벼 먹는 묵밥이 인기다. 사실 이곳은 돼지갈비에 야채와 등을 넣고 새우젓으로 간을 한 젓국갈비가 더 유명하다. 묵밥 9,000원, 콩비지 9,000원. ☐ 032-933-7807

우리옥 1953년부터 이어지고 있는 한식백반집. 오랜 역사만큼 유명 단골도 많이 가진 곳이다. 지금은 새로 지은 건물이라 오래 전 이곳을 찾았던 여행자들은 낯설 수 있으나 손맛은 변함없다. 부담 없는 가격의 백반과 신선한 대구, 병어찌개 및 활어를 맛볼 수 있다. 한식백반 6,000원, 대구찌개(소) 5,000원, 병어찌개 30,000원. ☐ 032-934-2427

소래포구

전철 타고 가서 만나 보는 바다

여행정보

주소 인천시 남동구 포구로 2-9 **교통편 자가운전** 제1경인고속도로 서운분기점 → 장수IC → 남동구청 방면 → 소래포구 **대중교통** 지하철 수인선 소래포구역 2번 출구 도보 10분 **전화번호** 소래포구어촌계 032-442-6887 **홈페이지** 없음 **이용료** 없음 **추천계절** 사계절

짭조름한 바다냄새 가득한 수인선 열차를 타고 소래포구역에서 내린다. 무릎을 맞대고 가던 작은 협궤열차는 이제 전철이 대신한다. 수인선 열차가 개통되면서 소래포구는 한층 더 가까워졌다. 역에서 내려 주변을 둘러보면 이곳 어디에 포구가 있을까 싶을 정도로 온통 아파트 단지다. 하지만 비릿한 냄새를 쫓아 10여 분을 걸으면 이내 사람들로 북적대는 소래포구 어시장 입구다. '많이 드립니다. 보고가세요. 싱싱합니다.' 하는 상인들의 외침이 활어의 비늘처럼 신선하다. 새우튀김과 오징어튀김이 눈길을 사로잡는 식당을 지나 시장 안으로 깊숙이 들어가자 본격적인 수산물시장을 만난다. 시장 골목은 팔고 있는 해산물이 골목마다 다르다. 키조개, 꼬막 등 조개류만 파는 골목, 새우와 게, 랍스터 등 갑각류만 파는 골목, 활어만 파는 골목, 각종 젓갈을 파는 골목 등이 그렇다. 약 350여 개의 상점이 성업 중이다. 시장골목을 나와 바다가 보이는 막다른 길로 향한다. 갯벌 위에 정박한 작은 배들이 보인다. 소래 사람들은 이 배를 타고 바다로 나간다. 협궤열차가 달리던 소래철교와 수인선 열차가 달리는 철로는 평행을 이루며 놓여있다. 아파트가 둘러싼 포구에는 여전히 배가 떠 있다. 과거와 현재의 공존, 신선한 해산물에 더한 소래포구의 매력이다.

가 볼 만한 곳

소래역사관 소래포구 어시장을 나와 소래포구역으로 가는 길에 위치한다. 협궤열차 시절의 소래역을 재현한 2층 전시실에서는 과거를 추억해본다. 1층은 소래염전을 테마로 구성되었는데 염전 밀대 밀기와 종류별로 소금 관찰하기를 체험해 볼 수 있다. 또, 소래포구 형성과 발전, 상인들의 생활상 등을 디오라마로 재현했다. 입장료 어른 500원, 청소년 300원, 어린이 200원. 032-453-5630

소래포구는 일몰이 아름다운 포구다. 낮 시간에 소래역사관이나 소래생태습지공원에서 아이들과 시간을 보내고 해질녘 소래포구를 다시 찾는 것도 추천할 만하다. 노을이 진 하늘과 바다를 보며 먹는 회는 맛에 멋이 더한다.

소래습지생태공원 1996년까지 소금을 만들어내던 염전지대가 갯벌 생태공원으로 변신했다. 전시관에서는 소래 갯벌과 생태계, 염전을 소개한다. 3층에는 전망대도 있어 드넓은 소래 갯벌을 조망하기에 좋다. 하절기에는 염전과 갯벌에서 단체 체험학습이 가능하다. 032-435-7076

1 소래포구 — 도보 5분 — 2 소래역사관 — 도보 20분 — 3 소래습지 생태공원

주변 맛집

갯벌횟집 어시장 입구에 위치한 횟집으로 밑반찬이 많이 나와 푸짐하게 먹을 수 있다. 각종 회는 물론이고 조개구이와 꽃게탕, 장어구이까지 가능하다. 모듬회(중) 120,000원, 조개구이(대) 60,000원. 032-434-4990

재성이네 활어를 저렴한 가격에 먹고 싶다면 어시장 골목 상점을 이용해보자. 이 중 재성이네는 싱싱한 생선을 넉넉하게 주고 있어 단골이 많다. 그 자리에서 뜬 회는 재성이네 추천 식당에 가서 먹으면 된다. 활어 1kg 30,000원, 식당 양념값 1인당 3,000원. 032-446-1760

#도심 속 힐링 포인트

인천대공원

소래산 아래 298만㎡에 걸쳐 인천대공원이 조성되어 있다. 지리적으로 경기도 부천과 시흥 등지에서도 멀지 않아 인천은 물론 주변 도시민들에게도 가까운 휴식처가 되어 준다. 인천대공원 입구에서부터 상쾌함과 향기로움이 동시에 느껴진다. 정문을 들어서자마자 왼편으로는 수목원, 오른편으로는 꽃 전시장이 자리한 덕분이다. 공원 중앙에는 인공호수가 들어서 있다. 호수 앞으로 나 있는 300m의 길은 자전거 광장이다. 이곳에서는 인라인이나 자전거를 보다 안전하게 탈 수 있어 초보자나 아이들이 이용하기에 좋다. 호수 뒤편으로는 조각원이다. 모던한 작품들 사이로 해학적인 작품이 눈에 띈다. 아이들과 함께 한 가족에게는 공원이 학습현장이 된다. 온실에서 열대 식물을 관찰하고 어린이동물원에서 당나귀와 꽃사슴 등에게 먹이를 주는 체험도 가능하다. 또, 환경미래관을 방문해 생태계 파괴, 미래 에너지원 등에 대해 공부할 수도 있다. 인천대공원의 유일한 놀이시설은 사계절 썰매장이다. 봄, 가을에는 잔디 봅슬레이, 여름에는 물썰매, 겨울에는 눈썰매를 즐길 수 있어 남녀노소에게 인기다.

주소 인천시 남동구 장수동 무네미로 236 **교통편** **자가운전** 경인고속도로 → 서울외곽순환도로 → 서운JC → 장수IC → 인천대공원 **대중교통** 지하철 1호선 송내역 하차 남광장에서 버스 8, 11, 103번 환승 **전화번호** 032-466-7282 **홈페이지** grandpark.incheon.go.kr **이용료** 없음 **추천계절** 사계절

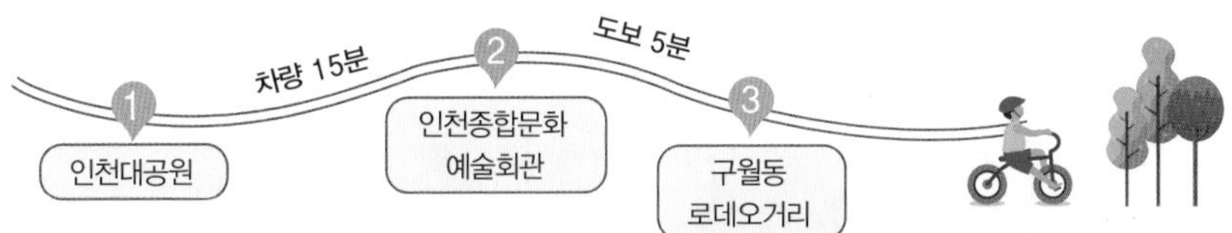

가 볼 만한 곳

인천종합문화예술회관 인천의 대표적인 문화공간으로 대공연장과 소공연장, 야외공연장 등이 있다. 이곳에서는 대중가요 콘서트, 클래식 연주회, 연극 등 다양한 장르의 공연이 진행된다. 전시실 또한 세분화 되어 각종 사진과 미술 작품들이 전시되고 있다. 현장 발권도 가능하니 마음에 드는 공연이나 전시가 있으면 들러보자. ☐ 032-427-8401

구월동 로데오거리 롯데백화점에서 신세계백화점까지 이르는 약 500m의 거리와 그 일대를 가리킨다. 인천 구월동은 시청, 인천지방경찰청 등 주요 행정기관은 물론 은행과 기업체 등이 밀집한 지역으로 인천에서 가장 번화한 곳 중 하나다. 구월동 로데오거리에는 다양한 음식점과 카페, 술집 등이 즐비하다.

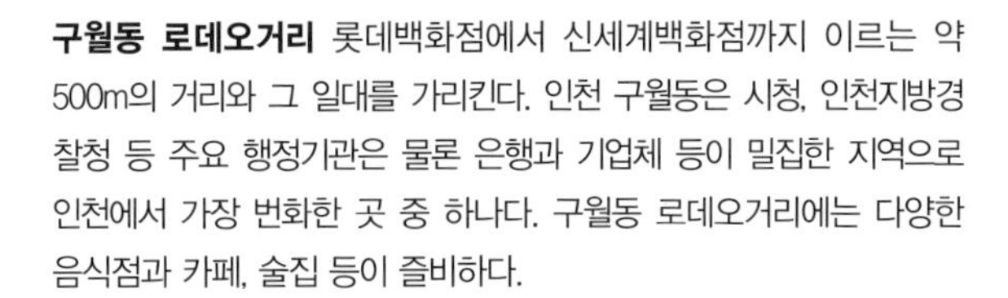

인천대공원은 대규모 공원이다. 공원 내에서 길을 잃고 싶지 않다면 공원안내소에서 배포하는 무료 안내서를 챙기자. 공원구석구석 제대로 돌아보고 싶다면 걷기보다는 자전거를 이용을 추천한다. 1인용부터 다인용까지 다양하게 구비되어 있어 연인이나 가족과 함께 타기에 좋다.

주변 맛집

루나리치 로데오 메인거리에서 안쪽으로 들어간 골목에 위치한다. 10평 남짓한 가게로 규모는 작지만 맛은 대형 이탈리안레스토랑 못지 않다. 이탈리아 전통 화덕을 사용해 기름기 없는 피자를 맛볼 수 있다. 마르게리따 12,000원, 리조뜨 디 마레 12,000원. ☐ 032-432-3383

와규홀릭 제임스딘, 올리비아 핫세, 리처드 기어 등 친숙한 이름들이 메뉴판에 적혀있다. 소고기를 주재료로 한 퓨전 요리에 붙인 이름이다. 고기집이라고는 믿기 힘들만큼 모던한 실내 인테리어를 자랑하는 곳으로 맛있는 음식을 재밌고 즐겁게 먹을 수 있다. 스칼렛 요한슨 15,200원, 이완 맥그리거 18,000원. ☐ 032-432-5070

 #사랑이 이루어지는 해넘이 명소 

정서진

인천의 정서진은 광화문의 정서 쪽에 있어서 '정서진'이라고 불린다. 이곳을 즐기는 방법은 다양하다. 정서진 표지석을 기준으로 왼쪽은 아라 자전거길이다. 부산까지 이어지는 자전거길의 시작점이자 끝점으로 자전거 여행이 가능하다. 초보자도 무리 없이 즐길 수 있도록 모든 코스가 완만하다. 노을종 조형물이 있는 광장 주변은 산책 코스로 제격이다. 함상 공원, 아라등등빛섬으로 이어지는 길을 걸어보자. 특히, 조약돌을 본떠 만든 노을종은 매 저녁마다 음악과 조명이 어우러져 낭만적이다. 노을종 뒤로 펼쳐지는 낙조는 분위기를 더욱 고조시킨다. 퇴역한 해경 경비정으로 만들어진 함상공원은 체험 학습장으로 인기다. 내부 관람이 가능하고 해양경찰제복을 직접 착용해볼 수 있다. 전망대가 있는 경인 아라뱃길 아라리움도 빼놓지 말자. 1층 홍보관에서는 해양 과학정보를 제공한다. 선박시뮬레이터가 있어 운행 체험이 가능하다. 홍보관 3D 상영관에서는 주말마다 무료 영화를 볼 수 있으며 23층에는 무료 전망대가 있다. 영종대교, 서해갑문, 드넓은 갯벌까지 탁 트인 전망이 한눈에 담긴다. 해마다 12월 31일에는 해넘이 축제가 펼쳐진다. 한해의 마지막을 이곳에서 뜻 깊게 마무리해보자.

주소 인천시 서구 정서진로 **교통편 자가운전** 경인고속도로 → 서인천IC → 북인천IC 우측 → 정서진 남로 우측 → 정서진 **대중교통** 지하철 공항철도 검암역 1번 출구 맞은 편 정류장에서 77-1번 승차 후 인천여객터미널 정류장 하차 **전화번호** 인천 서구청 정서진 관광팀 031-560-5934 **홈페이지** 정서진.com **이용료** 없음 **추천계절** 사계절

조선시대 나루터였던 정서진에는 '사랑'에 관한 이야기가 있다. 첫 눈에 반한 남녀가 오래토록 사랑을 이어갔다고 한다. 이곳에서 프로포즈를 해보는 건 어떨까. 연인의 마음을 사로잡는 환상적인 야경과 낙조가 사랑의 맹세를 더욱 특별하게 만들어 줄 것이다.

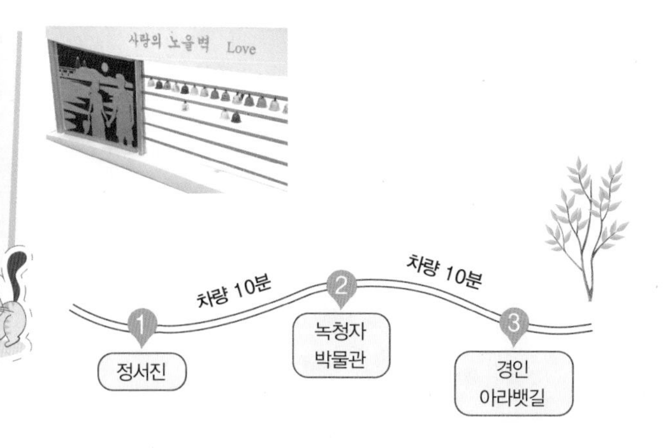

가 볼 만한 곳

국립생물자원관 한반도에 사는 모든 생물을 한곳에 모았다. 원핵생물부터 포유류까지 종류만 6,000점이 넘는다. 표본으로 전시된 곤충류와 박제된 포유류는 살아있는 것처럼 보인다. 한반도의 숲과 하천, 바다 등을 옮겨놓은 것처럼 꾸며놔 몰입도가 높다. 아이들을 위한 체험전이나 기획전도 비정기적으로 열린다. ☐ 032-590-7000

경인 아라뱃길 아라뱃길은 서해와 한강을 잇는 인공 수로 뱃길이다. 뱃길 주변으로 수향 8경이라 불리는 볼거리가 다양하다. 폭포, 생태공원, 요트 체험장 등을 비롯해 아라마루 전망대가 인기다. 전망대 바닥이 유리로 만들어져 짜릿하게 걷는 재미가 있다. 특히, 해질 무렵 무지갯빛 조명이 낙조와 어우러져 근사하다. ☐ 1899-3650

주변 맛집

고등어와 갈치 검암역 인근에 있어 정서진과 아라뱃길을 오갈 때 들르기 좋다. 600도 화덕에서 생선을 구워 더욱 바삭하고 고소하다. 고등어와 갈치 외에도 임연수나 볼락 같은 생선구이도 맛볼 수 있다. 간고등어구이 정식 13,000원, 갈치구이 정식 16,000원. ☐ 032-274-0809

브런치 라메르샵 유유히 흐르는 아라뱃길을 바라보며 커피나 식사를 할 수 있다. 해 질 녘 시간에 맞추면 환상적인 일몰도 볼 수 있다. 오전에 방문하면 뷔페식으로 브런치를 즐길 수 있어 인기다. 라메르 세트 10,900원, 송이를 품은 브레드 14,900원. ☐ 070-8800-3993

#뉴욕의 맨해튼 연상시키는 스카이라인

송도 국제도시

송도국제도시에 오면 마치 홍콩이나 맨해튼에 온 착각을 불러일으킨다. 2000년대 초반부터 탄탄한 도시 계획을 바탕으로 조성되어 지금은 인천을 대표하는 장소가 되었다. 국내 유수의 기업과 국제기구가 유치되면서 명실상부 국제도시로서의 위용을 갖추게 되었다. 그 중심에 위치한 센트럴파크는 시민들에게 빌딩 숲 사이의 안식처로 자리매김했다. 이국적인 스카이라인을 감상하며 고즈넉한 산책로를 거닐다 보면 정취가 넘치는 한옥마을이 나타난다. 과수원과 동물원이 있어 아이들의 흥미를 잡아끈다. 이스트보트하우스에서는 반짝이는 야경을 만끽할 수 있는 문보트나 패밀리보트를 탈 수 있다. 웨스트보트하우스에서는 수상택시를 타고 인공수로를 돌아볼 수 있다. 3개의 접시를 붙여놓은 형상의 트라이볼에서는 연중 특색 있는 전시와 공연이 펼쳐진다. 날씨가 좋은 날에는 연인이나 가족이 자전거를 빌려 타는 것도 훌륭한 선택이다. 공원 끝자락에 특색 있는 삼각형 모양의 G타워 전망대에서는 센트럴파크를 비롯해 인천대교가 펼쳐진 서해를 조망할 수 있다. 아트센터 인천을 지나 호수 끝에 다다르면 워터프론트가 조성되어 멋진 바다와 물길을 감상할 수 있다.

주소 인천시 연수구 컨벤시아대로 160 교통편 **자가운전** 서부간선도로 → 금천IC → 제3경인고속화도로 → 경제자유구역 송도 방면 → 센트럴파크 **대중교통** 인천지하철 1호선 센트럴파크역 전화번호 송도 관광안내소 032-777-1339 홈페이지 없음 이용료 없음 추천계절 봄, 여름, 가을

가 볼 만한 곳

국립세계문자박물관 인류의 가장 위대한 발명품인 문자의 역사에 관해 알아보자. 신의 형벌로서 인류에게 닥친 대홍수 이야기를 최초로 담은 '쐐기문자 점토판', 인쇄술의 측면에서 인류 발전에 크게 기여한 '구텐베르크 42행 성서' 등의 흥미로운 이야기를 만날 수 있다.

트리플스트리트 쇼핑뿐만 아니라 도심 속의 놀이터를 표방하는 이곳은 복합문화공간으로써 자리매김했다. A동에서 D동으로 이어지는 유럽식 스트리트몰 사이에서 매주 열리는 송도시장을 비롯해 젊음의 상징이 된 맥주 거리까지 다양하게 이어진다. 연인들에게도, 아이들 동반한 가족들에게도 안성맞춤 즐길 거리를 제공한다. ☐ 032-310-9400

센트럴파크를 산책한 뒤 웨스트보트하우스 앞에 있는 아트포레에서 근사한 식사와 차를 마시자. 그런 다음 길 끝 호숫가에 자리한 아트센터 인천에서 아름다운 노을을 만끽한 뒤 클래식 공연을 감상하며 멋진 하루를 마무리한다. 젊음의 열기가 흘러넘치는 펜타포트 락페스티벌도 여름밤의 훌륭한 선택이다.

주변 맛집

우미며녹 백합칼국수본점 송도 전통의 강자인 이곳은 조개의 여왕 백합으로 만든 뜨끈한 국물과 쫄깃쫄깃한 면발이 최상의 조합을 이룬 칼국수를 맛볼 수 있다. 칼국수에 배추겉절이와 백김치를 곁들이면 더할 나위 없이 개운한 한 끼가 완성된다. 백합칼국수 11,000원, 우이지냉국수 8,500원. ☐ 032-831-5655

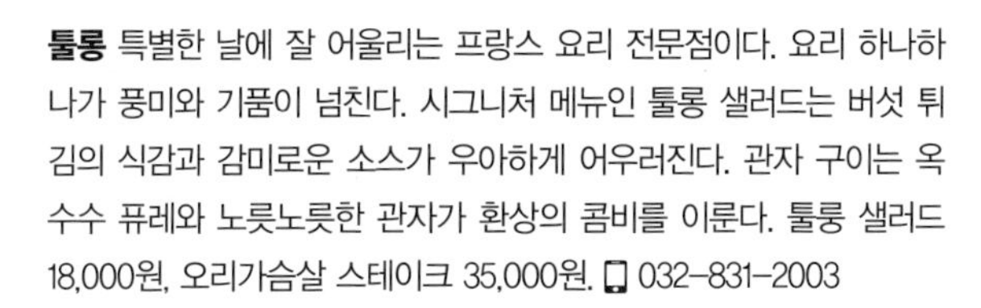

툴롱 특별한 날에 잘 어울리는 프랑스 요리 전문점이다. 요리 하나하나가 풍미와 기품이 넘친다. 시그니처 메뉴인 툴롱 샐러드는 버섯 튀김의 식감과 감미로운 소스가 우아하게 어우러진다. 관자 구이는 옥수수 퓨레와 노릇노릇한 관자가 환상의 콤비를 이룬다. 툴롱 샐러드 18,000원, 오리가슴살 스테이크 35,000원. ☐ 032-831-2003

#바다, 사람, 사랑의 삼위일체

배미꾸미 해변

인천시 북도면에 위치한 신도, 시도, 모도는 서로 어깨동무 하듯 다리로 연결되어 '삼형제 섬'이라는 애칭이 따라다닌다. 모(茅)도는 바다에 그물을 던지면 물고기보다 많은 것이 풀이었다 해서 붙여진 이름이다. 이 모도 끝에 배미꾸미 해변이 있다. 해변의 모양이 배의 밑바닥을 닮았다는데서 유래했다. 조각가 이일호는 이곳에 '사랑'을 남겼다. 붉은 노을이 스며드는 배미꾸미 해변에서 그는 남녀의 사랑을 떠올렸는지도 모른다. 하나둘 에로틱한 조각품을 완성해 배미꾸미 해변에 둔 것이 총 50여 점에 이르렀고 이는 훗날 조각공원이 되었다. 조각공원 정문에는 '사랑해요' 라는 달콤한 말이 붙어있다. 이 문을 열고 들어서는 순간 사랑으로 가득한 자유로운 세상이 펼쳐진다. 거칠 것 없이 대담하게 육체적 사랑을 표현한 조각품과 빨강, 파랑, 노랑 등 원색을 사용해 화려함을 더한 조각품, 단순하고 함축적인 표현방식이 초현실적으로 느껴지는 조각품은 철썩이는 파도소리에 밀려 다른 세상에 와 있는 듯한 착각을 불러일으킨다. 조각품에는 제목도 설명도 쓰여 있지 않다. 조각품을 보는 사람이 느끼는 대로 의미가 있다. 자연과 예술, 사람이 하나의 경치를 만들어낸다.

주소 인천시 옹진군 북도면 모도로 140번길 41 **교통편** **자가운전** 강변북로 → 인천국제공항고속도로 → 공항입구 분기점 → 삼목선착장 → 신도선착장 → 시도로 → 모도로 → 배미꾸미 해변 **대중교통** 지하철 공항철도 운서역에서 시내버스 307번 환승해 삼목선착장 여객선 탑승. 신도선착장에서 하차해 마을버스 환승 또는 자전거로 30분 이동 **전화번호** 배미꾸미 조각공원 032-752-7215 **홈페이지** www.ongjin.go.kr/tour/index.asp?cturl=/tour/ **이용료** 성인 2,000원, 어린이 1,000원 **추천계절** 봄, 여름, 가을

가 볼 만한 곳

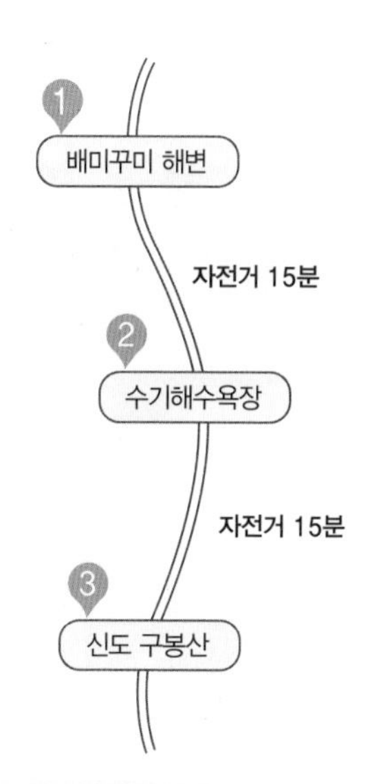

수기해수욕장 시도에 있는 해수욕장이다. 마을 안쪽으로 들어가 있어 비교적 조용한 편이다. 수심이 얕고 모래가 고와 아이들과 함께 오기에도 좋다. 해수욕장에서 동쪽을 바라보면 드라마 〈슬픈연가〉의 세트장이 보인다.

신도 구봉산 신도에 위치한 해발 178m의 낮은 산이다. 정상까지 왕복 2시간 남짓이면 충분해 가볍게 오르기 좋다. 정상 바로 밑에 있는 구봉정에 서면 서해 앞바다가 한 눈에 펼쳐진다. 왼편으로는 강화 석모도, 오른편으로는 송도 신도시와 인천공항 등이 보인다. 봄에 가면 벚꽃과 진달래 등이 만발해 산을 오르는 동안 눈이 더욱 즐겁다.

같은 곳을 갔어도 콘셉트에 따라 다른 여행이 될 수 있다. '몸짱여행' 콘셉트라면 구봉산 등산과 함께 도보나 자전거를 타고 하는 섬 일주를 추천한다. 체력에 따라 등산만 하거나 자전거만 타거나 선택할 수 있다. '체험여행'을 하고 싶다면 바다낚시나 갯벌에서 조개 캐기 등이 적합하다. 이외에도 '감성적 사진 찍기', '걸으며 힐링하기' 등 여행하는 사람들에 따라 콘셉트를 달리해 보면 좋다.

주변 맛집

배미꾸미 카페 조각가 이일호의 작업실이었던 곳이 카페로 변신했다. 집에서 먹는 밥처럼 정갈하다. 인테리어도 가정집을 연상시킨다. 이일호 작가의 소규모 작품이 놓여있기도 해 식사를 하고 작품을 구경할 수도 있다. 해초비빔밥 세트 10,000원, 치즈케이크+차 7,000원. ☐ 032-752-7215

도애식당 알고 보면 은근 소문난 맛집이다. 방송에 소개된 후 알음알음 찾는 방문자들이 많아졌다. 맛있는 반찬을 비롯한 정갈한 음식 솜씨는 다시 오게 만든다. 실내도 깔끔하다. 생선조림 정식 10,000원, 벤댕이 정식 12,000원, 회덮밥 10,000원. ☐ 032-751-6100

#근대 역사 속 '경성스캔들' 주인공이 된 듯

개항장

인천 개항장 역사문화 거리는 개항 이후 130여 년 동안 켜켜이 쌓인 세월의 흔적을 고스란히 느낄 수 있다. 중국풍, 일본풍, 서양식 근대건축물이 잔뜩 모여 있어 이국적이다. 데이트 코스로도 훌륭하지만, 근대역사의 자취를 느껴보기에도 안성맞춤이다. 개항장은 외국인이 자유로이 거주하며 통상을 하고 치외법권을 누릴 수 있도록 설정한 구역이다. 개항장에는 당시 지은 은행과 건물들이 보존되어 있다. 개항장 근대건축전시관, 인천개항박물관, 대불호텔전시관, 한중문화관, 짜장면박물관의 순서로 그 시절의 정취와 문화를 느껴보자. 드라마 '미스터 선샤인'의 호텔을 떠올리게 하는 대불호텔에서는 서양 음식과 커피가 제공되었던 그 시절의 고풍스러운 모습을 만날 수 있다. 일본 제1은행 인천지점이었던 인천개항박물관에는 당시의 금고가 그대로 남아 있다. 한눈에도 중국풍 건물인 한중박물관과 짜장면박물관에서도 재미있는 전시를 만날 수 있다. 1930년대 지어진 건축물을 리모델링해 창작 스튜디오로 탈바꿈한 인천아트플랫폼에서 젊은 작가들의 예술 전시를 만나보자. 경성의상실에서 그 시절의 의상을 입고 개항장 거리 곳곳을 누비는 특색 있는 경험도 빼놓을 수 없는 즐거움이다.

주소 인천 중구 신포로 27번길 80 교통편 **자가운전** 제2경인고속도로 → 월미도, 중구청 방향 → 인천역사거리 → 한중문화관 방면 **대중교통** 지하철 1호선 인천역 하차 전화번호 032-760-6475 홈페이지 www.incheonopenport.com 이용료 없음 추천계절 봄, 여름, 가을

가 볼 만한 곳

차이나타운 한국에 정착한 화교의 역사가 담겨 있는 곳이다. 한국 속 중국이란 별명처럼 중국풍 문화가 가득하다. 수십 개의 중화요리집에는 주말이면 대기하는 손님들로 인산인해를 이룬다. 아이들에게 인기 만점인 동화마을은 백설공주를 비롯한 유명한 만화주인공들의 벽화로 가득하다. 길거리에 즐비한 공갈빵, 월병이나 탕후루 같은 먹거리도 흥미롭다.

신포국제시장 인천 최초의 근대적 상설시장으로 100여 년의 역사를 간직한 곳이다. 개항 이후 '새로운 항구'를 의미하는 '신포'라는 이름을 얻어 지금에 이르렀고, 2010년에 신포국제시장으로 개칭했다. 지금은 각종 먹거리를 비롯해 특색 있는 점포가 가득해 돌아보는 재미가 있다. 시장 안에 있는 등대공원은 바다와 등대를 테마로 한 장소로 멋진 포토 스팟이다.

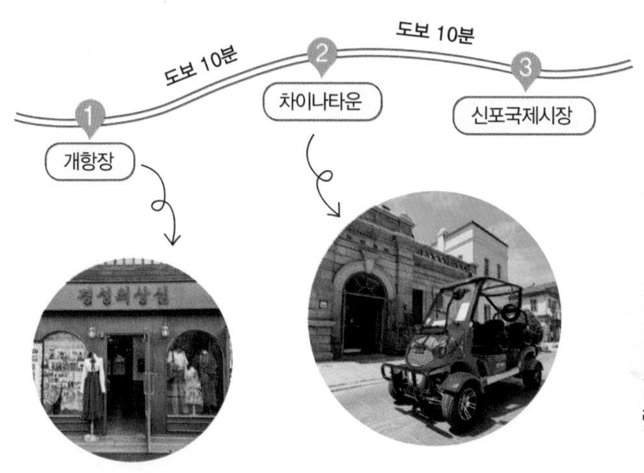

박물관 통합관람권을 구매하면 인천개항박물관을 비롯해 5개의 박물관을 할인된 가격으로 둘러볼 수 있다. 인천e지 앱을 다운로드 받으면 각종 쿠폰과 정보를 얻을 수 있다. 전기자동차로 편하게 개항장을 둘러볼 수 있는 투어도 제공한다. 많이 걷기 힘든 어린이나 가족이 있는 경우 아주 훌륭한 선택이다. 주말에 주차가 무료인 한중문화관 앞에서 투어를 시작해보자. 10월에 열리는 문화재야행도 놓치지 말자.

주변 맛집

팟알 일제강점기 인천항에서 조운업을 하던 하역회사 사무소 겸 주택을 개조해 만든 개성 넘치는 카페다. 100년 세월을 고스란히 느껴볼 수 있는 엽서나 사진을 만날 수 있다. 화려하지는 않지만, 떡집에서 직접 만든 인절미 세 개를 넣은 깔끔한 맛의 팥빙수를 맛볼 수 있다. 팥죽도 일품이다. 팥죽 8,500원, 단팥죽 8,500원. ☐ 032-777-8686

미미진 중국집이 즐비한 차이나타운에서 유일하게 홍콩 딤섬을 제대로 즐길 수 있는 집이다. 홍콩에서 딤섬을 우리나라로 처음 들여온 딤섬의 대가가 운영한다. 짜장면과 다른 요리도 맛있지만, 다양한 정통 딤섬을 시켜서 맛보자. 짜장면 6,000원, 멘보샤 6,000원, 꿔티에 8,000원. ☐ 032-762-8988

#등산을 할까, 바다 둘레길을 걸을까

대무의도

무의도는 섬이 주는 고립감을 느낄 수 없다. 인천공항이 있는 영종도가 들어서면서 배를 타고 갈 수 있는 가까운 섬이 되었기 때문이다. 잠진도선착장에서 배로 5분이면 섬에 도착한다. 하지만 짧게라도 뭍을 떠났기에 일탈을 맛볼 수 있다. 서해안에 위치한 덕에 가능한 갯벌 체험과 바다낚시는 기본. 갯벌에서 바지락, 골뱅이, 동죽 등을 캐다보면 온 몸에 진흙투성이지만 모두에게 잊을 수 없는 추억이 된다. 산을 품고 있는 섬답게 등산도 할 수 있다. 무의도 선착장 입구에서 시작하는 국사봉만 올라도 좋고, 이어지는 호룡곡산까지 계속 걸어도 부담 없다. 봉우리를 오르내리면서 마주치는 아기자기한 마을과 정상에서 볼 수 있는 자연 경관이 이곳에서의 등산을 특별하게 만든다. '하나 밖에 없는 큰 개펄'이라는 뜻의 하나개해수욕장은 이름처럼 넓은 갯벌로 유명하다. 또 은빛으로 빛나는 고운 모래사장은 눈이 부시도록 아름답다. 바다와 어우러지는 낙조가 훌륭해 드라마나 영화의 배경으로 자주 등장하기도 한다. 해마다 7월이면 라틴, 왈츠 등 다양한 춤을 선보이는 무의도 춤축제가 열린다. 춤추는 무희를 닮았다고 해서 무의도라 불린다는 섬의 이름과 잘 어울린다. 낭만적인 여름바다를 마음껏 누려보자.

주소 인천시 중구 대무의로 교통편 **자가운전** 방화대교 88IC → 영종대교 → 공항고속도로로 → 신불IC → 용유, 무의진입로 → 잠진도 선착장 **대중교통** 지하철 공항철도 인천공항역 하차, 인천공항 3층 7번 게이트 222번(매시 20분), 2-1번(매시 50분) 버스 이용, 잠진도 선착장 하차 후 무의도행 여객선 탑승 전화번호 인천 중구청 관광진흥실 032-760-7530 홈페이지 없음 이용료 어른 3,000원 청소년, 어린이 2,100원 추천계절 봄, 여름, 가을

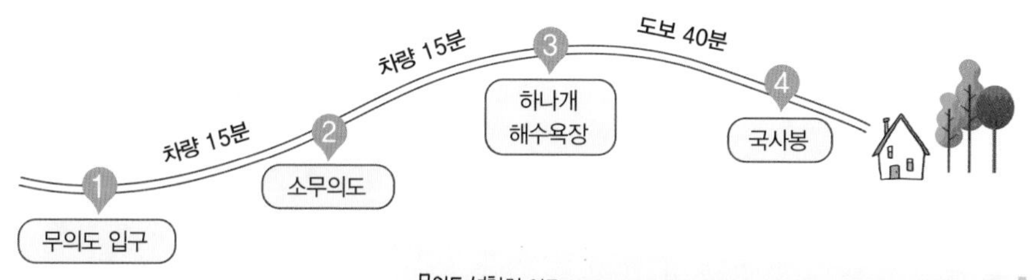

무의도 선착장 입구에 배가 도착하는 시간마다 마을버스가 기다리고 있다. 노선이 정해져있으나 원하는 곳에서 내릴 수 있다. 마을버스 기사 휴대폰 번호가 정류소마다 붙어 있어 버스 도착 시간 등을 물어볼 수 있다.

가 볼 만한 곳

국사봉 '서해의 알프스'라는 별칭을 가질 정도로 수려한 경관을 자랑한다. 고래바위, 마당바위, 부처바위 등의 기암절벽과 정상에서 바라보는 바다 전망이 황홀하다. 이런 이유로 국사봉을 한번 오른 사람들은 중독처럼 이곳을 다시 찾는다고 한다. 등산 소요 시간은 약 1시간 30분 정도이며 하나개해수욕장으로 하산할 수 있다.

소무의도 대무의도에서 다리를 건너면 알록달록한 마을 입구가 한눈에 들어온다. 바다와 어우러진 마을 전경은 감탄이 절로 날만큼 근사하다. 섬 전체를 둘러볼 수 있는 바다 누리길은 경사가 완만해 초보자도 쉽게 걸을 수 있다. 몽여해수욕장과 나란히 있는 명사해변은 박정희 전 대통령이 즐겨 찾던 곳으로 기암괴석 등이 볼만하다.

주변 맛집

팔미도 해물찜 산처럼 쌓여 나오는 해물찜은 주인도 자신 있게 권하는 이 집의 대표 메뉴이다. 아삭한 콩나물과 어우러진 전복, 소라, 아귀 등 각종 해산물을 배불리 먹을 수 있다. 직접 굴을 갈아 만든 양념 덕에 먹을수록 감칠맛이 돈다. 해물찜(소) 45,000원, 아구찜(소) 40,000원. ☐ 032-751-7540

무의도 데침쌈밥 데친 쌈을 묵은 된장과 함께 먹는 맛이 일품이다. 생선껍질로 만든 벌버리묵은 무의도 일대에서만 먹는 별미로 겨울에서 초봄까지만 맛볼 수 있다. 데침쌈밥정식 11,000원. ☐ 032-746-5010

#인천국제공항 품은 설레는 드라이브 코스

영종도

영종도는 공항으로 비행기만 타러 가는 섬이 아니다. 곳곳에 핫 플레이스가 있는 즐길 거리 많은 여행지가 됐다. 63빌딩 높이에 육박하는 웅장한 주탑을 가진 인천대교를 건너면 영종도의 핫 플레이스들이 펼쳐진다. 인천국제공항 제2터미널의 홍보전망대에 가면 공항 건설 과정과 영종도의 변화된 모습을 한눈에 관람할 수 있다. 제1터미널 4층 한식문화거리는 맛집이 많아 식사하기 좋다. 1층 중앙무대에서 매일 세 차례 열리는 클래식이나 문화공연도 관람할 수 있다. 공항 인근 파라다이스시티 아트 스페이스에서 세계적인 아티스트 전시를 관람하고, 아이들의 천국 원더박스에서 하루를 알차게 보낼 수 있다. 유럽 스타일의 풀 파티를 즐길 수 있는 씨메르도 근사하다. 바닷가로 나오면 요트체험을 할 수 있는 왕산마리나, 아름다운 일몰과 전통의 조개구이 성지 을왕리해수욕장, 갯벌체험으로 인기 높은 마시안해변에서 멋진 추억을 만들 수 있다. 섬의 서쪽 구읍뱃터에서 카페리를 타고 월미도로 나오는 것도 재미가 있다. 씨사이드파크에서 레일바이크를 타고 인천 바다를 조망하는 재미도 있다. 영종역사관에서는 영종도 일대의 역사와 문화를 주제로 고품질의 전시를 관람할 수 있다.

여행정보

주소 인천시 중구 운남동 671-3 교통편 **자가운전** 강변북로 → 인천국제공항고속도로 → 영종대교 → 인천국제공항 **대중교통** 홍대입구역 공항철도 승차 후 영종역 하차 전화번호 1577-2600(인천국제공항) 홈페이지 yeongjong-do.co.kr 이용료 없음 추천계절 사계절

가 볼 만한 곳

파라다이스시티 씨메르 유럽 스타일의 멋진 수영장과 한국 고유의 찜질방을 접목한 신개념 스파다. 메인 홀에서는 어느 각도에서나 감각적인 사진이 나온다. 풀 파티와 워터 슬라이드, 석양을 감상할 수 있는 인피티니 풀도 있다. 겨울철에는 찜질을 마치고 파라다이스시티로 나와 크리스마스 마켓에 참여할 수 있다. ☐ 02-1833-8855

BMW드라이빙센터 경험, 즐거움, 친환경을 주제로 한 BMW 드라이빙 센터다. 드라이빙을 즐길 수 있는 다양한 트랙과 전시장, 이벤트홀, 주니어 캠퍼스 및 휴식공간으로 구성되었다. 평소에 차에 관심이 많다면 방문해보자. 아이들을 위한 주니어 캠퍼스 실험실도 있다. 홈페이지(www.bmw-driving-center.co.kr)를 통해 예약제로 운영된다.

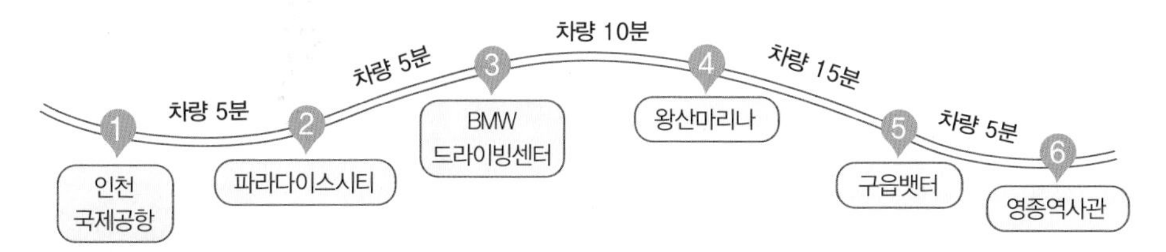

미지의 여행지로 데려다줄 것만 같은 비행기를 가까이서 볼 수 있는 두 곳이 있다. 첫째는 광활한 활주로를 내려다볼 수 있는 오성산 전망대, 둘째는 흐드러진 코스모스와 억세 숲길 사이로 머리 위로 솟아오르는 비행기를 볼 수 있는 하늘정원이다. 두 곳도 놓치지 말고 방문하자.

주변 맛집

SKY31 푸드에비뉴 인천국제공항 제1터미널 1층 중앙에 있다. 바쁜 여행객의 허기를 든든하게 채워주는 종합 선물세트 같은 푸드코트다. 카드 무료 혜택이 많으니 공항 갈 때 꼭 챙기자. 차돌된장찌개나 언양불고기 같은 소담한 한식부터 칼국수나 물냉면 같은 별미도 즐길 수 있다. 차돌된장찌개 떡갈비 반상 14,000원, 사골장 칼국수 9,500원 ☐ 032-743-2365

바다앞테라스, 바다앞라면집, 바다앞농장, 바다앞꼬막집 구읍뱃터 선착장 바로 옆에 있다. 1층부터 5층까지 SNS 핫플레이스가 자리한다. 1층 바다앞꼬막집과 바다앞라면집은 허기진 배를 든든하게 채워준다. 2층 바다앞농장은 먹음직스러운 디저트로 입을 깔끔하게 해준다. 5층 바다앞테라스는 탁 트인 바다를 즐길 수 있다. 문어라면 15,000원, 꼬막 왕새우전 한소쿠리 38,000원

월미도

놀이동산의 명물, 바이킹과 디스코

주소 인천시 중구 월미문화로 53 **교통편 자가운전** 제1경인고속도로 가좌IC → 동인천, 북항 → 월미도 **대중교통** 지하철 1호선 인천역 하차 후 버스 2, 10, 23, 45번 환승 **전화번호** 월미도 관광안내소 032-765-4169 **홈페이지** wolmido.allplaces.kr **이용료** 없음(놀이기구, 유람선 탑승은 유료) **추천계절** 봄, 여름, 가을

오후 10시가 넘은 시각, 즐거운 비명소리가 끊이지 않는다. 화려한 조명이 켜진 놀이기구는 여전히 운행 중이고 탑승한 사람들과 기다리는 사람들도 심심치 않게 보인다. 잠들지 않는 놀이동산, 인천 월미도다. 자정까지 운행을 멈추지 않기에 저녁식사를 마치고 들르는 가족이나 연인들도 많다. 이곳에는 총 30여 개의 놀이시설이 갖춰져 있으며 이 중 디스코, 바이킹은 월미도 놀이동산의 명물로 꼽힌다. 놀이동산에서 바다 쪽으로 걸어 나오면 월미 문화의 거리다. 인천상륙작전이 월미도에서 가장 먼저 시작되었음을 알리는 인천상륙작전표지석을 따라 해안가로 뻗은 길이다. 각종 길거리 공연이나 거리의 화가들, 수변광장의 음악 분수대로 볼거리가 풍성한 거리이기도 하다. 또 인천대교와 영종도를 보며 산책하기에도 좋다. 시간의 여유가 있다면 분위기 있는 카페가 즐비하니 잠시 들러 차 한 잔을 마시며 햇빛에 반짝이는 물비늘 감상에 푹 빠질 수 있다. 인천 앞바다를 더 깊숙이, 가까이에서 보고 싶다면 유람선이 제격이다. 1,500톤급의 유람선은 월미도를 출발해 인천항 갑문, 연안부두, 팔미도, 용유도, 무의도, 인천대교를 90분에 걸쳐 경유한다. 배를 따라 오는 갈매기와 섬을 배경삼아 기념사진을 찍기에도 안성맞춤.

가 볼 만한 곳

월미전망대 군부대 주둔지로 닫혀 있던 월미산이 2001년 개방되면서 월미공원이 조성되었다. 공원 내 전망대는 지상 3층, 지하 1층 규모로 23m에 달한다. 3층에 오르면 인천항과 자유공원, 인천대교가 한 눈에 들어온다.

한국전통정원 계층에 따라 달랐던 조선시대 정원양식을 월미공원 내 1만5천 평에 달하는 부지에 재현했다. 궁궐의 정원부터 양반의 별서정원, 민가의 정원까지 한 번에 볼 수 있다. 민가 정원인 양진당과 초가에서는 제기차기, 널뛰기, 윷놀이 등의 민속놀이 체험도 가능하다.

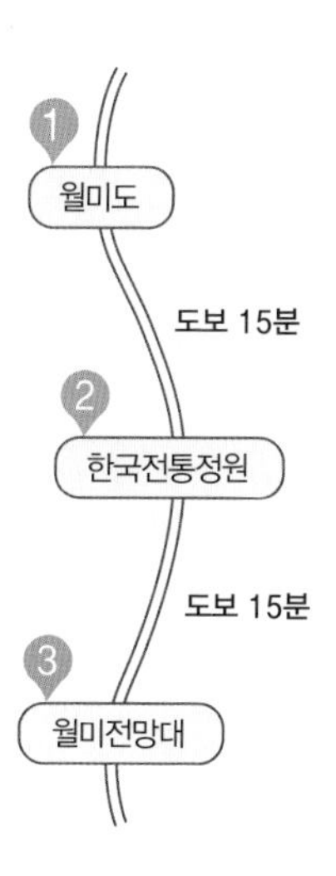

월미산은 오랜 시간 외부에 노출되지 않아 자연이 잘 보존되어 있다. 한국전통정원을 둘러보고 월미전망대를 방문하기 전 월미공원 산책로를 걸어볼 만한 이유다. 월미전망대에서 바라 본 야경은 홍콩의 것과 견줄만하니 저녁에 방문하는 편이 좋다.

주변 맛집

먹고보자 호남횟집 월미도 하면 회다. 특히, 먹고보자 호남횟집은 어마어마한 상차림에 놀란다. 푸짐한 한 상에 나오는 회는 물론 반찬과 사이드 메뉴까지 다 맛있다. 방송에도 소개되어 찾는 손님도 많다. 활어 정식(2~3인) 130,000원, 꽃게탕(대) 60,000원. ☐ 032-764-5842

어쭈구리 대박났네 활어회를 주문하면 끊임없이 나오는 밑반찬으로 이미 배가 부른 집이다. 소라, 키조개, 멍게, 새우, 꽃게 등으로 한 상이 가득 차려진다. 밑반찬은 리필도 가능하다. 어쭈구리 스페셜(3~4인) 130,000원, 해물칼국수 10,000원. ☐ 032-764-5179

을왕리 해수욕장

수도권에서 가까운 바다 여행지

주소 인천 중구 용유서로302번길 16-15 **교통편 자가운전** 올림픽대로 → 인천국제공항 고속도로 → 영종해안북로 → 용유서로 → 을왕리해수욕장 **대중교통** 지하철 공항철도 인천공항역 하차 후 인천공항 3층 2번 승강장에서 버스 302, 306번 이용 **전화번호** 인천 중구청 항만공항해양과 032-760-6970 **홈페이지** www.icjg.go.kr/tour **이용료** 없음 **추천계절** 봄, 여름, 가을

"우리 오늘 바다나 갈까?" 충동적인 계획에도 멀지 않은 바닷가가 있다. 서울에서 한 시간 남짓이면 도착하는 곳, 바로 용유도 을왕리해수욕장이다. 1986년 국민관광지로 지정된 이곳은 인천에 있는 대표적인 해수욕장 중 하나이다. 영종도 9경 중 하나로 여름 성수기에는 피서객들로 발 디딜 틈이 없을 정도이다. 1.5km의 긴 해변에 비교적 수심이 얕아 온 가족이 물놀이하기에 적합하다. 완만한 경사의 백사장은 연인들이 바다를 보며 산책하기에도 좋다. 썰물 때 백사장이 더 넓게 드러나면 먼 바다까지 걸어갈 수 있다. 해수욕장 양 옆으로는 소나무 숲이 울창하다. 그 주변으로 갯바위와 기암괴석이 늘어져 있어 독특한 광경을 자아낸다. 이뿐만 아니라 수상스키, 바나나보트 등의 해양 레포츠도 즐길 수 있다. 배를 빌려 나가면 바다낚시를 체험할 수 있는데 망둥어, 놀래기, 우럭, 준치 등 다양한 어종의 생선을 직접 잡을 수 있다. 을왕리해수욕장이 특히 더 아름다워지는 때는 해질 무렵이다. 동그랗게 둘러싸인 바닷가 주변을 붉게 물들이는 낙조가 장관이다. 이를 사진으로 남겨두기 위해 찾는 사람들이 끊이질 않는다. 가까운 거리에 있는 왕산해수욕장까지 둘러보면 당일치기 바다 여행으로 손색없다.

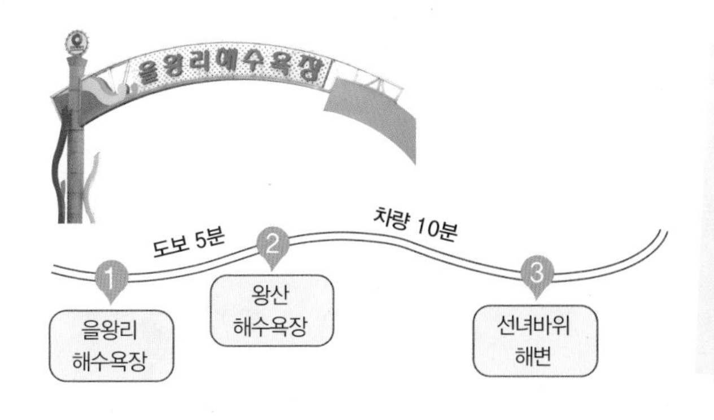

을왕리해수욕장부터 선녀바위 해변, 마시안해변까지 이어지는 해안 트래킹 코스를 찾는 사람들이 많다. 바다 경관이 좋고 볼거리가 풍부해 걷는 동안 지루하지 않다. 되돌아오는 길에 인천국제공항 전망대에 들러 커피를 한 잔 마셔도 좋다.

가 볼 만한 곳

선녀바위 맑은 날 밤마다 선녀들이 놀다 갔다 하여 선녀바위라고 불린다. 또 바위의 형상이 기도하는 여인을 닮았다고 해서 소원을 빌러 찾아오는 사람들이 많다. 바위 주변에 초가 눈에 띄는 이유다. 한적한 해변 주변으로는 기암괴석이 즐비하다. 이곳 특유의 분위기 덕에 영화나 드라마 촬영지로도 자주 등장한다. ☐ 032-760-7532

마시안해변 무의도와 을왕리해수욕장 중간에 있는 해변이다. 예로부터 말이 많아 '마시안'이라는 이름으로 불린다. 해변 입구에 있는 승마장에서 승마 체험이 가능하다. 또 넓은 개펄을 따라 해변 트레킹을 즐길 수 있다. 물때에 따라 조개, 바지락 등을 직접 캘 수 있는 갯벌 체험도 가능하다. 안내센터에서 체험에 필요한 도구를 빌릴 수 있다. ☐ 02-6105-7111

주변 맛집

짱구네 토종닭 토종닭을 전문으로 하는 곳이다. 정갈한 반찬에 육질이 쫄깃쫄깃한 토종닭 요리를 맛볼 수 있다. 주메뉴가 토종닭 백숙과 닭볶음탕이지만 찬바람이 불면 동태탕도 맛볼 수 있다. 해물요리가 아닌 다른 요리가 생각나면 짱구네로 가보자. 닭볶음 65,000원, 옻닭 70,000원. ☐ 032-746-3592

함박미소 복국과 복매운탕, 그리고 복찜을 전문으로 한다. 국물이 깔끔한 복국을 비롯해 다양한 복 요리를 즐길 수 있다. 저녁에는 예약을 해야 한다. 복 요리와 함께 와인을 곁들여도 좋다. 코르크 차지는 프리지만 와인 잔은 준비해야 한다. 밀복 15,000원, 참복 23,000원, 밀복찜 50,000원. ☐ 032-752-7128

#국내 최초의 등대가 지키는 무인도

팔미도

106년 만에 일반인의 출입이 가능한 곳, 지금도 일반인은 살지 않는 무인도, 팔미도다. 팔미도는 오직 유람선을 타고만 갈 수 있다. 이곳은 군사시설로 유람선 가이드와 동행하지 않으면 섬을 둘러볼 수 없다. 팔미도는 위에서 내려다보면 한자 팔(八)자를 닮아 붙여진 이름이다. 주가 되는 큰 섬과 작은 두 개의 섬이 모래로 연결되어 있다. 해발 58m의 섬은 오르기 어렵지 않다. 발아래 펼쳐진 풀꽃들을 구경하며 가다보면 인천상륙작전을 주제로 한 벽화와 만난다. 팔미도 등대에 불을 붙이는 것으로 인천상륙작전은 시작되었다. 벽화에서 10분 정도 더 올라가면 우리나라 최초의 등대인 팔미도등대가 나타난다. 1903년 세워져 2003년 신 등대가 건설되기 전까지 팔미도등대는 100년 동안 바다의 길잡이가 되어 주었다. 신 등대는 총 3층으로 1, 2층에는 구 팔미도등대와 세계 각국 등대에 관한 내용이 전시되어 있다. 3층은 전망대다. 영종도와 무의도, 인천대교 등을 한 눈에 볼 수 있다. 팔미도 여행은 해송이 우거진 산책로를 걸으며 마무리 된다. 짧은 여행의 아쉬움은 청정지역에서 느껴지는 시원한 바닷바람과 상쾌한 공기를 실컷 들이마시는 것으로 갈음하면 좋다.

주소 인천시 중구 팔미로 15 교통편 **자가운전** 경인고속도로 → 인천항사거리 → 연안부두 → 팔미도행 유람선 **대중교통** 지하철 1호선 동인천역 7번 출구에서 시내버스 24번 환승, 연안 여객터미널에서 팔미도행 유람선 전화번호 현대 유람선 032-831-4925 홈페이지 www.palmido.co.kr 이용료 어른 24,000원(사전 예약 시 2,000원 할인) 중고생 18,000원, 어린이 15,000원 추천계절 봄, 여름, 가을

가 볼 만한 곳

연안부두 부두에 정박한 크고 작은 배를 보면 인천이 항구도시임을 온몸으로 느낄 수 있다. 인천 도서지역과 제주도, 중국으로 떠나는 배들이 이곳 여객터미널에서 출발한다. 친수공원에는 '비 내리는 인천항 부두'를 부른 가수 배호의 노래비와 동상이 자리했고, 유람선 선착장 입구에는 '연안부두 노래비'가 세워져 있다.

인천종합어시장 인천 개항의 역사와 함께한 어시장이다. 신포동에서 북성동으로 자리를 옮겼다가 1970년대 현재 위치에 자리 잡았다. 전국에서 잡히는 각종 해산물이 매일 이곳으로 모여 식당이나 소매 등을 하는 상인들이 많이 찾는다. 수도권 여느 어시장보다 저렴한 가격에 신선한 해산물을 구입할 수 있다. ☐ 032-888-4241

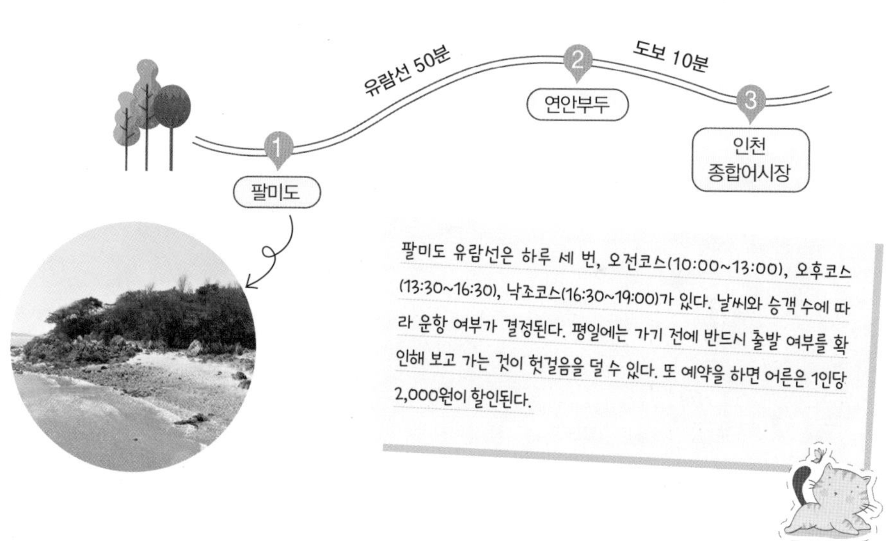

주변 맛집

내고향강원도 화려한 60첩 반상으로 소문난 맛집이다. 싱싱한 제철 회와 넘치는 반찬이 시선을 사로잡는다. 놓을 자리가 없을 정도로 상을 가득 채운 음식에 절로 침이 고인다. 가격대가 있지만 해산물을 좋아하는 여행자라면 놓치지 말자. 제철 활어회(랍스터 포함) 180,000원, 우럭+도미 140,000원. ☐ 032-883-4543

해변식당 해물탕과 해물찜이 유명한 맛집. 꽃게, 새우, 낙지, 소라 등 싱싱한 해산물을 아끼지 않고 넣어줘서 양도 푸짐하다. 주말과 저녁 시간 때에는 줄 서기가 십상이니 여유 있게 가는 것이 좋다. 해물탕(중) 53,000원, 해물찜(중) 59,000원. ☐ 032-886-1454

04

강원

기암절벽 사이 다리를 건너며 마음이 출렁

소금산그랜드밸리

소금산과 간현산이 마주 보며 기암절벽이 병풍처럼 늘어선 곳에 소금산그랜드밸리가 있다. 소금산그랜드밸리는 아름다운 자연에 오금 저리는 짜릿함을 더했다. 삼산천을 발아래로 두고 아찔한 높이를 자랑하는 두 봉우리 사이를 출렁다리와 울렁다리라 부르는 다리로 연결했다. 먼저 만나는 것은 소금산의 두 봉우리를 연결한 출렁다리다. 지상 100m 높이에 200m 길이로 연결된 출렁다리 위에 서면 소금산과 삼산천이 어우러진 풍경이 파노라마처럼 펼쳐진다. 출렁다리 건너편은 하늘정원 옆을 지나는 데크산책로로 연결된다. 산책로는 절벽 중간에 걸친 소금잔도로 이어진다. 바닥에 숭숭 뚫린 구멍으로 아래가 훤히 보여 걸음을 내딛기가 어렵다. 소금잔도는 360m나 이어진다. 소금잔도가 끝나면 이번에 아찔한 높이의 스카이타워와 울렁다리가 기다린다. 스카이타워 전망대는 소금산그랜드밸리 시설물 중에서 가장 높은 위치에 있다. 이곳에서 바라보는 주변 풍경은 그야말로 일품이다. 맞은편 봉우리로 연결된 울렁다리는 길이가 404m다. 해가 지고 나면 기암절벽을 배경으로 펼쳐지는 음악분수를 감상할 차례다. 음악에 맞춰 최대 60m까지 치솟으며 춤을 추는 물줄기에 LED조명의 다채로운 색이 덧입혀져 환상적인 분위기를 연출한다.

주소 강원도 원주시 지정면 소금산길 12 **교통편 자가운전** 서원주IC에서 좌회전 → 용두교차로에서 우회전 → 원주레일파크 앞 삼거리에서 우회전 → 소금산그랜드밸리 **대중교통** 중앙선 서원주역에서 간현 방면 52, 57, 58번, 공영 5번 버스를 타고 레일파크정류장에서 하차 **전화번호** 033-733-1330(간현관광지 관광안내소) **홈페이지** www.wonju.go.kr/tour **이용료** 대인 9,000원(13세 이상), 어린이 5,000원(7세 이상~13세 미만) **추천계절** 봄, 여름, 가을

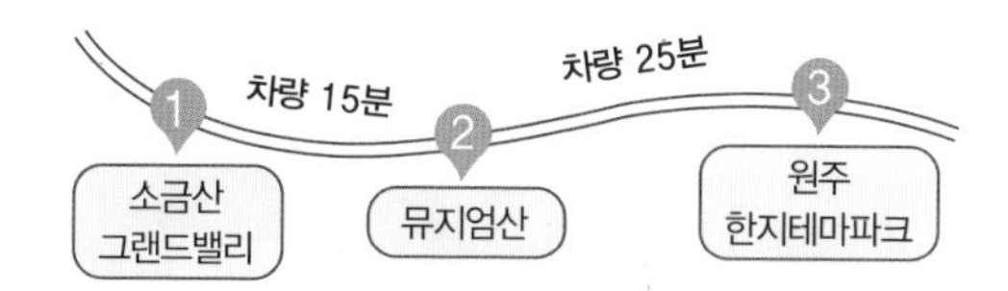

소금산그랜드밸리를 둘러보고 시간 여유가 된다면 바로 앞에 있는 원주레일파크를 즐겨보는 것도 좋다. 폐역이 된 간현역을 출발해 소금산그랜드밸리와 이벤트 체험을 할 수 있도록 구성된 6개의 터널을 지나 옛 판대역까지 달릴 수 있다.

가 볼 만한 곳

원주한지테마파크 조선 시대부터 닥종이가 많은 한지의 고장, 원주에서 빼놓을 수 없는 볼거리다. 전시관은 크게 한지의 역사실과 기획전시실로 나뉜다. 한지의 역사부터 제작 과정, 특성, 종류 등 한지에 관한 모든 것을 배울 수 있다. 닥나무 껍질을 벗기고 삶은 후 닥죽을 만들어 한지 만드는 과정도 알기 쉽게 보여준다. 예약하면 한지공예도 체험해 볼 수 있다. ☐ 033-734-4739

뮤지엄 산 자연의 품에서 문화와 예술의 울림을 만날 수 있는 전원형 박물관이다. '산(SAN)'이라는 이름은 건축(Space)과 예술(Art), 자연(Nature)의 영문 첫 글자를 따서 지었다. 설계자인 안도 타다오는 뮤지엄 부지를 방문했을 때 느낀 아름다운 산과 자연으로 둘러싸인 아늑함을 건축물로 표현했다고 한다. 가을 단풍 때 더욱 아름다운 곳이다. ☐ 033-730-9000

주변 맛집

뮤지엄 산 카페테라스 뮤지엄 산 안에 있는 카페다. 뮤지엄 관람 후 음료나 간단한 요기를 할 수 있는 장소로 인기다. 특히, 카페 밖 테라스에 있는 3개의 테이블을 차지하기 위한 자리싸움이 치열하다. 이 테이블은 물 위에 떠 있는 안도 타다오의 건축형태를 그대로 느낄 수 있다. 잠봉뵈르 샌드위치 19,000원. ☐ 033-730-9000

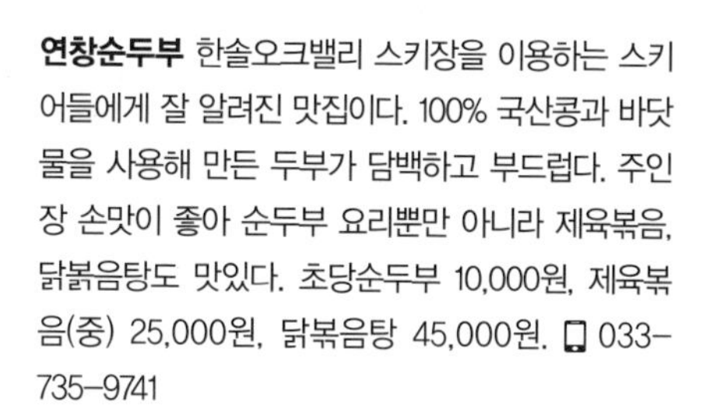

연창순두부 한솔오크밸리 스키장을 이용하는 스키어들에게 잘 알려진 맛집이다. 100% 국산콩과 바닷물을 사용해 만든 두부가 담백하고 부드럽다. 주인장 손맛이 좋아 순두부 요리뿐만 아니라 제육볶음, 닭볶음탕도 맛있다. 초당순두부 10,000원, 제육볶음(중) 25,000원, 닭볶음탕 45,000원. ☐ 033-735-9741

#하나하나 되살아나는 소설 속 장면들

김유정문학촌

김유정문학촌이 있는 실레마을은 금병산에 둘러싸인 모습이 마치 옴폭한 떡시루 같다 하여 붙여진 이름이다. 김유정문학촌을 둘러보며 작가의 작품세계를 재조명하고 소설 속 등장인물을 만나보자. 김유정선생이 태어난 생가는 안방과 대청마루, 사랑방, 부엌, 곳간 등으로 이루어진 'ㅁ'자 형태의 집이다. 그의 조카와 마을주민의 증언으로 고증되어 2002년에 복원되었다. 생가의 마당에는 점순이와 장인, 나의 동상이 소설 속 한 장면을 재현하고 있어 웃음을 자아낸다. 김유정기념전시관에는 그의 생애를 나타낸 연표, 작품집, 동시대 작가들의 자료 등이 전시되어 있다. 김유정생가와 기념전시관을 다 둘러보았다면 실레이야기길을 산책해본다. 5.2km로 길을 따라 이야기 열여섯 마당이 펼쳐진다. '덕돌이가 장가가던 신바람 길', '근식이가 자기 집 솥 훔치던 한숨 길' 등 길 이름마저도 재미있다. '점순이가 나를 꼬시던 동백숲길'에는 빨간 동백꽃은 없다. 알싸하고 향긋한 생강나무가 있을 뿐이다. 김유정이 말한 동백은 바로 생강나무 꽃을 뜻한다. 강원도에서는 노란 꽃을 피우며 향을 내는 생강나무 꽃을 산동백이라고 불렀다. 정겨운 시골길을 따라 걸으며 문학의 향기를 느껴보자.

주소 강원도 춘천시 신동면 김유정로 1430-14 **교통편 자가운전** 서울춘천고속도로 미사IC → 남춘천IC → 팔미2교차로 → 김유정문학촌 **대중교통** 기차 경춘선 김유정역 도보 5분 **전화번호** 사단법인 김유정기념사업회 033-261-4650 **홈페이지** www.kimyoujeong.org **이용료** 초등생 이상 2,000원, 월요일 · 1월1일 · 설날 · 추석당일 휴관 **추천계절** 봄, 여름, 가을

가 볼 만한 곳

책과인쇄박물관 책과인쇄박물관 건물은 책장에 꽂힌 책을 형상화했다. 야외 테이블과 작은 조각상, 붉은색 공중전화 부스, 붉은색 우체통, 그리고 100일 후에 배달된다는 느린 우체통은 잠든 아날로그적 감성을 건드린다. 안으로 들어서면 에디슨이 처음 발명한 등사기와 복사기를 비롯해 100여 년의 세월을 헤아리는 인쇄 기계들이 반긴다. ☐ 033-264-9923

강촌레일파크 김유정레일바이크 지금은 사라진 경춘선 열차가 달리던 옛 철길을 바람을 맞으며 레일바이크로 달린다. 김유정역에서 강촌상상역까지 북한강을 끼고 달리는 코스는 경춘선 중에서도 풍경이 가장 아름다운 구간에 속한다. 레일바이크를 타고 출발하지만, 코스 중간엔 낭만열차로 갈아타기 때문에 즐거움이 두 배가 된다. 도착지인 강촌상상역에서 셔틀버스를 이용해 김유정역으로 되돌아올 수 있다. ☐ 033-245-1000

1 강촌레일바이크 김유정레일바이크

도보 10분

2 김유정문학촌

도보 12분 (차량 3분)

3 책과인쇄박물관

계절별로 따로 열리던 김유정문학축제는 2020년부터 '김유정문학축제로' 일원화되어 가을에 열린다. 축제 때는 김유정 4대 문학상 시상과 백일장, 예술공연, 전통혼례, 영화상영 등의 행사가 진행된다. 김유정문학촌에서는 한지공예와 도자기체험, 민화체험도 운영한다. 김유정문학촌 홈페이지에서 신청할 수 있다.

주변 맛집

금병산숯불철판닭갈비 숯불 닭갈비와 철판 닭갈비 두 가지 종류를 모두 맛볼 수 있는 식당이다. 1인분이 300g으로 춘천 닭갈비 식당 중에서도 양이 푸짐한 편에 속한다. 국산 참숯을 사용한 숯불 닭갈비가 주 메뉴지만, 닭갈비 이외에 찌개와 전골, 백반을 찾는 사람들도 많다. 숯불닭갈비 14,000원, 막국수 8,000원. ☐ 033-262-4220

시골장터 막국수 가정집을 개조해 만든 식당이다. 식당에 걸린 낡은 간판마저도 정겹게 느껴진다. 막국수의 고명으로 무절임과 새싹채소, 오이, 김이 올려 진다. 양념이 달지 않아 메밀면의 담백한 맛을 느낄 수 있다. 반찬으로 나오는 김치와 동치미도 입맛을 돋군다. 순메밀막국수 8,000원, 감자전 8,000원. 일요일 휴무. ☐ 033-262-8714

남이섬

주소 강원도 춘천시 남산면 남이섬길 1 **교통편** **자가운전** 서울외곽순환도로 구리IC → 금강로 → 경춘북로 → 금남IC → 경춘로 → 남이섬 **대중교통** 기차 ITX청춘열차 가평역(자라섬·남이섬) 하차 후 도보 35분 **전화번호** 남이섬관광휴양지 031-580-8114 **홈페이지** www.namisum.com **이용료** 일반 16,000원, 중고생 13,000원(왕복 도선료 및 입장료) **추천계절** 사계절

남이섬은 계절마다 풍경화가 바뀌어 걸리는 자연 갤러리이다. 봄에는 꽃비가 내리고 여름에는 녹음이 우거진다. 가을에는 단풍이 물들고 겨울에는 눈꽃이 핀다. 남이섬은 1944년 청평댐이 건설되면서 강원도 춘천과 경기도 가평의 경계를 이루는 섬이 되었다. 서울에서 대중교통을 이용해 남이섬까지 한 시간 반 정도면 닿을 수 있어 연인들의 데이트 장소로도 인기가 좋다. 드라마 〈겨울연가〉의 촬영지로 유명세를 타고부터 외국인 관광객의 발걸음도 끊임없이 이어지고 있다. 남이섬으로 들어가는 방법은 두 가지가 있다. 가평나루와 남이나루를 잇는 선박인 아일래나호를 타거나 하늘 길을 단숨에 가로지르는 짚와이어를 타고 들어간다. 남이섬은 섬 전체가 숲길로 이어져 있다. 강변을 따라 나있는 자작나무 숲길을 걸으면 초록향기가 코끝을 간지럽힌다. 남이섬의 백미는 메타세쿼이아 길이다. 곧게 뻗은 나무가 양옆으로 줄지어 서 있어 장관을 이룬다. 남이섬 구석구석에는 갤러리, 공방, 박물관 등이 있어 다양한 볼거리로 재미를 더한다. 길을 걷다가 타조, 오리, 토끼, 청솔모등의 동물들을 마주치더라도 놀라지 마시라. 자연과 문화예술이 조화롭게 어우러지는 곳, 그곳이 바로 남이섬이다.

가 볼 만한 곳

강촌레일파크 경강레일바이크 70여 년간 달려온 경춘선 선로 위로 추억과 낭만을 싣고 레일바이크가 달린다. 영화 '편지'의 촬영지였던 경강역에서 출발하는 레일바이크를 타면 북한강 강변을 따라 아름다운 경치를 감상할 수 있다. 경강역에서 출발해 북한강철교 위에서 다시 경강역으로 돌아오는 7.2km의 코스다. ☐ 033-245-1000

구곡폭포 강촌 봉화산이 품고 있는 생명수가 아홉 골짜기를 돌아 떨어진다. 폭포의 높이는 50m이며 시원한 물줄기 앞에 서면 탄성이 절로 나온다. 여름에는 더위를 잊게 해주고 겨울에는 빙벽등산을 할 수 있다. 구곡폭포 입구에서 폭포까지는 도보로 약 15분 정도 소요되며 새소리, 물소리를 따라 산책로를 걷다보면 마음이 평온해진다.

남이섬에서는 1인용부터 6인용까지 다양한 자전거를 대여해서 돌아다닐 수 있다. 자전거를 타고 섬 한 바퀴를 둘러보는 것을 추천한다. 커플끼리의 나들이라면 당연히 커플자전거를 빌리자. 남이섬에는 아티스트가 직접 꾸민 갤러리 스타일 숙박시설, 정관루 호텔이 있다.

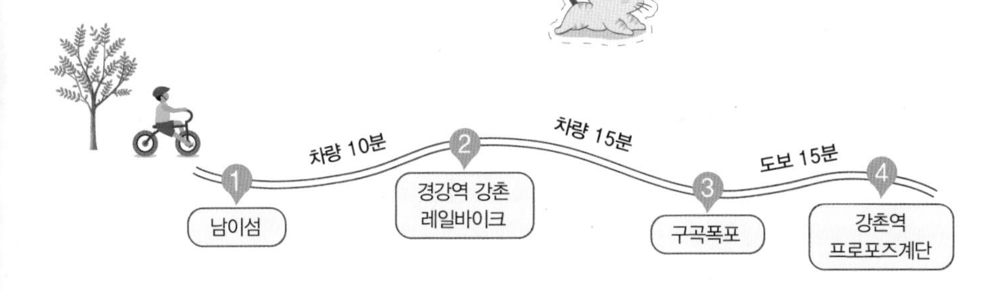

주변 맛집

콩두레 2014년 가평 향토음식 잣요리 경연대회에서 대상을 받은 집이다. 국내산 건강한 식재료를 사용한 자극적이지 않고 담백한 맛을 내는 음식들을 맛볼 수 있다. 양까지 푸짐한 것은 덤이다. 새롭게 이전해 예전보다 주차도 편해졌다. 콩정식 12,000원, 두정식 17,000원. ☐ 031-581-0988

산촌식당 산촌식당의 닭갈비는 취향에 따라 골라 먹을 수 있다. 숯불 닭갈비를 먹으려면 왼쪽 식당으로, 철판 닭갈비를 먹으려면 오른쪽 식당으로 가면 된다. 철판 닭갈비도 맛있지만 숯불에 구워먹는 닭갈비는 기름기가 쏙 빠져 더욱 깊은 맛을 느낄 수 있다. 숯불닭갈비 14,000원, 막국수 8,000원. ☐ 031-582-1706

 # 현실에서 만나는 동심의 나라 

레고랜드코리아리조트

블록 조립 완구 레고를 주제로 한 테마파크다. 우리나라 최초의 글로벌 프랜차이즈 테마파크이며, 레고랜드 중에서는 세계에서 두 번째, 아시아에서는 가장 큰 규모로 개장했다. 레고 테마파크답게 건물과 놀이기구가 마치 레고 블록으로 조립한 것 같은 모양의 알록달록한 원색으로 되어 있다. 레고랜드코리아리조트는 티켓 부스와 주 출입구가 있는 브릭스트릿을 비롯해 브릭토피아, 레고 캐슬, 레고닌자월드, 해적의 바다, 레고 시티, 미니랜드 7개의 구역에 70여 개의 라이드 어트랙션과 쇼 어트랙션, 식당, 매장 등이 들어서 있다. 가장 먼저 만나는 브릭스트릿에는 라이드 어트랙션인 팩토리어드벤처와 각종 레고 제품을 판매하는 빅샵이 자리하고 있다. 레고 캐슬 구역에는 레고랜드 어트랙션 중 가장 높은 인기를 얻고 있는 드래곤 코스터가 있다. 스릴 넘치는 롤러코스터이지만 360도 회전이라든지 극한의 공포를 느낄만한 요소는 없다. 덕분에 아이들도 마음 놓고 안전하게 어트랙션을 즐길 수 있다. 킹덤, 레고 프렌즈, 레고 닌자고, 해적의 네 가지 테마로 객실을 꾸민 레고 호텔에 투숙하면 일반 입장객보다 30분 먼저 입장할 수 있는 혜택도 주어진다.

주소 강원 춘천시 하중도길 128 **교통편** **자가운전** 서울양양고속도로 → 춘천IC → 남춘천역 방면으로 직진 → 춘천역 앞에서 춘천대교 방면 좌회전 → 레고랜드 주차장 → 입구까지 도보 또는 셔틀버스로 이동 **대중교통** 춘천역 1번 출구 앞에서 무료 셔틀버스 이용(홈페이지에서 배차시간 확인) **전화번호** 033-815-2300 **홈페이지** www.legoland.kr **이용료** 1일 이용권 어른 60,000원, 어린이 50,000원(온라인 사전 구매 및 비수기에 따라 할인), 오후 이용권 30,000원(3시부터 입장, 온라인에서만 구매 가능) **추천계절** 봄, 여름, 가을

가 볼 만한 곳

춘천삼악산호수케이블카 의암호와 붕어섬 위를 가로질러 삼악산까지 이어지는 케이블카다. 편도만 3.6km로 15분 정도 소요된다. 캐빈은 일반 캐빈과 투명한 바닥으로 된 크리스탈 캐빈 두 가지가 있다. 삼악산 정차장에는 카페와 전망대, 산책길이 마련돼 있어 호수와 어우러진 아름다운 춘천의 풍경을 한눈에 감상할 수 있다. ☐ 033-250-5403

공지천 춘천 시내를 가로지르는 하천이다. 아침에는 물안개가 피어오르고 낮에는 오리배가 떠다닌다. 저녁에는 야경이 아름다워 사람들의 발길이 끊이지 않는다. 공지천 주변에 조성된 조각공원에는 29점의 작품이 전시되어 있다. 산책로를 걷거나 자전거를 대여해 공지천을 둘러보면 좋다. 카페 이디오피아집에 들러 에티오피아산 커피도 맛보자.

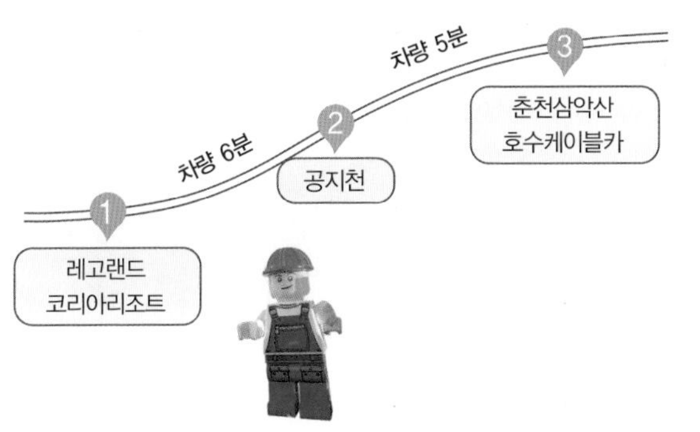

레고랜드에서 줄을 서지 않고 많은 어트랙션을 이용하고 싶다면 패스트트랙 구매를 고려해보자. 추가 요금을 내고 가상에서 대신 줄서기와 줄서기 시간 50% 단축, 줄서기 시간 95% 단축 세 가지 중 하나를 선택할 수 있다.

주변 맛집

춘천옹심이 담백한 국물에 어우러진 감자옹심이와 메밀칼국수가 맛있는 곳이다. 두툼하고 커다란 감자전은 겉바속촉한 식감으로 순수한 감자의 맛을 그대로 느낄 수 있다. 계절에 따라 국내산 콩으로 만든 콩국수와 꿩만두국도 맛볼 수 있다. 주차공간도 비교적 넉넉하다. 옹심이메밀칼국수 8,000원, 대왕감자전 9,000원. ☐ 033-241-7883

메이샤1990 육림고개에 있는 일본식 화로구이집(야키니쿠)이다. 아담한 크기의 가게와 바 형태로 된 좌석, 오후 5시에 문을 여는 영업시간이 일본 드라마 '심야식당'을 떠올리게 한다. 소고기가 대표 메뉴이지만 튀김류와 나베, 밥, 니혼슈도 맛볼 수 있다. 진갈비살 150g 26,000원. ☐ 010-9907-2928

애니메이션 박물관

추억 가득한 애니메이션 천국

주소 강원도 춘천시 서면 박사로 854 **교통편** **자가운전** 올림픽대로 → 서울춘천고속도로 강촌IC → 강촌로 → 박사로 → 애니메이션박물관 **대중교통** 서울고속버스터미널 춘천행 고속버스 이용, 춘천시외버스터미널에서 81, 82, 83번 버스 환승 **전화번호** 033-245-6470 **홈페이지** www.gica.or.kr/ani **이용료** 애니매이션박물관+토이로봇박물관 어른·청소년·어린이 7,000원 **추천계절** 사계절

로보트 태권브이부터 둘리와 아톰에 이르기까지 어린 시절의 꿈을 가슴 가득 채워주던 애니메이션의 흔적이 가득한 곳. 가슴 탁 트이는 싱그러운 북한강변에 위치한 애니메이션박물관이다. 입구로 들어서면 마치 우주로 꿈속여행을 온 듯 신비로운 분위기에 젖어 애니메이션 탄생의 기원과 종류, 원리를 보고 듣고 만질 수 있다. 한국애니메이션역사관에는 복고풍으로 재현된 만화가게에서 홍길동과 함께 사진을 찍자. 아이들이 사진을 찍는 동안 어른들도 진열관을 가득 메운 옛 추억에 잠시나마 푹 빠져볼 수 있다. 만화가게 옆에서 상영하는 3D, 4D 영화는 절대 빼놓을 수 없는 코너. 애니메이션 포스터가 가득한 계단을 오르면 세계 각국의 애니메이션과 체험관이 기다리고 있다. 구름빵, 피들리팜 체험관에서는 아이들이 마음껏 뛰어놀 수 있는 에어바운스를 즐길 수 있다. 음향효과 체험관에서는 우리 가족의 목소리가 애니메이션 속 주인공의 목소리로 더빙되는 체험을 할 수 있는 더빙 작업실이 인기가 좋다. 밖으로 나오면 햇살이 싱그러운 풀밭이 펼쳐진다. 창작개발센터의 전망대에 들러 시원한 춘천의 강바람으로 한바탕 타오른 애니메이션의 열기를 식혀보자.

가 볼 만한 곳

토이로봇관 인간의 창의력과 상상력을 바탕으로 만들어진 다양한 로봇을 체험할 수 있는 곳이다. 아이들은 애니매이션과 영화를 통해 상상해 온 거미 로봇과 미션 로봇, 드론 등 다양한 로봇을 직접 조작하며 체험해 볼 수 있다. 특히, 드론 로봇 댄스 공연은 어른과 아이 모두에게 인기가 높아 놓치지 말자. ☐ 033-245-6460

해피초원목장 '한국의 알프스'라 불리는 그림 같은 풍경으로 관광객이 끊이지 않는 곳이다. 한우를 방목 사육하는 체험목장으로 제대로 대접받는 한우를 볼 수 있다. 목장의 하이라이트는 뷰포인트이자 포토존인 전망대. 드넓은 초원에서 자유롭게 노니는 동물들과 탄성을 자아내는 그림 같은 뷰가 어우러졌다. ☐ 033-244-2122

주말에는 애니메이션박물관과 로봇박물관 모두 관람객이 많아 대기할 수 있다. 미리 온라인 예약을 하고 가는 것이 좋다. 공연과 체험거리가 많아 알차게 관람하려면 시간이 꽤 걸리니 일정 짤 때 염두에 두자.

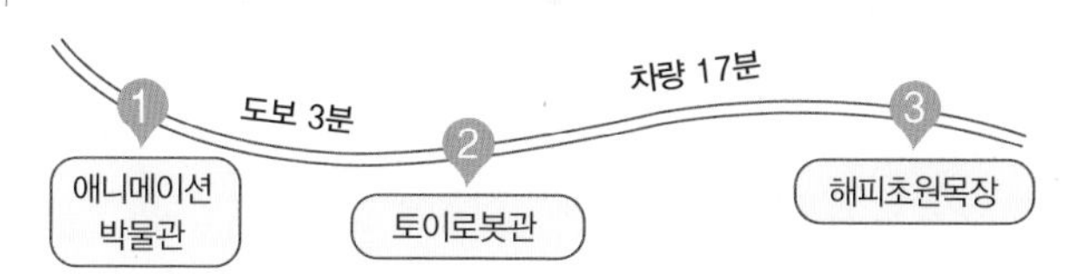

주변 맛집

홍골 솔밭집 신숭겸 묘역 바로 옆에 위치한 입소문난 손두부집이다. 손으로 직접 만든 고소하고 찰진 두부가 전골의 얼큰함과 어우러져 밥 한 그릇이 뚝딱 비워진다. 하얀 촌두부와 묵은 김치를 곁들여 먹는다면 오랜만에 속을 제대로 다스려주는 밥을 먹은 기분이 들 것이다. 촌두부전골 10,000원, 촌두부 10,000원. ☐ 033-243-2309

춘천 애니 닭갈비 춘천에 왔다면 닭갈비를 빼놓을 수 없다. 애니메이션박물관 바로 맞은편에 위치한 애니 닭갈비는 한옥기와를 얹은 예스러운 모습을 하고 있다. 매콤달콤한 춘천의 명물 닭갈비를 먹은 뒤 건너편에 있는 문학공원에서 한편의 시와 함께 산책을 즐겨보자. 박종화, 김소월, 윤선도 등 친숙한 시인들의 시가 새겨진 시비를 곳곳에서 만날 수 있다. 닭갈비 1인분 14,000원. ☐ 033-241-2641

숲속에서 만나는 작은 유럽 산책

제이드가든수목원

서울에서 1시간 반이면 유럽풍 정원을 만날 수 있다. 제이드가든수목원은 16만㎡에 부지에 야생화언덕, 목련원, 웨딩가든 등 24개의 분원을 갖추고 있다. 이국적인 느낌이 물씬 나는 방문센터를 지나면 영국식 보더가든과 이탈리안가든이 등장한다. 이탈리안가든의 언덕에서 아래를 내려다보면 초록색 잔디로 카펫을 깔아놓은 유럽의 어느 저택의 뒷마당에 있는 듯하다. 계곡 지형을 잘 살려 관목이 무성한 시냇물 옆 오솔길을 따라 걸어도 좋다. 낙엽송 우드칩이 깔려 있어 폭신한 나무내음길을 걷다 만나는 연못과 작은 오두막은 한 장의 그림엽서를 닮았다. 들꽃들이 물결처럼 이어지는 꽃물결원의 벤치에 앉으면 꽃향기가 가득하다. 아이들이 뛰어 놀 수 있는 나무놀이집, 겨울에도 아름다운 겨울정원, 다양한 아이리스가 피어나는 아이리스원도 특색 있는 산책코스다. 가장 높은 곳의 스카이가든에서는 병풍처럼 둘러싼 주변 풍경과 멀리 화악산이 한눈에 보인다. 스카이가든 바로 아래 매점이 있어 전망 좋은 벤치에서 차 한 잔의 여유를 누릴 수도 있다.

주소 강원도 춘천시 남산면 서천리 햇골길 80 **교통편 자가운전** 퇴계원IC → 자동차전용도로 → 46번국도 → 제이드가든 **대중교통** 지하철 경춘선 굴봉산역(제이드가든역) 하차, 제이드가든 셔틀버스 이용 **전화번호** 033-260-8300 **홈페이지** www.hanwharesort.co.kr/irsweb/resort3/tpark/tp_intro.do?tp_cd=0400# **이용료** 어른 10,000원, 중고생 7,000원, 어린이 6,000원 **추천계절** 봄, 여름, 가을

가 볼 만한 곳

옛 백양리역 옛 백양리역은 덜컹거리며 무궁화호 기차가 느리게 달리던 과거 경춘선의 간이역이다. 이제는 빠르게 달리는 새로운 백양리역이 생겼지만, 옛 백양리역은 아직도 아날로그 감성을 간직하고 있다. 역에서 사용하던 물품이 전시되어 있고 역장체험도 해볼 수 있다. 9월이면 역 인근에 만개한 드넓은 메밀밭도 볼만하다. ☐ 033-250-4312(춘천역관광안내소)

춘천 물레길 춘천의 호수와 강에서 카누, 요트 등 수상 레포츠를 만끽할 수 있는 자연의 길이다. 잔잔한 호수에 나무 카누를 띄우고 연인이나 가족과 함께 유유히 물을 가르는 카누는 오래도록 기억에 남을 추억을 만들어 준다. 클래식한 나무 카누는 탄성이 좋고 가벼운 적삼나무 조각을 하나씩 이어 붙여 만들었다. 푸른 물결과 눈높이를 맞추고 파노라마처럼 펼쳐지는 아름다운 자연 속에 몸을 맡기고 싶다면 홈페이지(www.mullegil.org)에서 카누 체험을 예약하면 된다. ☐ 033-242-8463

제이드가든 수목원을 걷고 느끼며 한 바퀴 둘러보는 데 대략 2시간이 걸린다. 방문센터를 기준으로 세 갈래의 산책로 중 나무내음길 약 50분, 단풍나무길은 약 40분, 숲속바람은 약 60분이 소요된다. 수목원 곳곳에 있는 테이블과 데크에서 숲속 피크닉을 즐기는 것도 좋다.

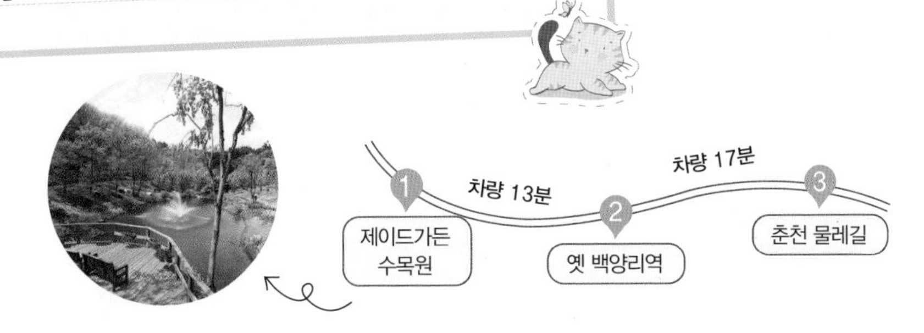

주변 맛집

인더가든(제이드가든수목원 레스토랑) 강원도 청정지역과 수목원에서 재배한 건강한 식자재로 계절에 맞는 메뉴를 선보인다. 스테디셀러 메뉴인 연잎밥과 된장찌개를 비롯해 마라미트볼스파게티, 소고기트러플자장면 등 다양한 메뉴를 골라 먹을 수 있다. 연잎밥과 된장찌개 16,000원. ☐ 033-260-8300

온정리 닭갈비 금강막국수 본점 순 메밀로 만든 투박하면서도 담백한 막국수를 맛볼 수 있어 제이드가든 수목원을 찾는 사람들에게 인기다. 숯불닭갈비는 간장양념과 고추장양념을 선택할 수 있다. 막국수에 곁들여 먹기 좋은 메밀쌈은 막걸리를 부르는 맛이다. 막국수 10,000원, 숯불닭갈비 15,000원, 닭갈비 덮밥 11,000원. ☐ 033-263-5669

소양호에서 배 타고 찾아가는 천년 고찰

청평사

청평사는 호수와 숲, 계곡이 어우러진 천년고찰이다. 청평사로 가는 길은 두 가지. 소양강댐 선착장에서 청평사 선착장까지 배를 타고 가거나 자가용을 이용해 배후령 터널을 통과한 후 산길을 달린다. 선착장에서 청평사까지는 완만한 산길이 약 1km 정도 가볍게 이어져 있어 트레킹을 하기에도 좋다. 오봉산의 풍경을 감상하며 천천히 걸어가도 30분이면 충분히 청평사에 도착할 수 있다. 절로 올라가는 길에는 사시사철 맑은 물이 흐른다. 구송폭포는 아홉 가지 소리를 낸다 하여 구성폭포로도 불린다. 이 밖에도 공주굴, 거북바위, 영지(고려정원) 등이 있어 청평사로 가는 길은 지루할 틈이 없다. 이 사찰은 고려 광종 24년에 영현선사가 백암선사라는 이름으로 창건하였다. 그 후 천 년이 넘는 시간 동안 오봉산의 정기를 받으며 자리를 지켜왔다. 청평사의 첫인상은 단아하다. 회전문을 지나면 대웅전과 극락보전이 나온다. 사찰 내에 있는 고려정원은 우리나라에서 가장 오래된 정원 양식이다. 바람을 타고 처마 밑의 풍경소리가 울려 퍼지면 어느새 어지러운 마음도 차분하게 정돈된다. 사찰 한쪽에 있는 기와에 소원을 얹어본다. "날마다 좋은 날 되소서."

주소 강원도 춘천시 북산면 오봉산길 810 **교통편** **자가운전** 서울춘천고속도로 미사IC → 중앙고속도로 춘천분기점 → 순환대로 → 만천사거리 직진 → 배후령터널 → 간척사거리 → 오봉산길 → 청평사 **대중교통** 지하철 경춘선 춘천역 하차 후 11번, 12번 버스 이용, 청평사 선착장 **전화번호** 청평사 033-244-1095 **홈페이지** cheongpyeongsa.co.kr **이용료** 어른 2,000원, 중고생·군인 1,200원, 초등생 800원 / 왕복 배 요금 어른 7,000원, 중고생 7,000원, 초등생 4,000원 **추천계절** 봄, 가을

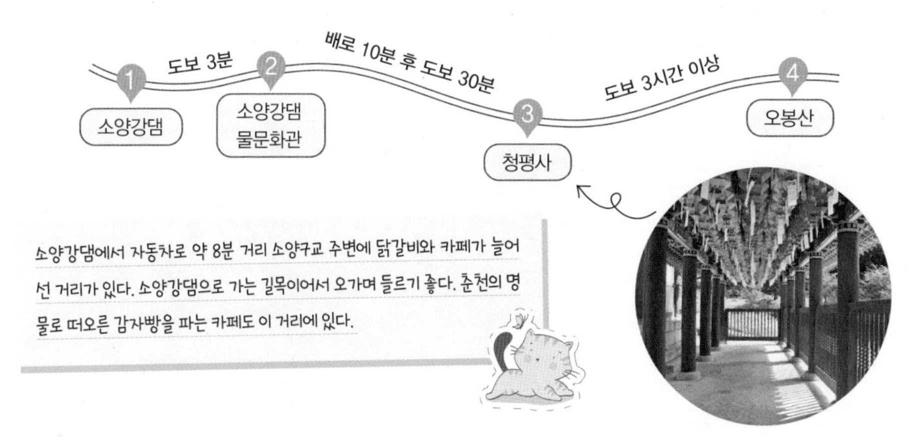

가 볼 만한 곳

소양강댐 소양강댐은 우리나라 최초의 다목적댐으로 1967년 착공, 1973년 10월 준공되었다. 댐 높이 123m, 제방길이 530m, 저수용량 29억 톤으로 국내 최대 규모이다. 소양강댐 정상에서 풍경을 바라보면 가슴이 탁 트인다. 댐 주변으로 소양강댐 기념비와 물문화관 등 다양한 볼거리가 있다.

오봉산 청평사를 포근히 감싸 안은 산이 오봉산이다. 비로봉, 보현봉, 문수봉, 관음봉, 나한봉의 다섯 봉우리가 있다. 다양한 등산코스 중에서도 소양강댐에서 배를 타고 건너와 청평사를 지나 정상(779m)에 오르는 코스를 추천한다. 소요대에 오르면 청평사를 한눈에 바라볼 수 있다.

주변 맛집

부용가든 청평사로 올라가는 길목에 모여 있는 음식점 가운데 한 곳이다. 산채비빔밥과 백숙, 닭갈비, 매운탕, 빙어튀김에 이르기까지 다양한 메뉴로 관광객을 유혹한다. 시원한 막걸리를 곁들여 먹는 부침과 묵, 튀김이 인기다. 미리 음식을 만들어놓지 않고 주문이 들어오면 바로 음식을 만든다. 감자부침 10,000원, 산채비빔밥 10,000원, 빙어튀김 15,000원. ☐ 033-244-5662

샘밭막국수 3대째 이어온 춘천의 막국수 맛집이다. 막국수를 주문하면 주전자 두 개가 나오는데 큰 주전자에는 면수가, 작은 주전자에는 동치미 국물이 들어있다. 막국수의 맛은 자극적이지 않고 깔끔하다. 면발은 메밀의 함량이 높아 고소하다. 막국수에 동치미 국물을 부어 먹으면 시원한 맛이 일품이다. 막국수 8,000원. ☐ 033-242-1712

05

충청

암
민속마을

외갓집 찾아간 듯 몸과 마음 느긋해지는 마을

주소 충남 아산시 송악면 외암민속길 5 **교통편 자가운전** 경부고속도로 → 천안IC 국도 21호 → 송악외곽도로 → 외암민속마을 **대중교통** 지하철 1호선 온양온천역 하차 후 시내버스로 강당골 하차 **전화번호** 041-540-2110 **홈페이지** www.oeam.co.kr **이용료** 어른 2,000원, 어린이 1,000원 **추천계절** 봄·가을

돌, 말, 양반이 많다고 삼다마을로도 이름 붙여진 아산 외암민속마을. 중요민속 자료 제236호로 지정된 이 마을은 조선 말기 충청도 고유 격식을 갖춘 반가의 고택과 초가, 돌담, 정원이 옛 모습 그대로 보존되어 있다. 조선조 선조 때부터 예안이씨가 정착하면서 예안이씨 집성촌이 되었고, 그 후 후손들이 번창하여 지금의 양반촌의 모습을 갖추었다. 풍수지리를 중요시하는 선조들의 가치가 위치 선정부터 마을 곳곳에 남겨져 있다. 마을 뒤로는 광덕산과 설화산에 둘러싸여 있고 앞으로는 청명한 시냇물이 흐른다. 마을 입구의 경쾌한 소리를 내며 돌아가는 물레방아를 지나면 외암민속관이 나타난다. 상류층, 중류층, 서민층 가옥 12동을 주축으로 주거 공간을 재현하고 있으며 갖가지 체험행사가 열린다. 상류층 가옥과 서민층 가옥의 구조와 모습을 비교해보는 것도 주택을 통해 역사를 재미있게 알아가는 좋은 방법이다. 민속관을 나와 실제로 사람들이 거주하고 있는 마을로 들어서보자. 평온한 마을의 돌담은 돌을 쌓은 것이 아니라 주택과 돌담, 그리고 그 사이를 흐르는 물길들이 아름답게 조화를 이룬 것을 알 수 있다. 일부 가옥이 사생활 침해 등의 이유로 공개되지 않는 것은 아쉽지만, 전체가 문화유산인 마을을 조용히 산책하는 것만으로 뿌듯하다.

가 볼 만한 곳

온양민속박물관 1978년 설립된 국내 최대의 민속 박물관. 전통문화 이해에 도움되는 16,000여 점의 유물이 전시되어 있다. 넓은 야외 전시장은 민속 놀이터와 토속 가옥 및 각종 석조물 등의 유물들을 관람할 수 있으며, 탁 트인 잔디밭의 휴식도 즐길 수 있다. 관람료는 3,000~5,000원. 매주 월요일 휴관. ☐ 041-542-6001

세계꽃식물원 3,000여 종의 꽃들을 만날 수 있는 식물원. 테마별로 다양한 정원이 정성껏 관리되고 있는 국내 최대 규모의 실내 온실 식물원이다. 관람로를 따라 돌면 오색의 꽃비를 맞고 다니는 기분이 든다. 허브를 비롯한 식물을 구매할 수도 있다. 입장 바우처 8,000원. 연중무휴. ☐ 041-544-0746

외암민속마을은 전통문화를 체험할 수 있는 다양한 프로그램이 있다. 아이와 함께 만들어보는 전통 엿 만들기, 인절미를 만들어 볼 수 있는 떡메치기, 연인과 부부가 체험해 볼 수 있는 전통혼례 등이 그것. 매년 음력 1월 14일 장승제에는 달집태우기, 10월 짚풀문화제의 민속체험과 국악공연도 놓치지 말자.

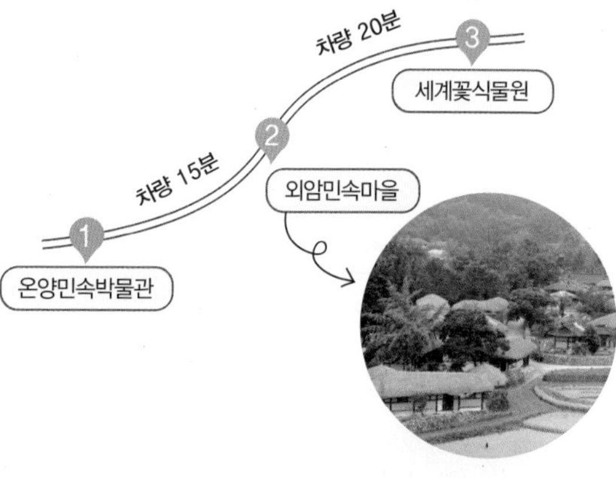

주변 맛집

시골밥상 마고 싱그러운 물과 숲이 어우러진 송악저수지 기슭에 자리해 분위기 있는 찻집 느낌을 주는 한정석집이다. 수육, 묵전, 생선구이, 양념게장, 보리 비빔밥과 정갈한 반찬이 푸짐하게 차려지는 마고정식은 외암민속마을을 누비며 허기진 배를 채우기에 모자람이 없다. 마고정식 20,000원. ☐ 041-544-7157

상전전전문점 외암민속마을 저잣거리에 있는 전집. TV 프로그램에도 여러 번 등장한 달인이 운영하는 맛집이다. 한복을 입고 지글지글 달궈진 불판에 전을 구워주는 할머니 모습이 명절처럼 정겹다. 대표 메뉴 해물파전을 비롯해 갖가지 전을 맛볼 수 있다. 임금님이 드셨다는 온궁탕도 몸보신 음식으로 제격이다. 해물파전 14,000원, 온궁탕 13,000원. ☐ 041-541-2545

 # 충무공 이순신 장군의 얼이 살아 숨 쉬는 곳 

현충사

현충사는 충무공의 충의정신과 구국위업을 선양하기 위한 곳으로 사적 제155호로 지정되어 있다. 충무공이 32세에 무과에 급제하기까지 구국의 역량을 키우며 살았던 옛집이 보존된 현충사는 그 규모면에서도 개인사당으로는 타의 추종을 불허한다. 아울러 아름다운 수목들과 연못이 있어 산책하기에도 좋다. 숙종 32년(1706년)에 아산 지역의 유생들이 조정에 청하여 세워졌다. 흥선대원군의 서원철폐령과 일제의 탄압으로 여러 가지 수난을 겪은 현충사는 1932년 국민의 성금으로 재건되고 1960~1970년대 현충사 성역화 사업을 통해 지금의 모습을 갖추게 되었다. 현충사 입구를 들어서면 왼편에 마치 왕릉의 위용이 느껴지는 충무공 이순신기념관이 나타난다. 기념관에는 장군의 기상을 전해주는 장검을 비롯한 유물과 국보 제76호로 지정된 〈난중일기〉, 〈임진장초〉 등이 전시되어 있고, 지하 1층에는 최후 전투인 노량해전을 체험할 수 있는 4D영상실이 마련되어 있다. 충무문을 지나 본전까지 가는 길은 아름다운 연못과 푸르른 수목들이 평온함을 느끼게 한다. 본전에서 향불을 하나 피워 올린 뒤 충무공 옛집 앞에 위치한 활터에 들러 그의 활시위에 담긴 마음을 느껴보자.

주소 충남 아산시 염치읍 현충사길 126 **교통편** **자가운전** 경부고속도로 → 안성IC삼거리 서평택IC 방면 → 이순신대로 → 현충사 **대중교통** 지하철 1호선 온양온천역에서 시내버스 900, 920, 940번 이용 **전화번호** 041-539-4600 **홈페이지** hcs.cha.go.kr **이용료** 무료, 매주 화요일 휴관 **추천계절** 사계절

가 볼 만한 곳

피나클랜드 '최정상의 땅'이라는 뜻의 피나클랜드는 물, 빛, 바람을 주제로 한 다목적 테마파크이다. 넓은 대지와 아름다운 꽃들이 가득한 이곳은 가족나들이와 현장학습으로도 훌륭한 프로그램을 제공한다. 청량한 분수정원이 여름에는 수영장으로, 잔디광장은 겨울에 눈썰매장으로 변신하여 아이들에게 인기 만점이다. 허브 만들기, 동물 먹이주기, 승마 등의 다양한 체험도 할 수 있다. 입장료 성인 10,000원, 청소년 9,000원, 어린이 8,000원. ☎ 041-534-2580

공세리성당 천주교 신앙을 위해서 목숨을 바친 수많은 순교자들을 모시고 있는 공세리성당은 대한민국을 대표하는 가장 아름다운 성당으로 선정된 바 있다. 오래된 보호수와 순교자의 묘석이 싱그러움과 성스러움을 느끼게 한다.

아산에서는 매년 이순신 장군 탄신일인 4월 28일을 기념하는 '아산성웅 이순신 축제'가 열린다. 축하음악회와 불꽃쇼, 퍼레이드, 이순신동상의 친수식, 무과재연 퍼포먼스, 궁도대회 등의 프로그램이 아산 곳곳에서 펼쳐진다.

주변 맛집

가마솥 두부명가 굴과 새우가 들어가 깔끔하고 시원한 국물이 일품인 두부전골을 맛볼 수 있다. 보리밥에 고추장과 참기름을 넣고 쓱싹쓱싹 비벼 먹으면 한 끼 식사로 든든하다. 전골(중) 36,000원, 얼큰굴순두부 9,000원. ☎ 041-543-8469

청와삼대 아산점 세 명의 대통령을 모셨던 손맛으로 승부한다는 '청와삼대'의 아산점이다. 이곳은 깔끔한 재료의 마늘보쌈고기를 울릉도에서 난 자연산 명이에 싸먹는 맛이 일품이다. 청와칼국수 9,000원, 명이마늘보쌈 38,000원. ☎ 041-533-6374

#목가적 풍경이 시원한 체험 명소

아그로랜드 태신목장

'농업'이란 뜻을 가진 Agriculture와 '땅'이란 뜻을 가진 Land의 합성어인 아그로랜드는 우리나라에서 처음으로 인증 받은 낙농체험목장이다. 약 100만㎡에 달하는 드넓은 초지에 다양한 동물들과 체험시설들이 들어서 있다. 테라스 레스토랑 옥상에 마련되어있는 전망대에 올라서면 목장이 한눈에 들어온다. 걸어서 한 바퀴 둘러보는데 한 시간 정도 걸리며 트렉터에 마차를 연결한 트렉터열차를 이용하면 편하다. 덜컹거리며 느릿느릿 목장의 동물들을 둘러보면서 아이들은 즐거움의 탄성을 지른다. 매주 토요일과 일요일에는 보더콜리 칸이 양들을 모는 구경을 하고 직접 만져볼 수 있는 양몰이 쇼가 열린다. 이곳에서는 한우와 젖소를 비롯해 양, 라마, 낙타, 타조 등 다양한 동물들을 바로 눈앞에서 만나볼 수 있다. 원한다면 낙타 타기나 승마체험도 가능하다. 목장에는 여러가지 체험프로그램이 준비되어 있는데 치즈나 아이스크림 만들기, 우유 짜기, 우유주기, 먹이주기 등 원하는 프로그램을 고를 수 있다.

주소 충남 예산군 고덕면 상몽2길 231 **교통편 자가운전** 서해안고속도로 당진IC → 예산·합덕 방향 우회전 → 거산삼거리에서 우회전 → 합덕교차로에서 우회전 → 아그로랜드 태신목장 **대중교통** 남부터미널에서 고속버스 이용, 합덕 공용버스터미널에서 합덕 45번 시내버스 이용 **전화번호** 041-356-3154 **홈페이지** www.agroland.co.kr **이용료** 평일 성인 11,000원, 청소년과 어린이 8,000원(주말에는 1,000원 추가) **추천계절** 봄, 여름, 가을

가 볼 만한 곳

신리성지 한국 천주교의 대표 성지다. 신리마을은 조선 말기 천주교가 전파될 때 가장 먼저 교리를 받아들였던 곳으로 천주교가 뿌리를 내리는 데 큰 역할을 했다. 신리성지에는 넓은 잔디밭에 선교를 위해 조선에 입국한 다블뤼 신부의 은거처, 성인들의 경당, 순교자기념관과 미술관 등을 조성했다. 예술 작품처럼 멋스러운 건물과 푸른 잔디가 어우러져 성스러움이 느껴진다. ☐ 041-363-1359

아미미술관 폐교를 개조해 만든 미술관이다. 1993년 폐교한 유동초등학교를 십여 년간 다듬어 지금의 감성 가득한 공간으로 거듭나게 했다. 초등학교 시절로 추억 여행을 떠나기 좋은 곳으로, 단층 건물에 조르르 이어져 있는 교실과 너른 창문 그리고 잔디가 깔린 운동장이 있다. 일반전시실과 한옥전시실, 작품을 판매하는 작은 갤러리샵, 카페가 있다. ☐ 041-353-1555

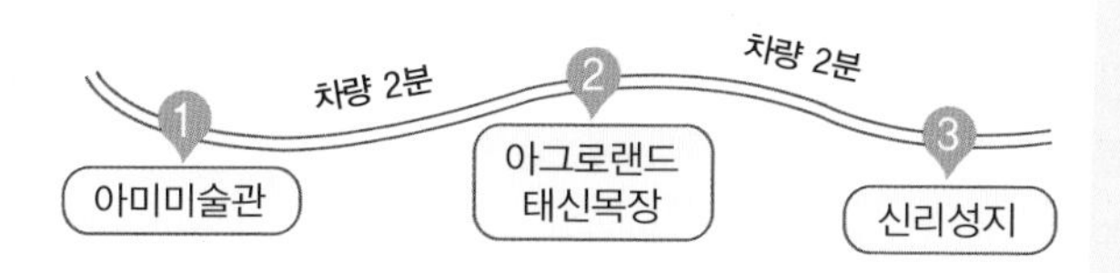

아그로랜드 태신목장은 체험프로그램이 다양하다. 시간을 넉넉하게 잡고 방문하는 것이 좋다. 신리성지는 순교자들을 위한 성스러운 공간이다. 순례자 방문도 많은 곳이니 조용히 관람하자.

주변 맛집

카페 피어라 청보리밭 뷰로 유명해진 카페다. 매년 봄이면 청보리밭으로 벚꽃잎이 떨어지는 모습을 담으려는 사람들로 가득하다. 음료를 주문한 후 청보리밭 배경의 야외 정원과 아늑하게 꾸며진 실내 공간 중 마음에 드는 곳에서 시간을 보내면 된다. 애견도 동반할 수 있다. 아메리카노 5,500원, 할머니당근케이크 8,000원. ☐ 041-362-9900

김가면옥 예전부터 면천 지역에서 소문난 음식이 두 가지가 있는데 하나는 추어탕이고 다른 하나가 콩국수다. 김가면옥에서는 쫄깃한 면발에 고소한 국물의 콩국수를 맛볼 수 있다. 양도 푸짐하다. 날이 더워지기 시작하면 콩국수를 맛볼 수 있고 다른 계절에는 메뉴가 칼국수 한 가지 뿐이다. 콩국수 8,000원, 칼국수 8,000원. ☐ 041-356-3019

독립을 향한 겨레의 외침이 한 자리에

독립기념관

독립기념관은 엄숙하고 딱딱한 이미지 같지만 가보면 마치 공원과 같은 편안한 쉼터 역할을 하고 있는 분위기에 놀란다. 독립기념관에 들어서면 가장 먼저 눈에 띄는 겨레의 탑 높이는 51m에 이른다. 기념관 내 상징적인 건물인 겨레의 집은 예산 수덕사의 대웅전의 모양을 본떠 만든 맞배지붕의 건물로 북경의 천안문보다도 크다고 한다. 겨레의 집 뒤로는 한반도의 탄생에서부터 항일독립운동을 주제로 한 7개의 전시관과 야외 공연장, 105인 층계 등이 들어서 있다. 각 전시관은 서로 다른 테마로 항일운동과 독립운동에 대해 체험하고 배울 수 있도록 꾸며져 있다. MR독립영상관에서는 4DX와 VR, 마법사진관, 알버트 코딩 로봇 아이템을 이용해 독립전쟁과 우리말 지키기 등 여러 가지 체험형 영상콘텐츠를 관람할 수 있다. 독립기념관을 빙 둘러 조성된 단풍나무 길엔 해마다 가을이면 빨갛고 노란 단풍이 장관을 이룬다. 걷기 편하게 조성된 산책길로 중간 중간 만나는 벤치에 앉아 다리를 쉬며 도시락을 먹는 재미도 좋다.

주소 충남 천안시 동남구 목천읍 독립기념관로1 **교통편** **자가운전** 경부고속도로 목천IC에서 약 2.5km 직진 → 독립기념관 **대중교통** 지하철 1호선 천안역에서 381번, 382번, 383번, 390번, 391번, 400번, 402번 버스 이용 **전화번호** 041-560-0114 **홈페이지** www.i815.or.kr **이용료** 없음, 주차요금 2,000원(소형), 매주 월요일 휴관(공휴일인 경우 개관) **추천계절** 사계절

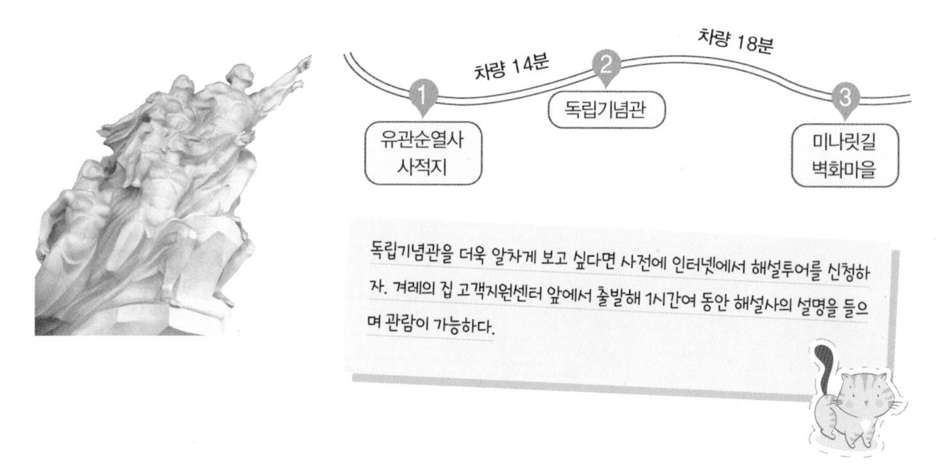

가 볼 만한 곳

유관순열사 유적지 유관순열사의 순국 후 시신은 서울 이태원 공동묘지에 안장되었다. 이후 그곳이 일제의 군용기지로 쓰이며 묘지가 망실되어 병천면에 초혼묘가 조성되고 사적지가 건립되었다. 사적지기념관에는 열사의 일생에 대해 자세하게 안내되어 있다. 기념관에서 1.3km 거리에 열사의 생가가 복원되어 있다. ☐ 041-564-1223

미나릿길 벽화마을 천안 영성동에 가면 어릴 적 기억을 더듬게 하는 좁은 골목길에 벽화가 그려진 동네를 만난다. 벽화는 트릭아트, 추억의 놀이모습, 자연풍경, 풍속화 등 4가지 테마로 구성되어 있다. 트릭아트 그림을 예쁘게 찍을 수 있도록 바닥에 사진 찍을 위치와 서있을 위치까지 발자국을 그려놓았다. ☐ 041-521-4821~2(중앙동 주민센터)

주변 맛집

신은수 참 병천순대집 병천순대거리 28개 순대집 중 유일하게 모범음식점으로 지정된 곳이다. 처음 가게를 연 이래로 2대째 가게를 운영해 오고 있다. 5일마다 서는 장날에 저렴하게 내장을 받아 양배추와 배추, 선지 등을 주재료로 집에서 직접 순대를 만드는 것이 맛의 비결. 순대 한 접시 16,000원, 순대국밥 9,000원. ☐ 041-561-0151

홍두깨 손칼국수보쌈 칼국수와 만두 맛집으로 소문난 곳. 동네에서 흔히 볼 수 있는 편안한 느낌의 식당이지만 베트남 며느리가 쌀국수 메뉴를 더하면서 쌀국수 맛집으로도 인기를 얻고 있다. 칼국수 8,000원, 쌀국수 8,000원, 왕만두 8,000원. ☐ 041-557-9412

반나절 주말여행

2023년 3월 27일 개정 4판 1쇄 펴냄
2023년 8월 20일 개정 4판 2쇄 펴냄

펴낸곳 꿈의지도
지은이 꼰띠고
발행인 김산환
편집 박해영
디자인 윤지영
인쇄 다라니
출력 태산아이
종이 월드페이퍼

주소 경기도 파주시 경의로 1100, 604호
전화 070-7535-9416
팩스 031-947-1530
홈페이지 blog.naver.com/mountainfire
출판등록 2009년 10월 12일 제82호

ISBN 979-11-6762-047-7(13980)